The TERROIR of WHISKEY
A DISTILLER'S JOURNEY INTO THE FLAVOR OF PLACE

ウイスキー・テロワール

フレーバーの土地を巡る、ディスティラーの旅

ロブ・アーノルド 著

住吉 祐一郎 訳

山田 哲也 学術監修

STUDIO TAC CREATIVE

The terroir of whiskey by Rob Arnold.
Copyright © 2021 Rob Arnold

This Japanese edition is a complete translation of the U.S. edition, specially authorized by the original publisher, Columbia University Press.

Japanese translation rights arranged with Columbia University Press, New York, through Tuttle-Mori Agency, Inc., Tokyo

私たちが知っているのは一滴で、

知らないのは大海である。

—— アイザック・ニュートン

CONTENTS
目次

「ウイスキー・テロワール」日本語版への序文	6
訳者まえがき	12
イントロダクション	15

第1部　フレーバーの成形、テロワールのテイスティング　23

1章　テキサスの農場	24
2章　フレーバーの製造と認識	30
3章　フレーバーの化学的性質	43
4章　ワイン・テロワールのテイスティング	62
5章　ワインカントリー	70
6章　テロワールの進化的役割	81
7章　商品穀物の台頭	91

第2部　テロワールへのロードマップ　101

8章　テキサスの三目並べ	102
9章　テロワールの化学	115
10章　ザ・ロードマップ	143
11章　マップの重ね合わせ	160

第3部　**マップをたどる**	187
12章　ニューヨークのウイスキー	188
13章　農業三部作	203
14章　マイ・オールド・ケンタッキー・ホーム	215
15章　ケンタッキーのトウモロコシ、小麦、ライ麦	224
16章　池を越え、丘陵を抜けて	245
17章　TĒIREOIR	259
18章　ĒIRE（エール:アイルランド）の農場におけるフレーバーの育成	277
19章　ついに、ひと口	286
20章　スコッチウイスキーの聖堂	292
結論	305
付録1　ウイスキー・テロワールのテイスティングガイド	309
付録2　ロードマップへの鍵:10章の出典	327
付録3　ロードマップへの鍵:11章の出典	334
付録4　ロードマップへの鍵:17章の出典	346
注釈	348
ウイスキー・テロワール追記	358

「ウイスキー・テロワール」
日本語版への序文

「ライターズ・ブロック」（執筆に関しての
スランプ）を日本語で何と訳すのか、私は知
らない。良い訳があるのかどうかさえも分
からない。いずれにしても、本書の信頼で
きる翻訳者である住吉祐一郎（以下、親愛
の念を込めてユウと呼ぶ）が適切な訳を見
つけてくれるだろう。だが、つまりはこういう
事だ：書き手にとっては、腰を据えて書く事
が難しい時もある。能力、やる気もあるが、
正しい言葉、文章、散文が理解できないの
である。今回のケースもそうだ。日本語版の
ためにこの序文を書くのは、私にとって予
想以上に難しい事だった。その理由を説明
したい。

私は2018年に「ウイスキー・テロワール」
の執筆を始めた。当時はウイスキーメー
カーとしての天職に没頭し、TXウイスキー
のマスターディスティラーだった。テキサ
スA＆M大学において、ウイスキーのテロ
ワールに焦点を当てた論文で植物育種と
遺伝学の博士号を取得間近であった。在
来種のトウモロコシの実験、ウイスキー用
に調整された近代的なハイブリッド・トウモ
ロコシの育種、官能・化学分析のための数
え切れないほどの実験室規模の蒸留に従
事していた。ウイスキーとテロワールの未来
について話すため、会議や試飲会などに
出かけ、熱心に執筆していた。当時はスラ
ンプの徴候すらなかった。

2019年8月、TXウイスキーはペルノ・リ
カールに売却された。それは多くの変化を
もたらしたが、ウイスキーメーカーとして、私
にとっては素晴らしい事だった。ペルノ・リ
カールは、ウイスキー研究のための自由と
リソースを増やしてくれるはずだった。テロ
ワールだけでなく、原料や製造技術などの
あらゆる面においてである。彼らは私をス
コットランドやアイルランド、さらに傘下の他
の蒸留所やワイナリーへと訪問させるつも
りだった。この本の発売が2020年の後半
に控えていた事から、私はアメリカからヨー
ロッパ、その先へと広がる広範囲なプロ
モーションツアーを思い描いていた。

だが2019年末から2020年初頭にかけ
て、世界は変わった。コロナウイルスが出現
し、拡散した。私たちの世界は停滞し、分
断化され、隔離された。多くの人々が、向こ
う側、つまり私たちが今いる場所までたどり
着く事ができなかった。喪失の現実を前に、
私のブックツアー計画の変更に文句を言う
のは見当違いのように思える。だが2020年
の連休がパンデミックに見舞われる中、私
のモチベーションは低下していった。私は、
ウイスキーメーカー、そして現在のウイス
キーライターのキャリアが、期待通りにはい
かないと悟った。もちろん、本書は依然とし
て出版されただろうし、博士号も取得する
つもりだった。だが私の情熱は、ウイスキー・

テロワールのプロモーターとしての役割から生まれたもので、テロワールの重要性を、ウイスキーを飲む人々に示し、風味や香味、環境、そして農家から蒸留所へ、消費者へのつながりを伝える事だった。これは数え切れないほどのズームミーティングで達成できる事ではなかった。

そして本書はもちろん出版され、数多くのインタビューも受けたが、私の燃え盛る内なる炎は、柔らかな炎へと変わっていった。やがて私は、ウイスキーのテロワールからだけでなく、ウイスキーメーカーである事からも、一歩距離を置く必要があると悟ったのだった。懐かしい思い出と、同僚からの圧倒的な支持を胸に、私は2021年10月にTXウイスキーのマスターディスティラーの職を辞した。

数ヵ月間、私は瞑想と熟考の時間をとった。あちらこちらでコンサルティングをしていたが、次の情熱を呼び込むようなプロジェクトはなかった。そして2022年の初頭に、TXウイスキーの元役員から連絡が来た。彼らは非蒸留生産者（アメリカ国外では、しばしばブレンダーまたはインディペンデント・ボトラーズと呼ばれる）のグロースパートナーとなる会社のアイデアを持っていた。我々はそれを「アドバンスド・スピリッツ」と名付け、樽在庫のファイナンス、スピリッツの調達戦略、透明性の高いバルクウイスキーの市場を顧客に提供する事にした。同社の社長である事は、ウイスキーメーカーである事とはまったく異なるが、素晴らしい経験であり、将来は多くのエキサイティングな事が待っているだろう。

では、なぜ私はこれほど長い間スランプに陥っていたのか？　ユウからこの序文を書くように頼まれたのは1年も前の事で、ここ数週間でようやく勇気を出して適切な言葉を見つける事ができた。それは私がこの本を書いた時の自分からは、あまりにもかけ離れていると感じたからだと思う。TXウイスキーを辞めた後、私はもはや自分をウイスキーメーカーと見なしていなかった。「ウイスキー・テロワール日本語版」のための序文を書く事は、他人の仕事を侵害するように感じ、偽善のように感じたのだった。また、私は悲しみも感じていた。情熱だけでなく、農場も失った。ジョン・ソーヤーとその家族の農場である。読者は、本書でジョン・ソーヤーにすぐに出会う事になるが、彼の農場は、TXウイスキーにトウモロコシ、小麦、ライ麦、大麦を供給している。必要な穀物の一部ではなく、全てを供給している唯一のサプライヤーである。TXウイスキーに勤めた数年間、この農場は私にとって幸せな場所だった。もちろんTXウイスキーも大好きだったが、ソーヤー農場は、私がウイスキーと最も深いつながりを感じた場所であった。

2014年に初めてソーヤー農場から穀物を調達した時、私は農業や栽培について何も知らなかった。だが私のウイスキーメーカーとしての歩みは農場から始まり、テキサス州ヒルズボロの何千エーカーもの土地で形成されたのである。そこは私が、土地、ウイスキー、それらを育てる人々とのつながりを発見した場所で、蒸留所は私がウイスキーの製造方法を学び、農場は私がウ

イスキーの造り方を学んだ場所なのだ。私がソーヤー農場について詩的に語るのは、それが何の強制もない、心からのものだからである。あなたがこの本を読む事によって、蒸留所の経営者と農場の経営者の友情がいかに重要なものであるかをお伝えする事ができれば幸いである。

つまり、これが私のスランプを引き起こしていた理由だった。インポスター症候群（仕事において成功しているにもかかわらず、自分を過小評価する心理傾向と自己不信感）に若干の後悔が混じっていた。だが最近、何かが変わった。ブロックが崩れ始め、インスピレーション、やる気、自信がウイスキーメーカーとしてようやく戻ってきた。一体、何が変わったのだろうか？

2022年初頭に、アドバンスド・スピリッツはケンタッキー州フランクフォートに位置するキャッスル＆キー蒸留所と提携した。彼らは2024年から年間5,000樽のバーボンとライウイスキーを生産してくれる事になった。我々には完全なカスタマイズが認められ、穀物のサプライヤー、マッシュビルのレシピ、酵母菌株、樽詰のアルコール度数、樽のシーズニング/トースティング/チャーリングのレベルを選定できた。それらの樽は、アドバンスド・スピリッツの顧客に割り当てられる予定で、私はアドバイスを提供する事もできるが、ウイスキーをどのように造るかは、顧客が決定できる。しかし、全ての樽を顧客に割り当てるのではなく、我々が将来作るかもしれないブランドのために、一部は社内用に確保された。これにより、私はウイスキー・テロワールのプロジェクトを開始す

る事ができたのである。

私はウォルナット・グローブ農場（本書でも紹介する）ともつながった。ここはハルコム一家が経営する多世代にわたる家族経営農場で、現在の経営者はサム・ハルコムである。私は2022年の夏に電話をかけ、アドバンスド・スピリッツは主に他のウイスキーブランドのグロースパートナーだが、将来は自らのブランドを起ち上げるかもしれないと説明し、在来種のトウモロコシを使ったテロワールにインスパイアされたバーボンウイスキーを作りたいと伝えた。

ほぼ全てのバーボンは、現代のイエローデントコーンで造られ、それらはほぼ全て、19世紀後半にロバート・レイドと息子のジェームズによって育種された、レイズ・イエローデント種に由来している。この在来種を使用してバーボンを造っている蒸留所の大多数は、ブラッディ・ブッチャーやホピ・ブルーのような明るい色のものを使用していた。だが私は博士課程の研究において、明るい色の在来種のトウモロコシは、エステル（好ましいフルーティーなフレーバー）を減少させ、アルデヒド（時には良いフレーバーだが、しばしば陳腐なフレーバーとなる）を増加させるものもある事を学んだ。そこで、在来種のトウモロコシを使うのなら、黄色いトウモロコシにしようと考えたのだ！

2023年の春に、サムは10エーカーの農地にレイズ・イエローデントコーンを植えた。ユウは本書の翻訳に取り組んでいる間、2023年の夏にケンタッキー州を訪れ、私たちはキャッスル＆キー蒸留所とウォルナット・グローブ農場の両方を訪れた。ユウは、

このレイズ・イエローデントコーンがほんの数ヵ月の時の状態を見て、触れる事ができた。それらは背が高く、緑色をしていた。後者は、トウモロコシが活発に成長している時の典型的な姿だ。現代種は、倒伏を避けるために茎が短く丈夫に育種されており、前者は在来種のトウモロコシに特有のものだ。サムは、在来種のトウモロコシの栽培は、現代のトウモロコシ農家が考慮する必要のない課題のリストを蘇らせるという。

だがハルコム夫妻は経験豊富で才能ある農場経営者だ。2023年の秋にレイズ・イエローデントコーンを収穫したところ、1エーカーあたり100ブッシェル（1ヘクタールあたり約6,000kg）の収穫量があった。我々はキャッスル＆キー蒸留所において、バーボンを100樽作るのに十分な量のレイズ・イエローデントを手に入れたのだった。キャッスル＆キーは2024年6月9日にマッシングを開始し、6月13日に銅製の蒸留器から、レイズ・イエローデントコーンから作られた最初の蒸留液が流れ出したのである。

レイズ・イエローデントコーンから作られた新酒と標準的な現代のイエローデントコーンから作られた新酒を比べると、明らかな違いがある。前者から作られたニューメイクは、トロピカルフルーツの香りが際立っており、いつか素晴らしいバーボンになるだろう。忘れ去られていた在来種のトウモロコシ品種から生まれた、テロワールにインスパイアされたバーボンである。この在来種のプロジェクトは、私にある事を思い出させた。私は依然としてウイスキーメーカーであり、ウイスキーライターなのだと。蒸

留所で機器のバルブを回さずとも、私はウイスキーを作る事が大好きだ。そしてこの本は、依然として私が書いたものだ。私は変わったのだろうか？　もちろん、時は人を変える。だが情熱はそう簡単には消えない。たとえ燃え尽きたとしても、ほんの少しの燃料で、再び燃え上がるのだ。

この原稿を書いている今、私は山積みのレイズ・イエローデントコーンと、机の上のまっさらなニューメイクのサンプルボトルを見つめている。これらは2024年6月下旬にケンタッキー州からテキサスの自宅へ届けられた。これまでに2年間の研究、やりとり、協力を要していた。瓶詰めまであと4年はかかるだろう。だがウイスキーメーカーは忍耐を学び、我々は忙しく過ごす方法を見つけるのだ。クリアな蒸留酒を造る者もいれば、熟成したウイスキーをブレンドする者もいる。本を書くクレイジーな者もいる！

ウイスキーを造り、ウイスキーについて書くという私の情熱は戻ってきたが、ウイスキー業界自体はどうだろうか？　2019年に本書の原稿を書き上げてから、ウイスキーとテロワールの世界では何が変わったのだろうか？　アイルランドのウォーターフォード蒸留所は、2021年に"The Impact of Terroir on the Flavour of Single Malt Whisk(e)y New Make Spirit"と題した初の研究論文を発表した。本書の17章から19章では、予備的なデータの一部を紹介しているが、この論文は長年のテロワールの研究を世に問うものである。しかし、彼らの精力的なプロモーションを除けば、コロナ以降、ウイスキーのテロワール

への流れは減速したと言える。ウイスキー業界（そして飲料アルコール全般）は、パンデミックの間に好景気を経験し、連日、新たなブランドが起ち上げられ、早くも成功を収めているようだった。自宅に隔離された人々は新しい銘柄を買い求め、試してみようと躍起になっていた。業界の新参者たちは、ウイスキーを瓶詰めして販売する事は簡単だと考えていた。

これらのブランドの多くは、ウイスキーのバックグラウンドを持たない起業家や著名人によって起ち上げられており、そのほぼ全てが非蒸留生産者で、熟成させたバルクウイスキーを調達していた。バルクウイスキーは通常、高品質で、ブレンドと追加熟成によって、独自の味わいを作る事ができる。だがバルクウイスキーはほとんどの場合、商品穀物で製造される。そのため、パ

ンデミック中とその直後に私たちが経験したウイスキーブームは、テロワールとはほぼ関係がないウイスキーによって煽られていた。ウイスキーのテロワールへの流れは、私には派手なボトルデザインや有名人の推薦という雑音にかき消されているように思えた。だがパンデミックはもはや過去となり、世界は正常に戻りつつある。ウイスキー業界も元に戻ってきている。パンデミック中に起ち上げられたブランドの多くは、もはや私たちと共にはなく、消費者は慣れ親しんだ本物の味に回帰している。テロワールは復活の時を迎えているのだろうか？　私はそう思うし、そう願っている。なぜなら私は、テロワールに関する自分の新たなウイスキー事業の成功を確信しているからである。

レイズ・イエローデントコーンの在来種プログラムは、私に別の事も想起させた。私はディスティラーとしての10年間で、テロワールにインスパイアされた多くのウイスキーを造った。その昔のウイスキーをTXウイスキーが売ってくれるのなら、我々はレイズ・イエローデントを使用したケンタッキーバーボンが完全に熟成する前に、自らのブランドを起ち上げる事ができる。私は彼らに電話をして、私が手掛けたライ麦比率の高いバーボンウイスキーの話をした。幸運な事に、我々はそれらの樽を購入する事ができたため、2025年初頭に"UnReined"というブランドを起ち上げる予定だ。日本語版にはボトルの写真も掲載している。このライ麦比率の高いバーボンに使用したトウモロコシ、ライ麦、大麦の全ては、ソーヤー農場で栽培されている。ト

ウモロコシはテキサスでは一般的だが、ライ麦と大麦は違う。我々は何年もの時間を費やして、このウイスキーに使用したライ麦と大麦の栽培を成功させた。大麦は、地元フォートワースに位置するテックスモルトで精麦し、酵母は、私が2011年にテキサスの牧場のピーカンナッツから抽出した独自のものである。樽は特別にシーズニングしたオーク材から作られ、チャーリングの前に軽くトーストしてある。このウイスキーは、2019年からテキサスの伝統的な貯蔵庫で熟成されている。

UnReinedの核心は、テロワールにインスパイアされたウイスキーブランドとして、異なる地域からのユニークなフレーバーを際立たせた事である。我々はテキサスから始めたが、その他の地域のフレーバーを強調するウイスキーも発売する予定だ。恐らくケンタッキーが次に来るだろう。その次は… まだ誰にも分からない。もしかすると日本になるかもしれない! ユウ! 福岡や九州を際立たせるようなフレーバーのウイスキーはどうだろうか?

UnReinedのテロワールの追求が成功につながるのかどうかは分からない。だが偽りのマーケティングに悩まされるウイスキー業界にあって、テロワールの追求は本物である。農場は革新を育み、ウイスキーを育てる場所である。そこは私がウイスキーメーカーとして最も満ち足りた場所なのだ。つまり、これが成功につながろうとつながるまいと、私はこれ以外のウイスキーの造り方は知らないのである。

最後に、この翻訳のプロジェクトを行ってくれた住吉祐一郎に感謝したい。私が熱中しているものを日本へ、そして日本の読者へと届けてくれたのだから。この後の章で紹介する農場や蒸留所のいくつかを見るために、彼は遠くアメリカまで足を運んでくれた。私たちは一緒に農場と蒸留所を訪れ、その時ユウが撮影した写真がこの日本語版には掲載(原書に写真はない)されているが、それも彼の提案の1つだった。私たちは、私の故郷であるケンタッキー州ルイビルからスタートした。その後、空を飛んで、テキサス州を一緒に旅し、最終的にはソーヤー農場まで行った。そこが私たちの旅の終着点だった。ユウと私が旅を終えた場所は、読者が「テキサスの農場(1章)」から旅を始める場所である。またユウは、私が知らない日本のクラフト蒸留所の情報も「ウイスキー・テロワール追記」として書き足してくれた。

ユウとの旅、そして彼がこの翻訳を完成させるために共に歩んできた旅は、私がウイスキーを愛する理由を典型的に示している。このような経験や私たちの友情は、ウイスキーなしにはあり得なかっただろう。ウイスキーは単なる話題作りの飲料ではない。それはフレーバーの体験であり、会話の潤滑油でもあり、交友関係のための媒体でもあるのだ。

ウイスキーは私たちをつなぐ。時間、場所、人々へ。種子から、一口へ、そして書き手へ。

2024年7月4日
ロブ・アーノルド博士

訳者まえがき

　本書を手に取り、これからページをめくろうとしているあなたは、大のウイスキー好きに違いない。スマートフォンが全盛の時代、全てが気軽に入手でき、手軽に楽しめる時代においては、内容が固い本は敬遠されてしまうだろうからである。その意味において、興味を示し手に取っていただいた事に感謝を申し上げたい。

　本書はウイスキーのテロワールについて書かれた本だが、この「テロワール」という難解なトピックを著者がどのように論じるのかという事に、私は大きな興味を抱いていた。

　ウイスキー・テロワールの概念は、日本だけでなく世界の潮流から見ても、受け入れられているとは言い難い状況が続いている。その理由は本書でも述べられているが、1つにはワインなどの醸造酒と比べて、ウイスキーは製造工程がより複雑だという事があげられる。つまり、その長い過程において、テロワールの要素が消失してしまうのではないかという事である。特に蒸留での煮沸においては、高温によってテロワールの特徴は生き残る事ができないと言われてきた。しかしながら、スコットランドのアイラモルトに代表される特徴的なスモーキーフレーバーは、精麦後の製造工程と蒸留を経て、スピリッツが樽詰めされてから10年以上経過した後

も、そのフレーバーをウイスキーに宿している。この事から私は、テロワールの要素は蒸留過程を生き残り、その存在を示す事ができるのではないかと考えていた。

　その一方で、テロワールという単語が何かしらファッションのような言葉になって、昨今のウイスキー業界で使われ始めていた事に違和感を抱いてもいた。なぜなら、日本の業界では（2022年の時点でさえ）「ウイスキーのテロワールにはエビデンスがない」と言われており、インターネットで検索してもデータなどを見つける事はできず、ましてや参考書籍となると皆無で、そのような状況において定義のはっきりとしないテロワールの独り歩きが、私にとっては違和感でしかなかったのである。

　欧米の研究論文や文献にはテロワールを取り上げたものはあるが、ワインやビールの研究論文に比べるとその数は圧倒的に少なく、日本語で紹介される事は、ほぼなかった。そしてテロワールに関する日本の業界の意識、さらに研究機関における資金的な事情がある事も痛感させられていた。やがて欧米の論文を渉猟するうちに、私の中にすっきりとしない感覚が生じてきた。これらの論文の大多数が科学者や研究者によって書かれていたからである。その科学的論拠には納得ができても、ウイスキー造りの実践的見

地が足りないように感じられたのだった。ウイスキー造りにおけるテロワールを論じるのであれば、やはりディスティラーとしての知見が必要であり、テロワールという未知の分野であれば尚更に、科学（そして化学）と実践の両論がなければ成立しないと考えていたからだった。

そのような時に出会ったのが本書だった。ウイスキーの「テロワール」について著者はどのように論じて行くのだろうか？

本文中にも記されているが、ロブ・アーノルド博士は科学者であると同時にウイスキー製造業者でもあり、現在はボトラー事業を行っている。理論と実践、そして経験を有した、まさに私が求めていた人物であった。

特に私が感銘を受けたのは、テロワールに対する科学的なアプローチだけでなく、ロブの人間的な要素も取り込んだ、感覚的考察が取り入れられているところだった。そして彼のテロワールに対する熱意は、トウモロコシを始めとする穀物の生産者の元へと向かわせ、カリフォルニアのワイン生産者、さらには海を越えてアイルランド、そしてスコットランドのウイスキー蒸留所へと向かわせた。理論と実践、構想と行動、感性と直感、そこから得られた経験と推論、そして結論がまとめられていた。

読了すると私はすぐに出版社を介してアーノルド博士に連絡を取り、取材のためのアメリカ行きを決めたのだった。スコットランドへは取材や旅行を含め訪問した

蒸留所は100ヵ所を越えていたが、今回は「テロワール」をテーマにしたアメリカのウイスキー蒸留所、初のトウモロコシを始めとする穀物生産者への訪問のために緊張していた。だが現地を訪れて、ロブや生産者、ディスティラーたちと意見を交換するうちに、緊張は少しずつ解けていった。やはり現場の空気や雰囲気を経験し、言葉を交わす事は、何よりも大切なのだと再認識させられた。その後、私はテロワール取材の最終地点と決めていた、アイルランドのウォーターフォード蒸留所を訪れた。ここでも、テロワールに関する様々な取り組みが驚くほど広範囲にわたり行われていた。また、日本のウイスキー蒸留所の取り組みとして、巻末に「ウイスキー・テロワール追記」を書かせていただいた。併せてご高覧いただければ幸いである。

この本の構想に深い理解を示し、本書を世に出すきっかけをつくっていただいた株式会社スタジオタッククリエイティブの行木 誠氏には、最初から最後まで編集に関して多大なるお力添えをいただいた。また、東京農工大学 大学院の農学研究院生物生産科学部門の教授である山田哲也氏には、学術用語に関する査読にご協力いただき、大変貴重なアドバイスを数多くいただいた。そして著者のロブ・アーノルド博士には、テロワールに関する幅広い知識だけでなく、ウイスキーに対する多角的な考察への取り組みと科学的アプローチを共有していただいた。

また、多くの農場経営者やディスティラーたちともつないでいただき、現場の熱気と空気を伝えていただいた。

テキサス州ヒルズボロに位置するソーヤー農場4代目のジョン・ソーヤー氏。テキサス州フォートワースのファイアストーン＆ロバートソン・ディスティリング（TXウイスキー）の蒸留責任者、エヴァン・ブルワー氏。ケンタッキー州アデアビルに位置するウォルナット・グローブ農場の経営者、サムそしてステファニー・ハルコム夫妻。ケンタッキー州フランクフォートのキャッスル＆キー蒸留所のオペレーションマネージャーであるブリッタニー・ロジャース氏。ケンタッキー州ルイビルに位置するミクターズのフォートネルソン蒸留所のジェネラルマネージャーであるニック・ピープルズ氏。同じくルイビルに位置するラビットホール蒸留所の創業者であるカヴェ・ザマニアン氏。そしてアイルランドのウォーターフォード蒸留所の蒸留責任者ネッド・ガーハン氏。同蒸留所のテロワール・スペシャリストであるアンジェリータ・フォンセカ・ハインズ氏。同ブランドアンバサダーのブライアン・ズギャニャッチ氏。同蒸留所のコーディネーターとしてさまざまな便宜を図っていただいたメガン・キーリー氏。

日本のクラフト蒸留所からは、株式会社ベンチャーウイスキー秩父蒸溜所の創業者である肥土伊知郎氏。本坊酒造株式会社マルス津貫蒸溜所の所長である折田浩之氏、同チーフディスティリングマネージャーの草野辰朗氏、ガイアフローディスティリング株式会社の静岡蒸溜所創業者である中村大航氏にもご協力をいただいた。

更に「ウイスキー文化に貢献する書籍のために」と快く協力を申し出ていただいた株式会社レオンホールディングス代表取締役の北尾龍典氏。コーヒーのアロマに関しての幅広いアドバイスをいただいたHNcoffeeの西嶋 花氏。そして常に私の行動に理解を示し、最後まで応援してくれた福岡のバー・ライカードのスタッフたち。これらの人々の深い理解と多大なる協力なしには、この日本語版は完成していなかったに違いない。心からの感謝と御礼を申し上げたい。

本書が日本のウイスキーの未来にとって、また、テロワールを考察し、その世界への扉を開く一助となれば幸いである。

2024年9月17日
住吉 祐一郎

INTRODUCTION
イントロダクション

　この本は、穀物から造られ、（ほとんどの場合）オーク樽で熟成される蒸留酒であるウイスキーについての本である。ブランデーが蒸留したワインであるのと同じように、ウイスキーも本質的には蒸留したビールである。しかし、特にこの本は、「テロワール（定義が定まっていない、やや物議を醸す概念だが）」がウイスキーのフレーバー（風味・香味）にどのような影響を与えるかについて述べている。

　テロワールとは、農作物（あるいは家畜）の風味や特質が環境によってどのように影響を受けるかを説明するフランス語である。これには、農場に層を重ねる土壌と、その輪郭を形成して形作る地形、そして農場が立地する地域の気候が含まれる。少なくとも、これがテロワールの最も基礎的な観念だ。そしてそれが、私がこの本を書き始めた時、最初に考えたテロワールであった。私の考えでは、テロワールとは単純に、環境とそれが植物の遺伝子の発現にどのような影響を与えるかを表すロマンティックな同義語にすぎない。

　全ての生物は、数千、数百万、あるいは数十億のデオキシリボ核酸（DNA）

の塩基対で構成されるゲノムを有している。DNAは遺伝情報で、私たちがフレーバーとして認識する化学物質の生成を含む、全ての特性の根底にある青写真（設計図）である。環境は、どのように遺伝情報が読み取られるかを制御し、特定の特性が発現されるかどうかを決定する。ブドウ、穀物、チーズ、犬、人間など、私たちは皆、環境、すなわちテロワールの影響を受けている。もしこれが科学の専門用語のように聞こえるのなら、「氏か育ちか」という昔からの議論にすぎないと認識しても構わない。

　「氏」とは生物が持って生まれたもの、つまりDNAであり、「育ち」とは、DNAの読み取りと発現が環境によってどのように影響されるかを指す。

　ワインの世界は、テロワールを擁護（そしてマーケティング）する事で最も有名である。カリフォルニアのナパ・バレー、フランスのボルドー、南アフリカのウエスタンケープ。これらの地域は全て、ブドウの成長と香味や風味の発達に影響を与える独自のテロワール（独特の土壌、地形、気候）を有している。テロワールの概念はワ

イン業界に最も根付いているため、ワインとの類似点を考慮せずに、この現象が他のものにどのように当てはまるかを議論するのは難しい。そのような訳で、この本はウイスキーについての本だが、必然的にワインについての本でもある。

　私はケンタッキー州のルイビル出身で、ウイスキー業界の3世代目の一員である。私の祖父、母方の叔父、大叔父のほぼ全員がバーボン業界で働いていた。1956年にブラウン・フォーマン社がジャックダニエル蒸留所をモトロー家から買収する事が確定した時、私の祖父はブラウン家と共にブラウン・フォーマン社のジェット機に乗っていた。私の高祖父（※祖父母の祖父）はドイツの醸造責任者で、19世紀末に自身の知見をインディアナ州にもたらした。2011年から、私はテキサス州フォートワースのファイアストーン＆ロバートソン・ディスティリングの蒸留責任者を務めている。非公式ではあるが、我々は自分たちの蒸留所を「ＴＸウイスキー」と呼んでいる。私はテキサス大学サウスウエスタン・メディカルセンターの生化学の博士課程を辞めた後、最初の雇用者として同社に入社した。

　ほとんどの親は、息子が医学の研究を辞めて酒造りをすると聞いたら取り乱すだろう。しかし、私の場合は少し違っていた。母親に電話をして、テキサスでバー

テキサス州フォートワースに位置する、ファイアストーン＆ロバートソン・ディスティリング社の「ＴＸウイスキー蒸留所」の入口。

ボンを造るために学校を辞めるつもりだと言ったら、「バーボンを造るために学校を辞めるなんてとんでもない！」とは言わなかった。母はこう言った、「テキサスではバーボンは造れないわよ。適した水がないんだから」

でも母さん、バーボンはテキサスでも、さらに言えばどの州でも造れる事が分かったよ。ケンタッキー州にはバーボン造りに最適な水があるが、それはテキサス州を含む他の多くの州も同じである。そしてテキサス州は、高品質のトウモロコシが豊富に生産され、暑い夏と、−1〜20℃の間で（時に1日のうちに）変動する冬があり、ケンタッキー州と同じくらいバーボン造りに適している。

蒸留所のメンバーは、2012年2月にTXウイスキーにおいて、バーボンのファーストバッチを蒸留した。当時は、1バッチあたり約3樽を製造しており、1日あたり最大3バッチの生産能力があった。この規模だと、実際のところ比較的大規模な「クラフト蒸留所」だったが、生産高はケンタッキー州やテネシー州の大規模蒸留所に比べれば、ほんの僅かだった。私個人としては、1日に3〜9樽のウイスキーを仕込む事で満足だった。しかし、蒸留所の初期の経営者であるレオナード・ファイアストーンとトロイ・ロバートソンは違った。彼らは質と量の両面で大手企業と真っ向から勝負したいと考えていた。

そこで2014年、彼らは老朽化したゴルフコースを買収し、その100エーカー（※1エーカー＝約4,047㎡）の土地にミシシッピ川の西側で最大規模の蒸留所の1つを建設した。我々の生産量は現在、1バッチあたり40樽となり、1日あたり最大3バッチの生産能力がある。2019年、我々はTXウイスキーを世界第2位のワイン・スピリッツグループであるペルノ・リカールに売却した。我々は、アメリカにおいてペルノ・リカールが所有する最大のウイスキー蒸留所である。

2016年、私はウイスキーと科学を結び付けて2回目の博士号取得に挑戦する事を決めた。今回は、テキサスA＆M大学のリモート植物育種プログラム（〈リモート〉とは、TXウイスキーで研究を行い、フ

ゴルフ場を改装した敷地は112エーカー（約45万㎡）もあり、ミシシッピ川の西側では最大の規模である。

ルタイムの仕事を維持しながら学位を取得する事を意味する）で、量的遺伝学者でありトウモロコシ育種家のセス・マレー博士の下で学ぶ事になった。私の学位論文は、遺伝的及び環境的要因がウイスキーのトウモロコシ由来のフレーバーにどのような影響を与えるかを研究するものである。私の希望は、集められたデータを特にウイスキーの製造に適した、新たなトウモロコシ品種の育種・選定に使用する事だ。我々の研究とそれを取り巻く物

ベンドーム・コッパー＆ブラスワークス社製の多塔式コラムスチル。

語の大半を、この本の中で説明している。

つまり、私は一貫して学生であり、製造者であり、ウイスキーの提唱者である。幸運にもワイナリー（ワイン生産所）やヴィンヤード（ブドウ園）を視察する時、もしくは妻のワイングラスから一口飲む時を除けば、ワインが私の精神的能力や味覚の邪魔をする事はない。しかし、長年に渡りアルコールに関する科学文献を精査し、ワイナリーを訪れ、ワイン生産者と交友関係を築くにつれ、彼らが、ウイスキー製造業者が無視している特定の技術を探求している事に気付いた。これらの探求の多くは、テロワールの概念と、その土地の起源がどのように独特のフレーバーに反映されるのかという概念に根差している。これらの探求はワイナリーではなくブドウ園から始まる。それは、土地とそこで栽培されるブドウから始まるのである。

地元の酒屋に行く事を想像してほしい。読者が私と同じレベルであれば、棚に並ぶワインボトルの圧倒的な数に面食らうだろう。世界中から集められた数百、数千もの様々なワインが、生産地域別、ブドウの品種別、あるいはその両方でラベル付けされている。さて、どのようにワインを選ぶだろうか？

メルロー（Merlot）やピノ・グリージョ（Pinot grigio）といったブドウの品種で選ぶかもしれないし、ソノマ・バレーや

ボルドーのテロワールなど、地域で選ぶ事もできる。あるいはナパ・バレーのシャルドネ（Chardonnay）というように、その両方を考慮するかもしれない。全てのワインボトルが同じブドウ種 *Vitis vinifera* から始まっているにも関わらず、選択肢は膨大である。しかし、この1つの種には、品種、テロワール、ヴィンテージ（ブドウが収穫された年を示す、ワインボトルに表示された年）の組み合わせで数千もの変化がある。

　棚には、ナパ・バレーで栽培されたカベルネ・ソーヴィニヨン（Cabernet Sauvignon）とトスカーナで栽培されたメルローで造られた赤ワインがある。ニュージーランドのロワール・バレーで栽培されたソーヴィニヨン・ブラン（Sauvignon blanc）とオーストラリアのアデレード・ヒルで栽培されたシャルドネで造られた白ワインもある。様々な品種やテロワールのブドウをブレンドしたワインもあるだろう。また、フランスのボルドーやシャブリなど、一部のワインはテロワールだけでブランド化されており、その地域で栽培されているブドウの品種を知っているか、ボトルを回して裏ラベルの説明を読むほど好奇心が強いかを前提としている。あるいは、使用されているブドウの品種に関わらず、これらのテロワールが素晴らしいフレーバーを提供すると単に信頼する事もできる。そして、この本

の読者が単に平均的なワインの飲み手で、特定の品種やテロワールによって香味や風味がどのように影響を受けているかをしっかりと理解してワインを選んでいなくとも、経験、店員のお薦め、あるいはボトルの説明から、ナパ・バレーのフルーティでフルボディのカベルネ・ソーヴィニヨンが欲しいか、しっかりと冷えたフルーティなイタリアのモスカートが欲しいか、あるいはスパイシーでフローラルなフランスのボルドーが欲しいかを決めるのに十分な知識を得られるだろう。ワイン業界は、ブドウの品種、テロワール、ヴィンテージの様々な組み合わせに基づき、数え切れないほどの選択肢を提供している。

　ワインを選んだ後、あなたはウイスキーの売り場に向かう。そこでは、スコッチ、カナディアン、ジャパニーズ、アイリッシュ、そしてアメリカンウイスキーなど、世界的に認められたスタイルのいくつかを目にする。そしてこれらのスタイルの中には、スコットランドのアイラやスペイサイド、アメリカのケンタッキーバーボンやテネシーウイスキーなど、地域ごとに異なるスタイルが存在する場合もある。

　ウイスキーの中には、シングルモルトなら大麦、バーボンならトウモロコシなど、穀物の種類を表示しているものはあるが、穀物の品種については言及されていない。一部のウイスキーには産地が表示さ

れているものもあるが、ほぼ例外なく、穀物がどこで栽培されたかを表示したものはない。ワインにナパ・バレーと表示されていれば、それはブドウの産地を表すが、ウイスキーにケンタッキーと表示されていても、その穀物は遠くヨーロッパで栽培されたものである可能性がある。

　真実は、歴史的に見て少なくとも過去100年ほどは、ワイン生産者がブドウに対して重視しているほど、ウイスキー製造業者は穀物の品種やテロワールを重視してこなかった。私は、ウイスキー製造業者が穀物の品質を考慮していないと言っている訳ではない。彼らは考慮しているが、ここでの「品質」とは、穀粒（※農産物として収穫される穀物の子実）の密度、傷んだ穀粒の割合、混入する異物（埃やトウモロコシの穂軸）の割合など、

商品穀物取引の仕様に合致する事を意味する。フレーバーについての考慮は通常、悪いもの（酸味とカビ）を避けるという範囲を超える事はなく、魅力的なものや独特なものを追及する事はほとんどない。そのためウイスキー製造業者は、商品穀物の品質基準に従って穀粒を格付けする。そしてこれは、20世紀初頭に商品穀物取引が台頭して以来、ウイスキー製造業者が主にそこから穀粒を調達しているためである。商品穀物のサイロには、数十、数百、数千に及ぶ複数の農家から買い取った、様々な品種とテロワールを混ぜ合わせた無名のブレンド穀粒が保管されている。穀物の品種とテロワールの特質は、商品穀物のサイロでは生き残る事ができないのである。

★★★

　この本の冒頭で、私はテロワールの基礎となる定義を述べた。私はテロワールを、何かが育まれる環境（土壌、地形、気候）のロマンティックな同義語だと論じた。そしてテロワールの概念がワインに根差しているとはいえ、それはウイスキーにとってどのような意味がある（またはあり得る）のだろうか？　しかし初めに、私はさらに単刀直入な質問に答える必要

がある。テロワールという言葉はどこからやって来たのだろうか？

　私がノックスビルのテネシー大学で微生物学を専攻していた頃を振り返ると、ブリストルに住む叔父と祖父をよく訪ねていた。ブリストルはテネシー州北東部とバージニア州南西部の境界にある小さな都市で、ブリストル・モーター・スピードウェイの本拠地として最もよく知られてい

る。叔父は医師であり、ラテン語学者であり、熱心な読書家であり、アマチュアの語源研究者でもある。私は宿題を持っていき、叔父は微生物のラテン名の語源を調べる手助けをしてくれた。これらのラテン語の名前には、生物の機能に関するヒントが含まれている。ワイン、エール、ウイスキーの発酵に用いられる最も一般的な酵母である、"Saccharomyces cerevisiae"について考えてみよう。"Saccharo"は糖、"myces"は菌類、"cerevisiae"はビールを意味する。それらをつなぎ合わせると「ビールの糖菌類」となる（読者はビールを意味するスペイン語、"cerveza"の同族語である事に気付くかもしれない）。

　私はテロワールがフランス語であり、そのフランス語はラテン語の子であるロマンス語（俗ラテン語を起源とする、フランス語、イタリア語、スペイン語など）である事を知っていた。そこで、叔父の教えを思い出しながら辞書を調べた。さて、ラテン語に精通している人なら、テロワールがラテン語で土地を意味するterra（テラ）に由来すると考えるかもしれない。しかし、それほど単純ではない。フランス語のterraの派生語は実際のところterre（テール）であり、スペイン語ではtierra（ティエラ）、イタリア語ではterra（テッラ）である。従って、テロワールは明らかに土地を意味するラテン語に関連しているが、もう少し複雑である。テロワールは、ラテン語のterritorium（テリトリウム）に由来している事が判明した。territoriumは、「領土または境界が定められた土地の領域」と大まかに訳す事ができる。これは十分に明快だったが、この言葉がワインやその他の食べ物や飲み物の文脈においてどのように見なされているかについての洞察を、実際にはもたらさなかった。

　そこで私は、フランス語辞書の英訳や、ワイン科学者やワインマーケティング研究者が発表した学術論文を熟読し、さらに深く掘り下げた。私が学んだのは、テロワールという言葉には論争があり、納得のいく単一語の訳や定義がないという事だった。これは比類のないフランス語で、1つの英単語に訳す事は不可能に思える。フランス人でさえ、その意味に同意はしていないのである。

　フランス語の辞書には、テロワールの複数の異なる定義がある。17世紀には、テロワールは確かに、単に領土あるいは地域を指していた。しかし、19世紀までにその意味合いは広がり、「その性質や農業特性が考慮されている小さな土地[1]」を指すようになった。フランスの詩人で劇作家のテオフィル・ゴーティエは、1844年に出版された随筆集 "Les grotesques"において、フランスの赤ワイ

ンの一種である素晴らしいクラレットを生産する、薄くて岩だらけの土壌の丘について記述している。ゴーティエはテロワールという言葉を、その丘の一連の特徴全体を包括するものとして使用した。

欧州連合（EU）は、2012年に法的な定義を確立した。テロワールを有する製品とは、「その品質や特徴が本質的に、もしくは独占的に、固有の自然的および人的要因を伴う特定の地理的環境に起因するもの[2]」であると主張した。この進化した定義は私にとって、明確になるというよりも混乱を招くものだった。この言葉は依然として、物理的な土地とその土壌、地形、気候を説明してはいるが、「人的要因」も含まれていた。一体どういう意味だったのだろうか？　あまりにも曖昧で、あまりにも不定形で、これまでの人生でこの言葉を使った事がある人には意味が分かるが、使った事がない人には決して説明できない言葉の1つであるように思えた。

私は、テロワールは単に研究論文や辞書だけで学べるようなものではないと確信した。もし理解したいのなら、それを体験し、味わう必要があるだろう。この本を通じて、読者も同じ事ができる事を願っている。

そこで、私は次の通り提案する。この本では、科学がどのように（ある程度ま

で）テロワールの意味と影響を解明する事ができるかを明らかにする。アメリカからアイルランド、そしてスコットランドに至るまで、積極的にテロワールを追求する農家、ワイン生産者、ウイスキー蒸留所を訪ねた私の旅に同行してほしい。しかし最終的には、テロワールを体験する事によってのみ、香味や風味だけではないテロワールを理解する事ができる。従って、この本での私の旅が、読者自身が計画し着手する方法のガイド、つまり青写真の役割を果たす事を望んでいる。私が強く望むのは、読者の旅が地球を巡る素晴らしい冒険へとつながり、ウイスキーを造る人々に出会い、そしてそれが育まれた個々の土地で彼らのアートを楽しむ事だ。しかし、旅は快適な自宅でも実現できる。蒸留所が何らかの方法でテロワールを表現しようと努めたウイスキーを一口飲むだけで、テロワールを体験する事もできる。あるいは、微量でもテロワールを有する様々なウイスキーを試飲する事で、楽しむだけでなく啓発される事もあるかもしれない。いずれにせよ、ウイスキーが真にその地域の特徴を宿している時、それがもたらす体験は、単なるフレーバーの域を超える事が（私と同じように）分かると思う。厳密にはどうなのだろうか？　ウイスキーのグラスを持って、それを一緒に見つけに行こう。

第1部

フレーバーの成形、
テロワールのテイスティング

1章
テキサスの農場

　私のテロワールに関する最初の意識的な経験は、2014年の夏にある農場で起こった。

　私はテキサス州ヒルズボロでトウモロコシ畑を眺めていた。大きな緑色のブロック、つまりコンバインが地平線を這って横切っていった。どこを見ても、青い空が乾燥したトウモロコシの茎の海の上に広がっていた。茎の中には人の背丈を超えるものもあった。その他の茎は刈り取られたばかりで、地面から数cmだけが残っていた。それらは視界に入る全ての土地を覆っていた。

　その日は気温が38℃を超えていたに違いない。テキサス州北部のトウモロコシの収穫期は、清々しい秋ではなく、1年で最も暑い時期、通常は7月下旬か8月初旬である。日差しは強く、何千エーカーもの耕地が刈り入れされていたため、避難できるような木陰は全くなかった。

　私はダラス・フォートワースとウェーコの間にあるソーヤー農場を訪れていた。この特定の農場は、私が蒸留責任者として従事するTXウイスキーの様々なウイスキーの蒸留に用いる大麦、ライ麦、小麦、トウモロコシの全てを供給している。19世紀の終わりに創業したソーヤー農場は、現在は4代目の農場主であるジョ

テキサス州ヒルズボロに位置するソーヤー農場。トウモロコシ畑が地平線の彼方まで広がる。

ソーヤー農場4代目のジョン・ソーヤー氏。「ソーヤー農場4代目」と刺繍が入ったキャップとシャツを常に着用している。

1章 テキサスの農場

トウモロコシを収穫する巨大なコンバイン。全てが規格外の大きさに驚かされてしまう。

ン・ソーヤーによって運営されている。この農場は存続期間のほとんどの間、商品市場向けの穀物を栽培していた。

　1台のトラックが私の後ろに停まり、ジョン・ソーヤーが降りてきた。彼は成功したビジネスマンではあるが、農家の風貌を装うチャンスを決して逃しはしない。灰色がかった白髪で比較的背が高く、ほっそりとした中年男性である彼は、いかなる時も「ソーヤー農場：4代目」という農場の象徴的なロゴが入った、コロンビアのフィッシングシャツと帽子を身に着けている。彼はフォードのF-350を運転してテキサス州ヒル郡にある3,500エーカー余りの敷地の土手を行き来し、穀物の準備、植え付け、栽培、収穫を行う従業員チームを指揮している。

　私は挨拶をして、コンバインが畑を前後に刈り取り、地面から僅か数cmの所で刈り取られた茎の絨毯を残していく様をジョンと一緒に見た。50mほど離れた

私たちの視界から確認できる機械が、トウモロコシを収穫していた事を示す唯一の明白な証拠は、コンバインに取り付けられたスイングオーガから積み込みトラックに黄色い穀粒が断続して流されている事だけであった。この規模の農場では収穫に1週間以上かかり、天候が良ければ、小川や道路、州間高速道路で区切られた多くの農場に及ぶ事もある。

　ジョンは、「これらのコンバインには、実際にGPSが組み込まれています。これは車のGPSのようなものですが、コンバインではステアリング機構そのものと統合できる点が異なります」と、そういった技術を使わずに長年過ごしてきた男が感謝するような口調で言った。「これはiPhoneのGPSとは異なっていて、畝の最後尾に着いたら左へ曲がるように指示するものではありません。その代わりに、農場全体にコースを設定して、僅か数cmの精度でラインを維持します。畝の最後尾に到達するとドライバーがコンバインの向きを変えて、GPSが前の刈り取りラインに基づいて次のラインに整列させるのです。非常に効率的で有益ですよ」

　「有益ですか？　どこを収穫していて、どこを収穫していないかを知らせるようなものが？」と私は尋ねた。

　「そうですね、確かにその通り。でも、おそらくもっと重要な事は、穀粒がどれくら

い収穫できているか、つまり畑全体と個々の区画の収穫量が正確に分かる事ですね。これは、肥料や除草剤の散布計画の助けになります。農場のどの区画に問題が発生しやすいかが分かっていれば、農地全体に散布せずに、その区画を具体的にターゲットにする事ができるからです。コストを削減できるし、環境にも配慮できます。散布量が減れば、過剰な薬品の流出も減りますからね」

　私は黄色いトウモロコシが茎からコンバイン、そして積み込みトラックへと絶え間なく流れていくのを見ていた。私はバーボン造りのために購入していたトウモロコシを見るためにここへ来た。この時の訪問は、ソーヤー農場と我々の蒸留所との提携が始まったばかりの段階で、我々は彼らの穀粒総売上高のほんの一部にすぎず、その大部分は商品市場に売られていた。

　「それでこのイエローデントコーンは、少なくとも私たちがバーボン造りのために買わない量は、トルティーヤチップスやコーングリッツを作るのに使われるのですか？」と私は尋ねた。続けて、柔らかいスイートコーンの代わりに硬いイエローデントコーンを使用した、私が知っているいくつかの製品を早口に喋ろうとしていた。

　「ああ、いや」とジョンは言った。「少なくとも、私はそうは思っていません。これらは全て、最終的には主に鶏や牛の飼料となりますから」

　「本当に？　食用にはならないのですか？　イエローデントコーンは食べられますよね？」

　私は毎日、トウモロコシをバーボンに変えていた。バーボンは法律により、レシピあるいは我々が「グレーンビル」と呼ぶものに、少なくともトウモロコシを51％含有しなければならないと定められている。法的には、イエロースイートコーンからブルーフリントコーンまで、あらゆる種類のトウモロ

左：イエローデントコーンを手にするジョン・ソーヤー氏。
右：おもに飼料用のトウモロコシを栽培しているが、TXウイスキーには、トウモロコシだけでなく、小麦、大麦、ライ麦も供給している。

コシを使用できる。しかし、イエローデントコーンが大部分を占めている。正直に言うと、この時点では、私はなぜイエローデントコーンがバーボン造りに最も多く使われてきたのかを理解していなかった。私の指導にあたった蒸留責任者から使うように言われたのが、まさにこの種類のトウモロコシだったからだ。従って、イエローデントコーンから造られたウイスキーが実際にバーボンとして人間に消費される事を考えると、バーボンに使用されなかったイエローデントコーンは当然、人間の食べ物になるだろうと考えていたのだ。

「もちろん、食べる事もできますと」と、F-350の方に戻りながらジョンが言った。「でも、イエローデントコーンのほとんどは商品市場で家畜の肥育場や（バイオ）エタノール生産者に販売されています。うちの農場で栽培されたトウモロコシは商品穀物市場に販売され、人間が直接食べるのではなく、人間が最終的に食べる動物の飼料として使用されています」

「なるほど。私は何かを見落としているようですね。あなたは私たちに食品グレードのトウモロコシを提供しています。でも、あなたが栽培しているイエローデントコーンの大半、そして基本的に農家が栽培しているイエローデントコーン全てが鶏や牛の飼料用として栽培されているとしたら、食品グレードと飼料グレードを区別するものは何でしょうか？」

「実際のところ、大した違いはありませんよ」とジョンは言った。「食品グレードは常に最も密度が高い穀粒になりますが、密度の高い穀粒が肥育場に行き着く可能性もあります。また、食品グレードには、真菌感染症を生じるマイコトキシンが一切含まれていません。まあ、うちのトウモロコシには常にマイコトキシンはありませんが。主な違いは、食品グレードの穀粒は、洗浄して、小石、茎、穂軸、昆虫を除去する必要がある事だけですね。飼料グレードは、ある程度そのような物質の混入が認められているので、穀粒洗浄装置にかける必要はないんです」

ジョンは、確かに飼料よりも食用に適したイエローデントコーン品種がいくつかあると説明してくれた。適合性の主な理由は、特定の品種の方が加工、製粉、調理が容易だという事だった。ブルーコーンは、

穀物について話す著者(左)とジョン・ソーヤー氏。綿密な打ち合わせが何度も繰り返される。

その風味と色合いのため、主にトルティーヤチップス用に栽培されている。しかし、トウモロコシの多くの品種は飼料用か食品用の何れかになり得る。それは、農家が収穫中に異物や損傷した穀粒をどれだけ回避するか、また収穫後にそれらをきれいに洗浄するかどうかにかかっている。基本的には、その他の全ての穀物にも同じ事が当てはまる。

「味はどうですか？」と私は尋ねた。

「そうですね、皮と茎は別にして、穀粒自体の味は同じだと思います」

「でも、1つの品種が他のグレードになり得るのなら、食品グレードとなる収穫ロットの方が良い味わいのはずですよね。どの時点で味わいが考慮されるのですか？」と私は尋ねた。

「それが本当かどうかは分かりません。それはあなたの仕事だと思っていたけれど」と、ジョンは頭を後ろに反らせて笑った。「私たち農家は、味でお金を貰っている訳ではありません。穀粒は商品で、私たちは収穫量に応じて報酬を受け取っています。限られた農地でどれだけ収穫高を増やす事ができるか、それが最大の目標です」

振り返ってみると、2014年のソーヤー農場でのあの経験は、私が「最大の目標」という言葉を聞き、ウイスキー造りにおける穀粒選定に対する相対的な無関心に気付いた時で、私のウイスキー造りのキャリアにおいて最も重要な日の1つだった。この疑問により、ソーヤー農場や蒸留所でトウモロコシ、小麦、ライ麦、大麦をどのように選択し、栽培し、保管するかが変わったからだ。

ジョンは、ウイスキーにおける土地の重要性、つまり穀物が育つ環境全体がその化学的性質をどのように変化させ、さらにはそれが、造られるウイスキーにどのような影響を与えるかを理解するための探求へと、私を導いてくれた。ワイン生産者はこれを「テロワール」と呼ぶ。この本は、そのテロワール探求のカタログである。その探求心は、私に大西洋を越えさせ、アメリカのウイスキー生産地から、スコットランドとアイルランドまで連れて行った。しかし、まずはテロワール発祥の地であるワインカントリーへと私を向かわせた。

北カリフォルニアでウイスキーの旅を始めたのは、私が初めてかもしれない。しかし、それはウイスキーにおけるテロワールの役割が熱く議論され、二極化しているからである。ウイスキーのテロワールを

めぐる論争に真っ向から飛び込んでも、私は意見の対立や不一致の袋小路に迷い込むだけであり、その多くは科学に根差してはいない。テロワールは、ウイスキーにおいて単純に実績がないのだ。そこで私は、ウイスキーのテロワールを探求するのなら、まず初めにワインで探求する必要があると考えた。

★★★

　世界には有名なワイン生産地が数多くある。私はカリフォルニア州のナパ郡とソノマ郡を訪問する事に決めた。

　私の目標は何であったか？　ワインを飲む事だ。しかし、ナパとソノマにある数百ものワイナリーの中から見つけたものを何でも飲むという訳ではない。そう、私には計画があった。具体的なテイスティングを実施したいと考えていた。しかしこれを行うには、ワイン生産者の援助が必要だった。

　これを正しく行えば、テロワールが実際にワインの香味や風味に影響を与える事、そして単なるマーケティングの決まり文句ではない事を、この実験が証明してくれる事を私は望んでいた。そしておそらく、この証拠がどのようなものであったかに基づき、この実験はウイスキーのテロワールを発見し評価する方法も私に示すだろう。

　さて、私はどこのワインストアに行っても、テロワールの味わいを誇示するいくつかのボトルを売ってくれるよう頼む事ができた。しかし、私はそれだけでは十分ではないと考えた。その実験は、正当ではない。私には、ワインショップの店員が提供できる以上の、必要な制御変数が私の実験に存在するという保証が必要だった。私はこのテイスティングの実験において、テロワールが唯一の独立変数であり、ワインごとに変化する唯一の変数である事を確認する必要があった。

　私の当初の計画は、テロワールの概念を最も単純な形で調査する事だった。すなわち、土壌、地形、気候などの環境がブドウ畑のブドウをどのように変化させたかを表すのである。ブドウのフレーバーの生成は、以下の影響を受ける可能性があると私は考えた。ブドウの遺伝的特徴、ブドウの成長に影響を与えるテロワール、ブドウの栽培に使用されるブドウ栽培技術、あるいはこれら3つ全てを組み合わせたものである。そして最初は、ワインのテロワールのテイスティング実験は、ごく簡単なように思えた。

2章
フレーバーの製造と認識

ワインは、少なくとも表面的には、ウイスキーとそれほど変わらないプロセスで造られている。もちろん、時には大きく異なる側面もある。しかし、俯瞰してみると、ワイン造りとウイスキー造りには、相違点よりも共通点の方が多い。

最初のステップは原料の収穫と加工で、ワインの場合、この原料はブドウで、ウイスキーの場合は穀粒である。

ブドウの加工とは、除梗（茎を取り除く）して破砕（潰す）し、果醪（※ブドウのジュース〈果汁〉、果皮、果肉、種子の混合物）を取る事を意味する。赤ワインは全てこの果醪から造られ、白ワインは果皮と種子からジュースを分けるために再度圧搾される。

穀粒の加工には、（時折）モルティングと（常に）ミリング、そして（常に）マッシングが含まれる。

「モルティング」とは、穀粒を部分的に発芽させてからキルニングして休眠状態に戻す事であり、発芽とは穀粒（厳密には種子）が芽を出し始める事である。「キルニング」とは、発芽中の穀粒に熱を加えて水分を除去し、穀粒を休眠状態に戻すプロセスである。キルニングの燃料は、通常は天然ガスだが、ピート（泥炭）から得られるスモーキーなフレーバーがウイスキーに求められる場合は、ピートも使用される事がある。未発芽の穀粒とは異なり、麦芽となった穀粒は柔らかく、もろく、甘く、アミラーゼと呼ばれるデンプン分解酵素がたっぷりと含まれている。ウイスキー造りに大麦が用いられる場合、そのほとんどは大麦麦芽である。主な例外はアイリッシュ・ポットスチルウイスキーで、そのレシピには相当量の未発芽の大麦が使用されている。トウモロコシ、小麦、ライ

麦もまた、ウイスキー造りに共通して用いられる穀粒であり、その特有のスタイルによって使い分けられる。トウモロコシ、小麦、ライ麦は、麦芽にされる事もあるが、未発芽のまま使われる事の方が多い。

「ミリング」によって穀粒を砕き、基本的にキメの粗い粉末のグリストを造る。グリストは「マッシング（糖化）」と呼ばれるプロセスで水と混ぜられ、その結果「マッシュ」と呼ばれる甘い液体になる（マッシュをろ過した場合は〈ウォート：麦汁〉になる）。対照的に、ブドウには既に多量の水分が含まれているため、ワイン造りにおいては、果醪やジュースに水が加えられる事は絶対にない。

原料が収穫され加工された後は、発酵である。これは酵母やその他の微生物（つまり乳酸菌）が、果醪、ジュース、マッシュ、あるいはウォートに含まれる糖分や栄養分を消費し、代謝副産物としてアルコール、二酸化炭素、およびフレーバー化合物を分泌するプロセスである。

ワインやウイスキーでは、発酵に使用される最も一般的な酵母の種類は"Saccharomyces cerevisiae"である。この酵母は、パンやワイン、ビール、蒸留酒を造るのに何千年もの間選ばれてきたが、その存在が（他のあらゆる微生物と共に）知られるようになったのは（アントニ・ファン・レーウェンフックのお陰で）17世紀になってからであり、発酵におけ

るその役割が確認されたのは（ルイ・パスツールのお陰で）19世紀になってからである。つまり本質的には、私たちはパンやアルコール飲料の目に見えない役割を担う酵母としてSaccharomyces cerevisiaeを選択した訳ではなく、この酵母がアルコール性と酸性の環境を作り出し維持する事の両方に長けているため、自然淘汰のプロセスが選んだのである（もしパンを焼くプロセスにおいてアルコールが蒸発しなければ、パンはアルコール性になる）。その他の微生物のほとんどは、エタノールや酸にあまり耐性がないため、Saccharomyces cerevisiaeの発酵によって作り出される環境では死滅する。しかし、アルコール性と酸性の環境で繁殖できる、乳酸菌といった例外もある。乳酸菌は、ワイン造りにおいて意図的に加えられる事もあり、ワイン生産者が「マロラクティック発酵」と呼ぶ発酵を促す。しかし、この菌はブドウや穀物に自然に生息しているため、いずれにせよプロセスに混入する。マロラクティック発酵とは、乳酸菌（具体的には、Oenococcus oeniやLactobacillus属およびPediococcus属の複数の種）によって酸味のあるリンゴ酸をより心地よく、柔らかい乳酸に変換するプロセスである。

発酵の後、ワイン造りとウイスキー造りのプロセスは枝分かれする。ワインは濁りを取るため、「清澄」と呼ばれるプロセ

スで死んだ酵母細胞、果皮、種子をタンクの底に沈殿させ、除去できるようにする。ウイスキーではその逆で、発酵したマッシュやウォート（専門的には、この時点では単なるビールだが）は混ぜ合わされ、まさに「蒸留器」と呼ぶに相応しい蒸留システムへと移される。「蒸留」とは、エタノールとフレーバー化合物が蒸発し、ビールに含まれる水分や穀粒、固形物の酵母の大半が分離するまで、その混ぜ合わせたものを加熱するプロセスである。蒸発したエタノールとフレーバー化合物は、蒸留器内部を上ってコンデンサー（冷却器）に運ばれ、そこで「ニューメイクウイスキー」と呼ばれる液体に戻る。もともと（蒸留が始まった当初は）、ステンレスはまだ存在しておらず、銅は打ち延ばしができる効果的な熱伝導体であったため、蒸留器は大抵が銅製である。しかし、蒸留業者は最終的に、銅が不快な硫黄を含有するフレーバー化合物と反応して結合し、蒸留液からそれらを効果的に除去する事から、この金属が香味や風味にとって重要である事にも気が付いた。蒸留器の高さ、幅、そして全体の形状もフレーバーに影響を与えるのである。

　ここから、ワイン造りとウイスキー造りは再度近付いていく。ニューメイクウイスキーは、ほぼ例外なく、寝かせて熟成させるためにオーク樽へと移される。ワインはそれほど一定ではないが、しばしば

オーク樽で熟成される事もある。しかしながら、ウイスキーとワインの熟成の進み方には確かに違いがある。

　ウイスキーは通常、熟成庫に保管された樽の中で何年も、あるいは何十年もの時を過ごす。場所により異なるが、ウイスキー樽の熟成庫はレンガ造り、木造、あるいは鉄骨製の倉庫で、通常は暖房や空調設備がないため、季節によって気温の高低差が激しいのが一般的である。このような気温の変動は実質的には望まれるもので、ウイスキーが樽材の中で膨張や収縮を起こし、そしてまた元に戻る事を促すため、蒸留酒はオークから色味とフレーバーを誘発する化合物を抽出できるようになる。

　ワインの熟成は比較的穏やかで、その液体はほんの数ヵ月から数年をオーク樽の中で過ごし、通常はセラーやカーヴといった安定した環境下に置かれる。ワインに含まれるエタノール濃度が全ての微生物の増殖を阻止できるほど高くはないため、ワインは熟成期間中に腐敗しやすい。従って、微生物の成長を促進させる高温は問題となる。

　ワインの樽は「トースト」が施される。樽職人は樽を炉にかざし、特定のレシピごとに炎の強さと時間を調整する。トースティングでは、樽は間接的な炎による150〜260℃の熱に45分近くさらされる事もある。トーストという用語は、樽が決して燃

えない事を意味する。

ウイスキーの樽は、ほとんどの場合（ただし全てではない）「チャー（内面を焦がす事）」が施される。チャーリングはより素早く、より高温で行われ、直火による熱暴露は僅か30〜60秒で、温度は260〜315℃までの幅がある。

トースティングとチャーリングはどちらもオークを分解するが、温度と熱にさらされる時間が異なるため、各プロセスで生成されるフレーバー化合物の濃度と組成は変化する。世界最大の樽製造業者であるインディペンデント・ステイヴ・カンパニーによると、トースティングは実際のところ、チャーリングよりも香味や風味成分の濃度が高くなるという。従って、私を含む多くのアメリカの蒸留業者は最初にトーストし、その後ごく軽くチャーしたオーク樽を試している（バーボンやライウイスキーなど、人気のあるアメリカンウイスキーのスタイルに適用される〈チャーしたオークの新樽〉という法規に準拠するため）。

ワイン造りとウイスキー造りの最終段階は、ボトリングである。多くのワイン（少なくともコルクで封をしてあるもの）はボトルの中で熟成を継続する事ができるが、ウイスキーはそうはならない。その主な理由は、ボトルを水平にしてコルクが液体と常に接触した状態で熟成させると、酸素がゆっくりとボトル内部に拡散するからである。その結果、ワインの中で酸化反応が緩やかに起こり、ほぼ全てのフレーバー化合物（特定のフーゼルアルコールを除く）の濃度に影響を与える可能性がある。ほぼ全てのワインは数ヵ月の短期熟成が望ましいが、特定種のワイン（多くの白ワインを含む）は長期熟成に耐えられず、酸化反応が進むにつれて急速に劣化してしまう点に留意する必要がある。

多くのウイスキーは、コルクの代わりにスクリューキャップで封をされている。それゆえ、酸素がボトルに入る事はなく、酸化反応は起こらない。従って、ボトルが長期間未開封のまま放置されていたとしても、そのウイスキーの味わいは数ヵ月、数年、あるいは数十年経ってもボトリングされた日とほぼ同じである。コルクで封をされたウイスキーは、通常は水平ではなく垂直に保管される。つまり、ウイスキーはコルクと接触しない。従って、ボトル内に酸素がたやすく拡散する事はない。ただし、コルクで封をされたウイスキーの場合、時間が経つにつれてコルクが乾燥し収縮するため*、最終的には酸素が入り込むが、これが起こるのは数年あるいは数十年と長期間に渡る時である。しかし、コルクであれスクリューキャップであれ、十分な量の酸素がボトルに入ると、熟成したワインのボトルと同じ酸化反応によりウイスキーも変化し始める。

*実際には、ボトル内のウイスキーがコルクに浸透していくため、コルクは膨張して

瓶の口に張り付き、脆く砕けやすくなる。

基本的に、ワインには赤、白、ロゼ（ピンク）の3つの主要なスタイルがある。色の違いはブドウの品種と、ブドウの果皮、種子、果肉、ジュース全体が発酵されているかどうかの両方に関係している。赤ワインの場合、果皮の色素（最も顕著なのはフラボノール、アントシアニン、タンニンといったフェノール化合物）が色を与える。白ワインでは、ブドウを圧搾してジュースを分離し、ジュースだけを発酵させる。ロゼワインはブドウの果皮からいくらか色を取り込んでいるが、赤ワインと呼べるほどではない。ウイスキー造りには、これに相当するプロセスはない。蒸留後のウイスキーは全て、水のように澄み切っている。色は樽の中で熟成する事で生じる（具体的には樽材のタンニンとカラメル化した木糖から生じる）。

ワインとウイスキーのスタイルはどちらも、通常、産地によって規定され販売されている。フランス産のワインを説明する最も一般的な方法は、フランスワインと呼ぶ事である。これはほとんどの場合、ブドウが栽培された実際の地域に至るまで規定される。ボルドー地域で造られたフランスワインは、ボルドーワインに分類される。カリフォルニアで造られたワインはカリフォルニアワインに分類され、ブドウが全てカリフォルニアの同地域で栽培されたものであるのなら、ナパ・バレー、あるいはセント・ヘレナやヨントヴィルなどのように、1つの地域内のサブ地域にまで絞り込まれる事がよくある。ボルドー、ナパ・バレー、セント・ヘレナ、ヨントヴィルなど、これらのワイン産地やサブ地域の多くは、法律により地理的に境界が定められている。フランスの認証は「アペラシオン・ドリジーヌ・コントロレ」（AOC/原産地統制呼称）と呼ばれ、アメリカの認証は、「アメリカン・ヴィティカルチュラル・エリア（AVA/米国政府認定ブドウ栽培地域）と呼ばれる。

同じように、ウイスキーも製造された国や地域にちなんで名付けられる事が多い。スコッチウイスキーはスコットランドで造られたウイスキーで、アイリッシュウイスキーはアイルランドで造られている。カナディアンウイスキーはカナダで造られなければならない。一部のスタイルは、特定の国や地域でしか製造できない。例えば、バーボンはアメリカで製造しなければならないウイスキーのスタイルである。よくある誤解に反して、バーボンは発祥の地であるケンタッキー州以外でも製造できる。実際のところ、バーボンはアメリカのどこで

も製造可能であり、何世紀も前にアメリカのウイスキー産業が誕生して以来そうであった。その上、連邦議会は1964年までバーボンをアメリカ特有のウイスキースタイルとして宣言しておらず、地理的な保護を与えていなかった。1920年から1933年の禁酒法時代には、一部の蒸留業者は国境を超えて南に移動し、メキシコ産バーボンを生産した。

ウイスキーには、ワインのAOCやAVAと全く同じ制度はないが、国によっては、その国の一般的なスタイルからさらにスタイルを指定する地域がある。例えばスコットランドには、スペイサイド、ハイランド、ローランド、キャンベルタウン、アイラという5つの明確なウイスキー製造地域がある。この規定には多くの例外があるとはいえ、これら5つの地域は独特のフレーバーを持つスタイルを製造していると見なされている。スペイサイドはフルーティでフローラル、そしてデリケートなウイスキーを製造する事で知られており、アイラはピートが強く、スモーキーで薬品のような香味と風味で有名である。アメリカンウイスキーはほとんどの場合、州に基づいて地理的に規定される。ケンタッキーウイスキーはケンタッキー州で造られ、少なくとも1年はそこで熟成させなければならない。テネシーウイスキーはテネシー州で造られなければならず、テネシー州の法律により、ジャックダニエルで有名になったリンカーン郡

のチャコール・メローイング（木炭によるろ過）プロセスを経なければならない。

ウイスキー業界では、ラベルに書かれた「プロデュース」という言葉の意味がしばしば議論されている。時には、どこで瓶詰めされたかという事だけを意味する事もある。アメリカのクラフトウイスキーにおいては、その州内で行われた製造プロセスが瓶詰めのみであったにも関わらず、州の名が使用される場合があり、これがしばしば緊張関係を生む。しかし最近では、州の名を使用するウイスキーはその州で蒸留し、熟成しなければならないという規制を求める動きが高まっている。ニューヨーク州とミズーリ州はこれをさらに一歩進め、州独自のスタイルであるエンパイア・ライとミズーリ・バーボンそれぞれにおいて、地元産の穀物を大多数使用する事を義務付けている。

ワインとウイスキーは地理的要因以外にも、発酵や蒸留に使われるブドウの品種や穀物の種類によっても区別される。ほぼ全てのワインは同じブドウの種、*Vitis vinifera*から造られている。しかし、その種の中には数千もの品種がある。最も一般的なのは、よく知られた名前のメルロー、ピノ・ノワール（Pinot noir）、シャルドネ、ソーヴィニヨン・ブラン、リースリング（Riesling）、カベルネ・ソーヴィニヨンで、これらは国際品種あるいはノーブル・グレープ（高貴なブドウ）と呼ばれる。ワイ

ンがこれらのうちの一種を圧倒的多数使用して製造される場合、通常は単一品種がラベルに記載される。つまり、メルロー品種のブドウから造られたワインはメルローと記載される。そして、有名なナパ・バレーのシャルドネというように、多くのワインは産地とブドウの両方がラベルに記載されている。

　興味深い事に、ボルドー産のワインなどオールドワールド(旧世界/※古くからワイン造りが継承されている、フランス、イタリア、ドイツ、スペイン、ポルトガルなど、ヨーロッパのワイン生産国を指す)のワインの多くは、品種名がラベルに記載されていない。これは伝統的なものであり、また通常、法律により異なる地域で栽培できるブドウが規定されているためでもある。ボルドーワインは通常、カベルネ・ソーヴィニヨン、カベルネ・フラン(Cabernet Franc)、メルロー、プティ・ヴェルド(Petit Verdot)、マルベック(Malbec)といった特定の品種からのみ製造できる。ボルドーワインの造り手とその熱心な愛飲家たちは、ブドウの品種をラベルに記載するのは冗長だと信じている。

　ウイスキーはどんな穀物からでも製造する事ができる。最も一般的なのは、トウモロコシ(学名:*Zea mays*)、大麦(学名:*Hordeum vulgare*)、ライ麦(学名:*Secale cereal*)、小麦(学名:*Triticum aestivum*)の4種である。マイロ(Grain

sorghum/学名:*Sorghum bicolor*/モロコシの一種)やライ小麦(学名:*x Triticosecale*/小麦とライ麦の交配種)など、他の穀物種から造られたウイスキーのプロジェクトも進行中であり、少量が発売されている。しかし、マイロやライ小麦のウイスキーを特定して探し求めていない限り、あなたがこれまでに飲んだウイスキーは全て、トウモロコシ、大麦、ライ麦、小麦の組み合わせである。

　モルトウイスキー(最もよく知られているのは、スコッチ・シングルモルトウイスキー)は、大麦麦芽から製造されなければならない。スコッチ・シングルモルトでは、「モルト」という言葉は、ウイスキーが大麦麦芽100%で製造されている事を意味すると、法的に定義されている。「シングル」という言葉は、単一の蒸留所で製造された製品である事を意味する。スコッチ・ブレンデッドモルトウイスキーも大麦麦芽を100%使用しているが、これは複数の蒸留所で製造されたモルトウイスキーをブレンドしたものである。スコッチ・シングルモルトが有名である事から、その他のほとんどの国は法的に定められたガイドラインに従い、常に大麦麦芽100%のグレーンビルを使用している。過去10年間で人気が高まったアイリッシュ・モルトウイスキーとジャパニーズ・モルトウイスキーも、大麦麦芽100%で製造されている。

　アイルランドには、バーボンと同様にアイ

ルランドでしか製造できない独特のスタイルのウイスキー、ポットスチルウイスキーがある。アイリッシュ・モルトウイスキーとアイリッシュ・ポットスチルウイスキーはどちらもポットスチル（蒸留器）で製造されるため、この名前はやや紛らわしい。2つのスタイルの違いは、ポットスチルウイスキーには、モルティングしていない未発芽の大麦が大麦麦芽と共に含まれていなければならないという点である。

　カナダでは、ウイスキーは通常、100%同じ穀物で糖化が行われる。例えば、カナディアン・ライウイスキーはライ麦を100%使用している。しかし、カナダのウイスキー業界は、長い歴史がある素晴らしいブレンドの実績を持つ事から、カナディアンウイスキーのボトルのほとんどは、複数の穀物のブレンドである。ただし、ブレンドはウイスキーが樽から出された後の最終段階で行われ、アメリカンウイスキーで一般的に行われているマッシングの初期段階で行われる訳ではない。

　アメリカンウイスキーの法規は、スタイルの分類において単一の穀物を51%以上必要とする点で独特である。カナディアン・ライウイスキーはライ麦が100%であるのに対し、アメリカン・ライウイスキーはライ麦が51%含まれていればよい。アメリカン・ウィート（小麦）ウイスキーは51%以上が小麦で、バーボンウイスキーは少な

くとも51%がトウモロコシでなければならない。例外はアメリカン・コーンウイスキーで、これは少なくとも80%のトウモロコシから造られなければならない。ここでお気付きかもしれないが、これらのルールの下では、80%以上のトウモロコシを含むグレンビルは、バーボンとコーンウイスキーのどちらにも成り得る。何がこれらを分けるかというと、樽である。バーボンはアメリカのライウイスキーやウィートウイスキーと同様に、チャーしたオークの新樽で熟成させる必要がある。対照的に、コーンウイスキーは熟成させないか、使用済みの樽（バーボンやシェリーの熟成に使用された樽）で熟成させるか、トーストした新樽で熟成させる必要がある。

　アメリカンウイスキーの厳しい樽の要件は独特で、他の国ではどのようなスタイルのウイスキーを造るにも、チャーした新樽の使用を義務付けていない。その結果、使用済みのバーボン樽のほとんどはスコットランドやアイルランド、カナダ、日本へと送られ、そこでそれらの国のウイスキーが何度も熟成される事が多い。これらの国では、シェリー酒やその他の酒精強化ワインを最初に熟成させた樽も使用されるが、業界で「Exバーボン」と呼ばれる使用済みバーボン樽と比較すると、その割合は見劣りする。

★★★

　多くの情報を記したが、私が読者に覚えておいてほしい重要な点は、ワインのフレーバー化合物はブドウ、発酵の際の副産物、そしてもし樽熟成の場合はオーク樽から生成されるという事である。これはワインのスタイルに関係なく当てはまる。瓶内熟成（あるいは瓶詰め前のステンレスタンクでの熟成）では、化学反応を通じて香味と風味成分が処理され変化するが、新たな成分が導入される事はない。

　同様に、ウイスキーのフレーバー化合物は穀粒、発酵の際の副産物、オーク樽から生成される。専門的には、水が香味と風味成分をもたらす可能性もあるが（ホコリや土のような味がする質の悪い水道水を想像してほしい。ゲオスミン〈降雨の後の地面の匂いを持つ有機化合物の一種〉や、2-メチルイソボルネオール〈水道水のカビ臭の原因物質の1つ〉などから生じるフレーバーである）、大抵は活性炭でろ過され、有機化合物や異臭が除去される。そしてワインの瓶内熟成と同様に、蒸留では化学反応を通じてフレーバー化合物を処理して変化させるが、このプロセスで実際に新たな成分がもたらされる事はない。

　ワインやウイスキーのフレーバーも同じように感じる。私たちの香味や風味の感覚は、外部刺激を感知する複数の感覚

器官の相互作用を通じて生み出される。あらゆる感覚系が、味覚の感知に影響を与える。音でさえも！　コルク栓が抜ける時のポンという音が、特定の味覚を予期させる事を考えてみよう。とはいえ、フレーバーに関しては、嗅覚と味覚が最も影響力のある感覚である。

　フレーバー体験の大部分は、鼻の嗅覚受容体と舌の味覚受容体がフレーバー化合物と呼ばれる化学物質を感知した時に生まれる。これらの化合物は、受容体に結合してそれらを活性化し、脳内で信号として終了する化学信号の連鎖反応を引き起こす。食べ物や飲み物を摂取した場合のように、複数の嗅覚受容体と味覚受容体が活性化されると、脳に送られる複数の信号が組み合わさり、香味や風味の感覚と認識が生まれる。私たちは、音楽の和音を聴くのと同じように、フレーバーを感じ取る。ピアノのGコードを聴く時、G、B、Dの個々の音が聞こえる訳ではなく、コードが聞こえる。感覚の専門家はフレーバーを構成要素に分類できるが、私たちの生理機能はそれらをまとめて識別するように調整されている。ほとんどの人にとって、コカ・コーラはまさにコカ・コーラの味わいである。しかし、感覚的知見を訓練された人は、コカ・コーラの味を構成するレモン、バニラ、シナモンなどの

香味や風味を識別し、個別に検知する事ができる。

フレーバーの知覚にとって、匂いと味のどちらが重要だろうか？ それは実際のところ、匂いの方だという事が判明している。味は、甘味、酸味、塩味、苦味、旨味など、知覚できるものが比較的限られる。ウイスキーの場合、エタノール含有量が多いと味覚受容体が鈍感になるため、味覚はさらに限られる。科学者たちは人間が感知できる匂いの範囲について議論しているが、1万から1兆種類を超える範囲の匂いを識別できると推定している[1]。その差は非常に大きいが、いずれにしても、人間は5つの基本の味よりもはるかに多くの匂いを嗅ぐ事ができる。

これは驚く事ではないのかもしれない。つまりほとんどの人は、風邪をひいている時や鼻をつまんでいる時、食べ物の味を感じられない事に気付いている。鼻が詰まっていると、アロマの風味のインパクトは失われる。リンゴの甘味は感じられるかもしれないが、リンゴの本当の味わいを生み出す、リンゴに含まれる何十ものフレーバー化合物は味わう事ができない。

匂い物質（揮発性物質とも呼ばれる）は、ワインやウイスキー（およびその他の食品や飲み物）に含まれる揮発性のフレーバー化合物で、鼻の嗅覚受容体に到達する。このプロセスは、オルソネイザル嗅覚（嗅ぐ事によって、匂い物質が鼻腔内に入る）とレトロネイザル嗅覚（口の中から息を吐く事で、匂い物質が鼻腔内に入る）の両方を通じて起こる。

ワインとウイスキーには、数百もの潜在的なフレーバー化合物があり、それらの大半は、有機酸、エステル、ケトン、アルデヒド、テルペン、ピラジン、アセタール、アルコール、ラクトン、硫黄化合物など、異なる化学的分類に属する匂い物質である。これらの匂い物質の多くは、ウイスキー1ℓあたり1,000分の1 gから10億分の1 gという非常に低い濃度でしか存在しないが、その感覚閾値もそれ相応に低い事がよくある。感覚閾値とは、匂いや味を感じるために必要な物質の濃度である。そのため、匂い物質の濃度が低くても（類似した匂い物質との組み合わせでも、単独でも）、食べ物や飲み物の風味は大きく変わる可能性もある[2]。

私のワイン・テロワールのテイスティングがウイスキーに応用できる情報を明らかにするには、ワインとウイスキー両方のフレーバーの化学を理解する事が不可欠である。しかし、現在までのアルコールに関する科学的研究の大半は、ワインに焦

点を当ててきた。これには多くの理由がある。研究資金、文化、そしてカリフォルニアのワイン業界とカリフォルニア大学デービス校、フランスのワイン業界とボルドー大学といった、ワイン産業と地元の大学との結び付きなどだ。さらに、ワインにはある種の威信があるのに対し、ウイスキーはアルコール依存症の象徴とみなされる事が多い。もちろんこれは事実ではない。ワインもウイスキーと同様に乱用される可能性がある。しかし、浮世離れした学術研究機関にとっては、"ワイン研究は正当かつ公正である"と援助資金供与者を納得させるのは容易だった。

ワインに次いで研究が進んでいるのはビールであり、ウイスキーはこの2つよりもかなり遅れている。シーグラム社が20世紀初頭に、ウイスキーに関する重要な研究を実施し、発表したのは事実である。そして、The Scotch Whisky Research Institute（※スコッチウイスキー研究所／スコットランドの研究機関）は積極的に研究を行い、その研究結果を公表しているが、ウイスキーに関する科学論文の量は、ワインやビールに比べると少ない。

しかし、ワイン造りとウイスキー造り（そしてついでに言うとビールも）には共通あるいは類似した側面、技術、プロセスがあるため、ワインの同じフレーバー化合物、原理、化学的発見の多くは、ウイス

キーにも当てはまる可能性があると私は考えた。もし、ワインのどのブドウ由来のフレーバー化合物がテロワールによって変化するかを発見できれば、ウイスキーの香味や風味に対するテロワールの影響に関し、ある種の化学的なロードマップ（行程表）を描く事になるのではないだろうか？　確信はなかったが、そのアプローチは十分に論理的であるように思えた。

私が「化学的ロードマップ」というアイデアを初めて目にしたのは、2017年に "Science" で発表された「トマトのフレーバーを改良するための化学遺伝学的ロードマップ[3]」という論文だった。主任研究者であり、フロリダ大学の園芸家兼植物育種家であるハリー・クリー博士が主導するこの論文は、トマトの香味や風味に関係する化合物とその生成を制御する遺伝子を明らかにした。おそらく私も、ワインを使ってウイスキーにも同じような事ができるだろう。

読者は一見して、私のアイデアは大して理にかなっていないと思うかもしれない。ウイスキーとワインはどちらも発酵に同じ酵母を使用し、熟成には同様の樽を使用するが、穀物とブドウは全く異なる。"ブドウから始めても、穀物のロードマップになるのだろうか？"と。

まず、見た目、感触、そして味から判断すると、穀物とブドウは全く異なるように思

える。しかし遺伝学的には、読者が思うよりもはるかに近い。穀物の穀粒は、厳密に言えば穀草の果実である。揚げたトルティーヤチップスやチートスを食べる時は、（少なくとも植物学的な意味では）果物を食べているのである。

構造的に、ブドウの実と穀物の穀粒は著しく類似している。ブドウのような肉質の果実には、柔らかくて美味しい果皮がある。果皮は果実の熟した子房である。動物は果皮を食べ、種子を廃棄する。大麦、小麦、ライ麦、トウモロコシなどの穀物の穀粒には、硬化して種子と融合する果皮があり、そのため動物は果皮と種子の両方を食べる。

ブドウや穀粒に含まれる化合物の多くは、酵母によって代謝され、発酵副産物の前駆体（化学反応などで、ある物質が生成される前の段階にある物質）となるため、間接的にフレーバーに影響を与える。反対に、ブドウや穀粒が生成する特定の小分子は、香味や風味を直接与える可能性がある。これらは、発酵前の果醪、ジュース、マッシュあるいはウォートに混入し、その後の発酵、蒸留、熟成によって構造が大きく変わる事はない。加えて、穀粒に含まれる特定の化学前駆体は、高温での精麦、糖化、蒸留のプロセスで、酸化、メイラード反応、ストレッカー分解、カラメル化反応といった化学反応を起こす。これらの化学反応により、フルーティ、

ファッティ（脂っこい）、ロースト、ナッツ（ナッティ）、カラメル、モルティな香味や風味を持つフレーバー化合物が生成される事もある。しかし重要な点は、ブドウや穀粒由来のフレーバー化合物がワインやウイスキーに取り込まれる経路やプロセスは、実際は相違点よりも類似点が多いという事である。

この事実は、比較研究の機会を提供してくれる。科学者は日常的に、未知の生物や十分に研究されていない生物の遺伝子や特性を、既知で徹底的に研究された生物の遺伝子や特性と比較している。我々も、自分の身体の遺伝子が何をしているのかを理解するために、酵母の遺伝子機能を研究する事がよくある。例えば、酵母と人間はどちらも、糖をエネルギー分子であるアデノシン三リン酸（ATP）に変える代謝機構の大半を共有している。事実、進化論の観点から見ると、私たちは酵母とそれほど遠い親戚ではない。私たちの遺伝子はよく似ているため、計算方法を使えば、どれが同じ系統の遺伝子であるかを判別できる場合が多い。そういった遺伝子は、互いに「相同」と言われる。コントロールされた環境で人間を突っついたり探ったりしながら、変数を1つずつ変えて特定の遺伝子の存在と発現がどのように影響を受けるかを調べる実験はできないため、酵母を使用する。酵母は、不平不満を口にし

たり訴訟を起こしたりせず、数時間ごとに急速に増殖する。

　穀粒とブドウはどちらも果物であり、共通の祖先を持っている事を考えると、そのフレーバーの化学には相同性があるはずだ。そして、もしワインとウイスキーがいくつかのフレーバー化合物を共有していて、その共通の成分がワインのテロワールの影響を受ける事が研究で示さ

れているのなら、ウイスキーのテロワールも影響を受ける可能性があるという事になる。

　少なくとも、これが私の仮説だった。そして私の計画は、相同性、共通の遺伝的起源、そしてワインのテロワールに関する豊富な科学論文から導き出された化学的ロードマップを作る事であった。

★★★

　蒸留業者として、私はウイスキーのフレーバーに関する化学を熟知していた。しかし、この本のアイデアが形になり始めた時、北カリフォルニアのワイン産地を訪れる数ヵ月前になって、このロードマップを開発したいのであれば、ウイスキーの化学を復習し、ワインのフレーバーに関する化学の特訓が必要だという事に気が付いた。

　私が発見した事に基づき、フレーバー化合物をその発生源（ブドウや穀粒、発酵、オーク）ごとに分類する必要がある。こうする事で、私はその化合物を「バケツ」に入れ、ウイスキーの香味や風味を変化させる最も有望なものを強調する事ができる。私はブドウ由来のフレーバー化合物のバケツに焦点を当てる。それらの化合物のうち、テロワールによって変化し

たと報告されているものを特定し、ウイスキーにも含まれているもの（またはそれらに近い派生物）を選び出す。

　そこから、世界中のウイスキーを味わい、香りを嗅ぎ、ワインで報告されているもの、私が個人的にワインで体験したもの、ウイスキーで報告されているもの（非常に稀かもしれないが）、そしてそれらのウイスキーで私が発見したフレーバーとの相関関係を探す。可能であれば、化学分析によって私の味覚受容体と嗅覚受容体が私に伝えている事の具体的な証拠がもたらされるだろう。

　もちろん、それほど単純ではない。科学は決して計画した通りには進展しない。しかし少なくとも、私には仮説があり、科学的研究の材料があった。

3章
フレーバーの化学的性質

　私の旅の第一歩は、ワインに含まれる主なフレーバー化合物の種類とその発生源、その存在と濃度に影響を与えるもの、ウイスキーに含まれるものとの重複について学ぶ事だった。私は化学的ロードマップのアイデアの基礎を築くために、科学論文を徹底的に調べ、研究報告や総説を読む事から始めた。

　読者が化学者でもない限り、私が読んだ内容をそのまま繰り返し読むのは極めて退屈になるだろう。そして、ワインやウイスキーを分析する場合、専門家であっても化学から始める訳ではない。まずは香味や風味から始めよう。

　さて、この章は文献のレビューではなく、私と一緒にバーチャルなワインテイスティングをする形で（実際にテイスティングす

るのが理想的）、ブドウのフレーバーと化学を巡る旅になる。

　テイスティングでは、4つのグラスにワインを注ぐ。銘柄は自由に選べるが、マスカット（Muscat/ドライまたはスイート）、ソーヴィニヨン・ブラン、オーク樽で熟成していないシラー（Syrah）、オーク樽で熟成したカベルネ・ソーヴィニヨンを選んでほしい。テイスティングは、それぞれがフレーバーを体験する目的が異なる2回のセッションに分ける。

　最初のセッションは簡単だ。あまり考えたり分析したりする必要はない。最初のグラスを手に取り、少し回して鼻に近付け、香りを嗅いでみよう。その香りを体験したら、一口飲んでみよう。ワインを口に含み少し動かすと、フレーバー化合物が

揮発してレトロネイザル嗅覚が活性化される。

さあ、他のグラスでもこの手順を繰り返してみよう。

どのような香りや味がするだろうか? ワインを飲み慣れている人なら、既にそのワインを分析して、それぞれのワイン特有のニュアンスを見つけ出そうとしているかもしれない。もしあなたがこのような人のうちの1人なら、一歩下がり、説明しようとしていたフレーバーを頭から消し去ってほしい。もしあなたがこのような人のうちの1人ではなく、ワインのニュアンスを説明しようとした事もないのなら、それは完璧だ! あなたにしてほしい事は、ニュアンスや違いを拾い上げる事ではない。その代わりに、最も基本的な言葉でワインの香りと味を説明してほしい。

何を味わっただろうか? 私の経験から言うと、どれもワインのような香りと味がする。そしてこのセッションでは、それが完璧な反応だ! 品種、ブドウ園、酵母、樽、ヴィンテージ、ボトル内熟成、そしてその他の香味や風味に影響を与える可能性があるものに関係なく、全てのワインには基本的なフレーバーの印象、つまり「ワイン」がある。ワイン科学者は、これをワインの「global odor(全体的な香り)[1]」と呼んでいる。これは全てのワインに共通

する香りである。彼らはそれを「vinous」と説明し、さらに「僅かに甘く、刺激的で、アルコール感があり、少しフルーティ[2]」と定義する事もできる。

ほとんどの飲み手は、ワインのフレーバーは主にブドウ由来のものだと思っているかもしれないが、2008年にワイン研究者のビセンテ・フェレイラは、ワインのこの「全体的な香り」は実際のところ、ほぼ発酵のみから生じる18の化合物が結合したもので、主に高級アルコール(フーゼル油とも呼ばれる)、エステル、脂肪酸、ジアセチル、アセトアルデヒドの混合物である事を示した[3](表3.1)。ブドウ由来の化合物のうち、この全体的な香りに直接寄与しているのは、β-ダマセノン(調理したリンゴの香り)だけである。発酵中に生成されるアルコール、エステル、脂肪酸、ジアセチル、アセトアルデヒドは、比較的高いレベルで存在し、100万分の1単位(ppm:mg/ℓ)で測定する。β-ダマセノンはここでも例外で、通常、赤ワインでは1〜2 ppb(10億分の1単位:mcg/ℓ)、白ワインでは5〜10 ppbの濃度でしか存在しない。

では、ワインに含まれるこれらの全体的な香りの化合物はどこから来るのか、個々の香りはどのようなものなのか、その生成と濃度に何が影響するのか、そして

3章 フレーバーの化学的性質

表3.1　ワインの全体的な香りの原因となる18のフレーバー化合物

化合物の種類	フレーバー化合物	発生源	アロマ
ノルイソプレノイド・テルペン	β-ダマセノン	ブドウ	調理したリンゴ
フーゼル（高級）アルコール	イソアミルアルコール	発酵	バナナ
フーゼル（高級）アルコール	フェネチルアルコール	発酵	フローラル、バラ
フーゼル（高級）アルコール	メチオノール	発酵	ミーティ
エステル	3-メチルブタン酸エチル	発酵	リンゴ、パイナップル
エステル	2-メチル酪酸エチル	発酵	リンゴ
エステル	3-メチルブタン酸エチル	発酵	シトラス、イチゴ
エステル	酪酸エチル	発酵	パイナップル、マンゴー
エステル	酢酸エチル	発酵	フルーティ、エーテル性の
エステル	オクタン酸エチル	発酵	フローラル、バナナ、パイナップル
エステル	ヘキサン酸エチル	発酵	フルーティ、リンゴ
エステル	酢酸イソアミル	発酵	バナナ
有機（脂肪）酸	酪酸	発酵	悪臭
有機（脂肪）酸	オクタン酸	発酵	ファッティ
有機（脂肪）酸	ヘキサン酸	発酵	チーズ様
有機（脂肪）酸	イソ吉草酸	発酵	チーズ様
アルデヒド	アセトアルデヒド	発酵	青リンゴ
ケトン	ジアセチル	発酵	バター様

ウイスキーの香味と風味に何らかの潜在的な役割を果たしているのだろうか？

　1つを除き、全ての全体的な香りのフレーバー化合物は、発酵中に酵母によっ

て生成される。酵母は、人間のキュレーターが求めているような酔わせる効果や美味い香味や風味をもたらす訳ではない。私たちがアルコールやフレーバー

45

化合物と呼んでいるものは、酵母細胞にとっては単なる老廃物で、微生物が栄養素を可能な限り多くのエネルギーと有用成分に代謝した後に、残りを排出したものである（酵母がエタノールを生成し、近接する競合微生物を殺すという証拠はいくつかあるが、それはまだ事実というよりは理論に過ぎない。実際、酵母によるエタノール生成が進化上の目的を果たしているのであれば、それは糖が枯渇した時に酵母がエタノールをエネルギーとして使用できるという事実に関連している可能性がある）。酵母がエネルギーと成長のために代謝する栄養素は、人間が同じ目的で使用するものと同じもの、つまり、糖、脂肪酸、アミノ酸である。全ての発酵由来のフレーバー化合物は、それが全体的な香りのグループに属するかどうかに関わらず、基本的に糖、脂肪酸、アミノ酸の代謝から生成される。

エタノールは、あらゆるアルコール飲料の中に最も多く含まれるアルコールだが、そのフレーバーは比較的淡白で、柔らかく「溶剤のような甘味」がある。しかし、エタノールは他のフレーバー化合物の強さや知覚に影響を及ぼす。例えば、エステル由来のフルーティなアロマを抑制し、揮発性フェノール由来のスパイシーな香味を高める[4]。そしてもちろん、エタノールは酔いの原因となるアルコールである。しかし結局のところ、エタノールはワインやウイスキーの香味や風味に直接寄与する事はほとんどない。

エタノールとは対照的に、高級アルコール（エタノールよりも多くの炭素原子を含有する事からそう呼ばれる）には様々な香味や風味がある。ワインの全体的な香りのグループに含まれる3つは、イソアミルアルコール（バナナ）、フェネチルアルコール（フローラル、バラ）、メチオノール（ミーティ）である。

全体的な香りのグループには、8つのエステルがある。そのうちの7つはエチルエステルで、それらはエタノールと酸から生成される。唯一の例外は酢酸イソアミルで、酢酸エステルと呼ばれる種類に属しており、酢酸（酢）とアルコールから生成される。エステルは、ほぼ例外なく「フルーティ」で「フローラル」で「ワクシー（ワックスや蝋の香り）」である。エステルは確かにブドウや穀粒によって合成されるが、通常、その濃度は非常に低いため、ワインやウイスキーの香味や風味への影響は僅かである[5]。ワインやウイスキーに含まれる重要なエステルは全て、酵母によって生成されるか、蒸留（ウイスキーの場合）や熟成中など、製造プロセスのどこかの時点でアルコールと酸の化

学反応により生成される。全体的な香りのグループには4つの脂肪酸があり、酪酸（悪臭）、オクタン酸（ファッティ）、ヘキサン酸（チーズ様）、イソ吉草酸（チーズ様）という、必ずしも魅力的とは言えない様々なフレーバーを有している。

全体的な香りのグループの残り3つの化合物は、全て3つの異なる種類に属している。

アセトアルデヒドは唯一のアルデヒドで、通常は「青リンゴ」のフレーバーを持っていると説明されている。

ジアセチルはビシナルジケトンであり、独特の「バター様」のフレーバーを持つ。

最後に、β-ダマセノン（調理したリンゴ）は全体的な香りのグループの中で唯一のノルイソプレノイドであり、発酵に由来しない唯一のテルペンでもある。これはブドウの、具体的には果実に含まれるカロテノイド分子に由来する。

ここまでの数段落を読んだ後、読者は疑問に思うかもしれない。「これらの全体的な香りの化合物のそれぞれが独自の（時には好ましくない）アロマを持っているのなら、なぜそれらが組み合わさり、全てのワインに存在する一般的な（そして好ましい）vinousのアロマをもたらすのだろうか？」と。その答えは、「全体は部分の総和にあらず」という古い格言に他

ならない。確かに、個別には独自の香味や風味を持っている。しかし全体としては、それらは協調して相乗的に作用し、その結果vinousのアロマになる。つまり「アロマが完全に統合され、ワインのアロマの複雑な概念を形成しているため、それらはもはや単一の存在とは認識されない」のである[6]。

全体的な香りの成分がどこから来るのかが分かったので、次のステップは、ワイン中の濃度に何が影響を与えているのかを理解しよう。

ワインに関する最初のガスクロマトグラフィー研究の1つは、酵母菌株により生成される高級アルコールのレベルとタイプが異なる事を示した点で画期的であった[7]。異なる酵母菌株が異なるフレーバーを生成する事は、実践と官能分析研究を通じて知られていたが、この初期のガスクロマトグラフィー研究により、その変化の原因となる特定の化合物がいくつか明らかになった。その後の研究では、ワインに含まれる全体的な香りのグループのあらゆる化合物の濃度は、少なくとも部分的には酵母菌株、発酵温度、栄養成分に依存している事が判明した。

果醪、ジュース、マッシュ、あるいはウォートの栄養成分が発酵由来のフレーバー化合物の生成に影響を及ぼす事は、

テロワールの文脈において重要なポイントである。ブドウが果醪やジュースにどのような栄養素を与えるか、あるいは穀粒がマッシュやウォートにどのような栄養素を与えるかは、ブドウと穀粒の特質による。そういった特質は、品種と生育環境（土壌、気候、農法など）によって決定付けられる。つまり、テロワールは発酵中に酵母によって生成されるフレーバー化合物の生成に影響を及ぼす可能性があるという事だ。

　例えば、全てのブドウや穀粒にはタンパク質が含まれているが、その濃度と組成は種や品種により異なる。発酵中、酵母はエールリッヒ経路[8]と呼ばれる一連の代謝プロセスを通じて、タンパク質の構成要素であるアミノ酸を高級アルコールやエステルに変換する事ができる。従って、結果として生じる高級アルコールやエステルは、ブドウや穀粒から直接生成されるとは限らず、アミノ酸から生成される。従って、タンパク質（モルティングとマッシング中にアミノ酸成分に分解される）やアミノ酸の濃度が高いブドウや穀粒は、タンパク質やアミノ酸の濃度が低いブドウや穀粒に比べて、エステルやアルコールの香味や風味が強いワインやウイスキーになると考えられる。さらに、タンパク質、そしてアミノ酸の特定の組成によって

も、様々なフレーバーが生まれる。例えば、アミノ酸のロイシンはイソアミルアルコール（バナナ）と3-メチルブタン酸エチル（リンゴ、イチゴ）に代謝され、アミノ酸のバリンはイソブチルアルコール（vinous）とイソ酪酸エチル（シトラス、イチゴ）に代謝される。

　発酵中のタンパク質やアミノ酸の構成だけが、フレーバー化合物の生成に影響を与える訳ではない。糖の具体的な構成によってもフレーバーは変わる。ワインでは、グルコース（ブドウ糖）とフルクトース（果糖）が果醪やジュースの大半を占める。ビールでは、マルトース（2つのグルコース分子で構成される二糖類）が大半を占めているが、グルコースとマルトトリオース（3つのグルコース分子で構成される三糖類）がそれを補完している。研究により、グルコース代謝とフルクトース代謝の間にはエステルや高級アルコールの濃度に大きな差異はない事が分かっている。ただし、ショ糖の比率が増加すると高級アルコール濃度は不釣り合いに増加し、逆に麦芽糖の比率が増加すると高級アルコールやエステルの濃度は減少する[9]。糖代謝の違いによって高級アルコールとエステルのレベルが異なる理由については、現在でも研究が続けられている。

　β-ダマセノンは、カロテノイドであるネオ

キサンチンの分解から生成されると報告されているノルイソプレノイド・テルペンである[10]。植物や藻類に含まれるカロテノイドは、光合成に必要な光エネルギーを吸収し、クロロフィルを光によるダメージから守る、色を生成する色素化合物である。

ブドウに含まれるカロテノイドの組成と濃度は、ブドウの品種、土壌の特性、気候、ブドウの栽培方法によって影響を受けると報告されている[11]。やあ、テロワール。君がどこかにいる事は分かっているよ。

★★★

こういった全体的な香りの成分の起源や、その濃度に影響を与えるもの（テロワールなど）を理解する事は有益だが、問題点もある。フェレイラと彼のチームは、全体的な香りの成分の混合物には、ある種の「緩衝剤」がある事を発見した。つまり、ある化合物が非常に低濃度で存在したり、過剰なレベルで投与されたりしたとしても、フレーバーは変化しない（もしくはほとんど変化しない）という事である。従って、実際には、こういった全体的な香りの成分の濃度は、一般的なワインの香りであるvinousには影響を与えないと思われる。この点を考慮すると、私にとって重要な点は、全体的な香りの成分はワイン（そしておそらくウイスキー）の香味や風味を作り出すのに不可欠であるが、テロワールの寄与に関係なくワインには常に存在し、それぞれの濃度は大きく異なるものの、全体として同じvinousのフレー

バーを生み出す可能性があるという事である。従って、テロワールが化合物の生成をコントロールする役割を果たしているとしても、それがワインの香味や風味の違いを生み出す上で重要ではないと考えるのが妥当だと思われる。

しかし、酢酸イソアミルとβ-ダマセノンという2つの例外がある。フェレイラは、前者を除外すると、全体的な香りの成分の混合物の、フルーティなフレーバーが著しく減少する事を発見した。また後者を除外すると、混合物の全体的な香味や風味の強さが著しく低下した。従って、他の16の化合物は、テロワールの影響を受けているかどうかに関わらず、ワインのフレーバーの違いの原因から除外される可能性があるが、酢酸イソアミルとβ-ダマセノンは依然として候補に残っている。実際、候補に残っているというだけではない。イソアミル酢酸とβ-ダマセノンはどちら

も、多くのスタイルのウイスキーの香味と風味に重要な寄与をしていると報告されているため、これらは主要なターゲットとなる可能性がある[12]（注釈：β-ダマセノンは他の全体的な香りの成分の少なくとも1,000分の1の濃度で存在するため、化合物の濃度が、必ずしも香味や風味を左右する訳ではない事が分かる。化合物に対する人間の鼻の感度も同様に重要である）。

さらに、ブドウの成長と酵母発酵の同じ代謝経路（テロワールの影響を受ける可能性のある同じ経路）を用いて生成される他の多くのフレーバー化合物があり、全てのワインに存在する香味や風味の違いの原因となっている。こういったその他のフレーバー化合物は、「インパクト化合物」と呼ばれる。では、2回目のテイスティングセッションを開始して、これらに焦点を合わせて行こう。表3.2は、ワインやウイスキーにおけるインパクト化合物の最も重要なクラスと、それらの潜在的な発生源のいくつかをまとめたものである。

★★★

さあ、2回目のテイスティングだ。1回目と同じく、もう一度ワインの香りと味を確かめてほしい。だが今回は、その全てに共通するvinousの香味と風味以上のものについて考えてみよう。これらのワインはそれぞれ、香りも味わいも異なっている。なぜだろうか？

それは、それぞれに含まれるインパクト化合物が十分な濃度で存在し、全体的な香りを超えたフレーバーを醸し出すからである。これらのインパクト化合物は、個別に作用する事も相乗的に作用する事もできるが、どちらにしても、ワイン間に存在する香味や風味の違いの要因である。そして、もしかしたらウイスキー間の違いもあるかもしれない。

さて、4種類のワインのフレーバーがそれぞれ異なる事が分かったので（驚く事ではないが）、マスカットのグラスをもう少し詳しく掘り下げていこう。ワインをグラスに追加するのなら、今が良いタイミングだ。

マスカットの香りを嗅いでテイスティングをすると、独特のフローラルなアロマに気付くだろうか？　そのアロマは、マスカットに比較的多く含まれるリナロールという化合物由来である事は、ほぼ間違いない。

リナロールはテルペンと呼ばれる種類の化合物に属し、植物が草食性動物を

50

3章 フレーバーの化学的性質

表3.2 ワインとウイスキーにおける、重要なインパクト化合物とその潜在的な発生源

化合物の種類	発生源
アセタール	発酵
アルデヒド	穀粒/ブドウ、発酵
エステル	発酵
フーゼル（高級）アルコール	発酵
ケトン	ブドウ/穀粒、発酵
ラクトン	ブドウ/穀粒、発酵、オーク
ピラジン	ブドウ/穀粒
有機（脂肪）酸	ブドウ/穀粒、発酵
テルペン	ブドウ/穀粒、発酵
ノルイソプレノイド・テルペン	ブドウ/穀粒、発酵
硫化物	ブドウ/穀粒、発酵
フェノール	ブドウ/発酵、オーク
フラン	穀粒、オーク
タンニン	ブドウ、オーク
ピロン	オーク

撃退するため、あるいは草食動物の捕食動物や寄生虫を引き寄せるために生成する、非常に匂いの強い化合物の大規模かつ多様なグループである。ワインにはリナロールの他にもテルペンが含まれているが、一般的にはどれもフローラルやシトラスのアロマを放つ。テルペンとその前駆体は主にブドウの果皮に由来

し、ブドウが木で成熟するにつれて、その濃度が高まる。発酵中、テルペンはブドウから解放され、ワインの母体に入り込む。テルペンの組成はブドウの品種によって決まる事が多く、ほとんどのブドウには特定されている約50種類のテルペンが含まれているが、マスカットワインやリースリングワインには特に多く含まれている。特に

リナロールは、スペイン北西部のガリシア産ワインの特有のフレーバーに大きく寄与をしている。リナロールの他にローズオキシドも、ゲヴェルツトラミネールワインに甘くフローラルで若々しいアロマを与えるモノテルペンである。冷涼な気候と日陰のあるブドウ園では、通常、テルペンの生成が減少する。ブドウ品種の遺伝的特徴やブドウ園の環境以外にも、新梢や葉の刈り込み（どちらも果実ゾーンへ光の浸透を増やす）といった特定のブドウ栽培技術により、テルペンの生成を最大限に高める事ができる[13]。リナロールとローズオキシドは、今のところウイスキーでは報告されていないが、その他のテルペン、特に$β$-ダマセノンなどのノルイソプレノイドは、ウイスキーの香味や風味に非常に重要な役割を果たしていると思われる。

ソーヴィニヨン・ブランへと移ろう。ソーヴィニヨン・ブランのグラスを持ち、グラスを回して香りを確かめ、一口飲んでみよう。確かにマスカットのような香味を有しており（スイートかドライかに関わらず）、フローラルな香りが頭に浮かぶ共通のフレーバーかもしれない。これは驚く事ではない。多くの白ワインはフローラルなアロマを持ち、特にマスカットの場合は、リナロールがその原因である可能性がある。しかしマスカットとは異なり、リナロールは単体

ではない。多くの白ワインは、リナロール、$γ$-ラクトン、ケイ皮酸エチル、$α$-イオノン、$β$-イオノン、$α$-ダマセノンなど（ただしこれらに限定されない）、複数のインパクト化合物の存在と相乗効果により、フローラルな香りと味がする。従って、マスカットとソーヴィニヨン・ブランは似たようなフローラルな香りがするかもしれないが、全く同じではない。

$γ$-ラクトンの一部は酵母によって生成され、酵母は果醪やジュースの発酵中に共存するバクテリアによって生成される脂肪酸前駆体を代謝する。その他の$γ$-ラクトンは、ワイン生産プロセスのある時点で、脂肪酸が化学的に酸化される事によって生成される。$γ$-ラクトンは、確かにバーボン、ライウイスキー、モルトウイスキーのフレーバーに重要な貢献をしているように思われる[14]。

ケイ皮酸エチルはエタノールとケイ皮酸のエステルで、ケイ皮酸はブドウの果実の重要な構成成分であり、紫外線から保護する。ケイ皮酸の起源を考えると、このエステルは酵母細胞の内部ではなく、発酵中もしくは発酵後にワイン自体の化学反応によって生成される可能性が高い。実際、ケイ皮酸エチルはバーボンウイスキーとライウイスキーという、少なくとも2種類のウイスキーの重要なフレーバー

化合物である事が確認されている[15]。

β-ダマセノンと同様に、α-イオノン、β-イオノン、α-ダマスコンはノルイソプレノイド（実際にはテルペンのサブクラス）である。ノルイソプレノイド・テルペンは全て、カロテノイドから派生している。これらの化合物がブドウの中に存在し、発酵が始まった時、これらは糖に結合しているため揮発性がなく、つまりアロマには寄与しない。しかし、発酵中や、オーク樽、ステンレスタンク、さらにはボトル内でワインが熟成するにつれ、ノルイソプレノイドが糖分子から放出され、ワインの香味や風味に非常に重要な寄与をするようになる。その他のテルペンと同様に、ブドウ園の環境はブドウのノルイソプレノイドの産出レベルを決定する上で重要であり、気候が温暖で日光が多いほど濃度が高くなる。繰り返しになるが、多くのスタイルのウイスキーにもまた、ノルイソプレノイドが含まれているようである[16]。

ソーヴィニヨン・ブランをもう一口飲んでみよう。他にどのような香味や風味が感じられるだろうか？　「未熟なマンゴー」、「トロピカルフルーツ」、「セイヨウツゲの木（残念ながら〈猫のオシッコ〉とも呼ばれる）」といったフレーバーが感じられるだろうか？　もしそうであれば、これらはチオールと呼ばれる硫黄含有化合物の

グループ（具体的には、3-メルカプトヘキサン-1-オール、酢酸3-メルカプトヘキシル、4-メルカプト-4-メチル-2-ペンタノン、4-メルカプト-4-メチル-2-ペンタノン）によって引き起こされる可能性が高い。これらの化合物は、酵母によるアミノ酸代謝、特に硫黄原子を含むアミノ酸システインから生成される。これら4つのチオールはウイスキーの香味と風味に重要な寄与をしているとは報告されていないが、ジメチルスルフィド（調理したトウモロコシ）、ジメチルジスルフィド（野菜）、ジメチルトリスルフィド（ミーティ）といった他の硫黄含有化合物は重要な寄与をしていると報告されている。これら3つの化合物は、チオールと同様に酵母内でアミノ酸代謝によって生成される。アミノ酸の濃度と組成は、最終的にはブドウや穀粒の特性によって決まる事を忘れないでほしい。

最後にもう一口。「未熟」「植物性」「ハーブまたはピーマン」のアロマを感じるだろうか？　もしそうなら、こういったアロマはメトキシピラジンと呼ばれる化合物のグループによって生成された可能性がある。具体的には、イソブチル・メトキシピラジン（IBMP）がグループの中で最も重要と考えられており、イソプロピル・メトキシピラジン（IPMP）、sec-ブチル・メトキシピラジン（SBMP）がそれに続く。ソーヴィニ

ヨン・ブランにも、これらのメトキシピラジンはカベルネ・ソーヴィニヨンやボルドー産の特定のワインにも独特のフレーバーを与えている。ブドウにおけるメトキシピラジンの生合成に関する詳細は依然として研究中だが、これらの物質は果実に由来しており、ソーヴィニヨン・ブランやカベルネ・ソーヴィニヨンといった品種は他の品種よりもメトキシピラジンを生成する傾向が高いようである。結果的に、ワインに含まれる濃度は1ℓあたりナノグラムに過ぎない。しかし、このような微量であってもフレーバーに意味のある影響を与える可能性がある。メトキシピラジンは穀粒にも生成されるようで、ウイスキーではほとんど検出されていないものの、あるレポートでは、IPMPはバーボンの潜在的に重要な匂い物質である事が示されている[17]。

白ワインは美味しいが、冷やして提供されるのが一般的である。マスカットやソーヴィニヨン・ブランのグラスは、この時点で少し温まってきたのではないかと思う。では、白ワインから離れて、赤ワインに移ろう。

白ワインと同様に、赤ワインのフレーバーの多様性はインパクト化合物によって生成されている。しかし、白ワインとは異なり、赤ワインでは個々の化合物が独特のニュアンスを生む事は通常ない。むしろ、これらのニュアンスは、相乗的に作用する多数のインパクト化合物の結果である[18]。これらの中で最も重要なもののいくつかは、揮発性のフェノールである。

オーク樽で熟成されていないシラーワインを手に取り、そのフレーバーをじっくりと味わってみてほしい。確かにフルーティではあるが、白ワインほどフルーティではない事に気付くだろうか？ さらに、「スパイシー」、「クローブ」、「スモーキー」な独特の香味や風味に気付くだろうか？ これらの香りの一部に寄与するロタンドンと呼ばれる重要なテルペンがあるが、揮発性フェノールと呼ばれる化合物のグループが主な原因である可能性が高い。揮発性フェノールは、「フルーティ」なフレーバーを抑える一方で、同時にそれ自体が有する独特の風味を与える事もある。

このシラーはオーク樽で熟成されていない事から、揮発性フェノールの唯一の発生源は、酵母によるヒドロキシケイ皮酸の代謝から来るものであると考えられる。ヒドロキシケイ皮酸はリグニンとリグナ

ンの成分で、主にブドウの果皮と果肉に含まれている。ブドウに最も多く含まれるのはコーヒー酸で、クマル酸、フェルラ酸、カフタル酸がそれに続く。ヒドロキシケイ皮酸自体にはフレーバーがあるが、ブドウにはそれを感じるほどの濃度で含まれてはいない。しかし、ヒドロキシケイ皮酸は酵母によって代謝されると、その副生成物がシラーや他の多くの赤ワインに見られるような、特定のワインの「スパイシー」、「クローブ」、「スモーキー」な香味と風味に大きく貢献する。ヒドロキシケイ皮酸は穀粒にも含まれており、報告によれば、大麦の品種によって含まれるヒドロキシケイ皮酸の濃度が異なり、それがウイスキーの揮発性フェノールのレベルの違いにつながる可能性がある[19]。

いよいよ最後のワイン、オーク樽で熟成されたカベルネ・ソーヴィニヨンに移ろう。オークがワインの香味や風味に与える影響は劇的である可能性が高い。そして実際、他の多くの成分と相乗的に作用するのではなく、赤ワイン独自のアロマを放つと言われる唯一のインパクト化合物は、オークから抽出されたものである。それは「cis-オークラクトン」と呼ばれる。オーク樽熟成のカベルネ・ソーヴィニヨンの香りを嗅いで一口飲むと、「バニラ」、「オーク」、「焦がした砂糖」、「ココナッツ」の甘い香りが感じられるだろう。これらの香味はオーク樽の賜物である。

ワインやウイスキーの原料や製造プロセスにおいて、オーク樽は最も象徴的でよく知られているかもしれない。ほぼ全てのスタイルのウイスキーはオーク樽で熟成され、オーク樽はウイスキーの色味とフレーバーのほとんどを担っている。全てのワインがオーク樽で熟成される訳ではないが、オーク樽熟成は非常に一般的な慣習であり、独特で望ましい香味や風味をワインに寄与するものである。ワインとウイスキーのどちらにおいても、オーク由来のフレーバー化合物は、木材のセルロースとヘミセルロース（木糖）、タンニン、リグニン、脂質の分解から生じる。この分解は、2つの要素によって促進される。1つは、オーク材の何ヵ月あるいは何年にも渡る屋外でのシーズニングによる微生物分解、もう1つはオーク樽のチャーリングあるいはトースティングである。セルロースはオーク材のもう1つの重要な成分だが（地球上で最も豊富な天然ポリマーであり、木材の構造強度に不可欠である）、非常に強く結晶性が高いため、微生物や熱による加水分解に対して非常に耐性がある。歴史的に見て、セルロースはワインやウイスキーでは分解も抽出もされないため、香味と風味にほとんど影

響を与えないと報告されている[20]。しかし、2018年の新たな報告では、セルロースはチャーリングのプロセスにおいて実際に分解され、最終的にウイスキーのフレーバーに影響を及ぼす事が明らかになった[21]。

ヘミセルロースはセルロースとは異なり、非結晶質で比較的弱いため、加水分解する傾向がある。シーズニング、トースティング、チャーリングによってヘミセルロースが多種のカラメル化生成物に分解され、「スイート」、「キャラメル」、「メープル」、「焦がした砂糖」のフレーバー(フルフラール、5-メチルフルフラール、シクロテン、マルトールなどの化合物由来)が生まれる。

セルロースと同様に、リグニンもまた広く存在する天然ポリマーで、セルロース、ヘミセルロース、ペクチンの成分と結合し、それらの間の空間を埋める能力により、木材の構造と通水性を支えている。それは、グアイアシルとシリンギルというフェノール性構成要素から構成される。シーズニング、トースティング、チャーリングにより、グアイアシルは「スイート」、「バニラ」のフレーバー(バニリン、バニリン酸、コニフェリルアルデヒドなどの化合物由来)に分解され、シリンギルは「スモーキー」、「スパイシー」なフレーバー(グアイアコール、シ

リンガ酸、シリンガアルデヒド、シナピルアルデヒドなどの化合物由来)に分解される。

少量の脂質(油、脂肪、ワックス)は、前述のオークラクトン(ウイスキーから初めて単離・特定された事から〈ウイスキーラクトン〉とも呼ばれる)と呼ばれる非常に重要な化合物を生み出す。脂質分解により、オークラクトンの2つの立体異性体、「cis-オークラクトン」と「trans-オークラクトン」が生成される。立体異性体とは、原子の数と種類が同じ(つまり同じ化学式)分子のペアだが、三次元空間での原子の配置が異なる。この異なる配列が、フレーバーの強度の違いを生み出している。どちらも「ココナッツ」、「バニラ」、「オーク」の香味や風味を生み出すが、cis-オークラクトンはより濃厚で「バラ」のようなアロマがあり、trans-オークラクトンには「セロリ」のニュアンスがある。全体として、オークラクトンはワインやウイスキーのオーク由来のフレーバーの主要な原因物質である。

加水分解性のタンニン(ガロタンニンとエラジタンニン)は、ワインとウイスキー両方の口あたりに重要な寄与をする。タンニンはまた、ウイスキーの酸化を促進しフローラルなアセタールの組成につながるため、ウイスキーにとって重要である。

オーク由来のフレーバー化合物の組

成と濃度は、オークの種類、森林の場所（産地）、シーズニングの場所と時間、トースティングの度合いによって変化する。オークの種類と産地の位置に基づき、ヘミセルロース、リグニン、脂質の組成と濃度は変化する。シーズニングの場所と時間、そしてトースティングの度合いにより、分解と最終的なフレーバー化合物に様々な影響が及ぶ。

★★★

　このテイスティングでは、ワインの共通点、特定のワインの香味や風味の違いの原因となる化合物、そしてどのワインのフレーバー化合物がウイスキーと重複する可能性があるかなどについて説明した。しかし、これで全てではない。

　例えば、ワインのフレーバーにとって非常に重要な可能性のある、まだ説明されていない他の酸がある。ワインの発酵により、無数の揮発性有機酸（揮発酸と呼ばれる）が生成されるが、ブドウからは様々な種類の非揮発性有機酸（不揮発酸と呼ばれる）も生成される。不揮発酸は主に酒石酸、リンゴ酸、クエン酸である。ブドウにはこれら3つ全てが含まれているが、クエン酸は微量にしか含まれていない。不揮発酸の中でもコハク酸は独特で、発酵中に酵母によって生成される。不揮発酸は酸味を加える（クエン酸が豊富なレモン、コハク酸が豊富なパイナップルを想像してほしい）。ワイン生産者は、マロ

ラクティック発酵と呼ばれるプロセスにおいて乳酸菌も用い、酸味の強いリンゴ酸をより柔らかな乳酸に変換する。これらの不揮発酸はワインの味わいにとって重要だが、ビールをウイスキーに蒸留する際は蒸発しないため、ウイスキーには全く現れない。

　オーク樽がタンニンを生成するのと同様に、ブドウもタンニンを生成する。タンニンは、加水分解型と縮合型の2つのカテゴリーに分類される。加水分解型タンニンは、主にオーク樽に由来する。縮合型タンニンは主にブドウの種子、果肉、果皮に由来する。全てのタンニンがドライで苦い感じをもたらすが、中には他のタンニンよりも滑らかで粗さが少ないものもある。とはいえ、不揮発酸と同様にブドウ由来のタンニンはワインにおいて重要だが、穀粒由来のタンニンは蒸留中に蒸発しないため、ウイスキーにおいては役割を果たさない。

ワインの枠を超えて、もちろんウイスキーにはワインに類のないプロセスがいくつかある。モルティング（麦芽製造）はそういったプロセスの1つである。

穀粒は未加工の状態でも使用できるが、モルト（大麦麦芽）でも使用できる。定義上、モルトは発芽した穀粒で、新たな植物に成長する前に乾燥させたものである。

モルティングの主な目的は、硬いデンプン質の穀粒をより柔らかく、より甘い、アミラーゼと呼ばれるデンプン分解酵素がたっぷりと含まれた形に変える事である。モルティングのプロセスは、スティーピング（浸麦）、ジャーミネーティング（発芽）、キルニング（乾燥）の3つのステップで進む。浸麦では、収穫して乾燥させられ、休眠状態にある穀粒を数日間に渡り複数回水に浸し、水分含有量を増やして活性状態に戻す。浸麦の後、水分を含んだ穀粒は発芽容器へと移される。4日間ほどかけて、穀粒（新たな植物に成長する必要があるという仮定の下で活動している）は成長し始める。麦芽が自らのデンプンを栄養素として利用し始めると、重要なアミラーゼ酵素が生成される。最終段階は乾燥で、麦芽製造業者は熱風を使用して発芽を止め、麦芽の温度を約38〜104℃まで上げ、次第に乾燥させる。この乾燥により、麦芽は休眠状態に戻る。新たに生成された酵素は依然として存在するが、それらも休眠状態になる。

モルティングのプロセスでは、ウイスキーに含まれるフレーバーが作り出される。乾燥中に加えられる熱の温度と時間の長さにより、香味や風味、色味の程度が異なる様々な種類の麦芽が生み出される。モルティングのプロセスで生成されるフレーバー化合物の多くは、メイラード反応によって生じる。読者はこういった反応の名を聞いた事がないかもしれないが、これらは広く認識されており、例えばパン、コーヒー豆、肉、フライドポテトなど、多くの家庭における食品の焦げ目やローストしたフレーバーの要因となっている。化学的には、メイラード反応は高温下の状態において、糖とアミノ酸の間で起こる。メイラード反応の生成物は驚くほど多様で、数百種類が特定されている。フルフラールは、穀物やアーモンドのような香味と風味を与える重要なものである。しかし重要なのは、最初の化学反応に関与するアミノ酸の種類が、最終的に生成されるフレーバー化合物に大きく影響する事である。従って、アミノ酸のレベルと濃度が異なる種や品種は、同じ麦芽製造条件であっても異なるフレーバーを生成する可能性がある。メイラード反応のα-ジカルボ

ニル中間体も、麦芽の乾燥中にアミノ酸のストレッカー分解を引き起こし、特定のアルデヒドを生成する。その上、もしキルン（麦芽乾燥塔）の温度が十分に高ければ糖のカラメル化が起こる（110℃以上、いわゆる〈ロースティング〉と呼ばれる高温乾燥技術で発生する）。麦芽のロースティングは蒸留酒においては一般的ではないが、黒ビールの製造に使用される原料では一般的である。

さらに、熱源の燃料が麦芽にフレーバーを与える事もある。石炭やガスを燃料とする炉で無味無臭の熱風が一般的に使用されるが、一部の蒸留所では、ピート（泥炭）などの伝統的な燃料から部分的に得られる煙の多い熱風を現在でも使用している。ほとんどの植物は、枯れると微生物によって完全に分解される。しかし、浸水した湿地、酸性、過度に嫌気性である場合など、環境によっては分解が完全に行われない事がある。スコットランドとアイルランドの沿岸地域では、このような状況がよく発生する。数千年前、こういった湿地の植物が枯れた時、その分解は部分的にしか行われず、その結果が今日のピートである。ピートは石炭に似ているが、ピートの中には多量の芳香性化学物質が閉じ込められている。そしてこれが、ピートによってもたらされるフレー

バー化合物の源である。ピートのフレーバーは多種多様で、そのニュアンスはかつて湿地に生息していた植物の種類と分解の程度によって決まる。

乾燥プロセスの燃料にピートを使用すると、天然ガスを使用する場合とは全く異なる香味や風味が生まれる。ピートには、クレゾール、グアイアコール、その他の揮発性フェノール類の広範囲に及ぶ成分によってもたらされる、ピーティ、フェノーリック、ミーティ、スモーキー、焦げ臭、薬品臭などの特性を持つ揮発性フレーバー化合物が豊富に含まれている。これらのフレーバー化合物は、乾燥プロセスで麦芽に吸着される（つまり、麦芽の表面に膜を形成する）。実際にどのようなフレーバーが与えられるかは、いくつかの要因によって決まる。1つは、乾燥中にピートが燃焼する際の熱による分解の程度である。キルンの状態もまた重要である。穀粒がピートの煙にさらされる時間が長ければ長いほど、ピートのフレーバーがより強く染み込む。

スコットランドでは、ピートの産地の違いが香味や風味にどのような影響を与えるかを評価する研究が行われている[22]。アイラ島、オークニー諸島、セントファーガス、トミントールの4ヵ所のピートを、ガスクロマトグラフィー質量分析法を用いて分析し

た結果、フレーバー化合物は場所により変化する事が判明した。トミントールには比較的高いレベルの「薬品」、「消毒液」のフレーバー（フェノール由来）があったのに対し、セントファーガスは比較的高いレベルの「スパイシー」、「スイート」、「スモーキー」なフレーバー（グアイアコールとシリンゴール由来）があった。アセトバニロンと呼ばれる「バニラ」の香りを持つ特殊なタイプのグアイアコールは、アイラ島とオークニー諸島のピートに多く含まれていた。

　ウイスキー造りにおいて、ワイン造りには匹敵するものがないもう1つのプロセスはマッシング（糖化）である。マッシング中、精製麦芽でも非精製麦芽でも、高温により（高温のキルニングと同様に）アルデヒドが生成される。これは主に、脂質の酸化とストレッカー分解によるものである。アルデヒドは、脂質の酸化から生じるウイスキーにおいて重要な穀粒由来のフレーバー化合物である。アルデヒドは、2-メチルブタナール（チョコレート）、2,4-デカジエナール（ソーピー：石鹸様）、2-ノネナール（段ボール）、2,6-ノナジエナール（キュウリ）、2,4-デカジエナール（ファッティ）、ノナナール（ソーピー）など、ウイスキーに様々なフレーバーを与える[23]。最後の3つは、一部のワインの重要なフレーバー化合物としても報告されている[24]。

★★★

　ワインやウイスキーには他にも重要なフレーバー化合物があるが、ここで取り上げているのは、最も重要な成分の大部分とその起源である。しかし、高度な技術で化学反応を正確に特定し、そのデータを官能分析と結び付けたとしても、グラス一杯のワインやウイスキー、あるいはビール、コーヒー、紅茶、その他のあらゆるものの香味や風味を全て説明する事は不可能である。今のところ、フレーバーの源泉については謎が残ったままだ。重要な点は、ワインやウイスキーのフレーバー化合物（あるいはその前駆物質）は、ブドウや穀粒、発酵副産物、オーク樽での熟成に由来しているという事である。そして、ワインやウイスキーの複雑に絡み合う特定の糸が引き寄せられると常に、その糸が原料、製造プロセス、あるいはその両方に結び付いているかどうかに関わらず、フレーバーの全体像が変化する可能性がある。フレーバーは、その複雑さに負けず劣らず繊細なのである。

しかし、フレーバー化合物をブドウや穀粒、発酵、オークなどの発生源に基づいて分類する事は可能である。また、香味や風味を特定の化合物、あるいは化合物のグループに関連付ける事もできる。そして最も心強いのは、ブドウに由来し、テロワールによって変化すると報告されているフレーバー化合物の多くが、穀粒とウイスキーにも存在していると思われる事である。

私の次のステップは、これら共通のフレーバー化合物を探求する事であった。

そこで私は、テロワールが実在する事を自分自身で証明するため、まずはワインのテロワールを直接体験する事にした。私はその存在を味わい、その実体を体験したかったのである。それが本物であるか、科学的に調査できるものであるかを確信できなかったとしたら、私はこのプロジェクトを断念するだろう。しかし、ワインの中にその存在を味わう事ができたなら、それは私にとってウイスキーを調査する十分な証拠となるだろう。

4章
ワイン・テロワールのテイスティング

　最初、私は北カリフォルニアのワインカントリーに向かう前に、テロワールとは環境の表現、具体的にはブドウが栽培された土地の土壌、地形、気候の表現であるという考えを検証するつもりでいた。しかし、学術文献を読み進めるに従い、少なくとも常にそうではなく、それほど単純なものではない事に気が付いた。ワインはブドウの品種を非常に重視しており、多くの場合、品種とそれが育つテロワールを切り離す事は不可能である。テロワールは環境そのものだけでなく、特定の品種が特定の環境でどのように繁栄し成長するかという事にも関係しているようだ。それは育ちの問題だけでなく、"氏"と"育ち"の相関関係なのである。

　こう考えてみよう。2種類の品種のトウモロコシ、レイズ・イエローデント(Reid's Yellow Dent)とブラッディ・ブッチャー(Bloody Butcher)があり、ケンタッキー州の同じ農場にその2種類を植えたとする。それぞれが植物へと成長し、健やかな穂を付ける。穂を収穫して皮をむき、それから穀粒を味わう。驚く事に、この2種類は実際のところ、味わいが異なるのである。レイズ・イエローデントは「スイートコーン」のフレーバープロファイルを生み出し、ブラッディ・ブッチャーは「フルーティ」なフレーバープロファイルを生み出したとしよう。フレーバープロファイルは、特定の化合物を生成する特定の遺伝子の発現である。これらのフレーバー遺伝子は、環境要因の影響を受けないものもあるが、少なくとも一部は影響を受けるのである。

　では、同じ2種類のトウモロコシを別の農場、テキサス州の農場に植えたとしよう。トウモロコシを栽培し、収穫して皮をむ

き、味を見る。しかし今回は、レイズ・イエローデントとブラッディ・ブッチャーの両方が「フルーティ」なフレーバープロファイルを生み出す。テキサス州のこの2番目の農場の環境が、最初の農場と同じようにブラッディ・ブッチャーの品種に影響を与えた。しかし、レイズ・イエローデントは、この2番目の環境に異なる反応を示し、そのフレーバープロファイルが変化した。

さて、最後に、同じ2種類のトウモロコシを3番目の農場、ニューヨーク州の農場に植えたとしよう。もう一度、栽培し、収穫して皮をむき、味を見る。今回、レイズ・イエローデントは他の農場で栽培された時のような味ではない。ニューヨーク州のこの3番目の農場では、「サルファリー（硫黄臭）」なフレーバープロファイルを生み出している。そして、ブラッディ・ブッチャーも異なる挙動を見せ、「フローラル」なフレーバープロファイルを生み出している。

つまり、3つの環境で栽培された2種類（のトウモロコシ）から、「スイートコーン」、

「フルーティ」、「サルファリー」、「フローラル」の、4つの異なるフレーバープロファイルが生み出された。

テロワールが単に環境によるものである場合、つまりフレーバープロファイルが環境のみによって決まる場合、6つの異なるフレーバープロファイルが存在すると予想される。

しかし、実際には4つしかない（表4.1参照）。

これは、テロワールの意味が私の（解釈）の中で本当に広がり始めた時に実施した思考実験である。テロワールは単なる環境ではない。少なくとも、様々な作物の種や品種が環境を通じてどのように香味や風味を表現するかという事である。穀物とブドウの品種の多様性は、テロワールのストーリーにおいて極めて重要な要素である事に私は気が付いた。

ブドウや穀物の品種が、環境と同等なテロワールの概念の一部である事に気付いてすぐに、私はテロワールという言葉

表4.1　氏（遺伝）と育ち（環境）がフレーバーに対してどのように影響を及ぼすか

	農場		
品種	ケンタッキー州	テキサス州	ニューヨーク州
レイズ・イエローデント	スイートコーン	フルーティ	サルファリー
ブラッディ・ブッチャー	フルーティ	フルーティ	フローラル

がいかに急速に広がり、ブドウ園のあらゆる側面を含むようになるかに気付き始めた。土壌、地形、気候、農業慣行。ブドウ園に生息するその他の植物、動物、微生物。ブドウの種と品種。そして掴みどころのない人間の要素。ブドウ園と農場のシステム全体が潜在的なプレーヤーであった。テロワールは単なる環境の表現ではなく、それは生態系のフレーバーであった。

　テロワールに対するこの新しいアプローチは刺激的だったが、理解不能なレベルの複雑さを単に付け足すだけなのだろうか？　おそらくはそうだろう。しかし、ビセンテ・フェレイラのグループの研究では、全てのワインには確かに、一定に保たれたvinousのアロマ（やや甘く刺激的で、アルコールっぽく、少しフルーティ）があり[1]、それは18種類のフレーバー化合物、つまり全体的な香りの化合物から生じている事が示されている[2]。これら18種類の成分のうち、存在と濃度が変化するとフレーバーにニュアンスの違いを与えると報告されているのは、β-ダマセノン（調理したリンゴ）と酢酸イソアミル（バナナ）の2種類だけである。全体的な香りの化合物の他に、特定のワインに特徴的なアロマを与えるインパクト化合物

がある。ある種のインパクト化合物は、ほとんどのワインに普遍的に存在しており、個別にではなく相乗的に作用してフレーバーを生成する。これらの普遍的なインパクト化合物の濃度の差異が、ワインの香味や風味のニュアンスの違いに関係している。それ以外のインパクト化合物には、非常に影響力が強く個々に独特のフレーバーを醸し出す事ができるものもある。これらはごく一部のワインにのみ含まれる事が多い（場合によっては1種類だけに含まれる事もある）。これらの非常に影響力のあるインパクト化合物の例としては、マスカットに「花のような」アロマを与えるリナロール、ソーヴィニヨン・ブラン、カベルネ・ソーヴィニヨン、メルローに「未熟なマンゴー〈あるいは"ネコのおしっこ"〉」のアロマを与える3-メルカプトヘキサン-1-オールが挙げられる。

　そこで私は、ワインごとのニュアンスの違いは、β-ダマセノン、酢酸イソアミル、そして/もしくは、インパクト化合物の存在と濃度の差に起因すると推論した。テロワールがこれらのフレーバー化合物の生成にどのように影響するかを理解できれば、テロワールの新たな謎を解き明かす事ができるのかもしれない。

私は、ウイスキーのテロワールに至る
（相同性によって導かれる）化学的ロー
ドマップというアイデアを持っていた。私
はワインやウイスキーのフレーバーに関
する化学を把握していた。作物の遺伝的
特徴と生育環境、つまりテロワールがそ
の香味や風味に影響を与える事を知って
いた。これでようやく、私のワイン・テロ
ワールのテイスティングの準備が整った。

しかし、準備ができ、切望もしてはいた
が、テイスティングを正確に構成しなけれ
ば、フレーバーの違いがテロワールに由
来している、と容易に判断を誤るかもしれ

ず、実際、フレーバーの違いはワイン醸造
技術、酵母菌株、そしてオーク樽など、"テ
ロワール以外の"変数から来ているので
ある。あるいは、テロワールのどの側面
（環境、品種、ブドウ園の管理）がフレー
バーの違いの原因であるかを見定める
能力を容易に失うかもしれない。テロワー
ルがブドウから造られるワインの香味や
風味をどのように変化させるかを学びた
かったら、十分な数のワインのボトルに渡
り、原料とプロセスの変数を制御する厳
密な実験を設定する必要がある。

実　験

私の計画は、3つの異なるブドウ園で
栽培された3つの異なる品種のブドウを
用いて、香味と風味の差異を評価する事
だった。結果を簡素化するため、それぞ
れのワインに大まかなフレーバープロファ
イルのランキングを割り当ててみる。その
デザインは、三目並べ（3×3の枡目に○

と×を並べる遊び。いわゆる○×ゲーム）
のようになる。それぞれの枡には、ブドウ
の品種とブドウ園のペアが収まる。3つの
品種と3ヵ所のブドウ園の組み合わせで、
9種類のワインが揃う（表4.2参照）。

まず、私には制御する必要がある変数
を特定する必要があった。

表4.2　品種とブドウ園の組み合わせによるワイン・テロワールの調査

品種1——ブドウ園1	品種2——ブドウ園1	品種3——ブドウ園1
品種1——ブドウ園2	品種2——ブドウ園2	品種3——ブドウ園2
品種1——ブドウ園3	品種2——ブドウ園3	品種3——ブドウ園3

私が最初に特定したのは、ブドウの種類の定義、つまり品種とクローンの違いに根ざしたものであった。異なる品種（メルローとピノ・ノワールなど）には異なるフレーバーがあるが、同じ品種でもクローンによって香味と風味が異なる。メルローのクローンISV-V-F-2は、メルローのクローンISV-V-F-6とは味わいが異なる。

　全てのブドウの品種は、1つの種子から育った1つの植物から始まる。種子は有性生殖によって作られ、一方のブドウの親の雄花がもう一方のブドウの雌花を受精させる。有性生殖では、母ブドウと父ブドウのDNAが混合される。この種子を植えると、生育するブドウの木は、その2つの親とは遺伝的に異なる新品種（※正確には"遺伝的に異なる個体"。この個体を挿し木などで増殖し、一定の個体数が確保でき、他の品種との間で形質に明確な違いがあれば"新品種"と呼ぶ事が可能になる）になる。ブドウの種は全て、技術的に見れば新しいブドウ品種である。ピノ・ノワールのブドウの種子を植えると、生育するものはもはやピノ・ノワールではなく、何かしらの新品種になる。種子にはピノ・ノワールの母親のDNAが半分ずつ含まれているかもしれないが、残りの半分は父親から来ており、父親は全く異なる品種あるいは種である可能性がある。

　例え両親がどちらもピノ・ノワールだっ

たとしても、配偶子が形成される際に生じる遺伝的組換えにより、ピノ・ノワールのブドウを作らない種子が作られるだろう。このピノ・ノワールとピノ・ノワールの交配種は、ピノ・ノワールとメルローの交配種よりもピノ・ノワールに近いかもしれない。しかし、遺伝的には独自の名に値するほど十分に異なっているだろう。今日知られている多くのブドウ品種の最初の苗木は、耐寒性や味の良さなど、望ましい特性に基づいて選ばれた。その価値を証明した後、これらの品種は、ブドウ園、バー、そして食卓でその地位を獲得した。ソーヴィニヨン・ブラン、リースリング、シャルドネ、ピノ・ノワール、カベルネ・ソーヴィニヨン、そしてメルローといった高貴なブドウのように、高い地位を獲得したものもある。

　望ましいブドウの品種が特定されると、それを分離し、無性生殖によって繁殖させる。無性生殖とは、ブドウの子孫がそれぞれ単一の親の遺伝情報のみを持つ事を意味する。すなわち、それはクローンになるのである。

　ワイン生産者は、ブドウのクローンを作るために3つの技術のいずれかを用いる。1つの方法は、シュート（茎とそこに形成される葉の一群）を母木から切り取って植え直す事で、そこから新しいブドウの木が成長する。このプロセスでは通常、幼いブドウのクローンが苗床で成長

4章 ワイン・テロワールのテイスティング

し、その後ブドウ園に植え替えられ、成熟して実を付ける。もっと早い方法（2つ目の方法）は、1本のブドウの木から樹冠（ブドウの房と葉が出てくる部分）と幹の大部分を取り除き、新しいブドウの木から切り取った枝を「接ぎ木」する事である。接ぎ木とは、2つの植物の部分を物理的につなぎ合わせ、組織が融合して1つの植物になるまでのプロセスである。切り取った枝を接ぎ木すると、挿し木として植えるよりも早く実を付ける。最後の技法（3つ目の方法）は「取り木」と呼ばれ、ブドウの木のシュートを地面に向けて曲げ、土中に埋める方法である。埋められた木は、独立した植物として成長する。

しかし、遺伝的変異から生まれる耐寒性やフレーバーという独自の特徴を導入する方法は、有性生殖だけではない。無性生殖は有性生殖の遺伝子再編成を回避するが、植物の成長時に発生するランダムなDNAの突然変異は回避できない。遺伝的に同一だった何千本ものメルローの木があるブドウ園を想像してみよう。ブドウの木は実を収穫した後も廃棄される事なく、翌年また実を付けるためにそのままの状態で残る。時間が経つにつれて、ブドウの木はDNAに突然変異を蓄積する。これは全ての生物に起こる。ほとんどの人間の細胞は活発に成長し、増殖し、DNAに突然変異を蓄積

する可能性がある。太陽からの太陽光線は、人間の細胞におけるDNA突然変異の非常に一般的な原因の1つで、ブドウの木でも同じである。ブドウの細胞は活発に成長しており、太陽光線、複製エラー、近隣の微生物、昆虫、あるいは農薬によって生成される変異原物質により、DNAが損傷する可能性がある。細胞が正しく機能してDNAを修復する事もあるが、機能しない場合は変異したDNA配列が生まれる。突然変異は多くの場合、無害あるいは重要ではなく、フレーバーへの影響は僅かである。突然変異により、耐寒性や味の良さが損なわれる事もあり、そういった突然変異が発生すると、そのブドウの木はブドウ園から間引かれる。

しかし、フレーバーの改善や害虫、病気への耐性など、突然変異によって新たな望ましい特性がもたらされる事もある。これらの突然変異が生じたブドウの木は切り取られ、繁殖される。ブドウの木は依然としてメルローだが（この例では）、独特なメルローになる。つまり、隣接するブドウの木とは僅かに異なる一連の特性を持つクローンである。しかし、メルローのクローンはどれもメルローであり、全て同じ品種である。突然変異が蓄積し、新しい品種が生まれる事はほとんどない。こうした突然変異は有利な事よりも有害な事が多いため、突然変異が蓄積されてブド

ウの木が新しい品種として分類される前に、その木は正常に機能する能力を失って枯れるだろう。

注目に値する例外もいくつかある。例えばピノ・グリとピノ・ブラン（Pinot Blanc）は、ピノ・ノワールの木のDNA突然変異から生まれた2つの品種である。これらの変異によって香味や風味、色が変わり、数百年前にこれらのクローンを繁殖させたブドウ栽培家は、これを別の品種と見なした。しかし遺伝学者の観点からすると、これら3つのピノは全て同じ品種のクローンに過ぎない。

私のテイスティングにとってこれが何を意味するかというと、ブドウの品種を知るだけでは十分でなく、その品種内のクローンを知る必要があるという事である。

私が制御する必要があったもう1つの変数は、ヴィンテージである。ワインのラベルに記された年は、ブドウがブドウ園から収穫された年であり、ワインが樽詰めされた、あるいはデキャンターに移された年ではない。年ごとの季節変動により、ヴィンテージのフレーバーは年ごとに異なる。2015年にナパ・バレーのブドウ園で栽培されたメルローのブドウは、2016年に同じブドウ園で栽培されたブドウとは、ある程度味わいが異なる。ある意味、ヴィンテージもテロワールの特徴であり、潜在的には制御するよりも調査する方が良い変数

だと私は考えていた。しかし、ワインはウイスキーとは異なり、ボトルの中で年を重ね熟成する。2015年のナパ・バレー産のメルローは、2016年のソノマ・カウンティ産のメルローとは味わいが異なるかもしれず、この違いは、2015年と2016年の環境の変化によるものである可能性がある。しかしそれはまた、ボトル熟成の1年の違いによるものかもしれない。それを考慮して、私は可能な限りヴィンテージ変数を制御する事にした。

次に、ブドウ自体以外の変数も制御する必要があった。生産技術によってワインのフレーバーが変わる事がある。ワイン生産者は市販の酵母を使用したのか？それとも、野生酵母とバクテリアがワインを発酵できるようにタンクを開放したままにしたのか？　例えば、ナパ・バレーのメルローを、広く使用されている「Lalvin EC-1118（プリーズ・ド・ムース）」酵母株で発酵させ、ソノマ・カウンティのメルローを、ブドウの皮やワイナリーに生息する酵母やバクテリアで自然発酵させた場合、味わいは異なり、テロワールのフレーバーの影響が不明瞭になる可能性がある。ソノマ・カウンティのメルローが市販の酵母で発酵されたとしても、それがLalvin EC-1118でなければ、テロワールを調査するための実験は、依然として不完全になる。

では、オーク樽はどうだろうか？ ナパのメルローがオーク樽で熟成され、ソノマのメルローがそうでなかったら、私が味わっているのは樽の熟成感と円熟味だけであり、テロワールではないのかもしれない。また、オークの種類も無視できなかった。ナパのメルローがフレンチオーク（フユナラまたはヨーロッパナラ）の樽で熟成され、ソノマのメルローがアメリカンオーク（ホワイトオーク）の樽で熟成された場合、フレーバーの違いは主にオークの種類の違いによるものであり、ブドウのテロワールによるものではない可能性がある。例えば、フレンチオークはスパイシーでタンニンの香味や風味をもたらし、アメリカンオークは甘いココナッツの香味や風味をもたらす事で知られている。

それだけでは十分ではないかのように、私のオーク樽の制御はさらに先へ進める必要があった。多くのワイン生産者が使用する「フレンチオーク」では、十分に具体的ではないのである。ワイン樽のオーク材が採取されるフランスの主な森林は、リムーザン、ヴォージュ、ヌベール、ブルタンジュ、アリエ、トロンセの6ヵ所である。木材がどの森林で採取されるかにより、樽はフユナラ、ヨーロッパナラ、あるいはその両方で作られる。これはテロワールが植生に及ぼす影響についての実験なので、オーク材の樽板のフレーバーは、樹種だけでなく森林の環境によっても影響を受ける可能性があると私は考えた。従って、樽の材料となったオークの樹種を制御するだけでなく、そのオークが伐採された森林も制御する必要がある。

収拾がつかなくなっていた。オークの変数は、複雑過ぎるのだ。オークは特定のワインを造るには良い材料かもしれないが、私のささやかなテロワール・テイスティングの実験にはそうではなかった。その本質は、追求するに値しないだろう。私は自分に制限を課し、できる事ならオークではなく、ステンレスタンクで熟成されたワインにする事を決めた。ステンレスにテロワールはないからだ。

そこで私は、実験の限界を定めた。ブドウの品種、クローン、ブドウの収穫年、発酵に用いる酵母株を制御する。そして、3つの異なるブドウ園で栽培され、3つの異なる品種から造られた、9種類の異なるワインでこれらを制御する必要があった。

そんな事が本当に実現可能だろうか？ そして、私はテロワールとして特定できるどのようなフレーバーを見つけたいと望んでいたのだろうか？ 私には分からなかった。しかし、北カリフォルニアのケンウッド・ヴィンヤーズとマム・ナパのワイン生産者が助けになるだろうと考えた。

5章
ワインカントリー

　北カリフォルニアに向けてテキサスを発つ前に、私はソノマ・カウンティに位置するケンウッド・ヴィンヤーズのジーク・ニーリーに手紙を書いた。ワイン造りにおいてジークが積極的にテロワールを追求している事を知っていたので、その事象をワイン業界がどのように理解しているか、彼が教えてくれる事を期待していた。

　ジークは、他のワイナリーで10年以上働いた後、2017年にケンウッドでワインの造り手となった。それ以前は、カリフォルニア大学デービス校でブドウ栽培とワイン醸造学を専攻していた。私がケンウッドに惹かれたのは、彼らがソノマ・カウンティの多くのアペラシオン（アメリカでは〈米国政府認定ブドウ栽培地域〉、あるいは〈AVA〉と呼ばれている）からブドウを調達していたからである。彼らは、これらを印象的な一連の「シングル・ヴィンヤード」のボトリングにして管理していた。シン

グル・ヴィンヤードとは、ワインのブドウが全て1つの畑から収穫されたものである事を意味し、これはテロワールを味わうための私の実験に必要な制御である。

　ケンウッド・ヴィンヤーズは、伝統的な特定品種の赤ワインと白ワインを醸造している。私はジークに手紙を書き、訪問できるかどうかを尋ねた。ジークは私を招いてくれ、彼の友人で同僚のタミ・ロッツを紹介してくれた。彼女はカリフォルニア大学デービス校のブドウ栽培家で、ナパ・バレーのマム・ナパのワインの造り手でもある。ジークは、タミがスパークリングワインにおけるシングル・ヴィンヤードのボトリングを通じて、相応しい見識を提供できると示唆した。

　ジークとタミの経歴と、彼らのシングル・ヴィンヤードを追求する姿勢を見て、私はテロワール・テイスティングの実験に最適な人々を見つけたと思った。私は彼らに

手紙を書き、将来の実験について詳細に説明した。しかし彼らは、私への返信でそのアイデアが良くない理由を説明した。

ジークによると、タミが次のように語ったという。

ボトリングしたワインに、テロワールがどう影響するかを実際に証明した人はいません。ほとんどの場合、テロワールがワインの味を変える要因の1つである事は分かっています。しかし、その違いが正確に何であるのかは、私たちには分かりません。ワイン生産者の多くが、自分たちは知っていると主張していますが、制御変数が何であるのかについてはほとんど分かっていない事がよくあります。また、一部の学術プログラムではテロワールに関する広範な研究が行われていますが、実験計画には常に欠陥があるため、ブドウ園やワイナリーの規模で結論を導き出す事を困難にしているのです。

これは私の実験にとって悪い前触れだった。ジークが続けた。

ブドウ園の場所はワインのフレーバーと品質にとって非常に重要だと私は強く信じていますが、あなたが求めている3ヵ所の異なるブドウ園と、3つの異なる品種に渡る対照実験を提供できるところは、ケンウッドを含めどこにもないと思います。テロワール、そしてワイン造りのプロセス全般には、フレーバーに影響を与える要素があまりにも多過ぎます。

実験室スタイルで再現性のある対照実験を行うという、私のアイデアは実現しそうになかった。私は、こうなる事を予期しておくべきだったのかもしれない。蒸留所の環境が、実験室で行われるような管理された反復実験に向いていない事を、私は誰よりもよく分かっていた。ワイナリーも同じではないだろうか?

カリフォルニアに足を踏み入れる前からテイスティング実験は上手くいっていないものの、最終的にどのような形になったとしても、私はテロワールが単なるマーケティングの決まり文句ではないという証拠を提供できると確信していた。

それでも、ジークとタミを訪れる旅はまだ予定通りだった。さらに、ジークに手紙を書く前に、私は妻のリアにワイン・テロワールのテイスティング実験のアイデアを話していた。そして、このテイスティングのアイデアが実際どのように彼女に解釈されたかというと、「ソノマとナパでゆっくりと週末を過ごせるわ」であった。つまり、ジークが何と言おうと、私たちはワインカントリーに行くつもりだったのである。

★★★

　北カリフォルニアの天候は、日中の暖かい陽気と夜の寒さが混ざり合った特別なもので、私たちが到着した日は晴れて、気温は24℃だった。私たちはサンフランシスコのダウンタウンで肌寒い夜を過ごし、翌朝早くにゴールデンゲートブリッジを渡り、北のソノマに向かった。私たちの計画は、午後をジークと共にケンウッド・ヴィンヤーズで過ごし、翌日はマム・ナパでタミに会うというものだった。

　ケンウッド・ヴィンヤーズの敷地には、1906年までさかのぼるワイン造りの歴史がある。その歴史の半分以上は、パガーニ・ブラザーズ・ワイナリーの本拠地であった。1970年にこの敷地は3人の兄弟へと売却され、ケンウッド・ヴィンヤーズと名付けられた。1976年、ワイナリーは、ジャック・ロンドン・ヴィンヤーズからブドウを調達する独占権を取得した。ジャック・ロンドン・ヴィンヤーズは、"The Call of the Wild（邦題:野生の叫び声）"や"White Fang（邦題:白い牙）"を書いた小説家にちなんで名付けられた。

　ワイナリーはソノマの市街地から車で北へ約20分、ハイウェイ12のすぐそばにある。サンフランシスコから北へ海岸沿いにドライブすると、広大なセコイアの森にたどり着く。すると突然、大地が開け、何kmも続くブドウ園、丘、遠方の山々に囲まれた地平線が現れる。ソノマの多くのワイナリーと同様に、このワイナリーは入り口からはかなり離れたところにあり、ほとんど見えない。見えるものといえば、入り口から何列にも伸びて広がるブドウの木である。ワイナリーは人目に付かない場所にあるため、ここにワイナリーがある事だけでなく、毎日テイスティングができるという事を看板でドライバーに知らせている。テイスティングこそ、まさに私が求めているものだと思った。

　私たちはテイスティングルームで、その日のテイスティングを行うアリダ・ウェスターバーグに迎えられた。ジークは数分後に来ると言われたので、私たちはテイスティングを先に始めて時間を潰す事にした。アリダは「シングル・ヴィンヤード」のテイスティングを提案した。

　「私の心が読めるのですね」と私は彼女に言った。

　アリダはワイングラスを一掴みにして私たちの前に置き、最初のボトルを取り出した。

　「この最初のワインは、ソノマ・カウンティのＡＶＡであるロシアン・リバー・バ

レーの2017年のソーヴィニヨン・ブランです。このブドウ園はビルとアーニーのリシオリ兄弟が所有し管理しています。彼らは2002年からケンウッドのためにブドウを栽培しています」と彼女は言った。

ロシアン・リバー・バレーAVAは1983年に設立され、そのテロワールは太平洋との近接によって形作られている。海には定期的に霧が立ち込め、渓谷の気候は涼しく保たれている。太平洋は、この渓谷の卓越した土壌も作り出した。数百万年前、古代の内海が太平洋に流れ込んだ。残された土壌はローム（砂と粘土がほぼ同量含まれた風化堆積物）と呼ばれ、砂、沈泥そして少量の粘土で構成される。

「ロームは粘土質の土壌の一種で、非常に肥沃です。私たちが使用しているソーヴィニヨン・ブランのクローン、ミュスケにとてもよく合います」

私はグラスを回して鼻に近付けた。これは、グレープフルーツかな？

「グレープフルーツを感じますが」と、私は明らかにアリダの肯定を期待するトーンで言った。

「ええ、その通りです」と彼女は言った。「グレープフルーツ、パッションフルーツ。極めてアロマティックでトロピカル。それは部分的にはミュスケ・クローンによるものです。でもこのブドウ園では、濃厚なトロピカルフレーバーで知られるミュスケ・クロー

ンの独特な特徴が本当に際立っています」

「2番目のワインは、同じくロシアン・リバー・バレーの2015年のシャルドネです」とアリダは言った。彼女は私たちのグラスを水ですすぎ、次のワインを注いだ。「でもこのブドウ園は、実際にはロシアン・リバー・バレー内の独自のAVAであるグリーン・バレーにあります。グリーン・バレーはロシアン・リバー・バレーの最も寒い地域なので、霧がブドウ園にゆっくりと立ち込めます。その結果、酸味が強く糖分の少ないワインが生まれます」

私はそのワインの香りを嗅いで味わった。ライムと青リンゴ、だが甘味が残っているので酸味とのバランスが取れ、口あたりが均一になる。

「次に注ぐのもシャルドネです」と、3本目のボトルに手を伸ばしながらアリダは言った。「でも、これはドライ・クリーク・バレー AVAのポートラ・ヴィンヤードの2016年ヴィンテージです。ここはロシアン・リバー・バレーの北にあり、気候は温暖です。ワインは一般的に、トロピカルフルーツのアロマがより強く感じられます」

フレーバーは、やや主観的である。フレーバーがあると誰かに言われて初めて、フレーバーを感じたと思う事はよくある。しかし、私は再びアリダに同意せざるを得なかった。このドライ・クリークのシャル

ドネは、明らかにグリーン・バレーのものよりもフルーティーで酸味が少なかった。その一部は、ヴィンテージの違いや、私が知らなかったワイン造りの技術の違いによるものかもしれない。しかしアリダは、これらのフレーバーの違いは主に、ブドウ園のテロワールに起因すると考えていた。

「最後の2本は赤ワインです」とアリダは言った。

赤へのシフトに私はワクワクした。冷えた白ワインのスッキリとした味わいも気に入っているが、赤ワインの方が通常はより濃厚である。これは主に、白ワインがブドウのジュースのみを発酵するのに対し、赤ワインはブドウのジュースと果皮を混ぜた果醪を発酵するからである。

「まずはロシアン・リバー・バレーAVAにある、オリヴェット・ヴィンヤードの2016年のピノ・ノワールです。土壌は砂質ロームで、日中は暑く夜は涼しい気候が特徴です。オリヴェットは、1990年代から私たちが最初に契約したブドウ園の1つ

で、今でも私たちのベストなブドウ園の1つです。特に2016年のヴィンテージは、乾燥した生育期と適度な収穫量により、非常に風味豊かなブドウが収穫されました」

それはプラム、ブラックベリー、そしてシナモンの味がした。

最後に、ソノマ山脈の南東麓にあるローン・パイン・ヴィンヤードの2015年のマルベックを味わった。このソノマ・バレーAVAは、濃厚でフルーティーなワインを生み出すブドウでよく知られている。この2015年ヴィンテージも例外ではなかった。

最後のワインを飲み終えた時、ウイスキー業界ではこのようなテイスティングがいかに異質なものであるかと考えた。これは私が当初思い描いていたような対照実験ではなく、ワインごとに異なるフレーバーや成分については何も教えてくれなかったが、ワイン生産者がブドウの産地を常に重視してきた事は分かった。

★★★

ジークがテイスティングルームのドアから入ってきて、私たちに挨拶をした。私が彼をリアに紹介し、会ってくれた事に感謝をすると、彼は自分が何を準備しているかを具体的に説明した。

「Eメールで意見を交わしたように、あなたが思い描いているようなテイスティング実験は、実現するのが本当に難しいのです。ワイナリーは実験室のようには機能しません。でも、発酵中のタンクが2つある

ので、興味を持ってもらえると思います」

私たちはジークに続いてテイスティングルームを出て、ワイナリーへの小道を上って行った。ワイナリーに入ると、数十本のステンレスタンクが各壁の側面に並んでいた。まるで、とても良い匂いのする潜水艦の通路を歩いているような感じだった。ジークは私たちをタンクのところまで案内し、122と書かれたタンクの前で立ち止まった。

「この数字は何を意味しているのですか？」と私は尋ねた。

「これは基本的に、タンクとその中身を把握するためのコードです」

ジークは持っていたワイングラスを私たちに渡し、タンクのサンプリングバルブから小さなピッチャーにワインを注ぎ始めた。

「さて…あなたたちにお見せしたいのは2つのタンクです。どちらも100％レッドジンファンデルで、どちらも2019年のヴィンテージなので、ブドウはほんの数週間前に収穫された訳です。どちらのタンクもドライ・クリーク・バレー AVAのものですが、異なるブドウ園のものです」

ジークがバルブを開けると、ガラスのピッチャーにワインが勢いよく流れ込んだ。私はすぐに、ワインの色が通常より少し薄く、僅かに泡立っている事に気付いた。

「このワインはまだ一次発酵中だから、泡立ったアルコール度の低いブドウジュースのような味がします」とジークは言った。「本当においしいですよ。子供も喜ぶはずです。残念ながらアルコールが入っていますが」

私はグラスを鼻に近付けて香りを嗅いだ。ジークの言う通りだった。濃厚で豊かなブラックベリーの香りがいっぱいだった。

「ブドウのどのフレーバー化合物が、この香りを出すのか分かりますか？」と私は尋ねた。

「明確には説明できません」とジークは言った。「お分かりだと思いますが、フレーバーには様々な要素があります。明らかに、エステルはフルーティなフレーバーにとって重要です。しかし、このワインのどのエステルでしょうか？　私には分かりません。でも私がお見せしたいのは、この若いワインが他のタンクのワインとどれほど違うものかという事です」

ジークは私たちを、角を曲がったところにある209と書かれた2番目のタンクまで案内した。彼がバルブを開けると、泡立つ若い赤ワインがピッチャーに勢いよく流れ出てきた。

「覚えておいてください」とジークは言った。「このワインは最初のものとほぼ同じものです。ドライ・クリーク・バレー AVAで2019年に収穫された、100％レッドジンファンデルです。しかし、この2番目のワインのブドウは別のブドウ園から来ま

した。このブドウ園は土壌が重く、気温も低いのです」

　私たちは2番目のワインを飲んだ。それは違った。信じられないほどに違っていた。最初のワインの濃厚な褐色系フルーツやブラックベリーの香りではなく、これはより軽くよりフローラルで、鮮やかなトロピカルフルーツのフレーバーに満ちていた。また、色味も最初のものよりも薄かった。

　「明らかに、違いますね」と私は言った。「これらは同じレッドジンファンデルのクローンから造られたものですか?」と私は尋ねた。

　「いいえ、クローンは違います。しかし、ごく一部の例外は別として、クローンの影響よりもブドウ園の影響の方が勝っているとワイン生産者は一般的に認めています。ですから、2種類のワインの大きな違いが、異なるクローンの使用によるものだとは考えていません。また、これらのワインは全く同じ方法で造られています。収穫もほぼ同じ時期に行われ、発酵期間も同じです。フレーバーの違いは、完全にではないにしても、主にブドウ園によるものです」

　ワインを飲みながら、ジークはテロワールについて話してくれた。彼が言うには、科学的に明確に説明されている訳ではないが、ワイン生産者はブドウ園のニュアンスがワインにどのように反映されるのかを普遍的に理解し、認識しているという。彼らは、どのフレーバー化合物が土壌、地形、気候、ブドウ栽培技術に由来するか、あるいはそれらの影響を受けているかを常に把握している訳ではない。実のところ、ワイン生産者は、そもそもどのフレーバー化合物がワインのフレーバーを左右するのかを知らない事が多い。しかし、ワインをブドウからグラスに注がれるまで育んでいる間、彼らはテロワールについて常に考えている。ワイン造りの全てと同様に、テロワールは芸術と科学の交差点に生存する現象なのである。

　翌朝、私たちはナパ市内のホテルで早起きし、北にあるマム・ナパへと向かった。シルバラード・トレイル(ナパ・バレー西側の高速道路29号線よりも交通量が少ない道)のすぐそばにあるマム・ナパ・ワイナリーは、厳密に言えばラザフォードのAVA内にある。とはいえ、原料を供給するブドウ園のほとんどは、さらに南のオーク・ノールとロス・カーネロスAVAにある。彼らのエステート・ヴィンヤードは、創業者のガイ・デュヴォーにちなんで名付けられたデュヴォー農場で、ナパ市の南にある

ロス・カーネロスＡＶＡにある。この文脈における「エステート」とは、ブドウ園をワイナリーが所有し、管理している事を意味する。

マム・ナパという名前が示すように、このワイナリーはフランスに拠点を置く世界トップ5のシャンパン生産者の1つ、G.H.マムと直接のつながりがある。G.H.マムは1970年代の後半に、ガイ・デュヴォーをアメリカに派遣した。彼の目的は、伝統的なシャンパン用ブドウの栽培に最適なワイン醸造地域を見つける事だった。彼以前に来た多くの人たちと同様、彼もナパ・バレーに落ち着き、1983年にマム・ナパは最初のヴィンテージを発売した。

私と妻はシルバラード・トレイルを進み、午前9時頃にマム・ナパへと入る道に車を寄せて停めた。このワイナリーは、ケンウッド・ヴィンヤーズとは全く異なる外観と雰囲気があった。広々としたパティオに目除けの付いたテーブルと、飾り気のない優美さを備えた高級レストランのようだった。私たちが到着した時はまだ開いていなかったので、そこにいたのは私と妻、そしてスタッフだけだった。マム・ナパは極めて洗練された経営を行っているが、アメリカで最も成功しているスパークリングワイン生産者の1つである事を考えると、それは驚くべき事ではない。

「シャンパン」ではなく「スパークリングワイン」と言うのは、シャンパンはフランスのシャンパーニュ地方で、アペラシオン（原産地統制呼称）のルールに従って生産されているスパークリングワインを表すからである。「シャンパン」という言葉を使用した、カリフォルニア産の低品質なスパークリングワイン（コーベルやアンドレが思い浮かぶ）をご存知の方もいるだろう。これは残念な事だが、彼らの側があからさまにルールを破っている訳ではない。厳密に言えば、アメリカは2006年まで、「シャンパン」をフランスのシャンパーニュ地方のみで生産できるものとして認めていなかった。既にこの言葉を使っていたワイナリーは、例外的に「シャンパン」という表記をボトルに残す事が認められた。マム・ナパは「スパークリングワイン」という表現を使っているが、私もその決断に賛成している。

スパークリングワインは、伝統的なワインが取らないいくつかのプロセスを経て造られる。そのうちの1つは、ボトル内での二次発酵である。泡は、酵母が発酵によって二酸化炭素を生成する時に発生する。私は、テロワールのニュアンスはこういった追加プロセスを経ても維持されるのだろうかと考えた。ウイスキーのテロワールに強く否定的な立場を取る人の中には、穀物にはテロワールがあるかもしれないが、精麦、粉砕、糖化、発酵、蒸

留、熟成など、非常に多くの製造プロセスを経るため、テロワールに由来するフレーバーは失われてしまうと言う。私は、スパークリングワインが伝統的なワインよりも余計な手が加えられていると言いたい訳ではないが、ブドウからボトリングされるまでの間、さらにプロセスが加えられている。つまり、もしスパークリングワインでテロワールが維持されているのなら、ウイスキーにもテロワールが存在する事を期待する理由はさらに増える事になる。

入り口の近くでタミがリアと私に挨拶し、私たちは彼女に続いてワイナリーに入った。彼らの業務を簡単に見学した後、私たちは官能検査室へ向かった。そこでは2つの異なるサンプルが置かれたテーブルが私たちを待っていた。

「品種とブドウ園で制御された9種類ほどのサンプルを希望していたと思いますが、実際に用意できるものではありません」とタミが言った。

私はタミに、私が考えた実験の実践はすでに諦めたと伝えた。しかし、前日の経験が、テロワールがフレーバーに影響を与える事は間違いないという私の信念を固める助けとなった事も伝えた。それは本当の事である。

「ええ、実在しますよ」とタミは自信に満ちた様子で言った。「これらのサンプルを見てください」と、彼女はテーブルの上にある2つのサンプルグラスを指した。「どちらも2019年ヴィンテージのシャルドネです。どちらも発酵を終え、間もなく瓶詰めして二次発酵させます。1つはロス・カーネロスAVAのブドウ園で収穫されたもので、もう1つはオーク・ノールAVAのブドウ園で収穫されたものです。2つは明確に異なり、生産方法における唯一の違いはブドウが収穫されたブドウ園です」

タミは正しかった。ロス・カーネロスのワインは青リンゴとレモンライムの香りがした。オーク・ノールのワインは熟した果実の香りが強かった。しかし、同じブドウを同じワイナリーで、同じ技術を使ってワインにしたものである。

「ワイン生産者がブドウ園の特質に重点を置くのには理由があります」とタミは言った。「ワインのフレーバーにとても重要な役割を果たすからです」

★★★

私たちはカリフォルニアでさらに数日を過ごし、サンフランシスコやゴールデンゲートブリッジを渡ったところにあるサウサリートの町を巡った。

カリフォルニアのワインカントリーで数日過ごしただけで、ワイン生産者がすでに信じていた事を確信できた。テロワールがワインのフレーバーを変えるのである。テロワールがどのように機能するかのメカニズムを全て理解していた訳ではないが、それは実在する。私はそれを味わった。私の実験は完璧ではなかったし、実際、再現性はひどく悪かった。しかし、私の冷淡な科学的アプローチ、つまり複数の反復実験で定量的な官能および化学データを得るというアプローチは間違っていたのかもしれない。カリフォルニアを去る時、テロワールの複雑さがワイン生産者によっていかに磨かれ、尊重されているかを感謝と共に受け止めた。彼らはそれを完全に理解してはいなかったが、とにかくそれを上手く活用する方法を学んでいた。

私と妻は、探検したり、食べたり飲んだりして素晴らしい時間を過ごしたが、私の頭の片隅には疑問がずっと残っていた。ワイン生産者は、テロワールという概念に関してはブドウを重視しているようだった。しかし、テロワールという概念はブドウや穀物だけに留まるものだろうか？酵母やオーク樽についてはどうだろうか？

これらの疑問は、テロワールに対する私の理解が深まった事にも起因している。テロワールは、様々な種や品種が環境を通じてフレーバーを表現するメカニズムであると、私は理解するようになった。テロワールは氏（遺伝）と育ち（環境）の絡み合いであり、どのような生物もその遺伝情報と環境の力との相互作用を実現しうるものである。ブドウや穀物と同様に、酵母や樹木（そして他のあらゆる生物）もDNAに書き込まれた遺伝情報を持っているが、ではテロワールの事象は様々な酵母やオークの木に役割を与えるのだろうか？

確かに"イエス"と主張する人もいるだろう。しかし、私たちがサンフランシスコとサウサリートを走り回っている間に、私が読んだあらゆる研究や論文のテロワールの概念は、常に1種類の植物を対象にしていたように思われる事に気付いた。ブドウはもちろん、コーヒー豆、タバコ、チョコレート、胡椒、ホップ、トマト、ブルーアガベも、である。そして、これら全ての植物に共通するものは何だろうか？　全て「作物」である。

作物の独自性とは何だろうか？　農作物は野生のものではない。人間によって栽培化され、栽培されている。作物がさらされる環境条件は、少なくともある程度は農業により媒介される。オークの木は栽培化されておらず、栽培もされていない。私たちにできる事は、持続可能な森林管理を行う事くらいである。同様に、酵

母菌株は発酵ごとに増殖する可能性があり、醸造、ベーキング、ワイン造りに使用されている酵母菌株の中には、栽培化の特徴を示すものもあるが、それらは栽培されていない。そして、もしオークの木と酵母が栽培されていないのなら、それらは農業の領域外にある。酵母とオークはどちらも「起源」、つまり原産地を持っている。しかし、少なくとも私が考えた定義では、それらはテロワールを持っていない。

　栽培化された穀物は、農業の支配下にある唯一のウイスキーの原料である。

実際、穀物は農業の誕生のきっかけであった。穀物の栽培化により、人類は狩猟採集という野生の生態系から抜け出し、町や都市での家庭生活を送る事ができるようになった。カリフォルニアへの訪問で、私の作業定義に最初の制限を設けるために必要な情報が得られた。「テロワールは農業と結び付いている」という基本事実に落ち着いた。従って、ここからはウイスキーの原料となる穀物だけに焦点を当てる事にした。

6章
テロワールの進化的役割

　バーボンウイスキーはアメリカンウイスキーの最も有名なスタイルかもしれないが、それが最初ではなかった。ウイスキーは、定義によれば穀物から造られなければならず、バーボンウイスキーはレシピの大部分にトウモロコシを使用している。トウモロコシはバーボンのベースなのである。トウモロコシは主な原材料であり、それがなければ（あるいは少量であれば）、何か別のものを造る事になる。

　初期のアメリカの入植者は、スコットランド人、イングランド人、アイルランド人、ウェールズ人、フランス人、オランダ人、ドイツ人など、全て旧世界からの移住者であった。彼らは多様だったが、皆、同じ旧世界の穀物に馴染みがあった。ヨーロッパではとりわけ、大麦、ライ麦、小麦が一般的で人気のある穀物であり、入植者はこれらをアメリカに持ち込んだ。今日、トウモロコシはあらゆる穀物の中で最も年間生産量が多く、南極を除く全ての大陸で栽培されているが、それは新世界の穀物である。大麦、ライ麦、小麦は全て、1万〜1万2千年前に中東の肥沃な三日月地帯で誕生した。トウモロコシはほぼ同じ頃に、メキシコのバルサス川流域で生まれた。

　最初の蒸留業者は農民であった。豊作の年には余剰穀物をウイスキーにした。植民地時代のアメリカでは、どのような種類の余剰穀物もウイスキーに蒸留されて

いたが、ライウイスキーが初期の名声を獲得した。これは主に、ライ麦の農業的成功によるところが大きい。つまり、ライ麦は小麦や大麦よりも丈夫で、アメリカ北東部（ニューイングランド地方）の、長く厳しい冬と短い生育期に耐えたのである。大麦と小麦は十分に順応するまでに、農民による何世代にも渡る栽培と選択が必要だった。ライ麦の栽培がすぐに成功したため、ライ麦の収穫が過剰になり、当然の事ながらライウイスキーが造られるようになった。アメリカの歴史上、ウイスキーが初めて記録に残るのは1640年、オランダ植民地のニューアムステルダム（最終的にはニューヨークと改名）の総督がライウイスキーの蒸留を命じた時である[1]。17世紀と18世紀には、ライウイスキーは熟成されていない蒸留酒だった。オーク樽での熟成は、19世紀初頭まで普及していなかった。

　特定のタイプのライウイスキーは、その品質とフレーバーにより名声を博した。モノンガヒラ・ライである。このライウイスキーは、生産されていた地域であるペンシルバニア州南西部からウェストバージニア州北中部まで伸びる、モノンガヒラ川流域にちなんで名付けられた。南から北へ210kmの川が流れ、ピッツバーグでアレゲニー川と合流してオハイオ川となる（バーボンの台頭に極めて重要な役割

を果たしたオハイオ川が、モノンガヒラ・ライの川が終わる場所から始まるのは、まさに合点がいく）。モノンガヒラ・ライはアメリカの新植民地でのみ名高かった訳ではなく、海外でもこのスタイル（特に"オールド"モノンガヒラとして知られる熟成させたもの）は、独特のスパイシーで甘い香味や風味によって高い評価を享受した。モノンガヒラは、アメリカの最初のウイスキー・テロワールとなった。

　18世紀の終わりに近付くと、入植者たちはバーボンウイスキーブームの兆候を初めて感じた。1776年、バージニア州議会は「Corn Patch and Cabin Rights／コーンパッチ・アンド・キャビン権利法（トウモロコシ畑と小屋の権利法）」を制定し、当時、現在のケンタッキー州とバージニア州西部を包含していたバーボン郡に小屋を建ててトウモロコシを植えた入植者に400エーカーの土地を提供した。この法令は、メリーランド州とペンシルバニア州からオハイオ川を下って来た移民と入植者の流入を誘った。この法令によってトウモロコシの生産量が著しく増加したかどうかは議論の余地があるが、いずれにしてもトウモロコシには魅力があった。

　では、なぜトウモロコシなのだろうか？ライ麦がすでに人気がありよく知られていたのなら、なぜ1776年の法令は"ライ

麦畑と小屋の権利法"ではなかったのだろうか？　答えは単純だ。バーボン郡ではトウモロコシが非常に順調に育ったからである。ライ麦でも何とか生計を立てる事ができたが、トウモロコシの方がはるかに生産量が多かった。結局のところ、トウモロコシはもともとメキシコ原産であり、新たに建国されたアメリカの南部地域に、数千年前に持ち込まれていたのである。トウモロコシは環境に順応するのに長い時間を費やした。トウモロコシを蒸留した初期のウイスキーは、まだバーボンとは呼ばれていなかったが、その独特の甘味とスムーズなフレーバーが注目を集めた。バーボン郡は（現在オールド・バーボンと呼ばれる地域には、現在のケンタッキー州バーボン郡が含まれる）、アメリカで2番目のウイスキー・テロワールとなった。

　適切な気候、肥沃な土壌、そして広範囲に渡る水系の組み合わせにより、モノンガヒラ川とオハイオ川流域ではライ麦とトウモロコシの農業的成功と品質が保証された。しかし、これらのテロワールは穀物産業を牽引しただけではない。テロワールは、第一にどのような種類の穀物がそこで育つかを決定したため、事実上、穀物を「選択した」のである。トウモロコシのいくつかの品種はモノンガヒラ川流域で栽培できたが、ライ麦のいくつかの品種はオハイオ川流域で栽培できた。しかし入植者と共に持ち込まれたライ麦は、ニューイングランドの気候、特にモノンガヒラ川に隣接するペンシルバニア州の土地にすでに順応していた。そしてトウモロコシは、ヨーロッパからの移民や開拓者により発見され、採用されるずっと以前から、後にケンタッキー州となる地域ですでに繁栄していた。

　なぜこうなるのだろうか？　なぜライ麦はニューイングランドの土壌に「順応」する準備が整っていたのに、大麦と小麦は順応するのに時間が必要だったのか？なぜトウモロコシはアメリカ南部の土壌で繁栄したのだろうか？

　これらの質問に答えるには、植民地時代よりずっと昔にさかのぼる必要がある。数千年前、肥沃な三日月地帯と農業の起源、そして最終的にウイスキー造りに使用される事になる最初の栽培化された作物までさかのぼろう。

★★★

　肥沃な三日月地帯は、現代のエジプトからシリア、ヨルダン、イスラエルを経て、イラクとイランにまで広がっている。約1万〜1万2千年前、最後の氷河期の終わりに、

この地域の農耕民の祖先は記念碑的な事を成し遂げた。それは、最初の農作物の栽培化である。野生の穀物の栽培化により、人類は遊牧狩猟採集の生活様式から解放され、定住、農耕、そして最終的には文明へと移行した。

では、栽培化とは一体何なのだろうか？　作物を用いてこれを可視化するのは難しいかもしれないが、ありふれた現象である。栽培化とは、ハイイロオオカミを犬に変える家畜化と同じプロセスである。

家畜化は共進化のプロセスであり、グループAが人為的な選択を通してグループBの成長と繁殖をコントロールし、グループAに利益をもたらす。犬の例えで言えば、1万5千年以上前に人類（グループA）はオオカミの子（グループB）の望ましい特性（従順さ、気質、忠誠心）を選択した。何世代にも渡る人為的な選択を通して、飼い犬はオオカミから分かれた。人類は「多様化」と呼ばれるプロセスで、異なる望ましい特性を継続的に選択した。何世代も経った後、家畜化と多様化により、純血種と混血種の両方を含む数多くの犬種が誕生し、忠実な仲間として私たちと幸せに生活している。人間は犬に餌や住処を与え、お腹をなでてあげる。そして犬は人間に親交、喜び、保護、揺るぎない忠誠を与えてくれる。作物は（あなたがトウモロコシ畑でくつろぐ事が本当に好きでもない限り）人間に親交を与えてはくれないが、信頼できる栄養源を与えてくれる。そして作物の栽培化は、犬と同じ経緯をたどっている。しかし、従順さや気質ではなく、農家や植物育種家はより大きな種子や、丈夫さ、収穫の成功、香味や風味、ストレス耐性などの特性を選択した。

穀物の栽培化という最初の出来事は画期的なものだったが、野生の穀物は栽培化される数千年も前から狩猟採集民の食生活の主要な一部となっていた。その正確な日付は議論されているが、少なくとも2万3千年前、おそらく10万年前までには、私たち人類の祖先は穀物を収穫し、調理して食べていた。

2万3千年前の証拠は、イスラエルのガリラヤ湖南西岸にあるオハラⅡと名付けられた遺跡で収集されたデータから得られている[2]。科学者は、挽きに用いられた石器にデンプン粒を発見し、かまどの存在を示唆する焼けた灰に覆われた石を発見した。アフリカ南部のニアッサ断層にあるモザンビークの洞窟では、他の研究者が10万年前までさかのぼる可能性のある石にデンプン粒を発見した[3]。この遺跡では、かまどの証拠は見つからず、調理器具の証拠もないため、デンプン粒の存在は古代の寝床か焚き火の火種を示すだけかもしれない。

どちらの事例にしても、これらの野生穀物はどのようなもので、最終的に栽培化されるに至ったのはなぜだろうか？

野生の穀物は、多くの点でその名に値する。その外見は、栽培化された子孫とはあまりにも異質に見えるため、それらが何らかの関連を持っているとは決して思わないかもしれない。トウモロコシの祖先である野生のテオシント（ブタモロコシ）と現代のトウモロコシは似ているが、その穀粒は著しく異なる。栽培化されたトウモロコシの穂には500個以上の穀粒が入っているが、テオシントの穂（穂軸）には5〜12個程度の穀粒しか入っておらず、その穀粒は石のように硬く、ほぼ貫く事ができない外皮で密閉されている。テオシントの穀粒と外皮は動物の消化管を生き残り、次の生育期までに種子を散布するのに役立つ（愉快な言い方をすれば、その穀粒は最終的に動物が排泄をする場所にたどり着く）。栽培化された穀物は、拡散を妨げるように選択されている。つまり、トウモロコシの穀粒は物理的に保護されていないため、移動する動物の腸内で生き残る可能性はほとんどない。そして成熟すると、1つの穂あたりの穀粒が地上の同じ場所にたくさん集まるため、日光と栄養源を巡る競争が激しくなりすぎ、最終的には成長よりも死滅する可能性が高くなる。

この話の一部は、確かに直感に反しているように思える。なぜ人類はこのような脆弱な栽培穀物を作ったのだろうか？その答えは、人類が環境適応のために穀物を栽培している訳ではないという事だ。実際、人間はしばしばその反対の事をする。人間は穀物を栽培化し、人間の目的に合わせて適応度を向上させるが、それはほとんどの場合、環境的な生存性と繁殖能力を低下させる結果となる。環境的な失敗を運命付けられた、保護されていない何百もの穀粒で満たされた穂は、環境的な成功が運命付けられた、岩のように硬い外皮に包まれた穀粒が少数あるテオシントのみじめな穂よりも、はるかに収穫や加工がしやすく、また食べやすいのである。

テオシントは単に1つの例である。大麦、ライ麦、小麦の野生の祖先には、共通の特徴がある。それらは"はじけやすい（農業用語では種子散布）"傾向があり、種皮が硬いために加工しにくく、休眠状態になり、条件が整うと発芽する。その結論

はこうだ。野生の穀物は、人間にとって栽培、収穫、加工がしにくく、また食べるのも面倒である。しかし栽培化は、これらの厄介な野生の穀物を何かしら利用しやすいものにした。この努力により、野生の穀物は農場以外では生き残る事ができない弱い植物になるかもしれないが、人間社会の理想的な一部になる。

★★★

　栽培化の仕組みは、表現型と遺伝子型の概念にある。表現型とは、一連の観察可能な生物の特性、つまり私たちの目に見えるものである。例えば、赤色はパシフィックローズ（Pacific Rose/リンゴの栽培品種）の表現型特性であり、そのフレーバーもまた表現型特性である。表現型の設計図は遺伝子型、つまりこれらの特性を与えるDNAの一領域である。遺伝子はタンパク質を作り、タンパク質は生命を維持する機能を果たす。パシフィックローズとグラニースミス（Granny Smith/リンゴの栽培品種）は表現型が異なるため、遺伝子型、特に色と香味や風味をコントロールする遺伝子も異なると推測できる。そして、その推測は正しいだろう。リンゴの色の表現型は、光に反応する遺伝子によってコントロールされている。パシフィックローズの遺伝子は、DNAの遺伝情報の僅かな変化により、グラニースミスの遺伝子よりも光に反応する傾向が強い[4]。

　隣の農夫ジョンが、色の遺伝子が分離しているリンゴの種子（一部の種子には赤色の遺伝子が含まれ、一部には緑色の遺伝子が含まれる）を播いたとしよう。しかし、ジョンは赤いリンゴの鮮やかな色合いが好みのため、青リンゴの色には我慢ができない。ジョンは農夫であると同時に優れた育種家でもあるため、次のシーズン用に赤いリンゴの種子だけを播く事に決めた。彼は赤い表現型を選択している。赤いリンゴの種子だけを播くシーズンが十分に長く続くと、最終的に赤色の遺伝子が「固定」され、最終的に播いた種子の全てが鮮やかな、赤いリンゴに変わる可能性が高くなる。このプロセスは淘汰として知られ、この場合は、特に人為淘汰（選抜）と呼ばれる。

　私たちの祖先も、同じ技術を用いて作物を栽培化した。彼らにDNAの知識はなく、もちろん表現型や遺伝子型といった言葉を用いる事もなかった。しかし、彼らが知っていたのは、トウモロコシ、小麦、大麦、ライ麦の野生の祖先の種子を収穫する場合、「より良い」植物から種子を

収穫するのが最も理にかなっているという事だった。1万2千年前に最初の栽培化を行った彼らにとって、「より良い」ものとは何だったのだろうか? それは多くの場合、近隣の植物に比べてより大きく、より"はじけにくい"種子を生み出す植物であった。そして、収穫された種子のほとんどは食物として消費されたが、一部は来季の作物を栽培するために植えられていたのだろう。農民は、これらのより大きくてはじけにくい種子を選択する事で、この選択が意識的なもの(人間による意図的な選択〈選抜〉)であろうと無意識的なもの(人間の栽培方法と、人間が作り出した農業環境による自然淘汰)であろうと、望ましい表現型になりやすいように集団内の遺伝子を変化させ、固定し始めた。

1万~1万2千年前に肥沃な三日月地帯で最初に栽培化されたこれらの作物は、新石器時代の創始作物と呼ばれている。新石器時代(紀元前1万年~4千5百年)は、人類の文化の大きな転換期であった。放浪する狩猟採集民は定住する農民となった。農業が成功を収めるかどうかは、人間の収穫と栄養という目的に適応した予測可能な作物に依存する。人類の文化のこの転換が起こるには、まず作物を栽培化する必要があった。

新石器時代の創始作物の非穀物グループには、マメ科植物(レンズマメ、エンドウマメ、ヒヨコマメ、ビターピーチ)と亜麻が含まれていた。私はマメ類に何の反感も抱いておらず、亜麻にも批判の念を抱いていないが、それらでウイスキーを造る事はできない。ウイスキーには穀物が必要で、新石器時代にはエンマー小麦(学名:*Triticum turgidum*)、ヒトツブ小麦(学名:*Triticum monococcum*)、大麦(学名:*Hordeum vulgare*)の3種類があった(現代の小麦の種は*Triticum aestivum*である)。それから数千年後の紀元前8千年頃、メキシコ南部の農民は野生のテオシントをトウモロコシ(学名:*Zea mays*)に栽培化した。トウモロコシは世界の多くの地域でメイズと呼ばれている。ライ麦(学名:*Secale cereale*)の栽培化の時期は、栽培化された大麦や小麦の畑で雑草として生き残る事が多かったため、正確に特定するのは少し難しい。しかし、紀元前6千年頃まで、そしておそらく、数百年か数千年早く、ライ麦もまた栽培化されていた。メキシコ南部や肥沃な三日月地帯などの栽培化地域は、"原産地(起源の中心)"と呼ばれている。

原産地とは、作物が最初に栽培化された場所だが、単なる土地の物理的な断片以上のものである。原産地は自然淘汰、つまり適者生存によって野生種の遺

伝的変異を分類した最初のテロワールでもある。その後、人類は選抜を通じてそれらの野生種を栽培化し、その土地の気候、土壌、地形で繁栄できる、望ましい特性を選択した。穀物は人類により原産地から運び出され、新しいテロワールに適応して進化を続けた。

「原産地」という言葉は、20世紀初頭に、ロシアの有名な遺伝学者で植物学者のニコライ・ヴァヴィロフによって造られた。世界中から種子を集めて分析した結果、彼は栽培地が作物の遺伝的多様性が最大限に高まる場所である事に気が付いた。これは、野生の作物は栽培品種よりも遺伝的に多様であり、栽培作物が原産地から遠くに運ばれ、意図的な交配が行われるほど遺伝的多様性が失われ、遺伝子が固定化される可能性が高くな

るためである。

とはいえ、今日の私たちが知る、栽培されている大麦、ライ麦、小麦、トウモロコシは、最初に栽培化された作物とは著しく異なる。栽培化は野生種から作物品種への最初の移行だが、多様化は栽培化後の選択プロセスであり、作物の継続的な変化と適応を促進する。栽培化は基礎を築いたが、多様化は穀物品種の膨大な多様性へとつながる道を切り開いた。そして、それは今も続いている。穀物種の品種間の多様性は誰の目にも明らかで、ポップコーンをスイートコーンと間違える人はいないが、これらは同じ栽培種であるトウモロコシの品種である。この多様性の原因は何だろうか？　また、この多様性はウイスキーのフレーバーをどのように変えるのだろうか？

★★★

オオカミと犬の例えを覚えているだろうか？　犬は野生のハイイロオオカミが家畜化された種である事は分かっているが、最初の家畜化がすぐに犬につながったというのは妥当だろうか？

実際には、最初に家畜化されたオオカミは攻撃性が低く、人間との付き合いが楽なオオカミの系統だったと考えられる。そこから人間は、より優れた聴覚（肉

食動物の接近を警告するため）や、おそらくは鋭い嗅覚（狩猟中の手助けをするため）を求めてオオカミの子供を選抜し始めた。家畜化されたオオカミは、寒さへの耐性、探し出して持ってくる性向、あるいは生来の忠誠心と人間の主人を守る欲求など、他の環境や目的のために選抜され、繁殖されて飼育された。そしてそこから、家畜化されたオオカミは、今日知ら

れている全ての犬種に多様化した。犬は、家畜化に続いて広範囲に多様化した結果であり、これと同じ事が穀物にも起こったのである。

多様化には、同時に起こる3つのステージがあり、これらのいずれも新しい作物につながる可能性がある。多様化の原則は、栽培化の場合と同様に、遺伝子型と表現型という同じ概念にある。ステージ1は原産地で起こり、このステージでの多様化は主に、収量に対する選抜によって推進される。このステージは栽培化の成果自体と重なり、完全に栽培化された作物品種の出現で終わる。

ステージ2は、新たに栽培化された作物が原産地から広まった時に起こる。人類は新たな土地に移住する時に種子を携えて行き、新たな環境、新たなテロワールにそれをさらした。これらの種子は遺伝的に同一ではなかったため、様々な表現型を持つ植物に成長した。新たなテロワールの環境は、選抜を通じて表現型に影響を及ぼし、一部の植物は他の植物よりも繁栄した。人類は、その新たな環境で繁栄し、加工や調理が簡単なものなど、望ましい特性を示す新たに多様化した品種を選抜した。香味や風味もまた、ステージ2において重要となった。栽培化は、持続可能な食料源の確保が主な目的だったが、それだけが目的でもなかっ

た。多様化により新たな望ましい香味や風味が発見され、選抜されるようになった。今日も残っているトウモロコシ、小麦、大麦、ライ麦の在来品種の多くは、ステージ2で生まれた。

ステージ3は、既存の品種を意図的に交配し、新しい品種や改良された品種を生み出す事によって起こる。改良は主観的で、育種家の要望と関わっているが、一般的に食用作物の目標は収量、均一性、農業の成功、品質の向上である。意図的な交配は、ある栽培品種（親1）が別の栽培品種（親2）と遺伝的に組み合わされるハイブリッドと関連付けられる事が多い。通常、親1には親2にはない望ましい特性が含まれており、その逆もまた同様である。ステージ3のほとんどの技術は、いくつかの例外を除いて現代の産物である（例えば、イチジクの交配育種は1万1千年以上も前から行われている[5]）。ステージ3における育種上の進歩の中でも、特に重要かつ悪名高いのが遺伝子工学である。これには外来DNAを植物に導入する事も含まれ、それが遺伝子組換え生物（GMO）を創造する方法である。ここでのアイデアは、外来DNA（多くの場合、細菌や菌類由来）が、ある種の殺虫剤耐性やストレス耐性を与えるというものである。遺伝子工学の別の形態はゲノム編集と呼ばれ、植物自体の

DNAを編集して（外来DNAと混合せずに）、遺伝子の発現をコントロールする。CRISPR/Cas9システム（元々は細菌が有していた外来のDNAの排除に関する獲得免疫機構の一部をゲノム編集に応用したもの）は、最近の最も有名なゲノム編集技術の例である。

　重要なのは、栽培化と多様化によってトウモロコシ、小麦、大麦、ライ麦の何千もの異なる品種が生まれた事である。しかし、全ての品種は、技術的には個々の野生の祖先にまでその系統をさかのぼる事ができる。人類の選抜の努力により、最初の栽培品種が生み出された。そこから、人類はそれらを世界中に運び、適した環境であればどこでも栽培した。新たな環境と新たな選抜は、新たな品種を生み出した。このプロセスは何千年も続いており、そのおかげでウイスキーの原料となるトウモロコシ、小麦、大麦、ライ麦の4大穀物には、数千、数十万もの品種がある。品種ごとに穀粒の色、サイズ、茎の高さ、気候の適正など、独自の表現型があり、それぞれの品種は異なる。そしてブドウとワインと同じように、穀物の品種ごとに独自のフレーバーがある。

　穀物品種の遺伝子と表現型の多様性

は、実際のところ計り知れない。しかし、今日地球上にある数千もの品種のうち、多くはたった1人の農家の畑や納屋にしか存在しない。他の多くの品種は、1つの種子銀行の箱や袋に詰められた一握りの穀粒としてのみ存在する。これは、現代の農業が収量と均一性を優先して遺伝的多様性を犠牲にしているためである。我々は、以前利用された遺伝資源を使用して新しい品種を育成する少数の大手種子会社（バイエル〈旧モンサント〉、シンジェンタ、デュポンなど）からのみ、彼らの知的財産を保護するために（彼らが利権を有する）種子を購入している。つまり、今日市販されている品種、少なくとも大手種子会社が生産している最も広範囲に渡る品種は、特定の種における全ての品種の多様性と比較すると、比較的類似しているものが多いという事を意味する。

　何が起こったのだろうか？　なぜ近代農業は何千もの穀物品種を生産から排除したのだろうか？　なぜ穀物におけるワイン用ブドウの多様性と同等のものを奪い、その代わりにコンコード（Concord）種のブドウの単調さをもたらしたのだろうか？

7章
商品穀物の台頭

　「美味しい食べ物の鍵は、脱商品化にある[1]」。この引用は、カリフォルニア州のコミュニティ・グレイン社の創業者であるボブ・クラインの言葉である。コミュニティ・グレインは、カリフォルニア州の特定の農場で栽培された在来種の小麦から作られたパスタを、一般小売市場へ供給する事に専心している。在来穀物の定義は曖昧だが、通常は商業的な品種改良とは関係なく繁殖、選抜され、世代から世代へと受け継がれてきた旧来の品種を意味する。収量のみを目的として品種改良された現代の商業品種のほとんどとは異なり、在来種は風味を目的として品種改良される事が多かった。大手パスタメーカーが購入する商品用の小麦は、収量を重視して品種改良された現代品種を混合するため、在来穀物と比べると風味が乏しいのが普通である。しかし、品種と農場を区別する事により、コミュニティ・グレインのパスタはテロワールが生み出す独特の風味を持っている。この品種と農場の区別は、商品用の小麦では行われない。

　コミュニティ・グレインは、品種や農場を区別するだけにとどまらない。同社が販売するパスタには「23のアイデンティティポイント」がある。基本的に、これらのポイントにより、顧客はパスタ（原料）の栽培と加工に関する23項目の重要な詳細情報を通じて、そのパスタを「種子から食卓まで」追跡できるようになる。品種と農場の他、伝えられる内容には、収穫日、土壌管理方法、灌漑の使用、小麦の保管方法などがある。

　美味しい食べ物の鍵が"脱商品化"で

あるならば、そしてそのような考えがウイスキーにも当てはまるのなら、商品穀物の問題点とは何なのだろうか？　商品穀物は不味くてつまらない、味気ないウイスキーを造る運命なのだろうか？

　その答えは、驚くかもしれないがノーだ。一般的な商品穀物から、美味しいウイスキーを造る事もできるのである。そして、この方法で毎年何百万ℓものウイスキーが造られ、満足した消費者に販売さ

れている。ウイスキーの銘柄と香味や風味の多様性、そして品質は、禁酒法以前から変わらず高くなっている。

　しかし、ウイスキー業界はチャンスを逃してはいないだろうか？　蒸留業者が効果的に脱商品化された穀物、つまり栽培地のテロワールを反映した穀物を使用したなら、何か別のもの、有益なもの、重要なものを獲得できるのではないだろうか？

★★★

　コーヒー、ココア、果物、砂糖、穀粒などの農産物は、「ソフト商品」と呼ばれている。ソフト商品は栽培され、ハード商品（金、石油、抽出可能な天然資源）は採掘される。しかし、全ての商品は代替可能であり、つまり互換性があり同等である。ある農場で生産された食用等級のイエローデントコーンの粒1トンは、別の農場で生産された粒1トンと全く同じである。穀粒を商品として扱い、市場で取引する事は現実的で、理論的には、商品システムは農家、バイヤー、消費者を経済的に保護する。

　標準的な商品契約には、商品穀物の種類（トウモロコシ、小麦、大麦、ライ麦）、分量、品質に基づく価格が含まれる。また、硬質赤小麦と軟質赤小麦のような穀

物の種類ごとに異なるクラスや、穀粒ロットの品質等級もあり、通常は政府によって仕様が定められている。これらの基点となる仕様は通常、試験重量（特定の重量の穀粒が占める体積の測定値）、損傷した穀粒と壊れた穀粒の混合割合、小石や枝木といった異物の混合割合である。アメリカでは、ほとんどの穀粒は米国農務省（USDA）が定めた等級で格付けされている。大麦とライ麦は1〜4の等級で格付けされ、トウモロコシと小麦は1〜5である。数字が低いほど品質が高く、価値が上がる。穀粒の等級が決まると、それが大きな袋、大型トラック、鉄道車両、あるいは船舶のライナーで運ばれるかどうかに関係なく、その積み荷は同じ等級の他の全ての積み荷と完全に同

等となる。テロワールに関わらず、品種や農場に関わらず、2等級のイエローデントコーンの積み荷は、他の全ての2等級のイエローデントコーンと同等なのである。

トウモロコシや小麦、ライ麦とは異なり、大麦はウイスキー製造に使用される前に精麦される事が多い。未加工の穀粒と比較すると、麦芽となった穀粒にはデンプンを糖に変える酵素と様々な新しい風味がある。麦芽用大麦の規約では、米国農務省が商品大麦に規定する品質仕様よりも高い品質仕様が定められているのが一般的で、例えば、特定のタンパク質レベルや発芽率が指定されている事がよくある。低タンパク質は、十分なデンプン（デンプンは最終的にアルコールになるため、これは望ましい）と効率的なロイタリング（マッシュをろ過して麦汁にするプロセス）を確保するために必要である。しかし、米国農務省等級が同じ2種類の商品大麦の場合と同様に、麦芽製造所の仕様に合致する麦芽用二条大麦は、テロワールに関係なく、同じ仕様の他の全ての麦芽用二条大麦と同等である。

かつて一緒に仕事をしていた国際的な大手麦芽製造業者に、どのような種類の大麦を使用しているのかと尋ねたところ、彼は単に、アメリカ麦芽大麦協会が認可する30種類ほどの品種を教えてくれて、「そのうちのどれかだと思います」

と言った。

その大麦の農場はどこにあるのかと尋ねると、彼は「ああ、ミネソタ州の周辺… それとノースダコタ州、モンタナ州、カナダです」と答えた。

例外もある。ミラー・クアーズ社（アメリカのビール会社）は、どうやら契約で義務付けている独自の大麦品種を持っているようである。しかし、概して、ほとんどの麦芽用大麦は、依然として商品として取り扱われ、取り引きされ、売買されている。

政府や麦芽製造所が定める品質仕様は、重要なパラメータである。ウイスキー蒸留業者は、試験重量、異物の割合、破損粒の割合、タンパク質レベルを気にかける。しかし、商品穀物の取引では測定されず、記録されず、そして報酬が支払われない重要な品質仕様に「フレーバー」がある。ワイン用ブドウと比較すると、これは重要な差別化要因である。ワイン用ブドウが取り引きされる時（通常は栽培者とワイン生産者の契約を通じて）、両者が求めているものはフレーバーである。そして、ブドウの品種、栽培地域、ブドウ栽培技術の組み合わせを通じて、テロワールがこれを推進する。これが、ワイン用ブドウの契約書にそのような仕様が明記されている理由である。ブドウの栽培者は穀物農家とは異なり、香味や風味に対して報酬を受ける。ブドウ園とワイナ

リー間の契約では、ブドウの価格は交渉の対象となる。フレーバーに定評のあるブドウ園は、平均をはるかに上回るプレミアム価格を要求する事もできる。

しかし、商品穀物が取り引きされる場合、状況は大きく異なる。蒸留業者（あるいは他のエンドユーザー）は、金銭面でもその他の面でも、農家のご機嫌を取ろうとはしない。禁酒法の施行後に起こった蒸留所と農場の分離により、ウイスキー蒸留業者はほとんどの場合、どの農場から穀粒が来ているのかを正確には把握できていない。そして、農家と蒸留業者の個人的な付き合いは、ますます希薄になっている。ブドウ園とは異なり、穀物農家は自分たちの穀粒の価格をほとんどコントロールできない。代わりに、基準価格は商品市場、トレーダー、穀物ディーラーによって決められる。等級が異なれば価格も異なるが、フレーバーはどの等級でも品質の指標にはならない。では、穀粒の香味や風味、つまりテロワールから生まれるフレーバーがなぜ評価されないのか？　というのが疑問である。

★★★

最初の大規模な種子会社が設立された1880年代までは、ほぼ全ての作物の品種は在来品種だった[2]。これらの品種は主に食用として用いられていた事から、風味は実際のところ、選抜の対象となる重要な形質だったのだろう。そして、これらの品種は通常、農家自身によって繁殖、選抜されていたため、異なる品種が特定の地域に関連付けられる事は珍しくない。1800年代には、何千もの小規模蒸留所がアメリカの都市や町に点在しており、これらの風味豊かな在来品種を使用していたのだろう。効果的な穀粒輸送システムがなく、比較的小規模だったこれらの蒸留所は、地元の農家から穀粒を調達したり、時には自らが穀物を栽培したりした。また小規模であったため、地元の農家は十分な余剰穀粒を自分の土地や地元の共同施設に保管できたはずである。この地元の在来品種の穀粒から造られたウイスキーは、テロワールの特徴を持っていただろう。

しかし20世紀には、カントリーエレベーター、ステーキ、白パンなど、複数の重複した理由により状況が様変わりした。

カントリーエレベーターは穀粒を保管するために建設された設備で、19世紀の中頃に導入された。「エレベーター」という言葉は、穀粒がトラック、列車、船から降ろされてサイロに運び込まれる際に、

一種の螺旋システムを介して地上から持ち上げられる方法を指す。エレベーターには様々な形や大きさがあるが、管理組織に関係なく、通常は商品穀物市場に対応しており、概して穀粒を効果的に分離するようには設定されていない。これは必ずしもそうとは限らず、小規模のカントリーエレベーターの中には、特定の穀粒を他の穀粒から分離して保管する事に長けているところもあるが、ほとんどのカントリーエレベーターは多くの農家から大量の穀粒を購入し、全てを混ぜ合わせて長期間に渡り保管し、その後、穀粒を使用する様々な産業（飼料、食品、燃料）に販売する。そして、カントリーエレベーターの発展後、すぐに穀粒の余剰が発生した。

20世紀初頭には化成肥料とハイブリッド穀物品種の導入があり、作物の収量が大幅に増加した。歴史上初めて、穀粒の余剰が大量に発生し、動物の飼料として使用されるようになった。動物はおよそ1万2千年前に家畜化されて以来、飼育されてきた。畜産の歴史の大半において、家畜は野生の草、あるいは栽培された草を採食していた。アメリカでは、19世紀前半を通じて、事実上全ての家畜がこれに当てはまった。穀粒は動物に与えられる場合もあったが、そのほとんどは人間が消費した後の残りものだった。小麦、大麦、ライ麦、トウモロコシは人間の食料としてあまりにも貴重であり、動物に無駄に与えるものではなかった。

しかし、穀粒が余剰となったため、多くの製粉所が穀粒（主にトウモロコシと大麦）を動物用飼料に加工するようになった。これはつまり、アメリカ人がこれまで以上に多くの動物を飼育できる事を意味し、それに応じて食生活も変化した。動物性タンパク質（牛乳やチーズを含む）は、毎度の食事に期待されるだけでなく、食の中心へと移った。また、鶏、牛、豚は飼料用穀粒の風味をより好みしなかったため、市場は風味をあまり気にしなくなった。栽培者や育種家は、収量のみを基準に品種を選抜し始めた。

しかし、誰もがステーキを買う事ができた訳ではなかった。多くの肉が市場に供給されるようになっても、パンは依然として多くの人々の主食であった。人類の歴史の大半において、パンは全粒粉から作られていた。白パンは全粒粉パンよりも純粋で上質だと見なされていたため、裕福な人だけが買えたはずである。しかし、19世紀後半から20世紀初頭にかけてローラーミルが導入されると、白パンは誰にでも入手できるものになった。新しいミルにより、穀物の穀粒をふすま（小麦を挽いた時にできる皮のくず）、胚芽、胚乳の、3つの構成要素に分ける事が可能に

なった。ふすまは種皮を保護するもので、胚芽は胚、つまり幼植物である。これらには、穀物の穀粒がもたらすフレーバー化合物の多くが含まれている。しかし、どちらも脂肪酸を多く含み、全粒粉は比較的早く腐ってしまう。一方、胚乳は幼植物の栄養貯蔵庫であり、腐敗しにくい結晶性デンプン分子の形で炭水化物が詰まっている。胚乳はまた、比較的風味がない。製粉中にふすまと胚芽を取り除き、胚乳だけを残す事ができれば、小麦粉市場は、数ヵ月ではなく何年も保存可能な小麦粉を容易に生産する事ができる。保存性が確保できれば、御当地の小麦はもはや必要ない。小麦はあちこちから購入し、小麦粉に製粉し、包装して輸送する事ができる。小麦粉には需要があり、商品穀物取引が小麦を供給していた。風味は乏しかったかもしれないが、バターやジャムで引き立てる事はできた。そして、この胚乳が豊富な小麦粉は幾分風味に欠ける事から、小麦粉市場はより風味が豊かな小麦を栽培する農家に報いる事はなかった。今日、我々は、炭水化物を多く含む胚乳のみで作られたこの小麦粉を「精白粉」あるいは「中力粉」と呼んでいる。

結局、新たな顧客が風味を気にしていない事に市場が気付いたのと同時に、我々は穀物の風味に重点を置く事を止めた。それでもなお、読者は（私がそうした

ように）こう尋ねるかもしれない。「なぜウイスキーの蒸留業者は、農家に対して伝統ある風味豊かな品種の栽培を続けるように強く求めなかったのか？」と。

その明確な理由を特定するのは難しい。まず、穀粒の収量が増えて余剰が生まれると、穀粒の価格が下落した。多くの蒸留業者は、例え風味が変わっても、価格の低下を歓迎しただろう。そして、これらの新しい高収量穀物の風味は、一夜にして薄まった訳ではない可能性が高い。種子の遺伝的特徴を収量に合わせて調整すると、意図せず風味が抑制される可能性がある事が科学文献で明らかになったのは、ここ10年ほどの事である[3]。しかし、それは一夜にして減少した訳ではなく、ゆっくりと徐々に減少した。さらに、禁酒法施行後の20世紀にはウイスキー蒸留業界が急激な統合と成長を経験し、蒸留業者が必要とする全ての穀粒を地元の農家から調達する事がますます困難になった。ほとんどの農家は自分の農場や町の穀物倉庫にいくらかの穀粒を保管できたが、新たに統合された巨大蒸留所が要求する膨大な量の穀粒は、実際には大規模なカントリーエレベーターでしか供給できなかった。テロワールの全ての風味や香味のニュアンスは、これらのエレベーターでは失われ、均一に混ざり合ってしまうだろう。穀粒が商品契

約、食品契約、あるいは大麦麦芽契約の
いずれかを通じて運ばれて来たとしても、
一旦エレベーターに到着するとサイロに
詰め込まれ、米国農務省のうわべだけの

仕様（種類、穀粒の区分、等級）に一致
する他の全ての品種やテロワールと混合
される。

★★★

　20世紀から21世紀にかけて、蒸留業
者にとっては米国農務省の等級の基準
を満たした穀粒で十分だった。しかし、あ
る動きが広がっている。ウイスキーの蒸
留業者は、穀粒選択の現状にいよいよ疑
問を抱き始めている。ワイン生産者にとっ
てテロワールがそれほどまでに重要で、
品種やブドウ園、ブドウの香味や風味を
それほどまでに重視するのであれば、自
分たちもそうしないのはなぜだろうかと。

　新世界と旧世界の多くの大小の蒸留
所、クラフト企業、大手企業が同じ疑問を
抱き始めていた。テロワールを活用できる
のだろうか？　土壌、地形、気候、特定の
品種の微妙で独特なフレーバーを捉え、
強調し、宣伝する事はできるのだろうか？
21世紀には、世界中で蒸留所の数が急
増した。これは、クラフトビール産業、グル
メ嗜好、地産地消の精神など、多くの要
因によって促進された。蒸留所の数が増
えるにつれ、様々な職業から業界に参入
する蒸留業者の数も増加し続けた。

　我々の多くは、キャリアの初期に、ワイ

ン生産者がブドウを選ぶ方法と蒸留業
者が穀粒を選ぶ方法の大きな違いを目
の当たりにした。そして、「地元産の飲み
物（もともと地元で醸造あるいは蒸留され
たという意味）」という市場性は、穀粒も
同様に地元産である場合、さらに高まる。
我々は、商品穀物を使用して美味しいウ
イスキーを造る事ができる。しかし、特定
の農場や特定の品種の穀粒を使う事で、
フレーバーの多様性を高める事はできる
のだろうか？

　農家は商品穀物の販売で大金を稼ぐ
事はあまりない。農家が大量のトウモロコ
シを植え、育て、そして収穫するのに投
資する金額が、最終的にそれを販売して
実際に得られる利益よりも多い事は珍し
い事ではない。では、なぜ農家は商品穀
物を栽培するのだろうか？　1つの理由、
そしておそらく最も重要な理由は、商品
穀物が実証済みのモデルだという事であ
る。商品市場向けの栽培は完璧とは程
遠いが、収穫後の穀粒の買い手が保証
されるため、農業ローンの確保が容易に

なる。もう1つの理由は、政府の助成金である。助成金には、直接支払いと農作物保険の2つのパッケージがある。前者は、商品穀物の価格が下落した際の利益損失を補填し、後者は作物が失われたり収穫量が異常に低くなったりした場合に、農家に払い戻される。その上で、農家が独特の風味を引き出す事を目的に穀物を栽培したとしても、カントリーエレベーターでテロワールが混ざり合わないよう、特定の農場や品種の穀粒を効果的に分離して保管するにはどうすればよいだろうか?

ワイン業界はこの点に関して見識を持ち合わせていない。収穫されたブドウはワイナリーに運ばれ、圧搾されて加工される。ワイナリーがワインを造るためにブドウを圧搾するのは年に1度だけである。ウイスキー蒸留所は、年間を通じて日常的に穀粒を粉砕し、ビールやウイスキーを製造している。ブドウは保管しないため、品種やブドウ園を区別（多くの場合、物流の関係上必要）してテロワールを維持する事がはるかに容易になる。もし、穀粒と同じようにブドウの保管と輸送ができたのなら、ワインも穀物と同じ道をたどっていた可能性が高く、一般的な赤ブドウと白ブドウしか存在しなかったかもしれない。これは、これらの一般的なブドウから質の悪いワインが生まれる事を意味して

いるのだろうか?　必ずしもそうではない。しかしそれは、ウイスキーの場合と同じように、様々なブドウの品種やテロワールのフレーバーのニュアンスが、これらの架空のブドウエレベーターのブレンドの性質によって失われる事を意味する。

幸いにも、我々はワイン業界に答えを求める必要はない。ほとんどの蒸留所が使用していなくとも、答えは実際のところ、すでに存在している。それは主に、種子の生産と流通のために、様々な品種を区別するために考案されたシステムにある。これは「identity preservation〈IP〉:識別保存」と呼ばれており、種子検定から始まる。

種子検定のシステムは、作物品種の遺伝的アイデンティティを維持し、保存するように設計されている。コミュニティ・グレインの「23のアイデンティティポイント」を覚えているだろうか?　農家が認証済みの種子を購入すると、その種子は全て遺伝的な同一性が保証される。これにより、収量、耐寒性、害虫耐性、風味といった特性の一貫性が確保されるのである。

種子検定には、育種、原種、登録、認証、という4つのクラスと段階がある。「育種家種子」は、当然の事ながら育種家によって適切に管理される。育種家種子の品種が商業的に有望であると思われる場合、それらの種子を植えて収穫された

子孫は「原原種」と呼ばれる。この時点で、特定の州法および連邦法により、遺伝的純度とアイデンティティの基準が定められる。その品種が商業的に十分に有望であれば、原原種が増殖され、「原種（登録種子）」が作成される。この種子はその後に植えられ、その子孫は「保障種子」と呼ばれる。この保障種子は、農家に商業的に販売される。

識別保存は、この保障種子の品種から始まる。そしてまず、全ての設備や機器（種まき機、コンバイン、オーガ、エレベーター、保管容器）を徹底的に洗浄し、汚染物質や遺伝的に異なる種子や穀粒が混入しないようにする必要がある（種子と穀粒の違いは、単純にその目的にある。どちらも生物学的には同じだが、種子は植えられ、穀粒は収穫され最終的に商品として販売される）。識別保存は遺伝的純粋性を最も重視しており、異なる穀物品種を分離する事を意味する。

"識別保存はテロワールを捉える"。少なくとも、理論上はそう言えるだろう。また、農家と直接取引している小規模な蒸留所の場合、識別保存された穀粒を使用する事は比較的容易である。必要なのは、業界基準の1トンのバルクバッグに詰めるための穀粒管理システムだけである。蒸留所が識別保存された麦芽穀粒を使用したい場合、適切な距離に精麦所を見つける必要があるため、状況はやや複雑になる。しかし、最近のクラフトの麦芽製造所の増加により、それも可能になっている。

大規模蒸留所は伝統的に識別保存を使用しない。これは主に、その量と保管場所の必要性による。大規模蒸留所が収穫期の合間に充分な量の穀粒を保管するには、数千〜数万エーカー規模の農地を管理する農家と提携し、数十万〜数百万ブッシェル（1ブッシェル＝約35ℓ）の穀粒を保管するのに十分なサイロを確保する必要がある。これは不可能ではないが、カントリーエレベーターから常に入手できる品種と農場のブレンドを単に購入するよりも費用がかかり、物流的にも困難である。

テロワールを捉えて強調する努力をする前に、大規模蒸留所はテロワールが本当に実在するもので、価値があり、カントリーエレベーターでは提供できないものである事を確信する必要がある。正直に言えば、ほとんどの小規模蒸留所でさえ、説得には多少の時間がかかるだろう。1トンのバルクバッグなら、識別保存ははるかに簡単だが、適切な農家を見つけ、識別保存された穀粒を別々に収穫し、収穫期の合間にバルクバッグを保管するという、金銭的および物流上の課題がまだ残っている。

これらの課題に加え、ほとんどの穀物農家は、商品市場にサービスを提供するカントリーエレベーターだけに穀粒を販売して人生を過ごしてきた。農家がテロワールのアイデンティティを保持し、カントリーエレベーターではなくウイスキー用の穀物を栽培、収穫、保管、販売するためには、蒸留業者が農家の努力に報いる必要があるだろう。蒸留業者はフレーバーに対して農家に報酬を支払い、そのオファーはカントリーエレベーターのそれよりも魅力的でなければならない。

そこで本当に問題になるのは、小規模蒸留所と大規模蒸留所のどちらにとっても、努力する価値があるのかという事である。穀物の品種や農場による香味や風味のニュアンスがウイスキーに反映されるのか？ それとも蒸留のプロセスによって違いがなくなるのか？ トウモロコシ、大麦、ライ麦、小麦といった穀物の品種は、テロワールに関わらず、常に同じフレーバーのプロファイルを生み出すかもしれない。

しかし、テロワールがウイスキーの香味や風味に影響を及ぼすと仮定しよう。最も重要なのはどの側面だろうか？ 穀物の品種なのか、農場なのか、気候なのか、農業技術なのか、あるいは捉えどころのない人的な要素なのか？ 結局のところ、土地のフレーバー、つまり原産地の明白な認識は、ウイスキーを実際にどの程度変えるのだろうか？

これらの疑問に答えるには、私にはガイドが必要だった。こういった全ての疑問の根底にある科学を支え、テロワールがウイスキーの香味や風味に、具体的にどのように影響するかについて、具体的な洞察を提供する何かが必要だった。

私が必要としていたのは、ロードマップ（行程表）だった。

第2部

テロワールへの
ロードマップ

8章
テキサスの三目並べ
（3×3の枡に○と×を並べるゲーム）

ソーヤー農場は我々が全ての穀粒を仕入れているところで、テキサス州ヒル郡の我々の蒸留所から南に車で約1時間、北テキサスと中央テキサスのちょうど州境にある。そこの土壌の大半は主にテキサス・ブラックランド・プレーリー（黒く肥沃な土壌の温暖な大草原）に見られるヒューストン・ブラッククレイ・ローム（黒色粘土）で、北テキサスとオクラホマの州境のレッドリバーから、はるばる南のサンアントニオへと広がっている。ここは多くの作物を育てる事ができる豊かな土地である。我々が出会う前、ジョン・ソーヤーは商品穀物市場向けに何千エーカーもの土地でトウモロコシと小麦を栽培していた。我々とのパートナーシップが結ばれた後、彼はライ麦と大麦も栽培し始めた。私は2012年2月に、TXウイスキー初の合法的なバッチを蒸留した。この初蒸留は、フォートワース 901 W.ヴィッカリー・ブー

ルバードにある最初の蒸留所で行われた。初蒸留までの数ヵ月間、我々は信頼できる地元産穀物の供給元をくまなく探した。私は主に、蒸留所の所有者であるレオナード・ファイアストーンとトロイ・ロバートソンと仕事をした。我々はテロワールという概念について議論した事はなく、ましてやその複雑さを十分に理解する事もなかったが、原産地という概念は理解していた。ウイスキーには"その土地ならではのもの"が必要だと信じていたのである。

我々の蒸留所から北へ車で約20分のところに、商品市場へと供給を行う地域の大規模なカントリーエレベーター、アッタベリー・グレインがある。アッタベリーは常に何百万ブッシェルものイエローデントコーンと軟質赤色冬小麦を保管しており、我々はこの2種からウィーテッドバーボンを造る。ご存知のように、バーボンは法律により少なくとも51%のトウモロコシをグレーンビ

ルの中に含まなければならず、大多数の
バーボンは残りの49%をトウモロコシ、ライ
麦、大麦麦芽で補っている。しかし、ライ麦
の代わりに小麦を使用するバーボンもあ
り、それらはウィーテッド(小麦)バーボンと
呼ばれている。ウイスキーファンが「ウィー
ター」と呼ぶそれらの中で最も有名なも
のは、メーカーズマーク、W.L.ウェラー、パ
ピー・ヴァン・ウィンクルなどがある。我々が
初蒸留をする事になった時、地元産の小
麦は豊富にあったものの地元産のライ麦
がなかったため、ウィーテッドバーボンを造
る事にした。5年後、その最初の2012年の
バッチがTXテキサス・ストレートバーボン
初のボトリングとなった。

我々は地元産のトウモロコシと小麦に
満足だった。しかし、すぐに私は「地元」
の側面にさらなる制限と細目を求めるよう
になった。

アッタベリーは地域の大規模なカント
リーエレベーターで、彼らが間違いなく
保証できる唯一の細目は、我々が購入し
た穀粒がテキサスで栽培されたという事
だけであった。これにより穀粒の産地は
約1億3千万エーカーに絞り込まれたが、
彼らはテキサス州のどの地域で栽培さ
れたかは教えてくれず、ましてや特定の
農場や穀物の品種なども教えてはくれな
かった。

これは私にとって受け入れられない事
だった。エレベーターの穀粒が低品質だ
という訳ではないが、常に同じ農場から
同じ品種を調達できるのなら、一貫性とフ
レーバーの質をより良く管理できると思わ
ずにはいられなかったからである。「地元
産」の穀物が、数百kmも離れたテキサ

テキサス州ヒルズボロの
ソーヤー農場。見渡す限りの
トウモロコシ畑が地平線の
彼方まで延々と続いている。

103

ス州のパンハンドル（回廊地帯）にある何十もの農場で栽培されるべきだとは思わなかった。地元産、いや「真に地元産」の穀粒を調達するもっと良い方法があるはずである。

私が自分の懸念をアッタベリーに伝えると、彼らは完全に理解してくれた。実際、手助けする事を望んでくれた。だが所詮、我々は彼らにとってはちっぽけな客で、1回の出荷ごとに1トンの小さな箱を数個詰めるだけであった。これらを積み込んで配達するのにかかる時間と労力は、手間をかけるほどの価値がなかった。アッタベリーの創業者ジョージ・ガーガナスは、穀粒の直接販売に興味がありそうな農家を紹介しようと提案してくれた。2014年のある日、ジョージは農家のグループを連れて我々の蒸留所を見学しに来た。

農家を迎えての蒸留所ツアーは、この時が初めてではなかった。2012年から、主にアッタベリー・グレインへの好意でかなり定期的に行っていた。

先に述べたように、我々は手間をかけるほどの価値がなかった。ただ、1つの重要な点を除いては。何百もの農家がアッタベリー・グレインに穀粒を販売しているが、アッタベリーは町で唯一のカントリーエレベーターではなかった。同社は農家を誘致するためにあらゆる方策を試みた。昼食に連れ出したり感謝のパーティーを催したり、時には彼らの穀粒を使用するウイスキー蒸留所へ連れて行く事もあった。我々は事実上、アッタベリーと多かれ少なかれ暗黙の合意を交わしていた。穀粒の積み込みと輸送に手間がかかるにも関わらず、他のバイヤーと同じ金額しか彼らに支払えない代わりに、感謝の気持ちとして彼らが求める時はいつでも蒸留所へ迎え入れるという合意である。

2014年までに、私はジョージとアッタベリーの農家を何度となく蒸留所に迎え入れていた。このツアーのグループは、ジョージと10人の農家で構成されていた。彼らは全員、アッタベリーの半径160km以内で農業を営んでおり、ジョージは弾丸の日帰りツアーを提案していた。9人の農家は、他のツアー参加者と同じ反応を示し、ウイスキー造りの複雑さに等しく興味をそそられ、驚いていた。しかし、1人の農家は他の農家よりもかなり観察力が鋭かった。彼はすでにウイスキー造りのプロセスを理解しているようだった。ニューメイクのバーボン（熟成していない蒸留したばかりの135プルーフ〈67.5度〉の、熟成させたバーボンとはかなり味わいの異なるホワイトドッグスピリッツ）を試飲した時、彼は他の参加者のように顔をしかめたり、驚いたりはしなかった。彼は時間をかけて香味や風味を味わい、アルコール度数は気にしていないように見えた。彼

8章 テキサスの三目並べ

がウイスキーに詳しい事が分かった。

ツアーの終わり近くに、彼が容器の蓋を開けて我々の穀粒を調べている事に気付いた。私が近付くと彼は振り返り、自信たっぷりに「私ならもっとうまくできるよ」と言った。この人物がジョン・ソーヤーだった。

話をしてみると、私の懸念や目標について、すでにジョージが話をしていた事が分かった。「ジョージから聞きましたよ、あなたは農家から直接穀粒を仕入れたいのですね」とジョンが言った。

「理想としては、そうです」と私は答えた。「ジョージやアッタベリーとの仕事は、私たちにとって素晴らしいものです。しかし彼らのオペレーションは、穀物の品種や供給元の農場を私がコントロールできないように設定されています。私が指定できるのは、穀物がテキサス州のどこかで栽培されているという事だけです」

後に、ジョンは農業融資の専門家だった1990年代にワイン生産者と仕事をしていた事が分かった。彼はテロワール、品種、ブドウ園が重視されているという事を熟知していた。TXウイスキーを訪れる前から、彼は自分自身の蒸留所設立の計画に取り組んでいた。彼はケンタッキー州ルイビルにある、ウイスキーの製造技術を身に付けた蒸留業者を養成するムーンシャイン大学に入学していたのである。

左：ジョン・ソーヤー氏が所有するカントリーエレベーター。
右：滅多に見る事のないカントリーエレベーターの内部。ここにトレーラーが乗り入れ、床にある溝蓋に穀粒を流し込む。

ジョンは、自分の農場で栽培した穀物を使用して、自分でウイスキーを造ろうと思っていたと私に話してくれた。言うなれば、一種のシングルエステートウイスキーである。しかし、その構想を練ってはいたが、彼は農家であり蒸留業者ではなかった。

「農場経営が私の仕事です」と彼は言い、「農業で育ったので、農業なら得意です。だから…もしあなたが今でも直接一緒に働く農家を探しているのなら、もう少し話し合ってみませんか？ 私の農場でしか収穫できない特定の品種を提供できますし、私のカントリーエレベーターであなたのために穀粒を分別しますよ」

「自分のカントリーエレベーターを持っているですって？」

彼は笑った。「自分のカントリーエレベーターを持っていますよ。もちろん、その保管庫はアッタベリーのものよりもはるかに小さいけれど、収穫期の合間に使う量よりもはるかに多くの量を保管できます。そして、現在の仕事の手を煩わせる事なく、識別保存した穀粒を保管するためのサイロをいくつか指定できるほど、充分な容量があります」

私はこれまでに多くの農家と話をしてきたが、その会話はいつも同じところで終わっていた。つまり、「うちから直接買うのなら、その穀粒はどこに保管するのです

か？」

我々の蒸留所にはある程度の保管スペースがあったが、ウイスキー製造に使用する穀粒の約1週間分を保管できる程度であった。しかし、ジョンは1つのサイロに、収穫期の合間に必要な量以上の穀粒を保管できた。彼がエイペックス・グレインと名付けたエレベーターは、ヒルズボロにある彼の農場近くの農家から穀粒を購入する、地域の穀物倉庫であった。そしてジョンは、アッタベリーのいくつかあるエレベーターのうち、サギノーのエレベーターに穀粒を販売していた。エイペックスは通常、穀粒を受け入れ、混ぜ合わせ、保管し、農場や独特な品種のニュアンスを取り除いていた。しかし、彼は我々の穀粒を個別に保管するという。これは、カントリーエレベーターをテロワールの拠点へと変える、識別保存のチャンスであった。

「現在、私たちは様々なトウモロコシの品種を試験地で栽培しています」とジョンが言った。「そして最近、試験地で栽培した小麦品種を収穫しました。そのいくつかをすぐに送り、トウモロコシも収穫後に送ります。それらを試してもらい、どれが一番気に入ったかを教えてください。その後、その品種の栽培と保管について話し合いましょう」

これがTXウイスキーの歴史において最も重要な協業関係の始まりであっ

た。それは我々の蒸留所とソーヤー農場の両者を、商品穀物市場から事実上分断する関係だった。時間が経つにつれ、我々の様々なウイスキーが「シングル・ファーム」ウイスキーに変わった（この言葉はワインの〈シングル・ヴィンヤード〉と似たもので、ボトルに詰められる全ての穀物が単一の農場から来た事を意味する）。

2015年、我々はソーヤー農場のイエローデントコーンと軟質赤色冬小麦を使用した、最初のバッチを蒸留した。蒸留したスピリッツを一口飲んだ瞬間から、私は何か特別なものを捉えたと確信した。我々が商品穀物を使用して造ったウイスキーと比較して、ソーヤー農場の穀物から造ったウイスキーは、よりフルーティでフローラルな香りとスイートコーンのすっきりとしたフレーバーがあった。ケンウッド・ヴィンヤーズやマム・ナパのワインでテロワールを味わった時と同じように、ソーヤー農場の穀物の香味と風味を味わう事ができたのだった。

このフレーバーの変化の原因は何だったのだろうか？ もちろん、ソーヤー農場の環境も部分的には原因だった。しかし、それだけではない。識別保存とは、イエローデントコーンの1品種と軟質赤色冬小麦の1品種のみを扱う事を意味した。品種の選択では、他の穀物農家と同様に収量を考慮したが、我々はフレーバー

も考慮した。

原料穀物の香味や風味を評価するために、蒸留業者は少量（約50ｇ）の生の穀粒をテイスティンググラスに入れ、蓋をして電子レンジで15秒間加熱する。それから蓋を取ると、穀物のアロマがグラスから漂ってくる。生の穀粒の中に、我々はトーストしたナッツ、スイートコーン、ココナッツ、そして（あるいは）甘いスパイスのアロマを探していた。これらのアロマのいずれかが検出された場合は、その品種には油、タンパク質、リグニンに含まれる前駆体フレーバー化合物がより多く含まれているという仮説を立てた。穀粒を電子レンジで加熱する事で、その前駆体がフレーバー化合物に分解される可能性があった。このアロマのテストで最も有望な品種は、研究室でマッシュ、ビール、ニューメイクウイスキーに加工し、ウイスキー自体のフレーバーに基づいた最終的な決断を下す事ができる。

我々が選んだ品種は間違いなく「近代品種」であり、トウモロコシの「ブラッディ・ブッチャー」や小麦の「ホワイト・ソノラ（White Sonora）」といった、ロマンティックな名前の在来品種ではない。新しい品種は、トウモロコシの「D54VC52 Dyna-Gro」や小麦の「LA841 Terral」のように、それを作った種子会社にちなんで名付けられている。

近代品種を選択したという事は、味ではなく収量のために繁殖・選抜されたという事実を考慮しなければならない事を意味する。これは、ほぼ全ての近代品種に当てはまる。収量を重視して品種改良された近代品種は、昔の在来品種ほど味が良くないと思われるかもしれない。多くの場合、これは真実である。在来品種のトマトを考えてみよう。その味は、大きくて完璧な丸みを帯びた近代品種の「ルビーレッド（Ruby Red）」よりも濃厚で、多彩である。

おそらく、「味が良い」というのは客観的というよりもより主観的なものだが、科学研究では味の違いが裏付けられている。近代品種の高収量作物は、在来品種ほど風味が強くなく、多様性に富んでいない。フロリダ大学のハリー・クリーの研究室では、品種改良の取り組みが収量、具体的には植物あたりの果実の数とその果実自体の大きさに重点を置くにつれ、フレーバー化合物の濃度が意図せず低下する事を証明した。その仮説は、収量を重視して品種改良を行うと、フレーバー化合物を生成する遺伝子の一部がDNAの変異、欠失、挿入によって不活性化されるというものである[1]。

近代品種の育種プログラムにおいては、利用可能な品種のほとんどを避けたり無視したりして、代わりに「エリートライン」と呼ばれる、農業的に成功実績のある品種に重点を置いている。表面的には、これは賢明なアプローチのように思える。しかし、最高の品種を次世代の子孫の親として利用しないのはなぜだろうか？

問題は、この方法によって比較的少数の品種だけが新しい世代の親として考慮されるようになり、その次の世代の品種自体が次の世代の親として使われるようになった事である。この育種方法により、作物種の遺伝的多様性が減少した。そして、遺伝的多様性の減少と収量重視の育種による意図しない影響の相乗効果は、フレーバーの多様性も減少する事を意味している。

しかし、ウイスキーの大半は収量を重視して品種改良された近代の穀物品種で造られているものの、収量を重視した品種改良が必ずしも「味の悪い」穀物を生み出す訳ではない事を認識する事が重要である。科学では一般的に、フレーバー化合物の濃度と多様性は減少するだけだと示されている。つまり、味は「悪くなる」のではなく「少なくなる」のである。この現実から、私は重要な疑問を抱いた。

近代品種は在来品種と比較して遺伝的多様性とフレーバーの多様性がはるかに少ない可能性があるのに、全てが同じ味になる可能性はあるのだろうか？育種家、品種、あるいは農場に関わら

ず、近代品種は全てそれぞれの種内で、ウイスキーに同じ香味や風味をもたらすのだろうか？　もしその答えがイエスなら、（我々を含む）大規模なウイスキー蒸留所は、商品穀物システムから脱却するために物流上と財政上の努力をする理由はないだろう。在来品種の穀物は、確かにウイスキー業界の隙間市場を埋めるが、農場では近代品種の半分ほどの量しか収穫できない。実際には、大多数の農家と蒸留業者、とりわけ年間に数万〜数十万という樽を製造しているところは、香味と風味のために収量（特に50%もの）を大幅に犠牲にする事はできない。収量とフレーバーの両方が必要なのである。

　ウイスキーに含まれる穀物のフレーバーは、複数の経路から生成される。糖、アミノ酸、栄養成分の濃度により、発酵中の酵母によるフレーバー化合物生成の度合いが変化する。加工処理のプロセスにおいて、穀粒中の前駆体化合物は熱分解、酸化、メイラード反応、ストレッカー分解などの反応を起こし、それが出来上がったウイスキーの中に残存するフレーバー化合物を生成する。また、穀粒によって生成される二次代謝産物（"二次"とは、これらの化合物が生物の成長や繁殖に必要ではないが、化学防御などを通じて生存率を高める事を意味する）は、理論的には、代謝反応や化学反応の前駆体

としてではなく、ウイスキーの香味や風味に直接影響を与える可能性がある。

　私の考え、あるいは心配は、近代の穀物品種間で関連する生合成経路の遺伝的多様性が限られている場合、テロワールは重要ではないかもしれないという事であった。個人的には、ソーヤー農場の穀粒を使用した最初の蒸留後、そこに何かがあるという十分な証拠があった。しかしそれは、例えば保管や輸送条件といった、穀物品種や農場以外の何らかの現象だったのかもしれない。しかし、フレーバーの違いが本当に、テロワールがフレーバー化合物の生成に及ぼす影響であるならば、私は依然としてこれをテストする必要があった。近代品種を使用した場合、テロワールがウイスキーの穀物由来のフレーバーを変えるかどうかを明確に知りたかったのである。テロワールがウイスキーに与える影響を科学的に証明できるかどうかを調べるため、私は室内実験を始める事にした。

　ＴＸテキサス・ストレートバーボンには、イエローデントコーンと軟質赤色冬小麦が使われており、そのグレーンビルの74%をイエローデントコーンが占めている。そのため、この実験では近代のイエローデントコーン品種だけに焦点を当てる事にした。また、ＴＸウイスキーはテキサス州産の穀物のみを使用しているため、実験

テキサス州フォートワースに位置する「TXウイスキー」の、蒸留所限定ストレートバーボンウイスキー。

にはテキサス州の農場のみを使用した。

　実験は三目並べから始まった。基本的には、これは私がワインのテロワールのテイスティングで思い描いていたのと同じ設定であった。3種類のトウモロコシを3ヵ所の農場に植えた。結果として枡は9つである。我々は3つの異なる種子会社から、イエローデントコーンの近代品種3種を入手した。Dyna-Gro®のD57VP51、Mycogen Seed®の2C797、Terral Seed®のREV25BHR26である。次に、我々はその種子をテキサス州の3つの異なる農場に植えた。カルフーン郡のテキサス・アグリライフ・エクステンション農場、ヒダルゴ郡のリオ農場、そしてヒル郡の

ソーヤー農場である。念のため、ハンスフォード郡のテキサス・アグリライフ・エクステンション農場において、Terral Seed®のREV25BHR26のサンプルも栽培した。従って、実際には10枡だったため、本当の三目並べの枡目ではなかった（表8.1）。

　これらの農場は、テキサスA&Mアグリライフ・リサーチグループが毎年開催しているテキサス・コーン・パフォーマンス・トライアルからある程度無作為に選択した。とはいえ、我々はテキサス州の様々な環境を際立たせる農場を求めていた。4つの農場は全て、テキサスA&Mアグリライフ・エクステンションサービスの異なる地区に位置しており、それぞれ土壌の種類

表8.1　テキサス州における品種と農場の三目並べ

品種	農場所在地			
Dyna-Gro® D57VP51	カルフーン郡	ヒダルゴ郡	ヒル郡	
Mycogen Seed® 2C797	カルフーン郡	ヒダルゴ郡	ヒル郡	
Terral Seed® REV25BHR26	カルフーン郡	ヒダルゴ郡	ヒル郡	ハンスフォード郡

と地域の環境が異なっていた。カルフーン郡はメキシコ湾沿いの沿岸部に位置し、リビア・シルト・ローム（土壌の一種）が豊富である。ヒダルゴ郡のリオ農場はさらに西のメキシコ国境付近にあり、レイモンドビル・クレイ・ローム（粘りが強くつるつるとした質感の土）上に立地している。そしてソーヤー農場はセントラル地区にあり、ヒューストン・ブラック・クレイ・ロームの上に立地している。10番目のサンプルを栽培したハンスフォード郡の4番目の農場は、オクラホマ州との境界にあるパンハンドルにあり、土壌はペリートン・シルト・クレイであった（これら4つの栽培地域の詳細は、表8.2に記載している）。環境や土壌の種類の違いがトウモロコシのフレーバー化合物とその前駆体の発達にどのような変化をもたらすのか、私には全く分からなかった。しかし、この4つの農場とその土壌、気候は環境の多様性を表すには十分異なると考えた。テロワールが存在するならば、この実験でそれを味わえるはずである。

イエローデントコーンの3品種は、いずれも比較的最近になって品種改良され、栽培されるようになったものである。従って、遺伝的にも比較的類似している可能性が高いだろう。現代のアメリカの育種プログラムにおける育成系統の大半は、小規模で階層化された遺伝的基盤の産物

である[2]。これは、アメリカのコーンベルトの品種が、北部のフリントコーンと南部のデントコーンの2変種のみという狭い範囲の集団にまでさかのぼる事ができるためである[3]。

言い換えれば、種子会社はここ数十年間で何千もの異なるトウモロコシの品種を作り出したかもしれないが、それらは全て遺伝的に極めて近い親から生み出されたものである。絵の具を混ぜるようなものだと考えてみよう。赤の色合いから始めても、様々な種類の色を作る事ができる。スカーレットやルビーから深紅まで、何百もの色合いがある。それらは異なってはいるが、「それほどまでには」異なってはいないだろう。大手種子会社のトウモロコシ育種家が行ってきたのは、基本的にこれだ。つまり、赤の色合いだけを使って何千種類ものトウモロコシを育種してきたのである。これは、彼らが作り出したトウモロコシ品種が、風味が悪いという事ではなく、育種プログラムにアメリカ大陸全体に存在するその他100種ほどのトウモロコシの品種[4]や、現在、米国農務省農業研究事業団の国立遺伝資源レポジトリ（保管所）にある2万種以上の保存系統を組み込んだ場合よりも、遺伝的にずっと近い事を意味している[5]。トウモロコシの育種家が興味本位だけで青と黄色の色合いに少し手を出すだけで

表8.2 異なる栽培地の特徴

農場運営	郡	拡張区域	土壌の種類	植栽日
テキサス・アグリライフ・エクステンション、ポート・ラバカ	カルフーン	沿岸部	リビア沈泥質壌土	2016年2月26日
リオ農場、モンテ・アルト	ヒダルゴ	南部	レイモンドビル埴壌土	2016年2月18日
ソーヤー農場	ヒル	中部	ヒューストン黒色粘土	2月半ば
テキサス・アグリライフ・エクステンション	ハンスフォード	パンハンドル	ペリートンシルト質粘土	2016年5月11日

も、作出できるトウモロコシの品種の多様性は膨大なものとなる。

遺伝的に近い品種を扱った事は、ある意味、我々の実験の工夫だった。結局のところ、我々の目標は、我々を含む主要なバーボン蒸留所が使用している近代品種のイエローデントコーンのテロワールを理解する事であった。本来、これらの品種は全て遺伝的に類似している。しかし、我々は近代のイエローデントコーンの中で可能な限りの多様性を探求したいと考えた。そこで、3つの異なる育種プログラムから3つの品種を選んだのだった。

できるだけ多くの交絡因子を除去するために、我々は製造規模ではなく研究室規模、つまり少量のトウモロコシを粉砕し、糖化させ、発酵させ、蒸留する事にした。

実験のために、私は1バッチあたり約100 mlのニューメイクウイスキーを製造する2 ℓの小型蒸留システムを構築した。スコッチウイスキー研究所の2人の科学者、レジナルド・アグ博士とバリー・ハリソン博士の協力を得て、大規模なスコッチグレーンウイスキー蒸留所のプロセスを模倣する方法を採用した。また、典型的なバーボンの製造プロセスをより正確に反映させるため、いくつかの微調整を加えた。

トウモロコシの袋が10袋あった。各品種/農場の組み合わせが1袋ずつ、そして4番目の農場で栽培された品種が1袋である。各袋を3つのバッチに分けた。袋ごとに蒸留を3回繰り返す事で、処理間のばらつきが均等になり、実験のばらつき

8章 テキサスの三目並べ

収穫日	PPOP	灌漑	RW	輪作
2016年8月3日	53,987	乾燥地	96.5 cm	ソルガムきび
2016年7月21日	57,027	3回	76 cm	大豆
8月半ば	64,218	乾燥地	76 cm	小麦
2016年10月11日	75,012	あり	76 cm	大豆

注釈 PPOP＝1ヘクタールあたりの平均植物個体数。RW＝条(種をまく列)と条の間の平均幅(平均条間)。ソーヤー農場は唯一の商業用栽培業者で、その他は、テキサスA&M(TAMU)コーン・バラエティ・テスティング・プログラムの農場。
出典 R. J. Arnold et al., "Assessing the Impact of Corn Variety and Texas Terroir on Flavor and Alcohol Yield in New-Make Bourbon Whiskey,"*Plos One* 14, no. 8 (2019) .

から結果が保護される。また、1つの袋からの反復データに一貫性がない場合は、1つの実験で何か問題が発生した事が分かる。

穀粒は、マッシュあるいは発酵される前に粉砕される。蒸留所では巨大なローラーミルを使用して1度に何千kgもの穀粒を粉砕するが、さすがにそれではやり過ぎなので、私は1バッチあたり約450 gの穀粒を挽く事ができる小さなヴィクトリアプレートミルを使用した。また、6 mのスチーム・インジェクションのステンレス製クッカーの代わりに、3 ℓのガラス製ビーカーとホットプレートをマッシュクッカーとして使用した。マッシュの準備ができたら、発酵にフェルンバッハと呼ばれる特殊なフラスコを使用した。また全てのバッチに、

2011年に私が初めてテキサス州のピーカンナッツから抽出したTXウイスキー独自の酵母菌株を同量使用した。

発酵後、バッチ蒸留は2段階を経る。最初の蒸留は「ストリッピング・ラン」と呼ばれる。そのために、私はファン冷却式のコンデンサーと電動の間接加熱式ヒーターを装備したステンレス製の蒸留器を使用した。ストリッピング・ランでは、業界では「ローワイン」と呼ぶ低アルコール度数の蒸留液が約550 ml得られた。2回目の蒸留は「スピリット・ラン」である。そのために、私は再留釜にローワインを加え、ワームコイルのコンデンサーが付いたホットプレートの上で銅製の蒸留器を加熱した。スコッチウイスキー研究所には、スコットランドで最高の蒸留器メーカーである

フォーサイス社が彼らのために特別に製造した、同様の研究室規模の銅製蒸留器がある。私は自分用のものをアマゾンで購入したが、それでも上手くいった。スピリット・ランでは、約550 mlのローワインが約100 mlのニューメイクウイスキーとなった。それを我々は「ハイ・ワイン」、そしてアメリカでは時おり「ホワイト・ドッグ」と呼ぶ。

これで私は、熟成させていないバーボンウイスキーのニューメイク、約100 mlのサンプルを30本手に入れた。しかし、私には協力者が必要であった。テロワールがサンプルの科学的性質と、香味や風味をどのように変化させたかを本当に解明するためには、高度なフレーバー化学と官能分析技術を活用する必要がある。そして当然、分析化学と感覚科学のどちらにも長けた人物の協力をあおぐ必要がある。

私はその協力者を見つけた。エイリ・オチョアという科学者である。

左上：エイペックス・グレインの事務所。　左下：穀物倉庫内にはイエローデントコーンのバルクバッグが並ぶ。　右上：トウモロコシを運搬するための大型トレーラー。　右下：トレーラーを上から見たところ。イエローデントコーンの穀粒で満たされていた。

9章
テロワールの化学

　先立って、感覚科学の訓練を受けた者は食べ物や飲み物を味わい、全体的な味の印象の中で個々のニュアンスを区別できると述べた。ほとんどの人にとって、コカ・コーラは単にコカ・コーラの味である。しかし、感覚科学者や経験豊富なテイスターは、私たちが単にコカ・コーラだと思っているものを構成するレモン、バニラ、シナモンなどの個々の風味を感知する事ができる。エイリはまさに、そういうタイプの人物である。

　エイリは元々、テキサスA＆M大学の農学部の学生だった。彼女はカレッジ・ステーション（テキサス州中東部、ブラゾス郡に位置する都市）で生まれ育ち、牛肉からコーヒー、そしてウイスキーと、あらゆるもののフレーバー化学と感覚科学を学んだ。私は博士課程の指導教員であるセス・マレー博士を通じて彼女に出会った。セスはトウモロコシの育種家であり量的遺伝学者だが、関連分野を研究している学生の論文審査委員会に参加する事もある。

　2016年のある日、エイリとセスの2人がコーヒーの研究会議に出席していた時、彼女は彼に「コーヒーは好きだけど、本当に研究したいのはウイスキーです」と打ち明けた。当時、私はすでにセスの指導の下で博士課程を少しずつ進めていたので、彼は直ちに私たちを引き合わせてくれた。

　初めてエイリと電話で話した時、私は彼女に「なぜウイスキーに興味を持ったのですか？」と尋ねた。

　「その複雑さです」と彼女は言った。「水、穀物、酵母、オーク材といった比較

的シンプルな原料から、どうしてあれほど幅の広い香味や風味とスタイルが生み出されるのかと」

なぜ私がこの時の事をとてもよく覚えているかと言うと、彼女が「シンプル」という言葉を使ったからである。私は最初、この言葉では必ずしも原料の素晴らしさが十分に伝わらないと思っていた。ウイスキーを初めて体験する人にはそういう風に映るのかもしれないが、基本となる原料の複雑さを発見する事は、蒸留の喜びの1つだからである。

私は彼女に、コーヒーはウイスキーと同じくらい複雑なものかもしれないと言った。両者の間には多くの共通点がある。これは、両方の飲料が化学的および感覚的レベルでどのように分析されるかという点において特に当てはまる。

エイリの大学院の指導教員、クリス・カース博士とロンダ・ミラー博士は、ワールドコーヒーリサーチ（WCR）の感覚語彙目録の開発において責任の一旦を担っていた。WCRは非営利の研究開発組織で、気候変動や病害の脅威からコーヒーの未来を守るために農業の革新と研究を進めている。彼らは、農家に可能な限り最高の収穫をもたらす事を目的とした新品種や農学的アプローチを生み出している。コーヒー農家は穀物農家と同じように収量を気にかけているが、収穫された

コーヒー豆は最終的に美味しいコーヒーにならなければならない。

感覚語彙は、風味を記述し定量化する世界共通の言語である。これは、人々が同じ風味の基準と強度に自分自身を合わせ、食べ物や飲み物の共通点と意味のある風味データの発見を可能にする確立されたツールであり、食べ物や飲み物の味や香り、さらには感触の原因を理解するための第一歩である。WCRのために開発された感覚語彙は、環境が農業の成果と風味に与える影響を考慮しながら、最も有望なコーヒー品種を育成して選定するために世界中で使用されている。そして、私が見たところ、それはテロワールの影響を科学的に立証する可能性のあるツールだった。

科学者らの委員会は、「定量的記述分析（QDA）」と呼ばれる手法で感覚語彙を使用する。感覚語彙は、官能パネリスト（評価者）が同じ風味の基準と強度に自分を合わせるようにするためのトレーニングガイドである。彼らは語彙を使用して感覚を調整し、特定の食べ物や飲み物の風味を識別して定量化する。

これを説明するために、バッグス・バニーとダフィー・ダック、タズマニアン・デビル（ワーナー・ブラザースのアニメーション作品、ルーニー・テューンズに登場するキャラクター）で構成される官能パネル

（パネリストの集団）を想像してみよう。彼らは全員、新種のニンジンの味を評価するために集まっている。さて、バッグス・バニー（ウサギ）は明らかにニンジンの味、その僅かな甘さ、土っぽさ、穏やかな花の香りにとても精通している。しかし、ダフィー・ダックとタズマニアン・デビルはそうではない。そしてバッグス・バニーでさえ、それらの味の強さを、例えば0から15の尺度で数値化する方法を知らないかもしれない。この尺度では、0は風味を識別できない、2はほとんど検出できない、4は識別できる、6は僅かに強く識別できる、8は中程度に強く識別できる、10は強く識別できる、12は非常に強く識別できる、15は極度に強く識別できる事を意味する。官能パネルのリーダーであるワーナー氏は、パネリスト全員を訓練して調整し、全員が同じ風味認識を持つようにする必要がある事を認識している。

そのために、ワーナー氏はバニリンと呼ばれる甘くて芳香のある化合物を様々な濃度で水に混ぜる。低濃度のバニリンを入れた水は尺度の低い数値の基準として、高濃度のバニリンを入れた水は高い数値の基準として使用する事ができる。ワーナー氏は、バニリンの濃度が異なるこれらの水をパネリストに配布し、パネリストは時間をかけて「甘い」風味が何を意味するか（この場合はバニリンのア

ロマ）と、鼻、舌、脳が様々な強度をどう認識するのかを学習する。そこで期待されるのは、バッグス・バニー、ダフィー・ダック、タズマニアン・デビルの全員が同じニンジンを齧（かじ）った時、全員が「甘い」風味について同じ考えを持ち、同じ方法で強度を評価できるようになる事である。バッグス・バニーがニンジンの甘さの強度を6、ダフィー・ダックが7、タズマニアン・デビルが5と言った場合、ワーナー氏は平均したコンセンサス強度である6と記入する。パネリストが甘味の基準に関する訓練を受けていなければ、その回答は大きく異なる可能性があり、それは有用ではなく、洞察力にも欠ける。

2016年に話を戻すと、私はエイリが修士論文を完成させるために研究プロジェクトを探していた事を知っていた。「ウイスキーに変更したらどうですか？」と私は言った。私は電話で、「私のニューメイク・バーボンウイスキーのサンプル30本の分析に着手するのなら、TXウイスキーがあなたの修士論文の研究資金を提供します」と、彼女に提案した。また、蒸留所の私の研究室は、ニューメイク・バーボンの製造設備は整っているが、フレーバー化学分析を行ったり、査読（さどく）レベル（※学術雑誌の論文を投稿できる質）の官能分析を行ったりするための設備はないと説明した。しかし、エイリはテキサスA&M大

学の研究室にアクセスでき、それが可能だった。

基本的に私は、ニューメイク・バーボンの一般的なフレーバーに対応する香味や風味と基準について、エイリにテキサスA&M大学の熟練した官能パネルを訓練してもらいたいと考えていた。そしてパネル会議を主導し、異なる農園と品種による10種類のニューメイク・バーボンの30本全てを分析してもらいたかった。

「間違いなくできます」とエイリは言った。「それに、そのデータをGC-MS-O分析に結び付ける事もできます。牛肉とコーヒーの研究でこの手法を何度も利用してきました」

私はこれが、実現性がある事を期待していた。感覚データは有用だが、化学的なデータと結び付けるとさらに有用になる。ガスクロマトグラフィー質量分析法（GC-MS）は、フレーバー化合物を化学的に分析する最も一般的なツールであり、私はこの技術がテキサスA&M大学のエイリの研究室において利用できるだろうと想定していた。しかし、臭覚測定（Olfactometry、GC-MS-OのO）には驚いた。というのも、GC-MSで特定された、実際にアロマを有する化合物に主に焦点を当てる事ができるので、これは歓迎すべき事であった。

ガスクロマトグラフィー（GC）は、蒸気混合物内の揮発性化合物を分離する技術である。蒸気は、不活性または非反応性のガス（多くの場合、ヘリウムまたは窒素）と共に、様々な化合物に様々な強度で結合する物質が詰め込まれたカラム（※筒状の実験器具）に押し込まれる。結合効率は通常、充填材と特定の化合物の化学的類似性に基づいている。つまり、類は友を呼ぶという訳である。キャリアガス（※試料を運ぶための不活性ガス）が押し出されると、強く結合していない化合物はカラムの充填材から放出、つまりカラムから溶出して、より容易に検出器に到達する。強く結合した化合物は、不活性ガスがカラムを通って検出器に到達するまでに時間がかかる。同じ種類の化合物は、一緒に溶出する。例えば、酢酸イソアミル化合物（バナナのフレーバーとして認識される）が溶出する条件が整うと、カラム内の個々の酢酸イソアミル化合物は全て充填材から「解放」され、検知器へと排出される。

質量分析法（MS）は、カラムから出た化合物を識別して定量化する繊細な技術である。化合物がカラムから溶出すると、エネルギーの力あるいは化学的な力によってイオン化され、分光計（※スペクトル線の波長を読み取る事ができる機器）がそのイオンを検出する。検出されたイオンの分析結果によって化合物を特定す

る事ができ、イオンの存在量からサンプル内にその化合物がどれだけ存在するかを測定する事ができる。

GC-MS技術をフレーバー分析にとってより一層有意義なものにするために、科学者は嗅覚測定を取り入れる事もできる。文字通り「匂いの測定」である。気化した化合物がカラムから溶出すると、その一部は質量分析器に移り、残りは「嗅覚ポート(嗅ぎ口)」に移る。科学者はそこで、加熱されたガラスのノーズピースの中に鼻を突っ込んで待機する。科学者は鼻からゆっくりと息を吸い込み、匂いを感知するたびに、質量分析計がその時点で検出している化合物にアロマを感知した事を記録するボタンを押す。例えば、科学者が特定の時間にバナナのアロマを感知した場合、分析中のどの時点でそのアロマが発生したかをメモし、質量分析のデータを確認してバナナのアロマが発生した時点でどの化合物が検出されたのかを確かめる事ができる。この状況では、質量分析のデータが、その化合物が酢酸イソアミルか、その他の関連化合物であると知らせる可能性が高くなる。

つまり、GC-MS-Oは、ガスクロマトグラフィー、質量分析、嗅覚測定を表している。GCは化合物を分離する方法、MSは存在する化合物を検出する方法、そしてOはそれらの化合物のアロマを特徴付ける方法である。

エイリと彼女の研究アドバイザーと協力しながら、定量的記述分析とGC-MS-Oによって本質に迫り、どのフレーバー化合物、そして最終的にはどの香味や風味がテロワールによって有意な影響を受けているのかを理解できるようになると、私は確信した。

★★★

電話をしてから数週間後、私は30本のニューメイク・バーボンのサンプルを手渡すために、フォートワースからカレッジ・ステーションへと車を走らせた。また、その前日に蒸留所で製造したTXバーボンのニューメイクもいくつか持参した。TXバーボンのニューメイクはそれ自体が依然として貴重だったが、毎週何千ℓものニューメイクが製造されていたため、GC-MS-Oや定量的官能検査法の開発や調整に使用できた。エイリはTXバーボンのニューメイクを少量取ってガラス瓶に入れ、非反応性プラスチックのカバーで蓋をして、彼女が「SPME」と呼ぶ繊維でできた小さな針を挿し込んだ。

SPMEは「固相マイクロ抽出」の略だ

と知った。それは技術の名称で、吸着材でコーティングされた繊維の針がSPMEだった。エイリは、ニューメイク・バーボンがガラス瓶の中に入っている間、その化合物が液体の上と非反応性プラスチックのカバーの下の空間で絶えず蒸発していると私に説明してくれた。SPMEはその空間のちょうど真ん中に配置され、針を覆う収着材が蒸発した化合物を吸着する。

数時間後、エイリは針を取り出してGC-MS-O（機器）まで運んだ。GC-MS-Oは大きく、研究室の実験台の5m四方を優に占める。彼女は針を機械に挿し込み、コンピューターのボタンをいくつか押してガラスの嗅覚ポートの前に座った。蒸発した化合物はSPMEから溶出し、GCカラムを通過して分岐する。片方は質量分析器へ、もう片方は嗅覚ポートに送られる。カース研究室の装置は嗅覚ポートが2つあり、2人の科学者がアロマを識別して特徴付ける事ができるという点で独特だった。これは偏見を最小限に抑え、1人のパネリストが匂いを見逃す事を防ぐためである。

エイリと私は隣り合った嗅覚ポートに座り、表面から数cm離れたところに鼻を置いた。「鼻をぴったりと近付けてください」と彼女は言った。「ガラスの表面に触れるように」

私はガラス表面の熱を感じるまで鼻を少し動かし、それからリラックスして落ち着くように努めた。個々の化合物が全てGCカラムから溶出するまでには約30分かかる。最初は何も感じなかった。単に背景にある、化合物を押し流すキャリアガスの匂いだった。しかし、実行から数分経つと、かすかに何かの匂いがした。それは溶剤のような…甘いものだった。

「匂いがしますか？」とエイリが言った。「酢酸エチルのような匂いですね」

驚きはなかった。酢酸エチルは、バーボンであろうとなかろうと、全てのニューメイクウイスキーの主要なエチルエステルである。これは酢酸とエタノールのエステルで、どちらも通常の発酵条件下で生成される。

それからすぐに別のアロマが漂ってきた。「ああ、これは好き」とエイリが言った。彼女が、それが何なのかを決めようとしているのを私は見ていた。「間違いなくフルーティ。リンゴとバナナの中間のような」

「たぶん、酢酸イソアミルかヘキサン酸エチルでしょう」と私は言った。これらは、それぞれバナナとリンゴのような匂いがする2つの化合物である。

「はい、そうかもしれません。後でMSデータを見て、スペクトルがどちらかに一致するかどうかを確認します」

そこに座り、ガラスの嗅覚ポートからさ

らにアロマが漂ってくるにつれ、私は少し
目眩を感じていた。「呼吸を忘れないでく
ださい」と、まるで私が目眩を感じている
事を分かったかのようにエイリが言った。
「最初の数回は集中しすぎて、呼吸を
忘れてしまう人がほとんどです。鼻風邪
や二日酔いのような気分になる事もありま
す」。私は嗅覚ポートから離れて携帯電
話に目を移すと、どれほど自分の頭が痛
いかに気が付いた。

　「わあ、凄い、チョコレートだ！」と、エイリ
は興奮気味に私を見上げながら言った
が、私はもはや嗅覚ポートの自分のポジ
ションにはいなかった。「呼吸を忘れたの
ね？」

　私は水を飲んで頭をすっきりさせようと
部屋を出た。外に出ると、自分は科学者
でありウイスキー製造者でもあると思って
いたが、エイリのようなタイプの科学者で
はないと確信した。GC-MS-Oは、私の得
意とするところではなかった。

　エイリがGC-MS-Oでさらにサンプルを
分析し、手順を微調整している間、私は
昼食を取りに行った。食事で気分が落ち
着き、数時間後に研究室に戻った時には、
前夜にバーボンの匂いを嗅いだだけでな
く飲んでいたような気分からは解放され
た。エイリはすでにGC-MS-Oを数回実
行し、手順を調整していた。彼女は別の
研究室に移動し、他の6人の科学者たち

と共にテーブルの上座に座っていた。彼
らは官能パネルのメンバーで、エイリが過
去数週間に渡りウイスキーの分析方法を
訓練し、50種類を超える一般的なウイス
キーのアロマを識別して定量化できるよ
うになっていた。これらのアロマとそれぞ
れの基準は、エイリが開発したニューメイ
ク・バーボンの感覚語彙目録の構成要素
だった。

　各パネリストの前には、100個を超える
プラスチック製の60 ccのスフレカップが
置かれていた。これらは様々なアロマの
基準となるもので、ほとんどのアロマには
0 ～ 15の強度尺度の範囲に渡る、少なく
とも2つの異なるカップがあった。我々は、
日常食品や飲料製品を独自の基準食品
スコアと共に、アロマの基準点として使用
した。最終的に公開する語彙全体は表
9.1に示している。

表9.1 ニューメイク・バーボン語彙目録

アロマ	説明
アルコール	蒸留したスピリッツまたは穀物製品を連想させる、 無色でピリッとした、薬品のような香り
アニス	石油、薬品、花、リコリスの香りを伴うピリッとした、 甘く、スパイシーな、キャラメリゼしたアロマ様
バナナ	熟れたバナナの芳しい特徴
納屋	家畜動物小屋の芳しい特徴
ブレンデッド	個々の感覚の融合により、突出したものや個々の感覚とは対照的な、 統一された全体的な感覚体験を提供する
ブラウン・スパイス・ コンプレックス	シナモン、クローブ、ナツメグ、オールスパイスを連想する、 甘い、褐色のアロマ様
ブラウン・シュガー	ある程度の濃さに特徴付けられた、濃厚で、コクがある、甘いアロマの印象
焦げ	辛み、苦味、酸味がある、調理し過ぎた、ローストし過ぎた製品の黒褐色の印象

122

9章 テロワールの化学

アロマ強度の尺度と参照試料	参照試料の調整法
アロマの要素	
5.0: アブソルート・ウォッカ （40% ABV*）	ウォッカ16 mlを64 mlの蒸留水に加えて希釈し、 15 mlを蓋付きのテイスティンググラスで提供。
8.0: バーソル・ピスコ （41.3% ABV）	ピスコ15 mlを蓋付きのテイスティンググラスで提供。
10.0: グレーン・ニュートラルスピリッツ （60% ABV）	95度のニュートラルスピリッツ100 gを 77.25 gの蒸留水に加えて希釈し、 15 mlを蓋付きのテイスティンググラスで提供。
12.0: グレーン・ニュートラルスピリッツ （90% ABV）	95度のニュートラルスピリッツ15 mlを、 蓋付きのテイスティンググラスで提供。
7.5: マコーミック・アニスシード	アニスシード小さじ 1/2を、 蓋付きのテイスティンググラスに入れる。
10.0: バナナエキス	エキスをコットンボールに一滴落とし、 蓋付きのテイスティンググラスで提供。
6.0: マコーミック・粉白コショウ	コショウ小さじ 1/2を30 mlの蒸留水に入れる。
3.0: アブソルート・ウォッカ （40% ABV）	ウォッカ16 mlを64 mlの蒸留水に加えて希釈し、 15 mlを蓋付きのテイスティンググラスで提供。
5.0: マコーミック・ジン （40% ABV）	ジン15 mlを蓋付きのテイスティンググラスで提供。
10.0: タンカレー・ジン （47.3% ABV）	ジン15 mlを蓋付きのテイスティンググラスで提供。
3.0: シナモンスティック	シナモンスティック2本（小さじ 1/2）を、 容量60 mlのスクリュー蓋付きのガラス瓶に入れる。
7.0: ナツメグ/クローブの実	ナツメグ1個（小さじ 2）とクローブの実3個（小さじ 1/4）を、 容量60 mlのスクリュー蓋付きのガラス瓶に入れる。
6.0: C&H・純きび砂糖 ゴールデンブラウン	きび砂糖小さじ 1を蓋付きのテイスティンググラスに入れる。
4.5: 二硫化ベンジル	試薬0.1 gを蓋付きのスフレカップに入れる。
8.0: 小麦パフ	小麦パフ小さじ 1を蓋付きのスフレカップに入れる。

*Alcohol By Volume＝飲料のアルコール含有量を示す数値、アルコール度数。

表9.1 ニューメイク・バーボン語彙目録（続き）

アロマ	説明
バター様	新鮮なバター、脂肪、甘いクリームを連想するようなアロマ様
酪酸様	酪酸、チーズのような、ベタベタしたものを連想させるアロマ様
キャラメル	調理した砂糖と炭水化物を連想させる丸みのある、フルボディ、ミディアムブラウン、甘いアロマ様。焦げや焼いた特徴は含まない
ダンボール/紙のような	ダンボールや紙のパッケージを連想させるアロマ様
ココナッツ	ココナッツを連想させるやや甘い、ナッティ、少しウッディなアロマ様
コーヒー	コーヒーを連想させるアロマの特徴
トウモロコシ	トウモロコシを連想させるアロマ様
発酵させた/酵母様	発酵した果物、砂糖、またはアルコール分の多いパン粉の、ピリッとした、甘く、やや酸っぱい、時に酵母、アルコールのようなアロマの特徴
フルーティ・ベリー	ブラックベリー、ラズベリー、ブルーベリー、ストロベリーを連想させるような、ベリー系を連想させるような、甘く、酸っぱい、フローラルで、時に重いアロマ様
フルーティ・シトラス	シトラスの、酸っぱい、渋い、やや甘い、皮を剥いたような、レモン、ライム、グレープフルーツ、オレンジを含むようなややフローラルなアロマ様

アロマ強度の尺度と参照試料	参照試料の調整法
5.0: マコーミック・ココナッツ・エッセンス	エッセンスをコットンボールに1滴落とし、蓋付きのテイスティンググラスで提供。
7.0: Land O'Lakes・無塩バター	バター大さじ1/2を蓋付きのテイスティンググラスに入れる。
6.0: 酪酸	試薬をコットンボールに1滴落とし、蓋付きのテイスティンググラスで提供。
8.0: Le Nez du Cafe (コーヒーのアロマキット)・No.25「キャラメル」	エッセンスをコットンボールに1滴落とし、スフレカップに入れて蓋をする。
3.0: 紙ナプキン	紙ナプキンを5cm四方に切り、スフレカップに入れる。
7.5: ダンボール	ダンボールを5cm四方に切り、スフレカップに入れて蓋をする。
7.5: マコーミック・ココナッツエキス	エキスをコットンボールに1滴落とし、蓋付きのテイスティンググラスで提供。
3.0: Werther's Original・キャラメル・コーヒー・ハードキャンディ	キャンディ1粒を蓋付きのテイスティンググラスに入れる。
8.0: Folgers・インスタントコーヒー・クリスタル	コーヒー小さじ1/8をスフレカップに入れる。
5.0: トウモロコシ缶詰	缶内の液体を抜いてトウモロコシをすすぎ、スフレカップに入れる。
8.0: Amoretti・スイートコーン・エッセンス	エッセンスをコットンボールに1滴落とし、スフレカップに入れる。
5.0: ギネス・エクストラ・スタウトビール	ビール15 mlを蓋付きのグラスで提供。
3.0: キャプテンモルガン・ラム	ラム15 mlを蓋付きのグラスで提供。
6.0: トロピカーナ・ベリージュース	ジュース115 mlを蓋付きのグラスで提供。
10.0: Private Selection・トリプルベリー・プリザーブ	プリザーブ小さじ1を、蓋付きの中型テイスティンググラスに入れる。
4.5: レモンピール/ライムピール	レモンピール0.5 gとライムピール0.5 gを、蓋付きの中型テイスティンググラスに入れる。
7.5: グレープフルーツピール	ピール0.25 gを蓋付きの中型テイスティンググラスに入れる。

表9.1 ニューメイク・バーボン語彙目録（続き）

アロマ	説明
フルーティ・ダーク	ドライプラムとレーズンを連想させる、甘いやや茶色のダークフルーツのアロマの特徴
フルーティ・その他	リンゴ、ブドウ、桃、梨、またはチェリーを含む甘く、軽めでフルーティな、 ややフローラルで酸っぱい、または緑のアロマ様
魚のような	トリメチルアミンと時間が経った魚肉を連想させるアロマ様
フローラル	花を連想させる、甘く、軽めでやや芳香性のアロマ様
グレーン・ コンプレックス	穀物を連想させる、薄茶色、埃っぽい、カビ臭い、甘いアロマ様
グリーン	新鮮な植物由来の原料のアロマの特徴。 属性には広葉、ブドウ、未熟、草、エンドウの外皮を含んでもよい
干し草のような	枯れ草を連想させる、やや緑の特徴を伴う軽い甘さの、ドライな、埃っぽいアロマ様
ハーブのような	甘く、ややピリッとし、やや苦い特徴を持つようなグリーンハーブを 一般に連想させるアロマ様。時にグリーンもしくはブラウンの特徴

9章 テロワールの化学

アロマ強度の尺度と参照試料	参照試料の調整法
3.0: Sunsweet・Amaz!n・プルーンジュース	水とジュースを2対1で混ぜ、室温で提供。24時間前に準備し、冷蔵しておいてもよい。
4.5: Sun-Maid・プルーン（ドライプルーン）	1/2 カップのプルーンを刻み、3/4 カップの水を加えて電子レンジの強で2分間加熱し、ふるいで濾す。ジュース大さじ 1を、蓋付きの中型テイスティンググラスに入れる。
6.0: Sun-Maid・レーズン（ドライレーズン）	1/2 カップのレーズンを刻み、3/4 カップの水を加えて電子レンジの強で2分間加熱し、ふるいで濾す。ジュース大さじ 1を、蓋付きの中型テイスティンググラスに入れる。
5.0: Le Nez du Cafe・No.17「リンゴ」	エッセンスをコットンボールに1滴落とし、蓋付きの大型テイスティンググラスに入れる。
9.0: エフェン・ブラックチェリーウォッカ	ウォッカ15 mlを蓋付きのグラスで提供。
7.0: ツナ缶	ツナ1 gを蓋付きのスフレカップに入れる。
6.0: ウェルチ・100% ホワイトグレープジュース	水とジュースを1対1で混ぜ、混ぜたもの15 mlを蓋付きのテイスティンググラスに入れる。
8.0: Le Nez du Cafe・No.12「コーヒーブロッサム」	エッセンスをコットンボールに1滴落とし、蓋付きのテイスティンググラスに入れる。
5.0: 米と小麦	米シリアルと小麦シリアル、各1/2 カップをフードプロセッサーでブレンドし、大さじ 1を蓋付きのテイスティンググラスに入れる。
8.0: ジョージアムーン・コーンウイスキー	ウイスキー 15 mlを蓋付きのテイスティンググラスに入れる。
9.0: パセリウォーター	新鮮なパセリを洗って25 gを刻み、300 mlの水を加えて15分間安置し、フィルターでろ過する。大さじ 1を蓋付きのテイスティンググラスに入れる。
7.5: マコーミック・パセリフレーク	フレーク大さじ 1を蓋付きの中型テイスティンググラスに入れる。
3.0: マコーミック・ベイリーブス、グラウンドタイム、バジルリーフ	ベイリーブスを手で細かくちぎり、各ハーブ0.5 gを混ぜて、乳鉢と乳房で全てのハーブをすり潰す。100 mlの水を加えてよく混ぜ、ハーブウォーター 5 mlを中型テイスティンググラスに入れ、200 mlの水を加える。30 mlをスフレカップで提供。
10.0: マコーミック・ベイリーブス、グラウンドタイム、バジルリーフ	ベイリーブスを手で細かくちぎり、各ハーブ0.5 gを混ぜて、乳鉢と乳房で全てのハーブをすり潰す。100 mlの水を加えてよく混ぜ、30 mlをスフレカップで提供。

表9.1 ニューメイク・バーボン語彙目録（続き）

アロマ	説明
ハチミツ	甘く、薄茶色の、ハチミツを連想させるややスパイシーなアロマ様
乳酸	乳酸を連想させる酸っぱいアロマの特徴
革	褐色の動物の革を連想させるアロマ様
モルト	穀物を連想させる、薄茶色、埃っぽい、カビ臭い、甘い、酸っぱい、そして/または、やや発酵したアロマ様
薬品のような	バンドエイド、アルコール、ヨードといった消毒剤のような製品の、清潔で、殺菌したアロマの特徴
ミント	甘い、緑の、メンソールのアロマ様
モラセス	糖蜜を連想させるアロマ様: はっきりとした、やや硫黄またはキャラメリゼの特徴がある
カビ臭い/ 埃っぽい	屋根裏部屋やクローゼットといった、乾燥して閉ざされた空間を連想させるアロマ様。乾燥した、カビ臭い、紙、乾燥土壌または穀物の要素もある
カビ臭い/ 土のような	腐敗している植物、湿地、黒色土を連想させる、やや甘い、重いアロマ様

9章 テロワールの化学

アロマ強度の尺度と参照試料	参照試料の調整法
6.0: Busy Bee· ピュア・クローバー・ハチミツ	ハチミツ大さじ 1を250 mlの蒸留水に溶かし、 15 mlを蓋付きのテイスティンググラスで提供。
5.0: バターミルク	バターミルク30 mlをスフレカップで提供。
8.0: ザウアークラウト （ドイツのキャベツの漬物）	ザウアークラウト5 gをスフレカップで提供。
3.0: 革の靴紐	靴紐約8cmを蓋付きのテイスティンググラスに入れる。
10.0: Hazels Gifts·レザー・エッセンス	エッセンス2滴を蓋付きのテイスティンググラスに落とす。
3.5: Post·グレープナッツ・シリアル	シリアルを蓋付きのテイスティンググラスで提供。
6.0: Nestle Carnation·麦芽ミルク	ミルク大さじ 1/2を蓋付きのテイスティンググラスに入れる。
6.0: Le Nez du Cafe·No.35「薬品」	エッセンスをコットンボールに1滴落とし、 スフレカップに入れる。
8.0: タンカレー・ジン	ジン15 mlを蓋付きのグラスで提供。
12.0: ヨード	ヨードチンキ50 mlと蒸留水50 mlの混合液を、 蓋付きのグラスに入れる。
4.0: アブソルート・ウォッカ/ ミントガム	ウォッカ150 mlにミントガム3枚を入れて30分漬け、 15 mlを蓋付きのグラスで提供。
8.0: リステリン	リステリンを蓋付きのテイスティンググラスで提供。
6.5: 廃糖蜜	廃糖蜜大さじ 2を250 mlの水に混ぜ、 1/4 カップを蓋付きのメイソンジャーで提供。
5.0: Kretschmer·小麦胚芽	胚芽大さじ 1を蓋付きの中型テイスティンググラスで提供。
10.0: 2,3,4-トリメトキシベンズアルデヒド	試薬0.1 gを蓋付きの中型テイスティンググラスに入れる。
3.0: マッシュルーム	マッシュルームを洗って約1.2cm角に切り、 2個を蓋付きのテイスティンググラスに入れる。
9.0: Miracle-Gro·培養土	培養土を容量600 mlのガラス瓶に半分まで入れ、 しっかりと蓋をする。
12.0: Le Nez du Cafe·No.1 「土っぽさ」	エッセンスをコットンボールに1滴落とし、 蓋付きの、大きめのテイスティンググラスに入れる。

表9.1 ニューメイク・バーボン語彙目録（続き）

アロマ	説明
ナッティ	ナッツ、種、豆、穀物を連想させる、やや甘い、茶色、ウッディ、オイリー、カビ臭い、渋くて苦い、一般的なアロマ様
オイリー	植物油や鉱物油製品を思わせる香りや風味を表す、総体的なフレーバー用語
総体的な甘さ/甘い芳香	甘い物質と芳香の組み合わせの認識
全般的な酸っぱさ/酸味のある芳香	酸味ある製品の印象を連想させるアロマ様
胡椒	黒粉胡椒の特徴があるスパイシー、ピリッとする、カビ臭い、ウッディなアロマ様
腐ったような	酸化した脂肪と油を連想させるアロマ様
ロースト	乾式加熱によって高温で調理した製品の特徴と印象。苦さや焦げた特徴は含まない
スモーキー	木材、葉、または非自然的な製品の、強烈でツンとくるアロマ様
ソーピー	無香料石鹸を連想させるアロマ
溶剤のような	アセトン、テレビン油、化学的な溶剤など、多くの種類の溶剤を説明する一般的な用語
腐りかけた	新鮮さを失う事によって特徴付けられるアロマ様

9章 テロワールの化学

アロマ強度の尺度と参照試料	参照試料の調整法
7.5: Le Nez du Cafe No.29 「ロースト・ヘーゼルナッツ」	エッセンスをコットンボールに1滴落とし、蓋付きのグラスに入れる。
9.0: アーモンド/クルミのピューレ	アーモンドとクルミを別々に、高速で45秒間、ブレンダーにかけてピューレにする。同量を混ぜ合わせ、蓋付きのグラスで提供。
9.0: 植物油	オイルを蓋付きのグラスで提供。
3.0: バニリン	試薬0.5 gを250 mlの水に混ぜ、蓋付きのテイスティンググラスで提供。
5.0: バニリン	試薬2 gを250 mlの水に混ぜ、蓋付きのテイスティンググラスで提供。
2.0: Bush's・うずら豆の缶詰	缶内の液体を抜いて蒸留水ですすぎ、うずら豆大さじ 1を蓋付きのテイスティンググラスに入れる。
5.0: バターミルク	バターミルク30 mlを蓋付きのグラスに入れる。
13.0: マコーミック・粉黒コショウ	コショウ小さじ 1/2を、蓋付きの中型テイスティンググラスに入れる。
5.0: 植物油（酸化した/悪臭のする）	オイルを蓋のない容器に入れ、温かい場所で1週間置く。30 mlを蓋付きのグラスに入れる。
6.0: Le Nez du Cafe・No.34 「ローステッドコーヒー」	エッセンスをコットンボールに1滴落とし、蓋付きのグラスに入れる。
6.0: Diamond・スモークアーモンド	アーモンド5粒を蓋付きのテイスティンググラスに入れる。
6.5: Ivory・石鹸フレーク	フレーク0.5 gを100 mlの常温の水に入れ、蓋付きの、大きめのテイスティンググラスで提供。
5.0: アセトン溶液	アセトン10 mlを100 mlの蒸留水で十分に薄め、60 mlを蓋付きのスフレカップで提供。
8.0: ライター用オイル溶液	ライター用オイル10 mlを100 mlの蒸留水で十分に薄め、60 mlを蓋付きのスフレカップで提供。
4.5: Mama Mary's・グルメ・オリジナル・ピザクラスト	クラストを6cm角に切り、蓋付きのスフレカップで提供。

表9.1 ニューメイク・バーボン語彙目録（続き）

アロマ	説明
硫黄	硫化水素、腐った卵を連想させるアロマ様
タバコ	乾燥タバコを連想させる、茶色の、やや甘い、ややピリッとした、フルーティ、フローラル、スパイシーなアロマ様
バニラ	茶色で豆臭い、フローラルでスパイシーな特徴を含むようなバニラビーンズを連想させる、ウッディで、やや化学的なアロマ様
酢	酢、または酢酸を連想させる、酸味のある、渋い、やや刺激のあるアロマ様
ウッディ	樹皮を連想させる、甘い、茶色の、カビ臭い、濃い目のアロマ様

鼻の感覚因子

ひんやりとした匂い	嗅いだ時の鼻腔内の、ひんやりとした化学的な感覚の要因または印象
乾燥した匂い	嗅いだ時の鼻腔内の、乾燥した化学的な感覚の要因または印象

9章 テロワールの化学

アロマ強度の尺度と参照試料	参照試料の調整法
3.0: Bush's·うずら豆の缶詰	豆を水切りしてすすぎ、大さじ 1を蓋付きのグラスで提供。
11.0: ジメチルトリスルフィド	試薬1 mlを100 mlの蒸留水で十分に薄め、60 mlを蓋付きのスフレカップで提供。
15.0: ジメチルトリスルフィド	試薬をコットンボールに1滴落とし、蓋付きの、大きめのテイスティンググラスに入れる。
5.0: Le Nez du Cafe·No.33「パイプタバコ」	エッセンスをコットンボールに1滴落とし、蓋付きの、大きめのテイスティンググラスに入れる。
7.0: マルボロ・シガレット、サザンカット	シガレットを崩し、0.1 gを蓋付きの中型テイスティンググラスに入れる。
2.5: Le Nez du Cafe·No.10「バニラ」	エッセンスをコットンボールに1滴落とし、蓋付きのテイスティンググラスに入れる。
5.5: Spice Islands バーボン・バニラビーン	バニラビーンズを刻み、0.5 gを蓋付きのテイスティンググラスに入れる。
2.0: 0.5%の酢酸溶液	蒸留したホワイトビネガー 5 mlを1,000 mlの蒸留水で希釈し、蓋付きのスフレカップで提供。
3.0: 2.0%の酢酸溶液	蒸留したホワイトビネガー 20 mlを1,000 mlの蒸留水で希釈し、蓋付きのスフレカップで提供。
4.0: Diamond·渋皮付きクルミ	クルミを刻み、大さじ 1を蓋付きのテイスティンググラスで提供。
7.5: アイスキャンディーの棒	棒を2つに割り、蓋付きのテイスティンググラスに入れる。
6.0: タンカレー・ジン	ジン15 mlを蓋付きのグラスで提供。
8.0: リステリン溶液	リステリンの希釈液と蒸留水を1対1で混ぜ、スフレカップで提供。
12.0: リステリン	リステリン30 mlを蓋付きのグラスで提供。
4.0: バレルストーン・セラー 2013年メルロー	ワイン15ml を蓋付きのグラスで提供。
6.0: グレーン・ニュートラルスピリッツ（60%ABV）	ニュートラルスピリッツ100 gを77.25 gの蒸留水に加える。
8.0: 無香料の手指消毒剤	消毒剤30 mlを蓋付きのグラスで提供。

表9.1 ニューメイク・バーボン語彙目録（続き）

アロマ	説明
温かみのある匂い	嗅いだ時に起こる、鼻腔内に温かみがある、または燃えるような、と表される、化学的な感覚の要因
刺すような/ 鼻にツンとくる	ヒリヒリする、または刺激臭により変わる感覚の要因。辛い、身体に突き刺さるような鼻腔の感覚

　彼らがニューメイク・バーボンのサンプル1つを分析するのに要した時間は15分以内であった。それぞれのアロマを評価する際、彼らは対応する基準を嗅ぎ、語彙目録に自分自身を合わせる。50種類を超えるアロマそれぞれが、全てのサンプルで特定される訳ではないのが普通である。つまり、たくさんのアロマが省略されている可能性がある。しかし、ウイスキーの匂いをいかに素早く特定し、定量化できるかという事にはやはり驚いた。

　「なぜ匂いだけなのか?」と読者は不思議に思うかもしれない。なぜパネリストはニューメイク・バーボンを試飲しなかったのだろうか?　簡単に言えば酔わないためであり、詳しく言えば、蒸留酒の場合、アロマ分析がフレーバー評価のほぼ全てを占めるという事である。味わえるものはほとんど全て、匂いで感じる事ができる。また、蒸留酒のエタノール含有量が高いため、感覚が抑制される。ビールやワインに比べると、ウイスキーのフレーバーを醸し出す上で味覚が及ぼす影響は比較的小さい。フレーバーの生成は、実際

アロマ強度の尺度と参照試料	参照試料の調整法
3.0: バレルストーン・セラー 2013年メルロー	ワイン15 mlを蓋付きのグラスで提供。
7.0: TXブレンデッドウイスキー （41%ABV）	ウイスキー15 mlを蓋付きのグラスで提供。
9.0: グレーン・ニュートラルスピリッツ （60%ABV）	ニュートラルスピリッツ50 gを 79.8 gの蒸留水に加え蓋付きのグラスで提供。
12.0: グレーン・ニュートラルスピリッツ （60%ABV）	ニュートラルスピリッツ100 gを 77.25 gの蒸留水に加えて希釈し、蓋付きのグラスで提供。
5.0: 西洋わさびソース	ソース小さじ 1/8を蓋付きのグラスで提供。
7.0: キャプテンモルガン・ラム	ラム15 mlを蓋付きのテイスティンググラスで提供。
9.0: マコーミック・黒粉コショウ	コショウ小さじ 1/2を蓋付きのテイスティンググラスで提供。
10.0: 西洋わさびソース	ソース5 gを30 mlの蒸留水に混ぜ、 30 mlをスフレカップで提供。

にはオルソネーザル嗅覚（前鼻腔性嗅覚：鼻で嗅ぐ匂い〈たち香〉）とレトロネーザル嗅覚（後鼻腔性嗅覚：喉から鼻に抜ける匂い〈あと香・口中香〉）によってもたらされる。そのため、オルソネーザル嗅覚が、ウイスキー業界で用いられている感覚評価の主要な形式となる[1]。

★★★

その後数週間に渡り、エイリは異なる農園と品種による30本のニューメイク・バーボンサンプルを使用して化学分析と官能分析を繰り返した。以下は我々が発見した事である。

GC-MS-Oは、アロマを感知した68種類の異なるフレーバー化合物を特定し、定量化した。つまり、MSが質量信号を検出すると同時に、エイリがアロマを検出した。68種類の化合物のうち36種類には、

サンプルの違いによりその有無と濃度に大幅な変動が見られた。これは、その変動がトウモロコシの品種、農場、あるいはその両方の相互作用によって引き起こされたに違いない事を意味する。

　植物育種の用語体系においては、品種は「遺伝効果(G)」、農場は「環境効果(E)」、そしてそれらの相互作用は「遺伝×環境相互作用(G×E)」と呼ばれる事になるだろう。2016年と2017年にこの研究を実施して草稿を書いていた当時、私はまだテロワールは単にEの同義語であると信じていた。テロワールとは、植物を栽培した農場の事だと思っていた。

　しかし今では、テロワールは少なくとも、品種と農場の相互作用(G×E)、つまり品種が様々な環境の中で、また様々な環境を通じてどのようにフレーバーを表現するかを考慮すべきだと考えるようになった。

　我々にとって「大幅な変動」とは、フレーバー化合物の存在と濃度に少なくとも20%の差がある事を意味する。そして、サンプル間で大幅な変動があった36種類の化合物のうち、18種類がエステル、5種類がアルデヒド、4種類がケトンであった事は、とても期待できる結果だった。これらは全て非常に重要なフレーバー化合物だったからだ。20%の変動はそれほど大きくないように思えるかもしれないが、統計的には十分に有意な変動であっ

た。テロワールによって大きく影響を受ける、36種類のフレーバー化合物とそれぞれのアロマを表9.2に示す。

　我々はすぐに、テロワールが影響を与えると思われる有力な化合物がエステルである事に気付いた。なぜこれが興味深いのだろうか? 　第一に、エステルはワインやウイスキーにおいて最も重要なフレーバー化合物の一種であると言える。分析科学者のビセンテ・フェレイラと彼のチームは、ワインの「全体的な香り[2]」の原因となる全てのワインに含まれる18種類のフレーバー化合物のうち、8種類がエステルである事を発見した。しかし、私がこれを興味深いと思った本当の理由は、エステルはブドウや穀粒によって合成されるものの、元の果物や穀粒に含まれる濃度が非常に低いため、ワインやウイスキーの香味に与える影響は僅かであるという事だ。つまり、ワインやウイスキーのフレーバーにとって非常に重要なエステルは、発酵中に酵母(および土着のバクテリア)によって生成されるという事である。この事から、私は重要な事に気が付いた。つまり、穀粒から直接引き出されるフレーバー化合物だけでなく、発酵の前駆体として働く穀粒の中の化合物にも注目する必要があるのである。

　これは驚くべき事のように思われるかもしれないが、本当なのだろうか? 　覚えて

9章 テロワールの化学

表9.2 ニューメイク・バーボンで確認された、テロワールが有意に影響する36種のフレーバー化合物

分類	フレーバー化合物	アロマ
アセタール	1,1-ジエトキシエタン	スイート、グリーン、エーテル性の
アルデヒド	2-ヘプタナール	リンゴ、ファッティ
アルデヒド	2-ノネナール	古いパン、ダンボール
アルデヒド	2-オクテナール	グリーン、ファッティ
アルデヒド	2,4-デカジエナール	ミーティ、ファッティ
アルデヒド	ノナナール	ソーピー、ファッティ
アロマティック炭化水素	ナフタリン	防虫剤
ベンゼン	4-ビニルアニソール	グリーン
ベンゼン	スチレン	スイート、フェノールの、プラスチック
エステル	2-メチルブチルデカノアート	フルーティ
エステル	2-オクテン酸エチル	フルーティ
エステル	4-ヘキセン酸エチル	フルーティ
エステル	2-ノネノエート酸エチル	フルーティ
エステル	酢酸エチル	フルーティ、エーテル性の
エステル	デカノアートエチル	リンゴ、ワクシー
エステル	ラウリン酸エチル	フローラル、ワクシー
エステル	2-ヘプテン酸エチル	フルーティ
エステル	ヘプタン酸エチル	フルーティ、パイナップル、ブドウ
エステル	ヘキサン酸エチル	フルーティ、リンゴ
エステル	ノネノエート酸エチル	フルーティ、ナッティ
エステル	オクタン酸エチル	フルーティ、フローラル、バナナ、パイナップル
エステル	ソルビン酸エチル	フルーティ、エーテル性の
エステル	trans-4-デセン酸エチル	フルーティ、シトラス
エステル	ウンデカン酸エチル	ソーピー、ワクシー
エステル	酢酸イソアミル	バナナ
エステル	イソアミルオクタノエート	フルーティ、ココナッツ、パイナップル
エステル	ヘキサン酸イソペンチル	フルーティ
フラン	2-メチル-5-イソプロペニルフラン	ナッティ、ローストした
フラン	2-ペンチルフラン	フルーティ、グリーン
フーゼル油	フェネチルアルコール	フローラル、バラ
ケトン	2-ノナノン	フローラル、フルーティ、チーズ
ケトン	2-トリデカノン	ココナッツ、チーズ、ミーティ
ケトン	2-ウンデカノン	フルーティ、ファッティ、パイナップル
ケトン	アセトフェノン	アーモンド、チェリー、オレンジ
オルガノ酸素	ジエチルエーテル	エーテル性の、スイート
テルペン	セドレン-8-エン	ウッディ、タバコ

出典 R. J. Arnold et al., "Assessing the Impact of Corn Variety and Texas Terroir on Flavor and Alcohol Yield in New-Make Bourbon Whiskey", *PloS One* 14, no.8 (2019).

おいてほしいのは、我々がこれらの穀粒をマッシュの中の餌として酵母に与えている事である。穀粒の成分の多くは、発酵の基質（酵素の作用で化学反応を起こす物質）構成要素として機能する。代謝的には、これらの要素はより単純な形に分解されるか（異化）、あるいはより複雑な形に組み立てられる（同化）。その結果生じた物質は、酵母が代謝のあらゆる局面で分解および組み立てを行うためのブロックであり、その中には発酵培地に分泌されて潜在的なフレーバー化合物となる副産物も含まれている。

この結果をさらにもう一歩進めてみよう。蒸留業者はこの情報をどのように利用して、ウイスキーの特定のフレーバーを狙っていくのだろうか？

例として、2-ウンデカノンという化合物を考えてみよう。これはフルーティで、熟したパイナップルのような香りのケトンである。このフレーバー化合物については、トウモロコシの品種が変動の23%を占め、トウモロコシの品種と農場の相互作用が63%を占めている事が分かった。具体的には、データによるとソーヤー農場で栽培されたトウモロコシから製造されたニューメイク・バーボンにのみ2-ウンデカノンが含まれていた。また、ソーヤー農場の3つの品種は全て、その存在と濃度において明確な違いを示した。Dyna-Gro®のニュー

メイクには、2-ウンデカノンが含まれていなかった。Terral Seed®のニューメイクは、平均して濃度が低かった。しかし、Mycogen Seed®の品種から製造されたニューメイクは一貫して高濃度だった。

そのような訳で、もし自分のバーボンでこのフルーティなパイナップルの香味（通常、バーボンよりもデリケートなスペイサイド・スコッチシングルモルトでより一般的なフレーバー）を狙うなら、私はジョン・ソーヤーにMycogen Seed®の品種の栽培を依頼するだろう。

表面上は、これで全てが十分に明快であるように見える。しかし、もちろんそれほど単純ではない。フレーバーは複雑なのである。単に食品や飲料にフレーバー化合物が存在しているからといって、実際に味がする訳ではない。閾値以下の量で存在するか、他のフレーバーとの相乗効果で隠されている可能性がある。2-ウンデカノンはテロワールによる香味の変化の第一候補のようだが、この化合物、あるいは検出された他の36種類のフレーバー化合物は、実際どのようにサンプルの香味や風味を変えたのだろうか？我々はフレーバー化合物とアロマの相関関係を特定する必要があった。言い換えれば、特定のフレーバー化合物の濃度が増減すると、特定のアロマの種類も増減するのだろうか？　これらの相関関係

だけが、テロワールの証拠と見なされるだろう。

　感覚語彙目録にある50種類以上のアロマから、パネルはテロワールの影響を大きく受ける13種類のアロマを特定した。アルコール、スイート、酸味、穀物様、トウモロコシ、モルト、ウッディ、アーシー、モラセス、アニス、乳酸、カビ臭、刺激臭である。トウモロコシのアロマは最も大きく変化し、品種と農場の相互作用によって40%の振れ幅があった。興味深い事に、ソーヤー農場で栽培された高濃度の2-ウンデカノンを含むMycogen Seed®の品種から造られた同じニューメイク・バーボンも、トウモロコシのアロマの値が最も高かった。

　これは期待できそうだった。13種類のアロマがテロワールの影響を大きく受けていた。しかし、個々のアロマと化合物の間に意味のある相互関係を突き止めるのは困難であった。定量化されたアロマの濃度は、多くの場合、非常に近いため、我々は違いを見つけるのに苦労した。

　そこで別のアプローチを取る事にした。それぞれのアロマを個々に考慮するのではなく、それぞれを「良い」と「悪い」の2つのカテゴリーに分類した（何と言えばいいのか？　言葉にこだわる必要はないと思った）。

　私は、トウモロコシ、スイート、モルト、バナナ、キャラメル、シトラスフルーツ、ダークフルーツ、フローラル、ハチミツ、モラセス、ナッティといったアロマを「良い」カテゴリーに分類した。そして、酸味、カビ臭、乳酸、穀物様、焦げ、新鮮でない、硫黄臭といったアロマは「悪い」に分類した。全ての良いアロマの定量値を合計し、全ての悪いアロマにも同じ事をした。これにより、30バッチごとに2つの異なるアロマ強度（良いと悪い）の合計値が得られた。考え方は単純である。バッチの良い値が高ければ、全体的に望ましいフレーバーがあり、悪い値が高ければその逆という事である。

　GC-MS-Oにより特定された68種類の異なるフレーバー化合物のうち、良いアロマの値あるいは悪いアロマの値と相関する化合物は、合計で8つあった。具体的には、7つは良いアロマの値と有意な相関関係があり、1つは悪いアロマの値と有意な相関関係があった。偶然にも、これら8つのフレーバー化合物のうち7つは、テロワールの影響を受けた36種類のグループにも含まれていた。これらの化合物を表9.3に示す。

　良いアロマの値と相関関係にある7つのうちの4つは、エステル（酢酸イソアミル、ノナン酸エチル、オクタン酸エチル、4-ヘキセン酸エチル）で、いずれもフルーティでフローラルな香味を醸し出す。

表9.3 ニューメイク・バーボンウイスキーの「良い」アロマと「悪い」アロマに、有意な相関関係がある事が示されたフレーバー化合物

分類	フレーバー化合物	アロマ	カテゴリー	テロワールの影響
アルデヒド	ノナナール	ソーピー、ファッティ	良い	あり
アルデヒド	アセトアルデヒド	青リンゴ	良い (負の相関関係)	なし*
アルデヒド	2-ノネナール	古くなったパン、ダンボール	悪い	あり
ベンゼン	スチレン	スイート、フェノール、プラスチック	良い	あり
エステル	酢酸イソアミル	バナナ	良い	あり
エステル	ノナン酸エチル	フルーティ、ナッティ	良い	あり
エステル	オクタン酸エチル	フルーティ、フローラル、バナナ、パイナップル	良い	あり
エステル	4-ヘキセン酸エチル	フルーティ	良い	あり

*アセトアルデヒドの濃度の変動の15％が、農場または品種と農場の相互関係に帰す事は注目に値するが、アセトアルデヒドはテロワールによってはっきりとした影響を受けていた訳ではない。

出典 R..J. Arnold et al.,"Assessing the Impact of Corn Variety and Texas Terroir on Flavor and Alcohol Yield in New-Make Bourbon Whiskey", *PloS One* 14, no. 8(2019).

5つ目はノナナールで、ソーピー（石鹸様）で、ファッティ（脂っぽい）なアルデヒドである。バランスの取れた量であれば、これらのフレーバーはウイスキーによく合う。6つ目はスチレンで、人はこれをスイート、フェノール様、さらにはプラスチックのフレーバーのミックスとして味わう。アルデヒドのソーピーでファッティなフレーバーと同様に、フェノールのフレーバーのバランスがウイスキーに複雑さをもたらす。ウイスキーのスタイルによっては、フェノールのフレーバーを高濃度にする事さえある。最も有名なアイラ島のスコッチウイスキーの中には、ピーテッドモルトを使用しているものがあり、それが特徴的なスモーキー、ゴム様、薬品様、そしてフェノールのフレーバーを与える。これら6つの化合物は正の相関関係を示しており、濃度が高まると良いアロマの値も増加する。

7番目の化合物はユニークで、負の相関関係を示し、濃度が高まると良いアロマの値が減少した。これはアセトアルデヒ

ドで、渋みのある未熟な青リンゴの香味を与える化合物である。アセトアルデヒドの量のバランスが取れていれば、柔らかく酸味のある青リンゴのような好ましい香り（十分に熟成させた多くのウイスキーの特徴）が得られるが、量が多いと過度に渋いマニキュア液のような味になる。

特定された最初の36種類のフレーバー化合物のうち、悪いアロマの値と有意な相関関係を示したのは2-ノネナールのみであった。この化合物はトラブルメーカーとしてよく知られており、その濃度が高まると古くなったパンやダンボールのような匂いがする。2-ノネナールの濃度が高まると、悪いアロマの値も増加した。バーボンに限らず、私はニューメイク・ウイスキーの欠点を見つけようとする時は常に、古臭い匂いとダンボールの匂いを探す。

さて、このアプローチでは、ニューメイク・バーボンの特定の香味の原因となっている特定のフレーバー化合物を解明する事はできなかった。我々のアプローチは、そのためには十分に洗練されてはいなかった。しかし、評価対象のニューメイク・バーボンのフレーバーの特定の側面を左右する重要なフレーバー化合物のうち、テロワールによって大きく変化したものがどれか、少なくともある程度は特定できた。さらに、我々が検出した36種類のフレーバー化合物の多く（特に、ワインの全体的な香りの化合物18種のうちの1つである酢酸イソアミル）が、ワインの香味や風味にとって重要であるだけでなく、テロワールの影響も受けている事が示された事に勇気付けられた。

私はそれでも、化学的ロードマップが完成していないと感じていた。我々はニューメイク・バーボンだけを調査したので、テロワールの影響を受ける36種類のフレーバー化合物のうち、どれが実際にフレーバーに影響を与えたのかを断定的に示す事はできなかった。ウイスキー（および他の多くの食品や飲料）には何百もの成分が含まれている事が確認さ れているが、だからといってそれぞれの成分が味わいを変化させる訳ではない。

しかし、我々が用いた方法以外にも、フレーバーの化学の深層に迫る科学的手法がある。私はウイスキーの科学文献を読んでいる時、ミュンヘン工科大学のピーター・シーバールと彼のチームが執筆し、"*Journal of Agriculture and Food Chemistry*" に掲載された2つの論文

で、初めてそのような手法を発見した。これらの論文は、バーボンのどの化合物がフレーバーの原因であるかを初めて報告した。この手法は「センソミクス」と呼ばれている。

シーバールの研究を見直し、参照する中で私が気付いたのは、センソミクスはウイスキーのフレーバーへのロードマップや、私の研究と比較できるデータ以上のものであるかもしれないという事だった。これまでに実施されたウイスキーのセンソミクス研究によると、ウイスキーの香味や風味に大きく寄与する化合物は、30 ～ 60種類ある事が分かっている。この化合物のリストは、私が当初思い描いていたワインとの相同性の比較を完全なものにするかもしれない。ウイスキーのセンソミクスリストにあるこれらの化合物のいずれかがワインにも含まれていて、それらの共通の化合物のいずれかがワインのブドウに由来し、それらのいずれかがおそらくワインのテロワールの影響を受けている事が証明されれば、それはフレーバーの化学的根拠だけでなく、ウイスキーのテロワールへの世界的なロードマップも、私に与えてくれるのかもしれない。

10章
ザ・ロードマップ

センソミクスは、分析化学と感覚科学を結び付け、食品や飲料に含まれるどの化合物が実際にそのフレーバープロファイルに関係しているのかを明らかにする最先端の技術である。単一の化合物（あるいは化合物のグループ）がフレーバープロファイルに及ぼす特定の影響を評価する事もできる。ピーター・シーバールと彼のチームは、センソミクスを用いて、ある特定のバーボンウイスキーの最も重要なフレーバー化合物を解明した。

2008年、シーバールと彼のチームは、ドイツのスーパーマーケットで購入したケンタッキー・ストレートバーボンの単一銘柄で実験を行った。正確な銘柄は分からないが、当時入手可能であったケンタッキーバーボンはどれも、1ヵ所もしくは複数のカントリーエレベーターから調達した近代のイエローデントコーン品種を使用していた。2014年まで、ケンタッキー州の蒸留所で使用されたトウモロコシの約60％は、インディアナ州のカントリーエレベーターから調達されていた[1]。

研究者らはスーパーで購入したバーボンのサンプル25 mlを採取し、それを非揮発性と揮発性、両方の有機化合物を抽出するのに効果的な溶媒であるジエチルエーテルに混ぜた。彼らは高真空蒸留法を用いて非揮発性化合物と揮発性化合物を分離した。揮発性の成分は凝縮され、その後、水に40％のエタノールを混ぜた液体に加えられた。科学者たちは、その香りが本物のウイスキーと全く同じであると同意し、自分たちの方法がバー

ボンのアロマの元となるフレーバー化合物を首尾よく捉えたと結論を下した。

次に、ガスクロマトグラフィー嗅覚測定（GC-O）を使用して、揮発性成分の蒸留物をその構成成分のフレーバー化合物に分離した。研究チームは50種類の独特なアロマ・イベント（アロマの発現）を検出した。これは、嗅覚ポイントにいた科学者が何らかの匂いを嗅いだ事例が50件ある事を意味する。

これらの結果だけでも、化合物の特定に進むには十分に意義がある。しかし、センソミクスはその一歩先を行く。揮発性成分の蒸留物を元の濃縮状態で評価した後、チームはそれを1:2、1:4、1:8、1:16、1:32、1:64、1:128、1:256、1:512、1:1024、1:2048、1:4096と段階的に希釈した。次に、チームはその各希釈画分を再度GC-Oで評価した。これにより、科学者たちは各アロマ・イベント（本質的にはそれぞれのフレーバー化合物）にフレーバー希釈（FD）ファクターを割り当てる事ができる。FDファクターの値は、特定のフレーバー化合物のアロマが検出できるぎりぎり最後の希釈倍率を表す。FDファクターが高いほど、フレーバー化合物の効力あるいは濃度が高いといえる。この特定のセンソミクス技術は、アロマ抽出希釈分析法（AEDA）として知られている。

分かりやすく例え話で説明しよう。5回

分に分けた同量のコーヒー（粉）があるとする。また、水の量を気にする事無く抽出できる、架空のコーヒーマシンもある。最初は1回分のコーヒーで8杯を淹れる。その風味は濃厚で力強い。2回目は、同量のコーヒーで水の量を2倍にし、16杯を淹れる。コーヒーはまだ風味豊かだが、最初よりも薄くなった。3回目は、水の量を再び2倍にして32杯を淹れる。今度は、コーヒーは大幅に薄くなり、コーヒー風味の水のような味になる。4回目は64杯を淹れたが、それは全く味気ないものの、ほんの少しコーヒーの味が感じられる。そして最後は128杯を淹れたが、コーヒーの味は全く感じられない。このAEDAの例におけるコーヒーのFDファクターは、コーヒーの味が感じられる最後の濃度、つまり64という事になる。

AEDAを使用する事で、研究チームは選択したバーボンの最も強い2つのフレーバー化合物には、調理したリンゴとココナッツの匂いがある事を発見した。その他の強いフレーバー化合物は、バニラ、花、クローブ、桃、モルトの匂いがし、多くのフレーバー化合物には似たアロマがあった。合計で50種類のフレーバー化合物が検出されたが、その範囲は32（低いFDファクター）から4,096（この研究における最高のFDファクター）であった。しかしこの時点では、科学者たちはどのフ

レーバー化合物がアロマ・イベントの原因となっているかは分からなかった。これを判断するには、50種類のフレーバー化合物の化学構造を確認し、その濃度を定量化する必要があった。研究者たちは、化合物の確認と定量化に質量分析法を用いた。

FDファクターは参考になるが、特定のフレーバー化合物が特定の食品や飲料のフレーバーをどのように、またどの程度変えるかを、技術的に、正確に明らかにするものではなかった。FDファクターの限界を補うため、シーバールのチームは「香気寄与度（OAVs）」と呼ばれるものによって測定する事を決定した。OAVsは、食品や飲料の全体的なアロマに対するフレーバー化合物の重要性を評価する。OAVの値を算出するために、チームはまず、水とエタノールの比率が6：4のマトリックス（基質）で各フレーバー化合物の嗅覚閾値を測定した。この嗅覚閾値は、人間の嗅覚で検知できるフレーバー化合物の最低濃度を表す。次に、バーボンのフレーバー化合物の濃度をその嗅覚閾値で割り、OAVを算出した。OAVが1より低い場合、フレーバー化合物の濃度が閾値を下回っている事を意味し、OAVが1より大きい場合、フレーバー化合物の濃度が閾値を超えている事を意味する。特定のフレーバー化合物の

OAVが高いほど、フレーバーに重要な役割を果たしている可能性が高くなる。

コーヒーの例え話に戻ろう。質量分析法で分析したコーヒーがあるとする。データから、10種類のフレーバー化合物が異なる濃度で存在している事が明らかになった。10種類のフレーバー化合物の正体は分かっているので、それぞれの純粋なサンプルを化学薬品供給会社に注文する。次に、それぞれの純粋なフレーバー化合物を水に混ぜ合わせ、低濃度から高濃度まで様々な濃度の水溶液を作る。その濃度の範囲内に、フレーバー化合物のアロマがまだ僅かに検出できるが、それより低い濃度では検出できないポイントがどこかにある。そのアロマをまだ検出できる最後の濃度を「嗅覚閾値」と呼ぶ。

そこで、10種類のフレーバー化合物それぞれについて嗅覚閾値を測定する。次に、この閾値をコーヒー内の濃度と比較する。一例として、フレーバー化合物の1つであるバニリンを考察してみよう。この化合物は、ウイスキーと同様にコーヒーでも重要である。バニリンの嗅覚閾値は1ℓあたり0.02 mgと測定した。質量分析データによると、コーヒーに含まれるバニリンの濃度は1ℓあたり4.8 mgであった。この2つの値から、このコーヒーに含まれるバニリンのOAVは240（4.8÷0.02）で

145

あると計算する事ができる。また、240は
ＯＡＶの1を優に上回っているため、バニ
リンがコーヒーのフレーバーを左右する
鍵であると結論付ける事ができる。

　一方、質量分析データによってバニリ
ンの濃度が1ℓあたり0.005mgしかない
事が示された場合、ＯＡＶは0.25（0.005
÷0.02）となり、この化合物はコーヒーの
フレーバーに影響しないほど低濃度で
存在しているという結論に至る。

　シーバールと彼のチームは、バーボン
（エタノール自体は含めない）に25種類
のフレーバー化合物が含まれている事
を発見した。これらの化合物は、水とエタ
ノールの比率が6：4のマトリックスにおけ
る嗅覚閾値を明らかに超えており、ＯＡＶ
は2〜138の範囲に及んだ。この情報を
基に研究者たちは、バーボンのサンプル
で測定された濃度で、これらの25種類の
フレーバー化合物全てを、水とエタノー
ルの比率が6：4のマトリックスに混ぜ、こ
の混合物を「アロマ・リコンビネート（再構
成）」と名付けた。そしてこれは、オリジナ
ルのバーボンのサンプルと同じ匂いがし
た。これは、25種類のフレーバー化合物
一式がバーボンのアロマを模倣するのに
十分であり、最初の論文で特定された50
種類のフレーバー化合物全てがその模
倣に必要だった訳ではない事を意味し
た。さらに、特定のフレーバー化合物を除

外した一連のアロマ・リコンビネートを構築
し、除外した化合物のフレーバーへの特
異的な寄与を正確に特定する事ができ
た。

　エイリと私は、ターゲットを絞らないアプ
ローチを用いた。我々は、検出されたあ
らゆるフレーバー化合物がフレーバーに
とって潜在的に重要であると考えた。ＦＤ
ファクターやＯＡＶは算出しなかった。も
し算出していたら、テロワールの影響を大
きく受けるフレーバー化合物の一部（表
9.2の36のグループ）が、実際にはウイス
キーのフレーバーに寄与するには低すぎ
る濃度で存在していた事が判明しただろ
う。

　シーバールと彼のチームによって確
認された数十のフレーバー化合物（表
10.1）は、8つのフレーバー化合物に分
類する事ができる。アルデヒド、エステル、
フーゼル（高級）アルコール、ケトン、ラクト
ン、ノルイソプレノイド（テルペンの一種）、
揮発性フェノール、および「その他」に分
類された種々雑多なもの（一度だけ出現
するフレーバー化合物が含まれる）であ
る。これらの種類の化合物は全て、穀粒、
発酵、オーク樽熟成、あるいはこれら3つ
の組み合わせに由来する。テロワールに
潜在的に影響するのは、穀粒に由来す
るものと、穀粒由来の前駆体から発酵
中に生成されるものである。穀物の遺伝

146

的特徴と生育環境は、両カテゴリーのフレーバー化合物の存在と濃度に影響を与える可能性がある。

私は、これらの化合物の成分と生成要因、個別のアロマ、そしてそれらがワイン（あるいはビール）に含まれているかどうかを図表化する事にした。そして最も重要な事は、共通の穀粒／ブドウ由来のフレーバー化合物のいずれかが、ワイン（あるいはビール）のテロワールの影響を受けたと報告されているかどうかであった。私は全てのデータを、バーボンのテロワールの最初の化学的ロードマップである表10.1にまとめた（この表のデータの出典は付録2 "ロードマップへの鍵" に記載されている）。

シーバールの研究結果に目を通すと、まず目に飛び込んできたのはノルイソプレノイド・テルペンであり、特にβ-ダマセノン（調理したリンゴのアロマ、あるいは単にウイスキーとも呼ばれる）だった。このフレーバー化合物はFDファクターが最も高く、OAVが4番目に高く、アロマ・リコンビネートに含まれていた。これらは非常に興味深い発見だった。β-ダマセノンはビセンテ・フェレイラと彼の研究チームにより、ワインの「全体的な香り[2]」に寄与する唯一のブドウ由来化合物（他の17種類は発酵由来）として特定されていた。さらに、ワイン中のβ-ダマセノンの濃度はブドウ

の品種とブドウ園の環境によって影響を受けるという研究結果が何度も出てきた。例えばβ-ダマセノンは、メルローやカベルネ・ソーヴィニヨンよりもグルナッシュワインの方が、FDファクターが高いと報告されており[3]、ブドウの木が被覆作物（冬季土質を保つために植える植物）と共に栽培された場合、カベルネ・ソーヴィニヨンにおける濃度が高くなるのである[4]。

β-ダマセノンは、シーバールのチームが検出した唯一のノルイソプレノイド・テルペンではなかった。α-ダマスコン（調理したリンゴ）とβ-イオノン（スミレ）もまた、高いFDファクターを示したが、それらはOAVが1未満であったため、アロマ・リコンビネートには含まれていなかった。ブドウや穀粒に含まれるノルイソプレノイドはカロテノイド分子、特にカロテンとルテインに由来する。

これらの前駆体は果物の糖に結合しているが、発酵中に放出され、これらの芳香性ノルイソプレノイド・テルペンになる。ブドウ園で日光が多くなると、ほとんどのノルイソプレノイド・テルペンの生成が促進されるようである。興味深い事に、これは日光が少ない環境で発達するβ-ダマセノンとは対照的である[5]。テロワールを累積的に構成する遺伝的要因と環境的要因がワインのノルイソプレノイド・テルペンの存在と濃度に影響を与えると示す、10を

表10.1 バーボンのテロワールの化学的なロードマップ・チャート

種別	バーボンの重要なフレーバー化合物[1]	アロマ
アセタール	1,1-ジメトキシエタン†	スイート、グリーン、エーテル性の
アルデヒド	2,4-ノナジエナール	ファッティ、メロン
	2,6-ノナジエナール†	キュウリ
	2-デセナール	オレンジ、フローラル
	2-ヘプテナール	リンゴ、ファッティ
	2-ノネナール†	古いパン、ダンボール
	2-メチルブタナール	チョコレート
	2,4-デカジエナール†	ミーティ、ファッティ
	イソブチルアルデヒド†	穀物様
	イソバレルアルデヒド†	チョコレート
	ノナナール	ソーピー、ファッティ
	アセトアルデヒド	青リンゴ
エステル	2-フェネシル・プロピオナート	フローラル、バラ、スイート
	エチル2-メチルブチレート†	リンゴ
	エチル2-フェニルアセテート	ココア、ハチミツ、フローラル
	酪酸エチル*†	パイナップル
	ケイ皮酸エチル†	シナモン
	ヘキサン酸エチル*†	フルーティ、リンゴ
	イソ酪酸エチル*†	シトラス、イチゴ
	イソ吉草酸エチル*†	リンゴ、パイナップル
	オクタン酸エチル*†	フルーティ、フローラル、バナナ、パイナ
	吉草酸エチル	リンゴ、パイナップル
	プロピオン酸エチル	ブドウ
	酢酸イソアミル*†	バナナ
	酢酸フェネチル†	ハチミツ
	酢酸エチル*†	フルーティ、エーテル性の
フーゼルアルコール	イソアミルアルコール*†	バナナ
	イソブタノール	ワイン、VINOUS
	フェネチルアルコール*†	フローラル、バラ
ケトン	4-メチルアセトフェノン	フローラル、サンザシ
	ジアセチル*†	バター様
ラクトン	trans-ウイスキーラクトン	ココナッツ、セロリ
	cis-ウイスキーラクトン†	ココナッツ、オーク
	ソトロン	キャラメル、カレー
	6-ドデセノ-γ-ラクトン	桃
	γ-デカラクトン	ココナッツ、桃
	γ-ドデカラクトン	ココナッツ、桃
	γ-ノナラクトン†	ココナッツ、桃
	δ-ノナラクトン	桃

10章 ザ・ロードマップ

生成起源	ワインまたは ビールでの確認	ワインまたはビールでの テロワールによる影響
発酵、熟成	ワイン/ビール	ワイン[2]
穀粒	ビール	—
	ワイン/ビール	ワイン[3]/ビール[4]
	ビール	—
	ワイン/ビール	ワイン[5]/ビール[6]
	ワイン/ビール	ワイン[7]/ビール[8]
	ワイン/ビール	ワイン[9]/ビール[10]
	ワイン/ビール	ワイン[11]
	ワイン/ビール	ワイン[12]/ビール[13]
	ワイン/ビール	ワイン[14]/ビール[15]
	ワイン/ビール	ワイン[16]
発酵、熟成	ワイン/ビール	ワイン[17]/ビール[18]
発酵	ワイン/ビール	—
	ワイン/ビール	ワイン[19]
	ワイン/ビール	ワイン[20]
	ワイン/ビール	ワイン[21]
	ワイン/ビール	ワイン[22]
	ワイン/ビール	ワイン[23]
	ワイン/ビール	ワイン[24]
	ワイン/ビール	ワイン[25]
	ワイン/ビール	ワイン[26]
	ワイン/ビール	ワイン[27]
	ワイン/ビール	ワイン[28]
	ワイン/ビール	ワイン[29]
	ワイン/ビール	ワイン[30]/ビール[31]
発酵、熟成	ワイン/ビール	ワイン[32]/ビール[33]
発酵	ワイン/ビール	ワイン[34]/ビール[35]
	ワイン/ビール	ワイン[36]/ビール[37]
	ワイン/ビール	ワイン[38]
穀粒	ワイン	ワイン[39]
発酵	ワイン/ビール	ワイン[40]/ビール[41]
熟成	ワイン	—
	ワイン	—
	ワイン	—
穀粒、発酵	ワイン	ワイン[42]
	ワイン/ビール	ワイン[43]
	ワイン/ビール	ワイン[44]
	ワイン/ビール	ワイン[45]
	ワイン	ワイン[46]

149

表10.1　バーボンのテロワールの化学的なロードマップ・チャート（続き）

種別	バーボンの重要なフレーバー化合物	アロマ
メトキシピラジン	2-イソプロピル-3-メトキシピラジン	アーシー
有機酸	フェニル酢酸	ハチミツ、フローラル 調理したリンゴ
テルペン	α-ダマスコン β-ダマセノン*† β-イオノン	調理したリンゴ スミレ
チオエーテル	ジメチルスルフィド	調理したトウモロコシ
揮発性フェノール	4-エチルグアイアコール† 4-エチルフェノール オイゲノール† グアイアコール† バニリン†	フェノーリック、スモーキー、ベーコン バンドエイド、スモーキー クローブ ウッディ、スモーキー バニラ

＊印は、ワインの全体的な香気の原因となる18のフレーバー化合物の1つを意味している。

参照 V. Ferreira et al, "The Chemical Foundations of Wine Aroma — a Role Game Aiming at Wine Quality, and Varietal Expression," in *Proceedings of the Thirteenth Australian Wine Technical Conference* (Adelaide: Australian Wine Industry Technical Conference, 2007).

超えるレポートを見つけた（表10.1）。同じ事がウイスキー中のノルイソプレノイド・テルペンの存在と濃度にも当てはまる可能性がある。

　オミッションテスト（食品の味や香りを構成する成分を分析して特定し、それらの成分を合成し再現するために用いられる）は有望ではあったが、β-ダマセノンの重要性に関して予想外の結果をもたらした。アロマ・リコンビネートからβ-ダマセノンを除外した場合、25種類のフレーバー化合物を全て含む元のアロマ・リコンビネートと区別が付かなくなった。これは、フェレイラの発見とは正反対である。フェレイラの発見は、β-ダマセノンは、除外するとワインのアロマを変える全体的な香りのグループの2つのうちの1つ（もう1つはバナナの香りのエステルである酢酸イソアミル）であった。β-ダマセノンを含まないワインの混合物は、全体的にフレーバーが弱かった。シーバールは、β-ダマセノンの影響は、アロマ・リコンビネートに含まれる非常にフルーティなエステルによって隠されている可能性があると指摘したが、それ

10章 ザ・ロードマップ

生成起源	ワインまたは ビールでの確認	ワインまたはビールでの テロワールによる影響
穀粒	ワイン	ワイン[47]
穀粒、発酵	ワイン/ビール	ワイン[48]
穀粒	ワイン	—
	ワイン/ビール	ワイン[49]
	ワイン/ビール	ワイン[50]
穀粒、発酵	ワイン/ビール	ワイン[51]/ビール[52]
穀粒、発酵	ワイン/ビール	ワイン[53]
	ワイン/ビール	ワイン[54]
穀粒、熟成	ワイン/ビール	ワイン[55]
	ワイン/ビール	ワイン[56]
熟成	ワイン/ビール	—

† 印は、アロマ・リコンビネートで用いられた25のフレーバー化合物の1つで、そのアロマはバーボンのサンプルからは識別できなかった。

参照 L. Poisson and P. Shieberle, "Characterization of the Key Aroma Compounds in an American Bourbon Whisky by Quantitative Measurements, Aroma Recombination, and Omission Studies," *Journal of Agricultural and Food Chemistry* 56, no. 14 (2008):5820-26.

出典は付録2:「第10章の出典：ロードマップへの鍵」で見つける事ができる。

でもこれは不可解だった。この論文で私が初めて眉をひそめ、官能的手法に疑問を抱いたのはこの発見だった。

　シーバールが特定した8つのラクトンのうち、少なくとも3つ（γ-ノナラクトン、γ-デカラクトン、γ-ドデカラクトン）は穀粒から直接、あるいは間接的に（発酵前駆体を介して）得られたものである。これら3つのラクトンは全て、「ココナッツ、桃、クリーミーでスイート」のフレーバーを有している。γ-ノナラクトンはFDファクターが2番目に高く、OAVが20番目に高く、アロマ・リコンビネートに含まれていたため、最も有望であると思われる（γ-デカラクトンとγ-ドデカラクトンは含まれていない）。γ-デカラクトンとγ-ドデカラクトンは、発酵中に酵母によって脂肪酸の前駆体から生成されるのに対し、γ-ノナラクトンは糖化中に穀粒由来のリノール酸が酵素酸化されて生成されると考えられている[6]。β-ダマセノンと同様に、γ-ノナラクトンはワインの重要なフレーバー成分であり、濃度は低いものの影響力が大きな事から、「ワインの隠れた重要な匂い物質[7]」（〈匂い物質〉は揮

151

発性フレーバー化合物の別名）とも呼ばれている。また、その生成はワインの高温誘導酵素活性によるものではなく、その濃度はブドウ園の状態[8]やブドウの品種[9]によって影響を受ける。しかし、β-ダマセノンの場合と同様に、シーバールと彼のチームがγ-ノナラクトンを欠いたアロマ・リコンビネートを、元々の25種類のアロマ・リコンビネートと比較したところ、その違いを見分ける事ができなかった。

　γ-ノナラクトンの類似化学物質でココナッツの香りがするcis-ウイスキーラクトンも、FDファクターが高く、OAVが9番目に高かった。ウイスキーラクトンは、オーク樽で熟成されたワインやウイスキーの最も重要なフレーバー化合物の1つとして広く認識されている。シーバールと彼のチームがcis-ウイスキーラクトンを除外してアロマ・リコンビネートを調製したところ、バーボンのサンプルや25種類の化合物から成る完全なアロマ・リコンビネートとは、容易にそして明白に区別ができた。

　「cis」という名称は、ウイスキーラクトンには異なる異性体がある事を示している。異性体は、同じ原子を共有する化合物である。つまり、同じ化学式を持つものの、空間内での原子の配置が異なっている。1セント硬貨5枚、5セント硬貨2枚、25セント硬貨1枚が2組、机の上にあると想像してほしい。1組目を上から下まで配置

する。1セント5枚から始めて上から下に並べ、次に5セント2枚、最後に25セントを一番下に置く。2組目は反対の並びで配置し、25セントを上に置く。この2組はお互いが異性体である。同じ数と種類の硬貨（原子）が含まれているが、空間内での配置が異なる。些細な事に思えるかもしれないが、空間内での原子の配置により、同じ化学式を持つ2つの異性体でも、アロマの特性や感度が大きく異なる事がある。

　cis-ウイスキーラクトンは、その異性体である$trans$-ウイスキーラクトンよりも高濃度で存在し、よりアロマがある。しかし、どちらもフレーバーにとって重要だと見なされている。とはいえ、ウイスキーラクトンは、オーク樽で熟成される間にワインやウイスキーに入り込む。従って、フレーバーにとって重要である一方で、2つの異性体は穀粒、ブドウ、あるいはテロワールとは何の関係もない。

　シーバールと彼のチームは、FDファクターの高いアルデヒドを11種類検出し、そのうちの5つはアロマ・リコンビネートに含まれていた。これらの11種類のアルデヒドのうち、10種類は穀粒の前駆体から直に生成される。具体的には、精麦、糖化、蒸留のプロセスにおける高温により、アミノ酸のストレッカー分解と脂質の酸化が誘発され、様々な種類の異なるアロマ活

性のあるアルデヒドが生成される。11番目のアルデヒドはアセトアルデヒドで、エタノール生成の中間体として酵母によって生成される。また、熟成中にエタノールが酸化されても生成される。

脂肪酸化に関連するアルデヒドのうち、2,6-ノナジエナール（キュウリ）、2-ヘプテナール（リンゴ）、2,4-デカジエナール（ファッティ）、2-ノネナール（腐りかけた）、2-ノネナールの派生的なノナナール（ソーピー）は、FDファクターが高いため最も興味深いものだった。これら4つの化合物は全てワインに含まれている事が報告されており、その濃度はブドウの品種からブドウ園の状態、ヴィンテージの違いまで、テロワールの何らかの側面よって影響を受けている。例えば、ある論文では、メルローワインの2,6-ノナジエナールのFDファクターは、カベルネ・ソーヴィニヨンの2倍、カベルネ・フランやカベルネ・ガーニッシュの4倍であると明らかにしていた[10]。また、私はこれらのフレーバー化合物がビールにおいても研究されていた事も発見した。具体的には、未加工のビールマッシュにある2-ヘプテナールと2-ノネナールの存在は、大麦の品種に依存していた[11]。

アミノ酸のストレッカー分解から生成されるその他のアルデヒドのグループは、イソロイシンから2-メチルブタナール（チョコレート）、バリンからイソブチルアルデヒド（穀物様）、ロイシンからのイソバレルアルデヒド（チョコレート）であり、3つともFDファクターが高かった。後者2つはOAVも高く、アロマ・リコンビネートに含まれていた。ここでも、私はテロワールがワインとビールの両方でアルデヒドの存在と濃度に影響を与える可能性がある事を発見した。

例えば、ビールの研究では、それぞれ特定の品種の大麦または小麦を使った14種類の異なるビールマッシュのうち、2-メチルブタナールが検出されたのは2つだけであった[12]。別の研究では、イソブチルアルデヒドとイソバレルアルデヒドは10種類の大麦品種に含まれていたが、その濃度はカナダ産や中国産の品種に比べ、フランス産やオーストラリア産の品種の方が著しく高かった事が分かった[13]。ノルイソプレノイド・テルペンやラクトンよりも、特定のアルデヒドがウイスキー・テロワールの主要な候補であるように思われた。しかしその後、シーバールのチームによるオミッションテストを読んだところ、イソブチルアルデヒドとイソバレルアルデヒドを含まない23種類の臭気アロマ・リコンビネートは、元のアロマ・リコンビネートと区別が付かなかった事が分かった。私は再び困惑してしまった。つまり、イソバレルアルデヒドのOAVは2番目に高く、イソブチルアルデヒドは8番目だった。このような

一見基本的なフレーバー化合物を除去しても、アロマが変わらないのはなぜだろうか？　この明らかな矛盾に私は困惑し、落胆さえした。しかし、ウイスキー・テロワールへのロードマップは進展していると感じていた。

次に、私はメトキシピラジンと呼ばれる化合物のグループを考察した。アロマ・リコンビネートには含まれていなかったものの、シーバールがウイスキーに2-イソプロピル-3-メトキシピラジン（IPMP）を同定した事に興味をそそられた。この物質は50種類の中で最も低いFDファクターの1つに属していたため、評価対象のバーボンのフレーバーに大きく寄与している可能性は低いが、IPMPは特定のワインの「ジャガイモ、土壌様、アスパラガス」のアロマに大きく寄与している。一部の酵母種や菌株、さらにはブドウ園の害虫であるテントウムシ（ナミテントウ）[14]もIPMPを生成するが、ワインにおけるIPMPは主にブドウの果実自体とそのアミノ酸前駆体に由来すると考えられている。IPMPのレベルはカベルネ・ソーヴィニヨンのブドウが最も高いと報告されており、そのレベルは日光、温度、湿度、土壌などの環境要因の組み合わせに依存している[15]。つまり、その濃度がシーバールのバーボンを変化させるのには低すぎたかもしれないが、それが穀物の穀粒に生成され、生

育環境に応じて、特定の種と品種がウイスキーのフレーバーに寄与するのには十分なレベルを有している可能性がある事を示唆している。

シーバールは、FDファクターが高い5つの揮発性フェノールを特定した。すなわち、オイゲノール（クローブ）、4-エチルグアイアコール（フェノーリック、スモーキー、ベーコン）、4-エチルフェノール（バンドエイド、スモーク）、グアイアコール（ウッディ、スモーキー）、バニリン（バニラ）である。4-エチルフェノールを除く全てのフェノールが、アロマ・リコンビネートに配合されていた。一般に、揮発性フェノールは「スモーキー」や「メディシナル」から「納屋」や「汗臭いサドル」、「バニラ」や「スパイス」まで、様々なフレーバーを付与する。これらは多様な化合物のセットであり、人間の鼻はとりわけその存在に敏感である。揮発性フェノールは、発酵副産物、（ピートや木などの）煙を使用して乾燥させたモルト、高温での精麦、糖化、あるいは蒸留中の穀粒成分の熱分解およびオーク樽の熟成から生じる。

ウイスキーラクトンと同様に、バーボンに含まれる揮発性フェノールの多くは、通常はトースティングやチャーリングの際のリグニンの分解から生じるオーク樽熟成に起因するとされている。シーバールのグループは、バニリンは3番目に高いFD

ファクターとOAVを持つ事を発見した。しかし、バニリンは、その起源が主に（あるいは完全に）熟成にある揮発性フェノールの良い例である。従って、バニリンはフレーバーに大きく影響するが、ウイスキー・テロワールの役割を調査する第一の候補ではない。しかし、他の4つの揮発性フェノールは、穀粒だけでなく発酵や熟成にも起源がある可能性がある。

バニリンと同様に、グアイアコールとオイゲノールは確かにオークから生成される。一般的に、これら2つの化合物は樽の熟成に起因するとされている。しかし、穀粒のリグニンの熱分解から生成される事もある。研究者たちは、樽で熟成されていないワインにグアイアコールとオイゲノールが含まれている事を発見した。ブドウのリグニンが分解されるとワインにこれらのフレーバー化合物が生成される可能性があると仮定すれば、穀粒のリグニンもこれらの成分を生成すると推測するのが妥当だろう。また、私がすでに調査したフレーバー化合物と同様に、複数の論文から、ワインに含まれるグアイアコールとオイゲノールの存在と濃度は、ブドウの品種、ブドウ園の環境、ヴィンテージによって影響を受ける事が分かっている。

4-エチルグアイアコールと4-エチルフェノールは、それぞれ4-ビニルグアイアコール（クローブ、スパイス）と4-ビニルフェノール（薬品様、スイート）の熱分解または微生物代謝によって生成される。シーバールの研究では特定されていないが、4-ビニルグアイアコールと4-ビニルフェノールは、ウイスキー、ビール、ワインのよく知られたフレーバー化合物であり、ヘーフェヴァイツェン、白ビール、セゾンの特徴的なクローブ、スパイス、そしてフェノールのフレーバーは、主にこれら2つの揮発性フェノールによるものである。これらは、リグニンとリグナンの構成要素であるヒドロキシケイ皮酸の熱分解（精麦、糖化、および/または蒸留中）もしくは、微生物代謝（発酵中）によって生成される。4-ビニルグアイアコールは、フェルラ酸の熱分解あるいは微生物代謝によって生成され、4-ビニルフェノールはクマル酸の分解あるいは代謝によって生成される。特定の酵母種と菌株だけが、フェルラ酸とクマル酸をビニルフェノール誘導体に代謝するために必要な酵素を生成できる。ヘーフェヴァイツェン、白ビール、セゾンの製造に使用される*Saccharomyces cerevisiae*（出芽酵母）の菌株は、通常、これらの酵素を作り出すために必要な遺伝機構を備えている。

4-エチルグアイアコールと4-エチルフェノールは、ビニルフェノール前駆体の熱分解、あるいは微生物代謝のどちらかによって生成される。前者の場合、精麦、糖

化、あるいは蒸留中に発生し、後者の場合は発酵中に発生し、通常は野生酵母の"Brettanomyces"に起因している。この酵母は、4-ビニルグアイアコール（クローブ、スパイス）と4-ビニルフェノール（薬品様、スイート）をそれぞれ4-エチルグアイアコールと4-エチルフェノールに代謝するために必要な酵素を作り出す事ができる。

　繰り返しになるが、多くの論文（その多くはグアイアコールとオイゲノールを調査したものである）で、ワインのテロワールによって4-ビニルグアイアコール、4-エチルグアイアコール、4-ビニルフェノール、4-エチルフェノールが影響を受ける可能性がある事が示されていた。さらに、シーバールの論文の約1年前に発表された論文では、4-ビニルグアイアコールと4-ビニルフェノールのヒドロキシケイ皮酸前駆体は、大麦の品種、栽培地、および用いられる農法によって大きく異なる事が示されていた[16]。

　最後に、私はワイン、ビール、ウイスキーのフレーバー化合物の中でおそらく最も重要な種類であるエステルに注目した。高いFDファクターが検出された50種類のフレーバー化合物のうち、14種類がエステルであった。この14種類のうち9つはOAVが1を超えており、それらは25種類の化合物のアロマ・リコンビネートに含まれていた。エチルエステルと酢酸イソアミ

ルを除外すると、派生的なアロマ・リコンビネートは、元のものからは容易に識別する事ができた。

　エステルは、ワインやウイスキーのフレーバーを変えるほどの濃度でブドウや穀粒には存在しない。その代わりに、フレーバーに非常に重要なエステル（主にフルーティでフローラルなアロマの元）は、発酵中に酵母によって生成される。これは主に、酵母細胞の細胞質内で、有機酸とアルコール（エタノールとフーゼルアルコールの両方）の酵素縮合反応（〈エステル化〉と呼ばれる）によって起こる。縮合反応とは、2つの化合物が融合し、その過程で水分子を放出する反応である。エステルの前駆体である有機酸とアルコールは、糖とアミノ酸から始まる酵母の上流代謝経路によって生成される。果醪、麦汁、またはマッシュに含まれる糖（例えば、グルコース、マルトトリオース、フルクトースなど）とアミノ酸の異なるプロファイルにより、異なる有機酸とアルコールが生成され、次に異なるプロファイルのエステルが生成される[17]。エステルが生成されると、酵母細胞から発酵中のワインやビールに分泌される。ワインやウイスキーのエステル生成は、単に酵母の代謝そのものに関係している訳ではない事も報告されている。例えば、燃料エタノール発酵で確認されている

"*Oenococcus oeni*[18]"やウイスキーの発酵で確認されている"*Lactobacillus plantarum*[19]"などのバクテリアは、エステルを生成できる事が示されている[20]。

エステルの合成以外にも、バクテリアはウイスキーのマッシュ発酵中に大量の有機酸、すなわち乳酸と酢酸を生成する。これらの酸はビールの中で、化学的（生物的ではない）手段で起こるエステル化反応の前駆体として機能する。ウイスキーのマッシュ発酵中にバクテリアが生存するのは、蒸留業者が槽を洗浄しなかったからではない（少なくとも通常はそうではない）。ビール醸造では麦汁を煮沸して醸造者が望まないものを全て殺菌するが、ライ麦、小麦、大麦、モルトの煮沸は通常、穀粒に生息する土着バクテリアの一部が生存するのに充分な低温（62～68℃）で行われる（トウモロコシはデンプンをゼラチン化するためにより高い温度が必要なため、通常は約87℃以上の高温で煮沸する。この温度では、土着バクテリアのほとんどが死滅する）。

私の蒸留所を含む多くの蒸留所では、酵母が活発な成長段階をすぎると「後期乳酸発酵」を奨励している。これにより、バクテリア（主に*Lactobacillus*）が残留栄養素と自己分解（本質的には自己破壊）した酵母細胞を栄養素とする事ができる[21]。*Lactobacillus*の種と株の構成は蒸留所ごとに特有で、独特であり、ウイスキーの「ハウス・フレーバー」に寄与していると思われる[22]。

シーバールのチームが検出した、FDファクターとOAVが高いエステルのほとんどは、エタノールと脂肪酸の縮合により生成されるエチルエステルであった。測定されたエステルの中で最も高いOAVを記録したのは、降順で、エチル2-メチルブチレート(リンゴ)、ヘキサン酸エチル(リンゴ)、酪酸エチル（パイナップル）、オクタン酸エチル（フルーティ、フローラル）であった。また、酢酸とエタノール(酢酸エチルのみ生成)あるいはフーゼルアルコール（様々なエステルの可能性がある）との縮合から得られる重要な酢酸エステルもいくつかあった。OAVが1以上で、アロマ・リコンビネートに含まれる2つの酢酸エステルは、酢酸フェニルエチル(ハチミツ)と酢酸イソアミル(バナナ)であった。

これら2つの酢酸エステルの濃度が高い事は、驚く事ではない。フェネチルアルコール（バラ）とイソアミルアルコール（バナナ）〈それぞれ酢酸フェニルエチルと酢酸イソアミルの前駆体であるフーゼルアルコール〉もOAVが高い事が確認されており、アロマ・リコンビネートに含まれていた。

シーバールが発見した14種類のエステルと3つのフーゼルアルコールは全てワ

インに含まれており、ブドウの品種、ブドウ園の環境、農法の影響を受けると報告されている。つまり、ウイスキーのテロワールの影響は、穀物の品種や生育環境の違いが、根本的な発酵前駆体であるアミノ酸や糖の組成や濃度に及ぼす影響にあると考えられる。しかし、エステルの生成はバクテリアの種類と菌株、温度や時間などの発酵条件に大きく左右される事も分かっている。

★★★

　バーボンに含まれる最も香りの強いフレーバー化合物50種類全てをさらに深く調べていくと、バーボンに含まれる穀粒由来の化合物が、熱分解や酸化によって直接的に、あるいは発酵の前駆体として間接的に、ワインやビール、あるいはその両方のテロワールの何らかの側面によって影響を受けた事を示す研究報告が多数見つかった（オリジナルの研究報告を読みたい場合は、表10.1の注釈を含む付録2に全てを引用している）。

　私はリード・ミーテンビュラーの著書、*Bourbon Empire: The Past and Future of America's Whiskey*（※邦題：バーボンの歴史）"を思い出した。この本で取り上げられているウイスキーの重要な人物の1人は、19世紀前半にバーボン製造に近代科学を持ち込んだ最初の蒸留業者の1人であるジェームズ・クロウ博士である。ミーテンビュラーによると、博士は「ウイスキーの改良に執着していた」という。科学者らしい流儀で、博士はおそらく彼以前の誰よりも多くの変数を記録した。博士は計器を使って糖とアルコールのレベルを測定し、鉄分の少ない水を使う事の重要性を調べ、発酵温度を監視・制御し、「複雑に絡み合った要素のジャングルを抜けてウイスキーを造り上げ」ながらバランス取りと管理に努めた。ウイスキー製造の複雑さから、クロウ博士は「ビールを入れてアルコールを抽出するという単なる直線ではなく、それは相互に絡み合った網で縫い合わされたキルトのようなもの。ほんの少し糸を引っ張るだけで、全てが変わる[23]」と気付いた。テロワールは多くの糸を引っ張るものだと、私は気付き始めていた。

　シーバールの研究のおかげで、私はバーボンのテロワールのロードマップを描く事ができた。テロワールは、完成したウイスキーに含まれる様々なフレーバー化合物の存在と濃度を変える可能性がある現象のように思えた。しかし、これは重要な点を浮き彫りにした。バーボンは単な

る1つのスタイルであり、他の多くの一般
的なウイスキースタイルとは全く異なる穀
物から造られている。ライウイスキーやモ
ルトウイスキーのテロワールのロードマッ
プとは、どのようなものになるのだろうか?

11章
マップの重ね合わせ

ワインとバーボンは見た目も味も異なるが、そのフレーバーを構成する化学的な化合物には驚くほど多くの共通点がある。アロマ抽出希釈分析法（AEDA）と、それに続くフレーバー希釈（FD）ファクター、および香気寄与度（OAVs）の算出により、科学者はバーボンにとって極めて重要な50種類のフレーバー化合物を特定した。そして、それら50種類の全てがワイン、ビール、あるいはその両方のフレーバー化合物として特定され、そのうちの13種類はワインの全体的な香りに寄与するとも報告されている。

これらの化合物がどの程度重複しているかを知る事で、私はウイスキーのテロワールに至る化学的なロードマップを描き始める事ができた。ワインの研究は広範囲に渡り、バーボンに含まれる50種類

の潜在的に重要なフレーバー化合物の大半、少なくとも穀粒に由来するもの（熱分解や酸化によって直接生じるか、あるいは発酵の前駆体として間接的に生じる）は、ワインではブドウの品種、ブドウ園の環境、もしくは農業技術によって有意な影響を受ける。

しかし、これまでロードマップ作成のために取り上げたウイスキーのスタイルはバーボンのみで、それも1つの銘柄のみであった。これら50種類のフレーバー化合物は、他のスタイルにも存在するのだろうか？　もし存在するのなら、それらは同様に影響を及ぼすのだろうか？　私は、他のウイスキースタイルが、官能評価と機器分析を組み合わせたセンソミクスのアプローチを用いて調査された事があるのかを調べる必要があった。もし調査さ

れていないのなら、ウイスキー・テロワール
への私の化学的ロードマップは、実際に
はバーボンのテロワールへのロードマップ
にすぎない。バーボンはアメリカのみで生
産されているため、ウイスキー製造業界
の大半が情報から取り残され、それでは
不十分である。

2010年、ジェイコブ・ラーネという名の
科学者が、イリノイ大学アーバナ・シャン
ペーン校の食品科学プログラムに「化学
及び官能検査によるアメリカン・ライウイ
スキーのアロマの特性評価」という修士
論文を提出した。ラーネは、シーバール
が開拓したのと同じ多くの技術を採用し、
2種類のケンタッキー・ライウイスキーの最
も重要なフレーバー化合物を特定した[1]。
バーボンのセンソミクスの論文とは異な
り、ラーネは使用した銘柄を明らかにし
た。リッテンハウスとワイルドターキーであ
る。どちらの銘柄も定評があり、どちらも
法定最低量である51%のライ麦をグレー
ンビルに使用している。シーバールが評
価したバーボンと同様に、これらのウイス
キーは商品穀物システムから調達した
近代のライ麦品種を使用していただろう。
実際、ケンタッキー州の大多数の蒸留所
は、依然としてライ麦をヨーロッパ、アメリ
カ中西部北部、あるいはカナダから調達
している。穀粒は長距離を移動するため、
エレベーター、貨物船、鉄道車両、トラック

ホッパーで何度もブレンドされる。ケンタッ
キー州でライ麦を栽培するプロジェクトは
進行中だが、ケンタッキー・ライウイスキー
の大半がケンタッキー州のライ麦から造
られるようになるまでには、（仮にあるとし
ても）長い年月がかかるだろう。

ミュンヘン工科大学のグループでシー
バールとその同僚が開拓した同じセンソ
ミクス手法を用いて、ラーネは両方のライ
ウイスキーの香味や風味を醸し出すの
に必要な31種類のフレーバー化合物を
特定し、それらを全て独自のアロマ・リコ
ンビネートに組み込んだ。私はバーボン
のテロワールの化学的ロードマップ（表
10.1）と、ライウイスキーのテロワールの
化学的ロードマップを統合した（表11.1）。
表11.1は、この章で伝えられる結果を理
解するのに役立つだろう。

31種類の化合物のうち、シーバールの
論文で評価されたバーボンのフレーバー
の重要な要因として特定されなかった
のは8つだけであった。この8つのうちの
4つは揮発性フェノールで、4-ビニルグア
イアコール（スパイス、クローブ）、クレゾー
ル（バンドエイド）、シリンガアルデヒド（スイ
イート、グリーン）、シリンゴール（スイート、
スモーキー）、3つは有機酸で、酢酸（酢）、
酪酸（悪臭）、イソ吉草酸（チーズ様）、そ
して1つはエステルで、バニリン酸エチル
（バニラ）だった。

表11.1　　バーボンとライウイスキーのテロワールの化学的なロードマップ・チャート

種別	バーボンの重要なフレーバー化合物[1]	ライウイスキーの重要なフレーバー化合物[2]
アセタール	1,1-ジエトキシエタン	——
アルデヒド	2,4-ノナジエナール	——
	2,4-ノナジエナール	——
	2-デセナール	——
	2-ヘプテナール	——
	2-ノネナール	——
	2-メチルブタナール	——
	2,4-デカジエナール	——
	イソブチルアルデヒド	——
	イソバレルアルデヒド	——
	ノナナール	——
	アセトアルデヒド*	アセトアルデヒド*
エステル	2-フェネチルプロピオナート	——
	エチル2-メチルブチレート*	——
	エチル2-フェニルアセテート	——
	酪酸エチル*	酪酸エチル*
	ケイ皮酸エチル	ケイ皮酸エチル
	ヘキサン酸エチル*	ヘキサン酸エチル*
	イソ酪酸エチル*	イソ酪酸エチル*
	イソ吉草酸エチル*	イソ吉草酸エチル*
	オクタン酸エチル*	——
	吉草酸エチル	——
	吉草酸エチル	吉草酸エチル
	酢酸イソアミル*	酢酸イソアミル*
	酢酸フェネチル	酢酸フェネチル
	酢酸エチル	——
	——	バニリン酸エチル
フーゼルアルコール	イソアミルアルコール*	イソアミルアルコール*
	イソブタノール	イソブタノール
	フェネチルアルコール*	フェネチルアルコール*
ケトン	4-メチルアセトフェノン	——
	ジアセチル*	——
ラクトン	trans-ウイスキーラクトン	trans-ウイスキーラクトン
	cis-ウイスキーラクトン	cis-ウイスキーラクトン
	ソトロン	——

11章 マップの重ね合わせ

アロマ	生成起源	ワインまたはビールでの テロワールによる影響
甘い、青野菜、エーテル性の	発酵、熟成	ワイン[3]
ファッティ、メロン	穀粒	——
キュウリ		ワイン[4]/ビール[5]
オレンジ、フローラル		——
リンゴ、ファッティ		ワイン[6]/ビール[7]
古いパン、ダンボール		ワイン[8]/ビール[9]
チョコレート		ワイン[10]/ビール[11]
ミーティ、ファッティ		ワイン[12]
穀物様		ワイン[13]/ビール[14]
チョコレート		ワイン[15]/ビール[16]
ソーピー、ファッティ		ワイン[17]
青リンゴ	発酵、熟成	ワイン[18]/ビール[19]
フローラル、バラ、スイート	発酵	——
リンゴ		ワイン[20]
ココア、ハチミツ、フローラル		ワイン[21]
パイナップル		ワイン[22]
シナモン		ワイン[23]
フルーティ、リンゴ		ワイン[24]
シトラス、イチゴ		ワイン[25]
リンゴ、パイナップル		ワイン[26]
フルーティ、フローラル、バナナ、 パイナップル		ワイン[27]
リンゴ、パイナップル		ワイン[28]
ブドウ		ワイン[29]
バナナ		ワイン[30]
ハチミツ		ワイン[31]/ビール[32]
フルーティ、エーテル	発酵、熟成	ワイン[33]/ビール[34]
バニラ、スイート		ワイン[35]
バナナ	発酵	ワイン[36]/ビール[37]
ワイン、vinous		ワイン[38]/ビール[39]
フローラル、バラ		ワイン[40]
フローラル、セイヨウサンザシ	穀粒	ワイン[41]
バター様	発酵	ワイン[42]/ビール[43]
ココナッツ、セロリ	熟成	——
ココナッツ、オーク		——
キャラメル、カレー		——

表11.1 バーボンとライウイスキーのテロワールの化学的なロードマップ・チャート（続き）

種別	バーボンの重要なフレーバー化合物	ライウイスキーの重要なフレーバー化合物
ラクトン（続き）	6-ドデセノ-γ-ラクトン	——
	γ-デカラクトン	——
	γ-ドデカラクトン	——
	γ-ノナラクトン	γ-ノナラクトン
	δ-ノナラクトン	——
メトキシピラジン	2-イソプロピル-3-メトキシピラジン	——
有機酸	——	酢酸
	——	酪酸*
	——	イソ吉草酸
	フェニル酢酸	フェニル酢酸
テルペン	α-ダマスコン	——
	β-ダマセノン*	β-ダマセノン*
	β-イオノン	β-イオノン
チオエーテル	ジメチルスルフィド	——
揮発性フェノール	——	4-ビニルグアイアコール
	4-エチルグアイアコール	4-エチルグアイアコール
	4-エチルフェノール	4-エチルフェノール
	オイゲノール	オイゲノール
	グアイアコール	グアイアコール
	バニリン	バニリン
	——	シリンガアルデヒド
	——	シリンゴール
	——	p-クレゾール

＊印は、ワインの全体的な香りの原因となる18のフレーバー化合物の1つを意味している。
参照 V. Ferreira et al, "The Chemical Foundations of Wine Aroma — a Role Game Aiming at Wine Quality, and Varietal Expression," in *Proceedings of the Thirteenth Australian Wine Technical Conference* (Adelaide: Australian Wine Industry Technical Conference, 2007).
出典は付録3:「第11章の出典:ロードマップへの鍵」で見つける事ができる。

アロマ	生成起源	ワインまたはビールでの テロワールによる影響
桃	穀粒、発酵	ワイン[44]
ココナッツ、桃		ワイン[45]
ココナッツ、桃		ワイン[46]
ココナッツ、桃		ワイン[47]
桃		ワイン[48]
アーシー	穀粒	ワイン[49]
酢	発酵、熟成	——
悪臭	発酵	ワイン[50]
チーズ様		ワイン[51]
ハチミツ、フローラル	穀粒、発酵	ワイン[52]
調理したリンゴ	穀粒	——
調理したリンゴ		ワイン[53]
スミレ		ワイン[54]
調理したトウモロコシ	穀粒、発酵	ワイン[55]/ビール[56]
スパイス、クローブ	穀粒、発酵	ワイン[57]
フェノーリック、スモーキー、ベーコン		ワイン[58]
バンドエイド、スモーキー		ワイン[59]
クローブ	穀粒、熟成	ワイン[60]
ウッディ、スモーキー		ワイン[61]
バニラ	熟成	——
スイート、グリーン		——
スイート、スモーキー		——
バンドエイド	穀粒	——

こうして、ウイスキーのフレーバー化合物は58種類になり、そのうちの23種類はバーボンとライウイスキーの両方で重要なものだった。

　私はリストを見て、最初は混乱した。例えば、シリンガアルデヒドとシリンゴールの生成起源は通常、オーク樽とされている。これは、オーク樽がチャーされた時にリグニンとシリンギル構成要素が熱分解して生じるものである。バーボンとライウイスキーはどちらも同じ種類の樽（チャーされたオークの新樽）で熟成される。では、なぜシリンガアルデヒドとシリンゴールはどちらも、シーバールの研究では特定されなかったのだろうか？　クレゾールの存在もまたちょっとした謎で、この化合物は通常、キルンで燻煙しピートを染み込ませたモルト、あるいはビールに使われる焙煎モルトの使用に起因するからである[2]。

　しかし私は調査を続け、その結果が励みになると共に、明確化される事が分かった。4-ビニルグアイアコールについて考えてみよう。このフレーバー化合物が実は4-エチルグアイアコール（フェノーリック、スモーキー、ベーコン）の前駆体である事は前述したが、バーボンでは4-エチルフェノール（バンドエイド、スモーキー）と共に、この成分が特定された。ラーネはまた、ライウイスキーで4-エチルグアイアコール、4-エチルフェノール、オイゲノール（クローブ）、グアイアコール（ウッディ、スモーキー）を特定した。これらは全てシーバールのバーボンにおいて重要なフレーバー化合物であった。従って、完全に重複している訳ではないが、2つのウイスキーのスタイルには揮発性フェノールの非常に似通ったプロファイルが共通していた。

　しかし、これらの類似点と相違点を基にして、それらを説明する仮説を立てる事はできるのだろうか？　私はできると思っている。例えば、ライウイスキー（主にライ麦から造られる）はバーボン（主にトウモロコシから造られる）よりも、特定のリグニンおよびリグナン由来の揮発性フェノールの濃度が高かったり異なっていたりするため、脂質由来のアルデヒドの含有量がバーボンよりも少ないというのは妥当な仮説だと思う。

　シーバールは、バーボンの香味や風味にとって重要な穀粒由来のアルデヒド10種類を特定した。この10種類のうちの7つは、精麦、糖化、蒸留のプロセスで起こる脂質酸化の結果である。表11.2は、トウモロコシの脂肪（脂質の一種）の量がライ麦の2倍以上である事を示している。従って、トウモロコシの脂肪分が多い事が、バーボンにアルデヒドが多い事の説明になるのかもしれない。そしてシーバールがバーボンで発見した10種類の穀粒

11章 マップの重ね合わせ

表11.2 4つの主要なウイスキー穀物間の化学成分の様々なレベル

構成要素	トウモロコシ	ライ麦	小麦	大麦
デンプン（パーセント w/w）	65.0	60.3	59.4	62.7
タンパク質（パーセント w/w）	8.8	9.4	11.3	11.1
脂肪（パーセント w/w）	3.8	1.7	1.8	2.1
繊維（パーセント w/w）	9.8	13.1	13.2	9.7
リグニン（パーセント w/w）	1.4	2.1	2.0	1.9
リグナン（μg/100g）	23	770	76	205

出典 P. Koeler and H. Wieser, "Chemistry of Cereal Grains," in *Handbook on Sourdough Biotechnology*, ed. M. Gobbetti and M. Ganzle (New York: Springer, 2013), 11-45.

由来のアルデヒドは、ラーネのライウイスキーでは1つも検出されなかった。

シーバールとラーネの両者ともが発見した揮発性フェノールについては、ライウイスキーの方が、濃度が高かった（表11.3）。なぜだろうか？　私がこのテーマについて調査していた時、ハイラムウォーカー社のマスターブレンダーであり、私の親しい同僚でもあるドン・リバーモア博士が、この事を明確にしてくれた。彼は、ライ麦にはリグニンとそれに密接に関連する成分のリグナンが、トウモロコシよりもかなり多く含まれていると指摘した（表11.2）。マッシングと蒸留のプロセスでリグニンとリグナンが熱分解すると、揮発性フェノールが生成される事がある。これが、ライウイスキーがバーボンよりもスパイシーで

フェノーリックだと感じられる理由の1つだと、ドン博士は説明した。従って、ライウイスキーとバーボンにおける特定の揮発性フェノールの存在と濃度の違いを説明するもう1つの妥当な仮説は、穀粒中のリグニンとリグナンの濃度に関係している可能性がある。

ライウイスキーには酢酸、酪酸、イソ吉草酸が含まれているのに、バーボンには含まれていないのは、ライ麦の糖化温度が低いためだと考えられる。バーボンの糖化では、結晶デンプンを効果的にゼラチン化するため、トウモロコシは88～100℃で加熱される。ライウイスキーの糖化では、デンプンのゼラチン化がそれほど難しくないため、ライ麦は通常、はるかに低い温度（64～68℃）で加熱され

表11.3 バーボンとライウイスキー間の3つの揮発性フェノールの濃度の違い

種別	フレーバー化合物	バーボンの濃度 (PPB)*	ワイルドターキー・ライの濃度 (PPB)*	リッテンハウス・ライの濃度 (PPB)*
揮発性フェノール	4-エチルグアイアコール	59	2,180	187
	オイゲノール	240	583	993
	グアイアコール	56	3,760	3,150

＊ J. Lahne, "Aroma Characterization of American Rye Whiskey by Chemical and Sensory Assays," master's thesis, University of Urbana-Champaign, 2010, http://hdl.handle.net/2142/16713.

る。バーボンの糖化でトウモロコシを加熱するために使用される高温により、栄養細菌と胞子形成細菌の大半が死滅する。しかし、胞子を形成しないバクテリア（*Lactobacillus*など）と胞子を形成するバクテリア（*Clostridium*など）の両方を含む多くのバクテリアは、ライ麦の糖化の温度でも生き残る[4]。そのため、ライウイスキーの発酵では、理論的にバクテリアの濃度が高くなり、より多くの有機酸が生成される可能性がある。

　最終的に、ライウイスキーにはバーボンにはない8つのフレーバー化合物が含まれていた。その理由を説明するために、私は科学文献とウイスキー造りの経験に裏付けられたいくつかの仮説を立てた。しかし、両方に共通する重要なフレーバー化合物は23種類あった。そのうちの3つは、ほとんどもしくは完全にオーク樽由来である可能性が高い、2つのウ

イスキーラクトンとバニリンである。穀粒に由来する残り20種類のフレーバー化合物（熱分解や酸化によって直接生じたもの、あるいは発酵の前駆体として間接的に生じたもの）のうち、14種類はシーバールのバーボンではOAVが1を超えていた。これらは、ノルイソプレノイド・テルペン・β-ダマセノン（調理したリンゴ）、ケイ皮酸エチル（シナモン）、イソ吉草酸エチル（リンゴ、パイナップル）、ヘキサン酸エチル（リンゴ）、イソ酪酸エチル（シトラス、イチゴ）、酪酸エチル（パイナップル）、酢酸フェニルエチル（ハチミツ）、酢酸イソアミル（バナナ）、ラクトン・γ-ノナラクトン（ココナッツ、桃）、フーゼルアルコール・フェネチルアルコール（バラ）、イソアミルアルコール（バナナ）、揮発性フェノール・4-エチルグアイアコール（フェノール、スモーキー、ベーコン）、オイゲノール（クローブ）、グアイアコール（ウッディ、スモーキー）であった。

従って、最後の6つの穀粒由来のフレーバー化合物のグループは、シーバールのバーボンサンプルでは高いFDファクターを有するものの、濃度は嗅覚閾値を下回って測定されたグループに属していた。すなわち、アルデヒド・アセトアルデヒド（青リンゴ）、エステル・プロピオン酸エチル（ブドウ）、フーゼルアルコール・イソブタノール（ワイン、vinous）ノルイソプレノイド・テルペン・β-イオノン（スミレ）、有機酸・フェニル酢酸（ハチミツ）、揮発性フェノール・4-エチルフェノール（バンドエイド、スモーキー）である。ラーネの研究によると、これら6つの化合物は全て嗅覚閾値を超えて存在し、効果的なアロマ・リコンビネートの生成に必要だった。

これは問題を複雑にしているように見えるかもかもしれない。しかし、むしろ、ライウイスキーとバーボン、さらには他の全てのウイスキーとの違いについて重要な点を提起しているのかもしれない。2つのスタイルが持つフレーバー化合物が大きく異なるのではなく、同じ、あるいは非常に類似した成分の濃度の違いにより、違いが生じている可能性がある。それらは全て同じ一般的なロードマップをたどっているかもしれないが、それらが交差する特定の道と、その交差頻度はスタイルによって異なっている。

これはワインの事例である。テロワールは、フレーバーのタペストリーの多くの糸を引く。この引きにより、1つの品種あるいは栽培地域特有のユニークなフレーバー化合物が生まれる事もある。しかし、テロワールの引きにより、多くのワインに存在するフレーバー化合物の濃度に違いが生じる事もある。テロワールがこのようにワインの香味や風味のタペストリーを引くのなら、ウイスキーでも同じ事が起こらないはずがない。

結局のところ、これらの共通のフレーバー化合物の起源は変わっていなかった。例えば、ライウイスキーのβ-イオノンは、バーボンのサンプルと同様に依然として穀物カロテノイドに由来している。しかし、異なる製造プロセスやグレーンビル（特定の生育環境における異なる種や品種の使用が考えられる）の何らかの側面が、ライ麦中のβ-イオノンの濃度の上昇をもたらした。

この包括的な仮定は、困惑を招くというよりは、むしろ有望だと私は思った。そして、結局のところ、ウイスキーのスタイルごとに異なるロードマップは、必要ないのかもしれない。スタイル、地域、さらには蒸留所に固有のフレーバー化合物のための、特定の道筋を備えた1つのマップで十分なのかもしれない。

最後の差別化要因である「蒸留所」は、考慮すべき極めて重要なポイントで

ある。異なるスタイルのウイスキーの製造に使用される異なる穀物は、実際のところフレーバーの多様性の大きな原因となる。しかし、同じスタイルのウイスキーの銘柄で、同一のグレーンビルから造られているものもある場合はどうだろうか？同じ理屈で言えば、同じあるいは非常に類似したフレーバー化合物の濃度の違いが、非常に類似した原料から非常に類似したプロセスで造られた、同じスタイルのウイスキーの各銘柄に存在するフレーバーのニュアンスの原因である可能性が最も高いだろう。例えば、4-エチルグアイアコールは、ラーネのライウイスキーの両方でアロマにほぼ間違いなく寄与

しているが、ワイルドターキーのOAVは316で濃度は2,180 ppt（μg/ℓ）だったが、リッテンハウスのOAVは僅か27で濃度は187 pptだった。これらの相違、そしてそれによって生じる香味や風味のニュアンスは、蒸留業者がタペストリーを構成する何千もの糸のうちの、ほんの数本を引く事で生み出される可能性がある。これが、ワイルドターキー・ライとリッテンハウス・ライ（どちらも同じグレーンビルから造られ、非常に似通った方法で製造されている）が同じフレーバー化合物に対して異なる（時には大きく異なる）OAVを有していた理由であると思われる。そして究極的には、味わいが異なる理由である。

★★★

　2019年、ポーランドのポズナン大学の食品科学者であるヘンリク・イェレンと彼の同僚は、センソミクス技術を用いヘビーピートのスコッチ・シングルモルトウイスキーを調査した[5]。シーバールのバーボンと同様に、イェレンはチームが分析したウイスキーが何であるかを明らかにしなかった。しかし銘柄に関わらず、バーボンやライウイスキーと同様に、評価対象のスコッチには収量と商品としてのモルトの品質のパラメータに合わせて育成された、近代の大麦品種が使用されていただろう。

　初めてこの研究を知り、これがモルトウイスキーにおける唯一のセンソミクス研究である事を知った時、私は複雑な心境だった。一方では、この論文によって、ウイスキーの製造に主に使用される3種の穀物、すなわち（バーボンの）トウモロコシ、（ライウイスキーの）ライ麦、（モルトウイスキーの）大麦から造られた3種のウイスキーのセンソミクスデータが得られる事になるので期待が持てた。とはいえ、"ピーテッド"モルトウイスキー（スコットランドのアイラ島で造られるウイスキースタイルの主

流を占める）は独自のもので、他の4つの
スコッチの産地（スペイサイド、ハイランド、
ローランド、キャンベルタウン）で一般的に
見られる、ピートを使用していないモルト
から造られる、よりフルーティーでフローラ
ル、そしてそれほど強烈ではないウイス
キーとは香味や風味が大きく異なる。ピー
テッドスコッチウイスキーの薬品的でス
モーキー、ゴムのようで、ミーティーなフ
レーバーは強烈で、評価は両極端に分
かれている。ピーテッドモルトウイスキーに
使用されているモルトは、スコットランドの
湿地帯に見られる部分的に腐敗しカチカ
チに固まった植物性の泥炭であるピート
を窯で炊き、その煙によってモルトにフェ
ノール化合物が浸透する。私は、ピーテッ
ドウイスキーのロードマップが、ピートを
炊いていないモルトから造られるモルトウ
イスキー、ましてやバーボンやライウイス
キーのロードマップとは大きく異なるもの
になるのではないかと懸念していた。

　しかし、私の懸念は一時的なものだっ
た。ピーテッドスコッチモルトウイスキーの
鍵となるフレーバー化合物として特定さ
れた21種類の化合物のうち、15種類は
バーボンとライウイスキーの鍵となる化合
物でもあった。私はもう一度ロードマップ
を統合した。その結果は表11.4に示して
ある。

　スタイルや銘柄間のフレーバーのニュ
アンスはますます、主に同じ（あるいは非
常に類似した）化合物の濃度のばらつき
と、特定のスタイルに限定された少数の
化合物（フェレイラがワインにおいて〈イ
ンパクト化合物〉と呼ぶもの；3章参照）の
組み合わせから生じているように思えて
きた。イェレンの論文では濃度は報告さ
れていないが、FDファクターは報告され
ていた。一般的に、イェレンのピーテッド
モルトウイスキーは、バーボンやライウイス
キーに比べて揮発性フェノールのFDファ
クターが高かった。例えば、4-エチルフェ
ノールのFDファクターはピーテッドモルト
ウイスキーでは256だったが、バーボンで
は僅か32だった。これは、バーボンを中性
溶剤で1対32に希釈すると、GC-Oで4-エ
チルフェノールのアロマがかろうじて識別
できる事を意味する。しかし、ピーテッドモ
ルトウイスキーを1対256に希釈したとして
も、4-エチルフェノールのフェノール臭と
薬品のような匂いはまだ残っていた。

　揮発性フェノールのグアイアコールと
クレゾールは、イェレンのピーテッドモル
トウイスキーで測定された21種類のフ
レーバー化合物の中で最も高いFDファ
クターを有していた。グアイアコールは
ピーテッドモルトウイスキーで2,048のFD
ファクター（特定された21種類のフレー
バー化合物の中で最高値）を有しており、
バーボンでは、僅か64だった。クレゾー

表11.4 バーボン、ライウイスキー、モルトウイスキーのテロワールの化学的ロードマップ

種別	バーボンの重要な フレーバー化合物[62]	ライウイスキーの重要な フレーバー化合物[63]
アセタール	1,1-ジエトキシエタン†	——
アルデヒド	2,4-ノナジエナール	——
	2,6-ノナジエナール	——
	2-デセナール	——
	2-ヘプテナール†	——
	2-ノネナール†	——
	2-メチルブタナール	——
	2,4-デカジエナール†	——
	イソブチルアルデヒド	——
	イソバレルアルデヒド	——
	ノナナール†	——
	アセトアルデヒド*	アセトアルデヒド*
エステル	——	——
	——	——
	2-フェネチルプロピオネート	——
	エチル2-メチルブチレート*	——
	エチル2-酢酸フェニル	——
	エチルブチレート*	エチルブチレート*
	ケイ皮酸エチル	ケイ皮酸エチル
	ヘキサン酸エチル*†	ヘキサン酸エチル*†
	イソ酪酸エチル*	イソ酪酸エチル*
	イソ吉草酸エチル*	イソ吉草酸エチル*
	オクタン酸エチル*†	——
	吉草酸エチル	——
	プロピオン酸エチル	プロピオン酸エチル
	酢酸イソアミル*†	酢酸イソアミル*†
	酢酸フェニルエチル	酢酸フェニルエチル
	酢酸エチル†	
	——	エチルバニリン
フーゼルアルコール	——	——
	イソアミルアルコール*	イソアミルアルコール*
	イソブタノール	イソブタノール
	フェネチルアルコール*†	フェネチルアルコール*†
ケトン	4'-メチルアセトフェノン	——
	ジアセチル*	——

172

11章 マップの重ね合わせ

モルトウイスキーの重要なフレーバー化合物[64]	アロマ	生成起源	ワイン・ビールのテロワールによる影響
1,1-ジエトキシエタン†	スイート、グリーン、エーテル様	発酵、熟成	ワイン[65]
——	ファッティ、メロン	穀粒	——
——	キュウリ		ワイン[66]/ビール[67]
——	オレンジ、フローラル		——
2-ヘプテナール†	リンゴ、ファッティ		ワイン[68]/ビール[69]
——	古いパン、ダンボール		ワイン[70]/ビール[71]
——	チョコレート		ワイン[72]/ビール[73]
——	ミーティ、ファッティ		ワイン[74]
——	穀物様		ワイン[75]/ビール[76]
——	チョコレート		ワイン[77]/ビール[78]
——	ソーピー、ファッティ		ワイン[79]
——	青リンゴ	発酵、熟成	ワイン[80]/ビール[81]
ラウリン酸エチル†	フローラル、ワクシー	発酵	ワイン[82]
ウンデカン酸エチル†	ソーピー、ワクシー		——
——	フローラル、バラ、スイート		——
——	リンゴ		ワイン[83]
——	ココア、ハチミツ、フローラル		ワイン[84]
——	パイナップル		ワイン[85]
——	シナモン		ワイン[86]
——	フルーティ、リンゴ		ワイン[87]
——	シトラス、イチゴ		ワイン[88]
イソ吉草酸エチル*	リンゴ、パイナップル		ワイン[89]
——	フルーティ、フローラル、バナナ、パイナップル		ワイン[90]
——	リンゴ、パイナップル		ワイン[91]
——	ブドウ		ワイン[92]
酢酸イソアミル*†	バナナ		ワイン[93]
——	ハチミツ		ワイン[94]/ビール[95]
——	フルーティ、エーテル様	発酵、熟成	ワイン[96]/ビール[97]
——	バニラ、スイート		ワイン[98]
イソプロピルアルコール	アルコール、溶剤	発酵	ワイン[99]
イソアミルアルコール*	バナナ		ワイン[100]/ビール[101]
イソブタノール	ワイン、vinous		ワイン[102]/ビール[103]
フェネチルアルコール*†	フローラル、バラ		ワイン[104]
——	フローラル、セイヨウサンザシ	穀粒	ワイン[105]
——	バター様	発酵	ワイン[106]/ビール[107]

173

表11.4 バーボン、ライウイスキー、モルトウイスキーのテロワールの化学的ロードマップ（続き）

種別	バーボンの重要な フレーバー化合物[62]	ライウイスキーの重要な フレーバー化合物[63]
ラクトン	*trans*-ウイスキーラクトン	*trans*-ウイスキーラクトン
	cis-ウイスキーラクトン	*cis*-ウイスキーラクトン
	ソトロン	——
	6-ドデセノ-γ-ラクトン	——
	γ-デカラクトン	——
	γ-ドデカラクトン	——
	γ-ノナラクトン	γ-ノナラクトン
	δ-ノナラクトン	——
メトキシピラジン	2-イソプロピル-	——
	3-メトキシピラジン	
有機酸	——	酢酸
	——	酪酸
	——	イソ吉草酸*
	フェニル酢酸	フェニル酢酸
テルペン	α-ダマスコン	——
	β-ダマセノン*	β-ダマセノン*
	β-イオノン	β-イオノン
チオエステル	硫化ジメチル	——
揮発性フェノール	——	——
	——	——
	——	ρ-クレゾール
	——	——
	——	4-ビニルグアイアコール
	4-エチルグアイアコール	4-エチルグアイアコール
	4-エチルフェノール	4-エチルフェノール
	オイゲノール	オイゲノール
	グアイアコール	グアイアコール
	バニリン	バニリン
	——	シリンガアルデヒド
	——	シリンゴール

＊印は、ワインの全体的な香りの原因となる18のフレーバー化合物の1つを意味している。

参照 V. Ferreira et al, "The Chemical Foundations of Wine Aroma — a Role Game Aiming at Wine Quality, and Varietal Expression," in *Proceedings of the Thirteenth Australian Wine Technical Conference* (Adelaide: Australian Wine Industry Technical Conference, 2007).

11章 マップの重ね合わせ

モルトウイスキーの重要なフレーバー化合物[64]	アロマ	生成起源	ワイン・ビールのテロワールによる影響
trans-ウイスキーラクトン	コナッツ、セロリ	熟成	——
cis-ウイスキーラクトン	ココナッツ、オーク		——
——	キャラメル、カレー		——
——	桃	穀粒	ワイン[108]
γ-デカラクトン	ココナッツ、桃	発酵	ワイン[109]
	ココナッツ、桃		ワイン[110]
	ココナッツ、桃		ワイン[111]
	桃		ワイン[112]
——	土っぽさ	穀粒	ワイン[113]
——	酢	発酵、熟成	——
——	悪臭	発酵	ワイン[114]
——	チーズ様		ワイン[115]
——	ハチミツ、フローラル	穀粒、発酵	ワイン[116]
——	調理したリンゴ	穀粒	——
——	調理したリンゴ		ワイン[117]
——	スミレ		ワイン[118]
——	調理したトウモロコシ	穀粒、発酵	ワイン[119]/ビール[120]
ベンゼン	フェノール様	穀粒	——
4-エチル-2-メチルフェノール	フェノール様		——
ρ-クレゾール	バンドエイド		——
4-プロピルグアイアコール	クローブ		
4-ビニルグアイアコール	スパイス、クローブ	穀粒、発酵	ワイン[121]
4-エチルグアイアコール	フェノール様、スモーキー、ベーコン		ワイン[122]
4-エチルフェノール	バンドエイド、スモーキー		ワイン[123]
——	クローブ	穀粒、熟成	ワイン[124]
グアイアコール	ウッディ、スモーキー		ワイン[125]
——	バニラ	熟成	——
——	スイート、グリーン		——
——	スイート、スモーキー		——

†印は、ウイスキーのテロワールによって影響を受けたと以前識別された36のフレーバー化合物の1つを意味している。

出展 R.J. Arnold et al.,"Assessing the Impact of Corn Variety and Texas Terroir on Flavor and Alcohol Yield in New-Make Bourbon Whiskey", *PloS One* 14, no. 8 (2019).

出典は付録3:「第11章の出典:ロードマップへの鍵」で見つける事ができる。

ルはライウイスキーの31種類の重要な
フレーバー化合物のうちの1つだったが、
FDファクターは最も低かった。バーボン
やライウイスキーに比べて、ピーテッドモ
ルトウイスキーには揮発性フェノールが
多く含まれる事が予想される。ピートが与
えるのはまさにそれである！ そして、テ
ロワールの概念で重要な事は、精麦のプ
ロセスで使用されるピートの素性が、モル
トと最終的なウイスキーに与えるフレー
バーに影響を及ぼすと、研究により明か
されている事である[6]。

　熟成を考慮すると、ウイスキーラクトン
はオーク由来の最も重要なフレーバー化
合物の1つである。チャーしたアメリカン
オークの新樽で熟成されたアメリカンウイ
スキーは、スコッチモルトウイスキーのよう
に使用済みの樽で熟成されたウイスキー
よりもその濃度が高いと報告されている。
バーボンとピーテッドモルトウイスキーの
両方にウイスキーラクトンが含まれていた
が、予想通りFDファクターはかなり異なっ
ており、バーボンでは1,024、そしてピー
テッドモルトウイスキーでは僅か64だった。

　ピーテッドモルトウイスキーで特定され
たフレーバー化合物のうち、バーボンと
ライウイスキーで特定されなかったのは
僅か6種類で、エステルのラウリン酸エチ
ル（フローラル、ワクシー）とウンデカン酸
エチル（ソーピー、ワクシー）、フーゼルア

ルコールのイソプロピルアルコール（アル
コール、溶剤）、揮発性フェノールのベン
ゼン（フェノール様）、4-エチル-2-メチル
フェノール（フェノール様）、4-プロピルグ
アイアコール（クローブ）であった。独特
なエステルの存在は、驚く事でも落胆す
る事でもない。これについては以前も触
れた。ドデカン酸やウンデカン酸などの長
鎖脂肪酸から得られるエチルエステル
の生成には、酵母菌株、発酵条件、バク
テリアの微生物叢（そう）など、多くの要因が影
響を及ぼす。これらの長鎖脂肪酸はエタ
ノールと結合し、それぞれラウリン酸エチ
ルとウンデカン酸エチルを形成する。イソ
プロピルアルコールも似たような状況を呈
した。バーボンやライウイスキーでは確認
されていないが、この化合物はイソブタ
ノールやイソアミルアルコールと非常に近
い関係にあり、どちらもピーテッドモルトウ
イスキーに存在し、バーボンやライウイス
キーでも確認されている。また、酵母菌株
と発酵状態の違いは、発酵から生成され
るフーゼルアルコールの正確なプロファイ
ルに影響を与える可能性がある。最後に、
揮発性フェノールのベンゼン（単にフェ
ノールとも呼ばれる）、4-エチル-2-メチル
フェノール、および4-プロピルグアイアコー
ルは、大麦をキルニングした時にピートの
煙からウイスキーに混入したと考えられ
る。ピーテッドモルトウイスキー特有のこれ

176

らのエステル、フーゼルアルコール、揮発
性フェノールは、既存の私の凝集化学的

ロードマップに加える必要がある、まさに
新規の道筋であるように思われた。

★★★

しかし、これまでのロードマップは、ウイ
スキーとワインに共通するフレーバー化
合物に基づいていた。厳密に言えば、こ
のマップは単なる仮説であり、アセタール、
アルデヒド、エステル、フーゼルアルコール、
ケトン、ラクトン、ピラジン、有機酸、テルペ
ン、チオエーテルあるいは揮発性フェノー
ルのどれがテロワールによって実際に影
響を受けたのかを証明していない。

しかし幸運にも、仮説の段階で止まる
必要はなかった。結局のところ、エイリと
私はすでに、ウイスキーにおけるテロワー
ルの影響を調べる実験を行っていた。私
は、自分の開発した既存の化学的ロー
ドマップに結果を重ね合わせるだけでよ
かったのである。エイリと私がテロワール
の影響を受けていると発見した36種類
のフレーバー化合物のリスト（表9.2）を、
シーバール、ラーネ、イェレンがウイスキー
で特定した化合物と組み合わせると、テ
ロワールの化学的性質の全体像を把握
できる。

この最終的な重ね合わせにより、36種
類の化合物のうち12種類がシーバール
のバーボン、ラーネのライウイスキー、イェ

レンのモルトウイスキーの1つ、もしくは複
数で特定された事が明らかになった。こ
れらは表11.4に†の記号で示している。

これら12種類のうちの4つ、酢酸イ
ソアミル、オクタン酸エチル、ノナナール、
2-ノネナールは、我々の研究による「良
い」そして「悪い」アロマの値と相関関係
があった（表9.3）。

酢酸イソアミルは、評価対象のバーボ
ン、ライウイスキー、モルトウイスキーにお
いて主要な役割を果たしている、唯一全
般的に特定された成分であった。我々の
研究では、酢酸イソアミルは「良い」アロ
マの値と正の相関関係があった。我々が
測定した酢酸イソアミルの変動の10%は
農場が原因で、25%は品種と農場の相
互作用が原因だった。言い換えると、変
動の10%は品種に関係なく農場の環
境自体に起因し、変動の25%は品種が
様々な農場環境に独自に反応した事に
起因しているという事である。どちらの
場合も、遺伝的および環境的差異によ
り、酵母が最終的に酢酸イソアミルに代
謝する前駆体化合物の明確な存在と
濃度がもたらされていた。酢酸イソアミ

ルは、ワイン、ビール、ウイスキーの最も重要なフレーバー成分の1つとして広く認識されており、フルーティなバナナのアロマを有している。そして、繰り返しになるが、これはワインの全体的な香りの原因となる18種類のフレーバー化合物の1つである。酢酸イソアミルは、あらゆるウイスキースタイルのあらゆる銘柄に存在すると言えば、正当な仮説に聞こえるだろう。つまり、テロワールの影響は酢酸イソアミルの濃度に関係しており、存在に関係している訳ではない。最も重要なのは、酢酸イソアミルの濃度、およびそれが醸し出す香味や風味が、ワインやビールの品質に直接影響を与える事が証明されている事である[7]。ワインでは、酢酸イソアミルの濃度が高いほど、品質、複雑さ、味わいが増す傾向がある[8]。シーバールのバーボンのアロマ・リコンビネートからフェレイラのワインのアロマ・リコンビネートまで、酢酸イソアミルを1つ除外しただけで、元のサンプルから非常に顕著な偏差が生じた。それは「ワインに特徴的なアロマのニュアンスを与える事ができる唯一のエステル」とも言われている[9]。私が特定し、考察し、比較し、証明してきた全てのフレーバー化合物の中で、酢酸イソアミルはテロワールの文脈で考慮すべき、最も重要なもののように思われる。

オクタン酸エチル、2-ノネナール、ノナナールは、全てがバーボンの主要なフレーバー化合物として特定されており、最初の2つはシーバールのアロマ・リコンビネートに含まれていた。オクタン酸エチルとノナナールは「良い」アロマの値と正の相関関係にあり、2-ノネナールは「悪い」アロマの値に分類されていた。これら3つのフレーバー化合物については、農場に関わらず変動の大半（20 ～ 30%の間）はトウモロコシの品種に起因していた。シーバールの研究では、実際に、オクタン酸エチルのOAVは7番目に高かった。我々のウイスキー・テロワールの研究でも、オクタン酸エチルは30回の反復実験の中で、2番目に高い総濃度を示した。また、酢酸イソアミルと同様に、オクタン酸エチルもワインの全体的な香りの原因となるフレーバー化合物の1つである。

オクタン酸エチル、2-ノネナール、ノナナールは、バーボンでのみ確認された。これは、これらの存在がグレーンビルのトウモロコシと相関関係にある事を示唆している可能性があるが、それでも、これらの濃度は選択された品種によって大きく左右される。従って、少なくともバーボンやその他のトウモロコシベースのウイスキーの場合、これら3つのフレーバー化合物は、酢酸イソアミルと共にテロワールの影響を受ける、最も重要なフレーバー化合物の1つであると思われる。

テロワールの影響を受ける事が分かり、評価対象のバーボン、ライ、モルトウイスキーの少なくとも1つで我々が特定した他の8つのフレーバー化合物は、エステルの酢酸エチル、ヘキサン酸エチル、ウンデカン酸エチル、ラウリン酸エチル、アルデヒドの2-ヘプテナールと2,4-デカジエナール、フーゼルアルコールのフェニルエチルアルコール、アセタールの1,1-ジエトキシエタンだった。我々の研究結果を裏付けるように、研究文献には、これらのフレーバー化合物がワインやビールのテロワールによって影響を受けている事を示す報告が多数ある（表11.4）。

我々の研究では、シーバール、ラーネ、イェレンが分析したウイスキーでは特定されなかった、テロワールの影響を受ける24種類のフレーバー化合物が特定された（表9.2）。ここでは、ノナン酸エチル、4-ヘキサン酸エチル、スチレンの3つのみを見てみよう。

ノナン酸エチルの変動の40%は農場に起因しており、スチレンの変動の35%は品種に起因、4-ヘキサン酸エチルの変動の30%は相互作用に起因していた。これらのフレーバー化合物はウイスキーのセンソミクスの論文では特定されていないが、それでも一部のウイスキーの香味や風味に寄与している可能性は十分にある。我々が評価したニューメイク・バーボンにそれらが存在し、センソミクスの論文で評価されたウイスキーにそれらが存在しないのは、特定の品種のトウモロコシ、あるいは特定の生育環境だけがそれらの生成を促進するためである可能性がある。または、酵母菌株や発酵条件など、テロワール以外の変数による可能性もある。

例えば、センソミクスの論文ではスチレンは特定されなかったが、他の報告ではスチレンがケイ皮酸代謝の発酵副産物であると特定されている[10]。ケイ皮酸は、他の揮発性フェノールの前駆体と同様に、熱分解によってリグニンおよびリグナンから放出される可能性がある。最初、スチレンが我々のニューメイク・バーボンには含まれていたのに対し、シーバールのバーボンには含まれていなかったために困惑した。しかしさらに調べてみると、TXウイスキーが使用している酵母菌株に原因があるかもしれない事に私は気が付いた。この酵母菌株は、テキサス独自の野生酵母菌株である。この特定の酵母菌株は、2011年に私がテキサス州グレン・ローズのブラゾス川沿いの牧場のピーカンナッツから分離させたものである。ブラゾス菌株（我々はそう呼ぶようになった）は、バイエルン小麦ビール酵母菌株が造り出すものと同じフレーバー特質を共有している事で、常に私の目を引い

た。ヘーフェヴァイツェン（ドイツ語で〈酵母小麦〉と訳される）に含まれるオールスパイスとクローブのアロマは、我々のウイスキー、特にTXテキサス・ストレートバーボンにも含まれている。ヘーフェヴァイツェンに使用されている酵母菌株は、他のほとんどの商業用醸造菌株とは異なり、二酸化炭素を除去する反応（脱炭酸反応）によってフェルラ酸を4-ビニルグアイアコールに代謝できる酵素（フェニルアクリル脱炭酸酵素〈PAD〉とフェルラ酸脱炭酸酵素〈FDC〉）を含んでいる。小麦ビール酵母菌株も、同じ酵素を用いてケイ皮酸（フェルラ酸に近い化合物）をスチレンに変換する。これらの2つの酵素をコードした遺伝子の存在は、商業用に培養されているウイスキー酵母菌株では一般的ではない。

　私がロードマップを重ね合わせていくにつれて、テロワールの複雑さはさらに増していった。穀粒由来の重要なフレーバー化合物のほとんど全てが、穀物の種、穀物の品種、農場の場所、あるいは農法と何らかの形で結び付いているように思えた。テロワールはウイスキーの製造において、ほんの一握りのフレーバー化合物の存在と濃度に影響を与えるだけの要素ではないように思えた。その証拠は、テロワールが穀粒由来のフレーバー全般にとって最も重要な、包括的な要素の1つである事を示唆していた。

　しかし、ウイスキーのセンソミクスの論文が先駆的で記念碑的であったとしても、そして我々の研究が同等の重みを持つ事を期待したとしても、否定できない欠点があった。TXウイスキーと、シーバール、ラーネ、イェレンが分析したウイスキーに特定された一連のフレーバー化合物が、全ての銘柄とスタイルに等しく存在し、重要であると言うのは近視眼的で全くの誤りだろう。

　例えば2-ウンデカノンは、私が当初、ニューメイク・バーボン（具体的にはソーヤー農場で栽培されたMycogen Seed社の品種のもの）に独特の香味や風味をもたらす最有力候補のフレーバー化合物だと考えていたが、他の研究者がブランデーでそれを検出していたとはいえ、ウイスキーのセンソミクスに関するどの論文にも見つけられなかった[11]。2-ウンデカノンはまた、「良い」あるいは「悪い」アロマの値と有意な相関関係を全く示さなかった。しかしこの事実は、バッチの多くに2-ウンデカノンの濃度が全くなかった事が

主な原因である。もちろん、全てのバッチに「良い」アロマと「悪い」アロマ両方の濃度があった事を考えると、相関関係がないのは当然の事であった。同様の状況にある他のフレーバー化合物（合計30バッチのうち、選ばれた数バッチにのみ出現）も同様に、「良い」アロマ、あるいは「悪い」アロマの値との相関関係を持つ統計的可能性はほとんどなかった。

　私は、高濃度の2-ウンデカノンを含むソーヤー農場で栽培されたMycogen Seed社の品種から作られたバッチを再度評価した。それらは、はっきりとしたパイナップルのアロマを有していた。サンプルセットの規模は小さいが、2-ウンデカノンが依然としてウイスキーのテロワールの主要な候補物質であると言っても不合理ではない。これは単に、ソーヤー農場のテロワール、あるいはMycogen Seed社の育種プログラムとその品種に特有のものなのかもしれない。結局のところ、ワインには、1つか2つの化合物が非常に独特な香味や風味の原因となっている例（これもフェレイラの〈インパクト化合物〉）や、これらの化合物が特定のブドウ品種や栽培地域の特定のワインタイプにのみ存在する例がたくさんある。例えば、特定のメトキシピラジン（そのうちの1つ〈IPMP〉はシーバールが評価したバーボンで高いFDファクターを有していた）は、ソーヴィニヨン・ブラン、カベルネ・ソーヴィニヨン、ボルドーワインで特に重要である。また、3-メルカプトヘキサン-1-オール（パッションフルーツ、セイヨウスグリ）や4-メルカプト-4-メチル-2-ペンタノン（セイヨウツゲ、黒カシス）などの特定の揮発性チオールは、ニュージーランド産のソーヴィニヨン・ブランに最も多く含まれている。

　バーボンとライウイスキーのセンソミクス論文で用いられていた官能評価法にも、いくつかの懸念が提起された。例えば、シーバールはアセトアルデヒドと酢酸エチルが高いFDファクターを示したとしても、それらをアロマ・リコンビネートに含める必要はないと主張した。彼らは、それらのFDファクターは、対応するOAVが1を超えるほどには高くないと判断し、これら2つのフレーバー化合物を定量化しなかった。しかし、フェレイラと同僚は、ワインのアロマを再現する場合、OAVが0.5を超える全ての化合物を含める事が非常に重要であると報告していた[12]。一見すると、これは非論理的に思える。OAVが1未満という事は、フレーバー化合物が嗅覚閾値よりも低い濃度で存在する事を意味する。では、そのようなフレーバー化合物がどのように香味や風味に寄与できるのだろうか？　ラーネは論文で次のように説明している。

ウイスキーには、匂いを発しない揮発性化合物と非揮発性化合物が数多く含まれているが、実際のフレーバー化合物の分離や隔離に影響を及ぼし、アロマの相乗効果に大きな影響を与える可能性がある。この種の効果、つまり長鎖エチルエステルやその他の同族体でそれ自体は匂いを発しないものが、本物のウイスキーのアロマを醸し出すのに不可欠である事は、あり得るだけでなく、ほぼ確実である[13]。

つまり、嗅覚閾値以下の濃度で存在するフレーバー化合物であっても、相乗的なメカニズムによって全体的な味を変え、他のフレーバー化合物のアロマの特徴や強さを強調したり抑制したりする事があり得るのである。

シーバールのチームは、OAVが1を超えるフレーバー化合物のみを含めたため、アロマ・リコンビネートがバーボンの真のフレーバーのクローンであった可能性は低い。彼らの論文では、「バーボンウイスキーの全体的なアロマは、アロマ・リコンビネートによって模倣できる」と主張している[14]。しかし、「模倣」というのはいくぶん恣意的な主張であり、この研究の官能検査パネルは、アロマ・リコンビネートがバーボンと完全に一致するとは評価しなかった。さらに、彼らは記述的な官能検査技

術を使用した。このアプローチは参考になるが、2つの製品が、本当に区別が付かないかどうかを判断するための統計的に検証可能な結果を提供していない。また、オルソネーザル（たち香）分析だけが採用されたため、2つの製品の見かけ上の類似性は、レトロネーザル（口中香）分析の導入により低下した可能性がある。テイスティングにおけるレトロネーザル成分は、オルソネーザル成分よりもフレーバーの知覚に大きな影響を与えるのである。

アセトアルデヒドと酢酸エチルが、シーバールのチームが評価したバーボンの味覚や風味と全く関係がなかったとは考えにくい。どちらも全てのウイスキーによく含まれるよく知られたフレーバー化合物で、溶剤のような甘さと青リンゴのような渋みのある香りを醸し出している。さて、確かにどちらもエタノールより沸点が低いため、蒸留プロセスにおいて「ヘッド（蒸留液の最初の部分）」に集中するが、ポットスチル方式の蒸留所ではヘッドカットを行う。つまり、ヘッドを「ハート（ニューメイクの類義語で、実際にオーク樽に入れられてウイスキーになる部分）」から分けて取り置く。コラムスチル方式ではこのようなカットはできないが、それでもヘッドとハートを分ける技術がまだある。アセトアルデヒドと酢酸エチルの多くは蒸留中に隔絶される

が、ニューメイクウイスキーには必ず両方が多少は残る。100プルーフ（アルコール度数50%）のニューメイクウイスキーにアセトアルデヒドが10 ppm（mg/ℓ）、酢酸エチルが100 ppm（mg/ℓ）含まれる事は珍しくなく、これらの濃度はフレーバーを検出するのに十分である。また、オーク樽で熟成すると、これらのフレーバー化合物がさらに増加する。ウイスキーは熟成中に蒸発し、「エンジェルズシェア」として知られる体積の減少を引き起こす。エンジェルズシェアによって生じたスペースに外気が入ると、ウイスキーの一部が酸化され、アセトアルデヒドと酢酸エチルがさらに生成される。

結局のところ、アセトアルデヒドと酢酸エチルのこの例では、感覚閾値を下回るフレーバー化合物が全体的なアロマの形成に依然として役割を果たすという点で、香味や風味の複雑さを明らかにしている。また、フレーバー化学と官能分析には、常に科学的および技術的な限界があるため、情報は決定的なコードではなく、ガイドとして受け止められるべきである事も強調している。フレーバーは複雑すぎて、完全に還元主義的なアプローチを取る事はできない。フレーバーには今でも、そしてこれからもずっと、驚きと神秘の気配が漂っていると私は信じている。

さて、シーバールの研究チームの公平を期すために言うと、我々のウイスキー・テロワールの研究にも、いくつかの欠点があった。例えば、我々はβ-ダマセノンを特定できなかった。ワインにおけるβ-ダマセノンの重要性と普遍的な存在、その前駆体が穀粒に普遍的に存在する事、バーボンとライウイスキーの重要なフレーバー化合物として特定されている事を考慮すると、我々のニューメイク・バーボンのサンプル（そして、イェレンの論文のピーテッドモルトウイスキー）には確かに存在していた可能性がある。おそらく、我々のSPME抽出法では十分な量を吸着できなかったか、あるいは他の化合物が質量分析計でその存在を隠していたのだろう。いずれにせよ、我々は特定していなかったが、β-ダマセノンは他のノルイソプレノイド・テルペンやカロテノイド前駆体と共に、考慮すべき最も重要なテロワール関連のフレーバー化合物の1つであると考察される。

これまでの数章で、我々は多くの科学的データを取り上げてきたが、それは科

学を通じて、ウイスキーのテロワールを証明する事が重要であったためである。では、私は科学が全ての質問に答えを出したと思うのか？　答えはノーである。実際、答えが出る事はまずないと思う。フレーバーは複雑で、いくぶん主観的である。しかし、私は3つの重要な点を発見したので、ここに提示したい。

1：ウイスキーのテロワールが実在する事を示す、実験的証拠と類推的証拠の両方がある事。テロワールは、ワインに含まれる多くの同じフレーバー化合物の作用により、ウイスキーの化学的性質を変化させ、最終的にはフレーバーを変化させる。表9.2は実験的証拠を強調している。表11.4は類推的証拠を強調しており、「ワインやビールのテロワールによる影響」の列では、ウイスキーで最も重要な化合物がワイン（およびビール）の場合と同様にテロワールの影響を受ける、という考えを裏付ける多数の公表された研究論文を引用している。(これらの出典は、付録3“ロードマップへの鍵：第11章の出典”を参照)

2：重複する点が完全ではなかったものの、評価したウイスキーと調査したワインの間でフレーバー化合物が維持されていたため、単一のロードマップ作製が可能であった事。このマップ（表11.4、表9.2で補足）は、ウイスキーの化学とフレーバーに対するテロワールの影響のガイドに成り得る。スタイルや銘柄ごとに独自の道筋がある事はほぼ確実で、一部のフレーバー化合物は他のものよりも影響力が大きく、テロワールによる濃度変動の影響を受けやすい事は間違いない。しかし、トウモロコシ、ライ麦、大麦（そしておそらく小麦も）は生理学的に酷似しており、ウイスキーに同一あるいは密接に関連する穀粒由来のフレーバー化合物をもたらすようである。ニュアンスは、特定のスタイルや蒸留所特有の濃度の違いと、少数のフレーバー化合物の組み合わせから生じる。

3：このロードマップは、近代の穀物品種から造られたウイスキーを調査する事によって作成されたため、テロワールが存在するのに十分な遺伝的多様性が、より新しい高収量品種の中に依然として存在していると、自信を持って言う事ができる事。遺伝的多様性は環境的要因に関わらず、同じ種の全ての近代品種が同じフレーバーを生み出すほどには制限されていない。しかし、これは新たな疑問を提起する。テロワールは、在来品種など、遺伝的に多様な品種の間でフレーバーに顕著な影響を与えるのだろうか？　ウイスキー業界が商品穀物を超えて拡張し、在来品種であれ近代品種であれ、特定の品種を使用し、また特定の農場にス

ポットを当てた場合、我々はウイスキーカテゴリーのフレーバーの多様性をさらに広げる事ができるのだろうか？

　全てが重要で興味深い疑問だが、さらに差し迫った問題が私を悩ませていた。さて、このロードマップを入手したとして、具体的にどのように使用すればよいのだろうか？　このマップはどのようにして、フレーバーの起源や産地に案内してくれるのだろうか？

　近代品種（遺伝的に多様ではない）の中にもテロワールが存在する可能性があるという結論は、重要なステップであった。なぜなら、現代のウイスキーの大半は、今でもこれらの品種で造られているからである。それはまた、遺伝的に多様な在来品種の中にも、テロワールがデフォルトで存在する事も意味している。しかし、カントリーエレベーターの匿名性は、テロワールがもたらすフレーバーのニュアンスを失わせる事になる。農場と直接関係を築き、穀粒を直接調達するのであれば決して商品市場に流通する事はない。これらは、ウイスキーが土地（地元）のフレーバーを真に表現するためには極めて重要かつ必要不可欠である。

　私は自分のウイスキーにおいて、ソーヤー農場のフレーバーを体験していた。しかし、ウイスキーのテロワールを完全に理解したいのなら、地元のウイスキー造

りから離れて冒険する必要があった。農家から直接穀粒を調達し、特定の品種を選択し、昔ながらの在来品種を復活させている他の誰かを見つける必要があった。そして私の旅は、蒸留所の敷地内だけでは成し得ず、ウイスキーの始まりの地、すなわち農場まで行かなければならなかった。そこには解明すべき多くの疑問があった。例えば、農家はフレーバーのために独自の技術を追求していただろうか？　しかし、私が答えを求めていた全ての疑問のうち、1つはそれら全てを要約したものである。

　私と同じマップを描こうとしていたのは、他の誰だったのだろうか？

第3部

マップをたどる

12章
ニューヨークのウイスキー

2019年までに、私は10年近くウイスキーの蒸留業者として働いていた。ウイスキーは私が持つほぼ全ての知的(心的)能力を占めていた。私はウイスキーについて絶えず研究していた。先達の草分け的な科学者や蒸留業者は、すでに何を発見していたのか？　誰がどのような新しいプロジェクトに取り組んでいたのか？　次世代のウイスキーの味わいはどのようなものになるのか？

そこで、私が「テロワールがウイスキーにとって何を意味するのか」を発見するこの旅に出ようと決めた時、探し求めている真相を明らかにしてくれると思われる蒸留所がいくつかあった。

私にとって最もアクセスしやすい事から、アメリカの蒸留所から旅を始める事にした。しかし、アメリカのウイスキーだけで

は十分ではない事も分かっていた。ウイスキーはアイルランドとスコットランドの初期の移民によってアメリカにもたらされ、この2つの国には現在でも世界有数の蒸留所が数多くある。そして、カナディアンウイスキーとジャパニーズウイスキーはどうだろうか？　あるいはインド、台湾、タスマニアの、比較的新しいとはいえ将来有望な蒸留所はどうだろうか？　しかし突き詰めていくと、世界中のあらゆる蒸留所を徹底的に調査するのは不可能だろう。私は選択を迫られ、穀物と場所に基づいて確立された独特のスタイルの4つの本拠地、アイルランド、スコットランド、ケンタッキー州、ニューヨーク州に限定する事にした。ウイスキーは、モルトウイスキー（大麦）、バーボンウイスキー（トウモロコシ）、ライウイスキー（ライ麦）である。

12章 ニューヨークのウイスキー

★★★

　私は、アメリカのウイスキー産業始まりの地、つまり北東部から旅を始める事にした。ペンシルバニア州からメイン州にかけては、テロワールを捉えようとしている蒸留所が多数ある。そして、テロワールの深求は地元産の穀物から始まる。

　私はニューヨークの蒸留所のいくつかに、特に興味をひかれた。それらの蒸留所では地元産の穀粒を仕入れていたが、さらに一歩先を進んでいた。2015年、ニューヨークのいくつかの蒸留所が、「エンパイア・ライ」と名付けた新しいスタイルのウイスキーを確立する事を決めた。そしてニューヨーク州のテロワールを強調するため、グレーンビルの75%がニューヨーク産のライ麦でなければならないという、独自の自主規制を定めた。

　長年に渡り、ライウイスキーには基本的に2つのグレーンビルがあった。アメリカの連邦法は、ライウイスキーは少なくとも51%のライ麦を含む事と定めている。ケンタッキー州で長年製造されているライウイスキーの多くは、この最低限の量を守っており、残りは通常、約37%のトウモロコシと12%の大麦麦芽で構成されている。伝統的なバーボンやライウイスキーのグレーンビルには、10 〜 12%の大麦麦芽が含まれている事がよくある。これは、その量の大麦麦芽が残りのグレーンビルの

デンプンを糖分へと効率的に変換するのに必要な、許容最低濃度の酵素を生成するためである。ワイルドターキー・ライ、リッテンハウス・ライ、パイクスビル・ライといった人気銘柄は全て、この51-37-12の配合を用いている。

　ケンタッキー州からオハイオ川を渡ったインディアナ州ローレンスバーグに、ミッドウエスト・グレーン・プロダクツ（略してMGP）という会社がある。以前はローレンスバーグ・ディスティラーズ・インディアナで、それよりも以前はシーグラム社のローレンスバーグ工場だった。そこではライ麦95%と大麦麦芽5%のグレーンビルでライウイスキーを製造している。大麦麦芽の含有量が少ないため、外因性酵素（微生物発酵により生成および分離された液体酵素）を添加し、デンプンから糖への効率的な変換を確実なものにしている。

　MGPは自社の名を付けて商品を売る事はなく、実際にウイスキーボトルを小売りしていない。代わりに、他の蒸留所に樽を売り、その蒸留所がそれをブレンド、熟成、ろ過、瓶詰めして販売する。これは「ソーシング」と呼ばれる非常に一般的な慣例で、本質的に悪いとか道義に反する事ではなく、ほとんどの場合、誰も欺いてはいない。メジャーなスコッチ・ブレンデッドウイスキーは全て、ソーシングと

ブレンディングで生産されており、ジョニー
ウォーカー、フェイマスグラウス、デュワー
ズという蒸留所はない。というのも、これら
は蒸留業者ではなく、ブレンダーだからで
ある。ブレンダーはスコットランド全土から
様々なスタイルと熟成年数のウイスキー
を調達し、それらをブレンドして自社ブラン
ド特有のフレーバープロファイルを実現
する。スコッチ・ブレンデッドウイスキーのボ
トルに、40種類以上のウイスキーが含ま
れている事は珍しくない。

　歴史的にMGPの95-5ライ（業界のプ
ロの間ではそう呼ばれている）を調達し
てきた最も有名なブランドは、ブレット、テン
プルトン、エンジェルズエンヴィ、ジョージ・
ディッケルである。ボトリング工場では、そ
れぞれが独特のニュアンスを持つライウ
イスキーの樽をブレンドして、均一な製品
に仕上げる。これらの蒸留所のブレンダー
（特にアメリカでは蒸留業者の肩書も持
つ）の仕事は、MGPの95-5ライレシピの
樽をどのように組み合わせ、そのブランド
の特徴的なフレーバーを作り出すかを選
択する事である。ブレンダーによっては、
そのプロセスにさらに手順を追加する事
もある。ジョージ・ディッケルでは、テネシー
州の蒸留所特有の、リンカーン郡の伝統
的な製法であるチャコール（サトウカエデ
の炭）メローイングでライウイスキーをろ
過し、エンジェルズエンヴィではライウイス
キーをラムの樽でフィニッシュしている。

　2000年代にクラフト蒸留ムーブメント
が起こるまで市場に出回っていたライ麦
のグレーンビルは、ケンタッキー州の51-
37-12とインディアナ州の95-5のグレーンビ
ルの2つだけであった。ウイスキーはケン
タッキー州やインディアナ州で造られてい
たかもしれないが、ライ麦自体は国内各
地、あるいは海の向こうから運ばれてきた
ものが多かった[1]。ケンタッキー州の蒸留
所やMGPが使用するライ麦の多くは、ミ
ネソタ州、ネブラスカ州、ザ・ダコタス（ノー
スダコタ州とサウスダコタ州の総称）、カナ
ダ、あるいはヨーロッパ産である。MGPが
まだシーグラム社の蒸留所だった頃、ライ
麦の多くをスウェーデンから仕入れ始め
た。アメリカ中西部とヨーロッパ産のライ
麦を使用した、ケンタッキー州とインディア
ナ州のライウイスキーは高品質でとても
美味しい。しかし、これらのウイスキーの
穀物のフレーバーが、インディアナ州とケ
ンタッキー州の農場の地域性を捉える事
はない。

　そして現実には、もう一世代以上もの
間、ケンタッキー州とインディアナ州の蒸
留所が地元産のライ麦を調達できる機
会は実際にはなかった。これらの州では
商品穀物制度が市場を規定しているた
め、農家はライ麦を栽培していない。数
十年もの間、種子会社から農家、そして
蒸留業者まで、誰もがライ麦は冷涼な気
候の方がよく育つと主張してきたが、ケン

タッキー州やインディアナ州南部はそのような環境にない。そのため今日でも、ケンタッキー州とインディアナ州のライウイスキーの原料となる穀粒は数百km、時には数千kmも離れた場所から調達されている。

ニューヨーク州は異なっている。高品質なライ麦の栽培にどれほどの寒さの場所が必要なのかはまだ調査中だが、元来アメリカに持ち込まれた品種の多くは、疑いもなく確かに寒冷な気候を好む。ニューヨーク州は確かにライ麦栽培に適した気候を有しており、ミネソタ州、ネブラスカ州、ザ・ダコタスに比べるとライ麦の生産量は多くないが、ヨーロッパの入植者が初めてライ麦を持ち込んだ当時、ニューヨークは初期のライ麦栽培地の1つであった。さらにライウイスキーは、大麦、トウモロコシ、小麦を原料とするウイスキーよりも、18世紀から19世紀にかけて北東部のウイスキーシーンを席巻した。そのため、ニューヨーク州にクラフトの蒸留所が出現し始めた時、ライウイスキーが当然の選択となった。

2014年、クラフト蒸留業者の年次会議の後、ニューヨーク州の蒸留業者たちが酒を酌み交わし、その場を締め括ろうとしていた。コッパーシー・ディスティリングのクリストファー・ブライア・ウィリアムスが、「ニューヨークのウイスキーはどのようであるべきか?」と疑問を投げかけ、そこから火が点いた。創設当初の6つの蒸留所は、州の伝統に敬意を表し、ライウイスキーにすべきである事に同意した。私はその場にいなかったが、このパイオニアの蒸留業者のグループがテーブルを囲み、飲みながら、全く新しいスタイルのウイスキーの基礎を築いている姿を想像した時、私はフランシス・タバーン(アメリカ独立戦争前、戦中、戦後に大きな役割を果たした建物)で革命を企てていた「自由の息子達(アメリカ独立戦争以前の北米13植民地の愛国急進派の通称)」の姿を想起した。少し大げさだが、エンパイア・ライはウイスキーにおける一種の革命であった。

そこで、2019年5月、私は妻のリアとニューヨークに向かった。私はライ麦がニューヨーク州で栽培されている事は知っていたが、もっと詳しく知りたいと思った。つまり、ライ麦にはどんな品種があるのか? どこの農場で栽培されているのか? フレーバーの性質はどうなのか?「エンパイア・ライ」がどのように私のロードマップに合致し、そしてインディアナ州やケンタッキー州のライウイスキーとは異なるスタイルとなる、ライ麦由来の独特なフレーバー化合物を発見できるかどうかを確認したかったのである。

★★★

マンハッタンの初日の朝は、アルコールとタバコの分野で傑出した3誌、"Wine Spectator" "Cigar Aficionado" "Whisky Advocate" の版元、M.シャンケン・コミュニケーションズの本部で過ごした。我々のブレンダーであるエイリ・オチョアと共にWhisky Advocate誌のメンバーと会い、TXウイスキーの現状や最近オープンした我々のウイスキー・ランチ蒸留所、我々の新製品について話をした。そして、テロワールも会話のトピックとなった。テロワールは、やはりウイスキーの世界では幾分ホットなトピックだった。彼らは我々の研究と発見について興味を持って聞き、私は本を執筆している途中だと話した。彼らは、穀物とテロワールについて私が研究している事を考慮し、訪問すべき地元の蒸留所をいくつか提案してくれた。彼らが名を挙げた蒸留所のいくつかは、偶然にも私がこれから2日間で訪問する予定の蒸留所であった。

当時はまだ発売されていなかったTXテキサス・ストレートバーボン・バレルプルーフを啜りながらのミーティングの後、私は、妻と彼女の良き友人で現地に住んでいるファッションデザイナーのジョアンヌを探しにニューヨークの通りへと繰り出した。ジョアンヌは、「エンパイア・ライ」ムーブメントの創設メンバー蒸留所の1つである

ニューヨーク・ディスティリング・カンパニーでのミーティングに行く私たちを、地下鉄でブルックリンまで案内すると約束してくれた。私はそこに1人で行けたかもしれないが、何年かぶりの地下鉄であり、間違いなく停車駅や乗り継ぎを間違えていただろう。それに妻とジョアンヌは2人とも、蒸留所からはそう遠くないベッドフォード・アベニューの主要なショッピング施設を訪れたくてたまらなかった。そのような訳で、私は1人でこの旅を敢行する必要はなかった（ニューヨーカーは呆れるかもしれないが、私はテキサスを経由したケンタッキー出身者である…　地下鉄は私にとって珍しいものなのだ）。

訪問の数週間前、私はニューヨーク・ディスティリング・カンパニーにメールを送り、ウイスキー・テロワールについての本を執筆しているので、彼らのラグタイム・ライウイスキーの製法について詳しく知りたいと説明した。調査を通じ、私はそのグリーンビルの75%がライ麦、13%がトウモロコシ、12%が麦芽であり、ライ麦はニューヨーク州北部のセントラル・フィンガーレイクス地区で栽培されている事を知っていた。創業者の1人であるトム・ポッターは私のメールに返事をくれ、話をするために彼の蒸留所を訪れるよう招待してくれた。

私はトム・ポッターの名をよく知っていた。

12章 ニューヨークのウイスキー

トムとスティーブ・ヒンディという名の醸造家は、1987年にブルックリン・ブルワリーを創業していた。彼らは、"*Beer School: Bottling Success at the Brooklyn Brewery*"という本を書き、それは私が大学院を卒業してアルコール業界に入る準備をしていた時に読んだ最初の本の1つだった。

ブルックリン・ブルワリーを首尾よく20年近く経営した後に、トムは自分の持ち株を売却し、2004年に引退した。彼はカヤックを楽しんだり"*Beer School*"を執筆したり、米国ワイン・食品協会を監督したりして時間を過ごすつもりだった。数年後にトムの妻が引退し、彼らは南太平洋やイエローストーンにあるキャビンで過ごし、世界を旅する事に時間を費やした。アメリカの河川をカヤックで下り北西部を旅していた時、トムはクラフトビール業界を反映したような新たなムーブメントを発見した。それはアメリカのクラフト蒸留の創成期だった。

2008年、トムは自分の息子のビル・ポッターと、蒸留酒とカクテルの専門家のアラン・カッツとチームを組み、ブルックリンにニューヨーク・ディスティリング・カンパニーを創設した。彼らはウイスキー造りを計画し、それはライウイスキーを意味するという事で一致した。彼らは、アメリカ人のイメージの中でバーボンはケンタッキー州としっかり結び付いているが、ライウイスキーは依然として定着していないと感じていた。もちろん、ライウイスキーはケンタッキー州やインディアナ州の蒸留所ですでに製造されていたが、常にバーボンの脇役にすぎなかった。彼らは、誰一人としてライウイスキーを主役にした事がないと感じていた。そして彼らは、そこを変えたいと思っていた。カッツはライウイスキーの長年の支持者で、チームは18世紀から19世紀にかけ、ニューヨークと北東部でライウイスキーが優勢であった事をよく認識していた。

私たちは地下鉄に乗ってブルックリンへと向かい、ロイマー・ストリート駅で降り、ロイマー・ストリートを北に歩いた。やがて、Engine 229, Ladder 146という消防署の前に着いた。向かって右側はレンガの壁がほんの数cm離れていて、低い一階建ての鉄骨ファサードの建物があり、そこがニューヨーク・ディスティリング・カンパニーだった。ほっそりとした白髪交じりの中年男性が、私を迎えるために建物から現れた。その人物がトム・ポッターだった。簡単な自己紹介の後、我々は建物の中へと入り、バーと蒸留所を通って、トムのウイスキー・サンプリングテーブルと実験台を兼ねたデスクのある狭い部屋へと入った。

「さて、まず知りたいのは」と私は切り出し、「地元産ライ麦の背景にあるコンセプトは理解していますが、75%のグレーンビ

ルという必須条件は、厳密にはどこから来たのでしょうか?」と尋ねた。

「そうですね、実際のところ、それは当然の選択でした」とトムは答えた。「ニューヨークには"ファーム・ディスティラリー・ライセンス(クラスD)"と呼ばれるものがあります。このライセンスは、伝統的な蒸留酒の工場ライセンスに比べて特定の税制優遇措置を提供するもので、レシピにニューヨーク州で栽培された穀物の少なくとも75%を使用するニューヨークの蒸留業者だけが利用できます」

「なるほど」と私は言った。「あなた方のライ麦は、全てペダーセン農場から調達していると書いてある記事を読みましたが、厳密にはどういう人たちなのでしょうか? なぜ彼らを選んだのですか?」

「彼らは農業のパイオニアです」とトムが言った。「彼らは禁酒法以来、ニューヨークで商業用ホップを栽培した最初の農場で、1999年に最初の作物を植えました。彼らは新しい事に挑戦する意欲があります。そして、ニューヨークでウイスキー用にライ麦を栽培する事は新しい取り組みでした」

トムは、創業当初からペダーセン農場からライ麦を調達していたと説明した。リック・ペダーセンは何年もの間、ライ麦を被覆作物として栽培してきており、土壌を守り肥沃にするために、成長した後は元の畑に戻してきた。トムが初めてウイス

キーを造るためのライ麦を買いにリックのところへ行った時、それは彼らにとっても明るい見通しだった。彼らの被覆作物がいくらかの収入をもたらす可能性があったからである。

「私たちは最初から特定の品種を選定した訳ではありません」とトムが言った。「リックはすでにライ麦の品種を混ぜ合わせて栽培していて、それを私たちに届けてくれました。しかし、私たちはそのライ麦の品質に満足していたし、上質で魅力的なフレーバーが隠れていました。それに、リックと協力すれば長年温めてきたプロジェクトを成功させる事ができるかもしれないと思っていました」

トムがニューヨーク・ディスティリング・カンパニーを開設した時、禁酒法以来、これまでに存在した事のないスタイルのウイスキーを創造する事を思い描いていた。彼は「ストーリーのあるウイスキー、土地に根差したウイスキー、それに相応しいフレーバーを持つウイスキー[2]」を造りたかったのである。そして、禁酒法以前の真にクラフトスタイルのウイスキーを造るため、トムはその時代の穀物を求めていた。理想としては、何世紀も前にニューヨークで栽培されていた、在来品種が必要であった。

2010年、ペダーセンはアイダホ大学のファウンデーション・シードプログラムに電話をかけ、彼らが持つ最古のライ麦品種

を分けてもらえないかと尋ねた。大学はトムに、プロリフィック（Prolific）とホートン（Horton／一部の植物学者は、これらは東ヨーロッパ固有の種で、1700年代にアメリカに持ち込まれたと考えている）という2つの異なる品種の種子12粒を送った。これらの種子は、昔ながらのフレーバーを復活させ、忘れ去られたスタイルのウイスキーを再現する最有力候補だった。しかし、種子が到着した頃には、理想的な種まき期はすでに過ぎ去っていた。種子を増やすプロセス、特に僅か12粒の種子から始める場合、ウイスキーを造るのに十分な量の収穫を得るまでには何年もかかる事がある。

　1年間を無為に過ごしたくはなかったため、ペダーセンは植物育種学と遺伝学の教授であり、コーネル大学のスモール・グレーン・プロジェクトの責任者であるマーク・ソーレルズにメールを送った。ペダーセンはソーレルズに種子を送り、ソーレルズはそれらをコーネル大学の農業試験場の温室で栽培した。

　「プロリフィックはうまく育ちませんでした」とポッターは言った。「温室という管理された理想的な環境でさえもです。でもホートンは本当に有望でした。生育が旺盛だったのです」

　最初の収穫後、温室でもう1度種子を増やし、畑に植える十分な量が得られた。ペダーセンは、まだ比較的少ない種子を

取り、約1.2m四方の区画に植えた。この時に収穫した種子は、また植えられた。その後収穫した種子も、同様に再び植えられた。

　「2015年になって初めて、試作のバッチを作るのに十分な収穫がありました」と、ポッターが笑いながら言った。「そして2017年になって初めて、かなりの量を造るために十分な収穫を得て、100樽ほどを貯蔵しました。でもそれは、努力した価値があったと思います。そのフレーバーは本当に強烈でした。ラグタイム・ライを造るために私たちがすでに使用していたペダーセン農場の畑のライ麦のブレンドよりも、必ずしも良かった訳ではありませんが、ホートンのライウイスキーには非常に濃厚なフレーバーがありました」

　「つまり、近代のライ麦品種で造ったものと比べて、フレーバーのレベルが高まったという事ですか？」と私は尋ねた（"フレーバーのレベルが高まった"というフレーズは、地元産の穀粒と特別に選定された品種がウイスキーにもたらすものを、簡潔に説明するために私が使い始めたものだ）。

　「はい、間違いありません」とポッターは言った。「楽しんでいますよ。数年以内にこの製品をリリースし、恐らくホートンの名前をブランドに組み込む予定です。この製品が何であるかを知り、そしてこの製品に注がれた労力を世間が評価してく

れる事を願っています。この仕事がそこに通じるものだったという事を望んでいます。これは間違いなくギャンブルです。復活させるのに複数の関係者が5年以上も費やした在来品種から造られたウイスキーを、平均的な飲み手が本当に気にかけるかどうかは誰にも分かりません。まだ価格は設定していませんが、フィールドブレンド（被覆作物であるライ麦のブレンド）から造られたラグタイム・ライよりも高くなるでしょう。最終的には、味の問題になると思います」

「ホートン種は、厳密にはどこから来たのですか？」と私は尋ねた。

「ヨーロッパに起源を持ち、1700年代にアメリカに渡ったのかもしれません。しかし、ホートンという姓のニューヨークの製粉業者の家族によって選定された可能性があるという証拠もあります。そうだとすれば、19世紀のある時期にニューヨークで開発された事になります。恐らく真実は永遠に分からないでしょうが、禁酒法以前に全盛期を終えた品種である事は確かです。この品種が復活した事を嬉しく思いますし、さらに数年熟成させた後のウイスキーの最終的な味を見るのが楽しみです」

インタビューを終える前に、私にはもう1つ質問があった。フィールドブレンドとホートンという2つのライウイスキーの、フレーバーの化学的性質を比較した事が

あるかどうかを知りたかった。どちらもペダーセン農場で栽培されているため、テロワールの特定の側面を分離し、ライ麦の品種ごとに異なるフレーバーの化学的性質をさらに解明できる可能性があるためである。

「それはまだ行っていません。ニューヨーク州は、このような研究を進める上で有利な立場にあると思います。様々な品種や環境がウイスキーのフレーバーに実際にどのような影響を与えるのか？　ニューヨークのウイスキーのテロワールは、一体どのようなものなのか？　私たちの州は広く、気候や土壌の種類も様々です。そしてコーネル大学のおかげで、研究に本格的に取り組むために必要な学術的協力者が得られるかもしれません。しかし今のところは、その化学的性質を探求する時間も財源もありません。でも、いつかはその日が来るでしょう」

これはある意味、警鐘だった。コーネル大学は、ニューヨークの蒸留所をウイスキーのテロワールを調査する筆頭に置いているが、その研究には費用がかかり、大学は費用のかかる研究を無償では行わない。ポッターが言ったように、コーネル大学のようなパートナーが必要だというのは、理にかなっている。結局のところ、私にはテキサスA&M大学が必要だった。しかし、それは私を不安にもさせた。これは、ウイスキー・テロワールのロードマップ

を作成してから初のインタビューだった。蒸留業者は共有すべき情報を持ち、それを共同で積み上げていく事ができるだろうと私は考えた。しかし、私が恐れ始めていたのは、テロワールの最先端にいるクラフト蒸留業者が、化学的なデータを全く蓄積しておらず、ましてやフレーバーの目標を達成するために、私のロードマップを使用する事ができないのではないかという事だった。

ここに何とも言えない皮肉があった。クラフト蒸留業者は柔軟かつ熱心であり、地元産の穀粒を直接調達したり、忘れ去られた在来品種を再生させるといった突飛なアイデアを追求したりする事で、自発的に農家と協業する。そして、テロワールを捉えるこの魅惑的な取り組みのほとんどは、当時その仕組みを科学的に解明するための資金がなかった蒸留所からもたらされていた。

これは本当に重要な事なのだろうか？おそらく、ほとんどの人にとっては重要ではないだろう。結局、多くのクラフト蒸留所は、まだちょうど損益分岐点に達したところで、投資家に払い戻しつつ、存続可能なブランドとしての地位を確立しようとしているのである。蒸留所がこの局面の時は、資金は通常、セールスとマーケティングに注ぎ込まれ、研究と開発には回らない。だが最終的に我々の業界はテロワールの裏にあるメカニズムを理解し、探し求めているフレーバーを一貫して捉える絶好のチャンスを得る必要がある。そのために、フレーバーの化学的性質の基礎をしっかりと固める必要があるのである。

私は時間を割いてくれたポッターにお礼を言って、新発売のラグタイム・ライ・ボトルド・イン・ボンド（フィールドブレンド）のボトルを購入し、昼食を取るラーメン店で妻と会うために通りに出て歩いた。その店ではウイスキーを販売していなかったため、私はトムへの感謝の気持ちとしてブルックリン・ラガーを注文した。ブルックリン・ラガーはニューヨークだけでなく、アメリカ全土に広く普及しているビールである。クリーンで爽快なフレーバーは、大衆に受け入れられている。エンパイア・ライ（もしかしたらホートン品種で造られたものでさえ）も市場に溢れ崇拝されるようになるのかもしれない。

ニューヨーク・ディスティリング・カンパニーは、エンパイア・ライのスタイルを確立させた6つの創設蒸留所のうちの1つだ。もう1つはハドソン・バレーにあるタットヒルタウン・スピリッツで、2005年にはすでにウイスキーを製造していた最初のクラフト

蒸留所の1つとして、同様に有名なところである。彼らは、クラフト蒸留所で最初に買収された蒸留所のうちの1つでもあり、ウィリアム・グラント&サンズが2017年に買収した。他の4つの蒸留所は、セネカ湖（ペダーセン農場と同じ場所）にあるフィンガー・レイクス・ディスティリング、アルスター郡のコッパーシー・ディスティリング、ロチェスターのブラック・バトン・ディスティリング、ブルックリンのキングス・カウンティ・ディスティリングである。キングス・カウンティは、かの地で2010年からウイスキーを造っており、ニューヨーク市では禁酒法以来、最も古い蒸留所となっている。

　私が初めてキングス・カウンティ蒸留所を知ったのは2010年で、まだUTサウスウエスタン・メディカルセンターの大学院にいた時だった。ニューヨークへのこの旅以前に一度もそのウイスキーを飲んだ事がなかったにも関わらず、私は常にその蒸留所に対して興味を持っていた。創業者の1人であるコリン・スポールマンは、ケンタッキー出身だった。そのため、私がどこでどのようにウイスキー業界に加わるかを熟考している間、コリンはインスピレーショを与えてくれた。彼がニューヨークでウイスキーを造るためにケンタッキーを離れる事ができたのなら、私もテキサスで同じ事ができるのかもしれない。

　さらにまた、キングス・カウンティの初期の設備は、蒸留所を創業するという考え

を少し楽にさせた。彼らの最初の数年は、不可能と思えるほどの小規模経営だった。蒸留のシステムは基本的に家で趣味に没頭する好事家の設備だった。つまり、20ℓほどのステンレス製のポットクッカーとプラスチック製の発酵槽、まるで古い鉄製の牛乳缶を叩いて伸ばしたように見える蒸留器、そして数ℓしか入らないオーク樽。樽が小さいため、彼らは1～2年の熟成でウイスキーをボトリングした。

　小さな樽を使用しても、ウイスキーの熟成を早める事はできない点を挙げておきたい。20ℓの樽で1年間熟成させたウイスキーは、標準的な200ℓの樽で4年間熟成させたウイスキーのようにはならない。小さな樽は、化合物が誘発する木材由来のフレーバーと色味の抽出を促進するが、ウイスキーの熟成にとって、同様に重要な酸化反応という事になると、時間と置き換わる事はない。これらの酸化反応は、木材を通して酸素が拡散されると起こり、それがタンニンを和らげ、ソーピーでファッティなアルデヒドをフローラルでフルーティな香りに変える助けとなり、十分に熟成させたウイスキーの華やかなトップノートに貢献するアセタールの創出を促進する。これは、小さな樽で熟成させたウイスキーは、酸化がフレーバーのバランスを整える前に、過度にウッディにならないようオーク樽から取り出す必要がある事を意味する。もしそうなら、これはや

12章 ニューヨークのウイスキー

や一方的でオーク寄りのウイスキーになるかもしれない。しかしそれは、必ずしも小さな樽が「悪いウイスキー」を造るという訳ではない。フレーバーが異なるだけで、蒸留業者はより大きな樽を使用している時よりも、過剰なオークのフレーバーをより懸念しなければならない。キングス・カウンティ蒸留所は、受賞するような高品質のウイスキーを小さな樽で製造できる蒸留所の一例である。そのため、訪問調査するニューヨークの蒸留所を精選する事になった時、キングス・カウンティは私のリストのトップにあった。

私は、ニューヨーク・ディスティリング・カンパニーでトムと会った翌日に、キングス・カウンティ蒸留所を訪れた。私が最初に見つけた時から、彼らは長い道のりをたどってきていた。一例としては、彼らは引っ越しをしていた。イーストウィリアムズバーグの100㎡のアパートサイズの部屋で始まったビジネスは、2012年にブルックリン海軍工廠の中にあるペイマスタービルディングへと引っ越していた。彼らの第2の故郷は、「1860年代のブルックリン・ウイスキー戦争の伝説的な遺跡からほんの僅かな距離」にある[3]。彼らはまた、今ではブルックリンのウォーターフロントの、以前蒸留所があった地区に拠点を置いている。20ℓのバケツとミルク用ジャグの蒸留器をはるかに超えて成長を遂げている。現在では、113,000ℓを超える容量

の発酵槽、ベンドーム社の5,000ℓのストリッピング蒸留器、フォーサイス社の合計1,650ℓ容量の2基の銅製蒸留器を擁している。フォーサイス社は、スコットランドの蒸留機器の傑出したメーカーで、アメリカでの同様のメーカーは、ケンタッキーのルイビルに本拠地を置くベンドーム・コッパー&ブラス社である。ストリッピング蒸留器はビールをローワインに変える初留を行い、それから振り分けられ、再留釜で再蒸留され、ニューメイクウイスキーと同義語のハイワインとなる。キングス・カウンティ蒸留所は、現在ではウイスキーを57ℓと114ℓの樽で熟成させている。

ブルックリン海軍工廠まで歩いて行くと、ゲートによって二分された2つのレンガ造りのビルが目に入る。どちらのビルも塔と城のファサードを有していて、可動橋と守衛の詰め所を渡ろうとしているような気分になる。右手のビルの窓には「テイスティングルーム」と貼ってあり、左手のビルには「オフィス&実験室」とある。私はテイスティングルームへと向かった。

中にはほぼ何もない部屋があり、カフェカウンターの向こうに従業員が1人いた。キングス・カウンティ蒸留所は、ウイスキー以外にも様々なものを製造しているようである。蒸留所を訪問するために来た事を私が従業員に伝えると、ビルを出て右に曲がり、通りを数百m歩くように指示された。現在も稼働中の造船所として運営さ

れているところに、「海軍工廠主計官」と書いてある石造りの看板がある2階建ての赤レンガのビルを見つけた。禁酒法以来のニューヨーク最古の蒸留所がその中にあった。

私たちは業務責任者のガブリエラ・ニョーナに会った。キングス・カウンティは2つの階に分かれていて、上の階にはオフィス、ビジターセンター、樽を熟成する場所があり、下の階には蒸留所があった。ガブリエラが蒸留所を案内してくれ、私たちは厳選されたウイスキーをテイスティングした。

「トウモロコシベースやライ麦ベースのウイスキーをたくさん造っていますね」と、彼らの最近のウイスキーのラインナップについて意見を交わしながら、私はガブリエラに言った。「ウイスキーを造るために使用している穀粒について教えて下さい」

「私たちが使用しているトウモロコシは全て有機栽培です。フィンガーレイク地区のレイクビュー・オーガニック・グレーンから仕入れています」

レイクビュー・オーガニック・グレーンは、クラースとマリー・ハウエル・マーテンが所有し運営する農場で、私は彼らについてダン・バーバーの著書"The Third Plate"を以前に読んで知っていた。バーバーは、ノーブランドの精白小麦粉を研究する事から、クラースとマリー・ハウエルが栽培する風味豊かな未精白のものへ

と研究を移している。農場の他、マーテン夫妻はカントリーエレベーターと精粉工場も所有しているが、フィンガーレイク地区の農家から有機栽培の穀粒だけを購入している。

マーテン夫妻は、トウモロコシ、大豆、亜麻、大麦、スペルト小麦、オーツ麦、小麦を栽培している。トウモロコシは主に有機ハイブリッド品種を栽培しているが、在来品種も栽培している。有機ハイブリッド品種のトウモロコシは、非有機栽培のものと見かけは全く同じである。「有機」とは、その栽培方法と化学肥料や農薬を使用しているかどうかを指すため、実際のところ、品種そのものは有機になり得ない。少なくとも、遺伝子組換え作物（GMO）が登場する以前はそうであった。品種にGMOの特性が含まれている場合、有機の基準に従って栽培されていても、有機であるとは認められない。いずれにせよ、今日栽培されているほぼ全てのハイブリッド種のトウモロコシは近代品種に分類され、それらは全て遺伝的に非常に類似している。クラースによると、「トウモロコシの品種のほとんどは、もはや栽培されていません。今日人々が栽培しているトウモロコシは、歴史的に存在していたもののごく一部にすぎません[1]」との事であった。

それでもマーテン夫妻は、ハイブリッド種のトウモロコシの品質は、彼らが採用している有機農法によるものだと考えてい

る。「有機栽培のハイブリッド品種のトウ
モロコシは、健康な土壌で栽培されてい
れば、慣行農法で栽培された同じ品種よ
りもはるかに高品質です」と言う。「健康
で栄養豊富な土壌で栽培した方が、品
質が向上して風味と栄養価も高くなりま
す。有機トウモロコシの全てが健康で栄
養豊富な土壌で栽培されている訳では
なく、そうであれば風味や栄養価が高く
なる訳でもありませんが、私たちはここで
そのようにしています。私たちが行う事の
全ては、健全で生きた土壌から始まりま
す[5]」

　彼女が言っている事は、同じ農場の
2つの畑で同じ2つの品種を（〈同じ農
場〉という点では彼女の言葉を少し拡
大解釈しているが、彼女も同意すると思
う）、片方は有機農法、もう片方は慣行
農法で栽培した場合、有機型の畑のトウ
モロコシの方が味が良く、私が呼ぶとこ
ろの「フレーバーのレベルが高まった」と
言えるという事である。本質的に、それが
テロワールのフレーバーのための農業の、
1つの要素である。

　「有機栽培システムが機能するための
基盤は、意図的な生物多様性です」とマ
リーは言う。「これは、畑に多種多様な植
物を植える事に基づいています。単一栽
培で、1つの場所で1つの作物を集中的
に、大規模に生産する慣行農業とは正
反対です。私たちにとっては、農場に植え

る種の数が多いほど好ましいのです。な
ぜなら、それらは化学肥料、除草剤、殺
虫剤などの介入を必要とせず、独自の多
様性によって自らを維持し、養い、保護す
る事ができるバランスの取れたシステム
を形成するからです。そのシステムには
動物と植物の両方が含まれ、目に見える
ものも見えないものも含まれています[6]」

　マリーが言及していたのは、微生物と
それらが土壌肥沃度（植物の生育を維
持する土壌の能力）に果たす役割の重
要性であった。

　「健康な土壌を作る、小さな生物全て
の繁栄に必要な条件を与えるためのひと
つの鍵は、輪作です」と、マリーは続けた。
「私たちは、季節ごとに畑で様々な作物、
様々な品種、様々な被覆作物を輪作して
います。そうする事で、土壌の栄養分を
常に補充しています。健康で生き生きとし
た土壌では、より健康で回復力のある植
物が育ちます。雑草や害虫に対抗する
能力が高まり、慣行農法で栽培された同
じ植物よりも健康で、より風味が豊かにな
ります[7]」

　次に私は、キングス・カウンティのエンパ
イア・ライウイスキーの製造に使用されて
いるライ麦について、ガブリエラに尋ねた。

　「エンパイア・ライウイスキーに使用す
る全てのライ麦は、ハドソン・バレーにある
ハドソン・バレー・ホップス&グレインズから
仕入れていて、ダンコ（Danko）という品

種を使っています。私たちのグレーンビルは80%がライ麦で、20%が大麦麦芽です」と彼女は言った。

ダンコは、ペダーセン農場がニューヨーク・ディスティリング・カンパニーのラグタイム・ライ用に栽培した畑の品種とは異なっていた。また、ハドソン・バレー・ホップス＆グレインズは、ペダーセン農場から東に320km以上離れており、環境的に異なる地域として登録できるほどの距離がある。つまり、この2つのウイスキーは、テロワールが2つのエンパイア・ライウイスキーのフレーバーにどのような影響を与えるかを比較するのに理想的かもしれないという事を意味していた。どちらもニューヨーク市の同じ地区で蒸留・熟成されたため、熟成場所や環境という非常に影響力のある変数は排除された。グレーンビルには僅かな相違があり、酵母菌株、蒸留技術、樽のサイズも、全てがフレーバーに影響するため考慮する必要があるが、それでも2つのエンパイア・ライウイスキーの重要なフレーバーの違いは、穀物が栽培された場所に起因する可能性が高い。もっと具体的に言うと、2種類のライ麦が2つの異なる生育環境でどのようにフレーバーを発現したかという事である。

品種や環境の違いはさておき、ペダーセン農場、ハドソン・バレー・ホップス＆グレインズ、レイクビュー・オーガニック・グレーンのホームページを読み進むにつれて、私は農法の潜在的な相違に同じように興味を抱いた。ペダーセン農場は、有機農法と慣行農法の両方でライ麦を栽培していた。レイクビュー・オーガニック・グレーンは、有機農法だけを実践していた。そしてハドソン・バレー・ホップス＆グレインズは、有機農法とバイオダイナミック農法の融合を追求していると主張していた。私はこれらの農法の違い（これら3つの農場に特有の違いだけでなく、より一般的な文脈での違い）を理解したかった。環境の持続可能性や人間の健康などの事象に、それらがどのように異なる影響を与えるかを学ぶためではない。そのようなトピックは独自の本に値するものであり、実際に多くの本に書かれている。その代わりに、農作物のフレーバーが異なる農法によってどのように影響を受け得るかについて、科学が何を明らかにするのかを、私は確かめたかったのである。

13章
農業三部作

　異なる用語が使用される事もあるが、農業管理方法（農法）には、慣行型（工業型と呼ばれる事もある）、有機型（生物型と呼ばれる事もある）、バイオダイナミック型の3つの基本的な種類がある。そして、現在主流の農法は慣行農法である。慣行型の農場では、通常、高収量の作物品種の単一栽培に重点が置かれている。単一栽培とは、1度に1つの作物種あるいは品種を同じ畑で栽培する方法であり、そのメリットは効率と収穫高である。リスクは、病害、干ばつ、その他の大災害で、作物全てを瞬時に駄目にする事もある。

　単一栽培は有機農法にも見られる。では、何が慣行農法と有機農法を分けるのだろうか？　1つの違いは、遺伝子組換え作物（しばしばGMOと呼ばれる）の存在である。有機農法ではGMOは認められていないが、慣行型の農場のトウモロコシ、大豆、綿花ではGMOが主流である。今のところ、GMOのワイン用ブドウは存在しないため、ワイン造りにおける主な差別化要因は、合成肥料、除草剤、殺虫剤、殺菌剤、その他の農薬の使用である。慣行農法では、農業を成功させるために農薬を取り入れ、時には本当にそれらに依存しているが、有機農法ではそのほとんどが禁止されている。なぜかというと、慣行農法では土壌が痩せる可能性があるため、作物栽培を成功させるには大量の化学肥料投入が必要だからである。

　一方、有機農法では、健全な土壌と豊富な収穫高を確保するため、他の方法に依存している。1つの方法は、浅耕栽培もしくは不耕起栽培と呼ばれる。「耕起」

と「耕耘」は似ているが、前者が土壌に刃を走らせるのに対し、後者は土壌を掘り返す点が異なる。耕耘で土壌がほぐれ、植え付けが容易になる。また雑草を駆除し、収穫後の茎といった残りの有機物質を混ぜて土壌に戻す。しかし、健全な土壌に欠かせない有機物質と微生物の生態系を破壊する可能性もあり、土壌の浸食も促進する。耕耘を避けるため、新たな種まきの技術では、最後の収穫で残った有機物質を阻害する事なく、種を直接土壌にドリルで打ち込み、浸食を弱め、保水性を改善する。しかし、多くの有機型の農家は、雑草を駆除するため（化学除草剤を使用できないため）と被覆作物を有機物として土壌に戻すため（化学肥料を使用できないため）、依然として耕耘を行っている事に留意する事が重要だ。

健全な土壌と収穫高を確保するために有機農法が利用するもう1つの方法は、作物の輪作に大幅に頼る事だ。これは同じ畑に2つの作物を連続する季節に植える事である。これらの作物は通常、ある種の相利共生関係にある。一般的な組み合わせは、穀類とマメ科植物で、マメ科植物は大気中の窒素を土壌に固定するため、窒素を固定せずに土壌から吸収しなければならない穀類の生育に適した環境を作り出す。輪作のメリットは、両方の作物を収穫して利用または販売できる事である。しかし、被覆作物は土壌を健全に保つために有機農法で用いられる別の方法であり、輪作には当てはまらない。被覆作物は栽培しても収穫せず、耕耘で耕して戻すか、不耕起で土壌に転がし、土壌を有機物質で再び満たして、より健全で耐浸食性のある土壌を作る。

ブドウの木は穀物やマメ科植物のような一年生植物ではないため、輪作は機能しない。ブドウの中には樹齢100年を超えるものもある。しかし、被覆作物は機能し、ブドウの木の周りにイエローマスタードやクローバーを植えて土壌を保護し、昆虫やその他の害虫を最小限に抑える醸造業者もいる。

バイオダイナミック農法は、有機農法に近いものである。バイオダイナミック型の農家は、有機型の農家と同じ制約さえも遵守している。両者の違いは、バイオダイナミック農法は閉鎖システムとして運営されている事である。つまり、作物を育てるのに使用するあらゆる投入物は全て、その農場において生産されなければならないのである。例えば、厩肥や堆肥は強力な天然肥料だが、有機型の農場がそれらを外部から取り入れたとしても、バイオダイナミック型の農場では自らが生産する。つまり、バイオダイナミック型の農場では（厩肥のために）家畜を育て、堆肥場を維持する必要がある事を意味してい

る。そして、家畜を飼育している場合、バイオダイナミック型の農場では家畜の飼料となる穀物やその他の牧草なども育てる必要がある。バイオダイナミック型の農家は、有機農法ではほとんど使用されていない特定の肥料（〈バイオダイナミック調剤〉と呼ばれる）も使用する。

バイオダイナミック農法はその支持者にとって、農業と自然を調和させる人類の英知である。このバランスを達成するには、栽培する作物と飼育する家畜の多様性が非常に重要になる。このように、バイオダイナミック農法は、単一栽培農法の対極にある。しかし、調和と多様性には代償が伴う。バイオダイナミック農法は、慣行農法や有機農法（少なくとも大規模有機栽培）に比べて非効率で、労働集約的なのである。

効率から調和までのこの領域では、慣行農法は大量の投入物を必要とし、そのほとんどは合成化学物質である。有機農法は通常（常にではないが）、輪作や被覆作物に大きく依存しているため、投入量は少なくなる。これらの投入物は、厩肥、堆肥、酢など「自然のもの」でなければならない。しかし、それらは農場外から調達される事が多い。バイオダイナミック農法とは、その農場で生産された投入物のみを使用する事を意味する。

「慣行農法」という言葉の問題は、有機農法やバイオダイナミック農法の標準的な方法を巧みに取り入れている農家から、工業型農業のあらゆる悪しき習慣を踏襲する農家まで、全てを包括している点である。耕耘ではなく耕起し、輪作や被覆作物を採用し、農薬の散布を最小限に抑えるか、それらを全く行わない慣行型の農家も数多くいる。アメリカ農務省のほぼ全ての有機認証に従う事さえできる農家でも、作物や輪作を守るためにGMO作物を植えたり、ほんの僅かな量の化学合成農薬を散布したりすると、それは依然として慣行農法に分類される。このため、「慣行型」は低投入型と高投入型の2つのサブカテゴリーに分けられる事が多い。TXウイスキーにおいて我々がウイスキー造りの原料とする穀粒を供給しているソーヤー農場は、環境に配慮し、持続可能で、低投入型でありながら慣行型の農場の一例である。

これらの農法によって生み出される可能性のあるフレーバーの違いとは別に、別の疑問も生じる。テロワールは、工業的な農法により無理やり栽培された作物ではなく、成長と環境のバランスを保つように栽培された作物の場合には、最も効果的に表現されるのだろうか？　適切な投入を行えば、穀物、特に近代の高収量商品穀物は、ほとんどどのような土地でも栽培する事ができる。しかし、このよう

に栽培された穀物は、どの程度までテロワールを表現するのだろうか？　土地のフレーバーを持つどころか、これらの穀物は、工業的な農業技術によって生み出された外来的で標準化された特性を表現するのではないだろうか？

　私はこのように考えている。多くの動物は飼育下に置く事ができるが、中には飼育下でうまく「成長」しないものもある。現代における最強の殺戮・捕食マシンであるホオジロザメの飼育を、水族館で成功させた者はいない。飼育下においては、彼らは単に食べる事を拒絶し、餓死に至る。なぜ彼らがそうするのかは完全には解明されていないが、頂点捕食者が飢餓に陥るまで食餌を拒むという事は、そ

の種が人工的あるいは強制的な環境へと本来あるべき環境から外された時、その変化がどれほど深刻なものであるかを示している。植物や動物はもはや、その本来の姿やそれを生んだ環境を表現したものではなく、人間の介入を表現したものとなるのである。

　私は、テロワールとは単なる環境以上のものである事をすでに受け入れていた。それは農場やブドウ園の全体的な生態系であり、氏と育ちの複雑な相互作用である。今やその論点は、テロワールを表現するには、生態系のバランス、つまり母なる自然と人間の介入が調和した生態系が必要かどうかという事である。

★★★

　残念ながら、農業技術がウイスキーのフレーバーに及ぼす影響についての研究はない。しかし繰り返すが、ワイン産業は成果を上げてきたのだ。

　ナパ・バレーのフロッグス・リープ・ワイナリーのワイン醸造家であるジョン・ウィリアムズによると、「有機栽培は、土地の特質を最大限に引き出し、最高の品質を引き出す唯一のブドウ栽培法である[1]」という。ジャスパーヒル・ヴィンヤードのオーナーであるロン・ロートンは、この見解について次

のように詳しく述べている。

　フレーバーはブドウの木から創られる。その構成要素は土壌中のミネラルである。農薬を使い続けると、土壌のミネラルを破壊してしまう。だから本当のテロワールを表現したいのなら、土壌を健全な状態に保つように努めるべきである。すでにそこにあるミネラルが、ブドウの香味や風味として表れるようにしよう。除草剤がブドウ園のバランスを崩す

のは、自然に枯れた草がブドウ園の土壌に必要不可欠な要素になっているからである。枯れ草は別の種の養分となり、その種もまた別の種の養分となる。植物が吸収してフレーバーの構成要素を作るミネラルを作り出す生物まで、食物連鎖をたどれば分かる。これは全く難しい事ではない[2]。

2014年にUCLA（カリフォルニア大学ロサンゼルス校）が実施した、300名を超えるカリフォルニアのワイナリーのオーナーとマネージャーへの調査では、回答者の25%が持続可能で低投入の技術を採用する最大の動機として、「ブドウ/ワインの品質向上」を挙げた[3]。従来の高投入型農法は土壌の微生物を減少させる傾向があり、過剰な耕耘や化学肥料の多用は、その土壌、ブドウの木、ブドウの生育環境を破壊し、微生物を死滅させ、生態系のバランスを崩すからである。最近の研究では、ブドウ園の土壌やブドウの木、ブドウに宿る微生物がワインのフレーバーを変化させる可能性がある事が分かった[4]。穀粒や麦芽を通じてウイスキーの製造プロセスに入り込む土着の微生物（特に乳酸菌）が、後の乳酸発酵を通じて香味や風味の発達を促進させる事を考えると、それと同じ現象がウイスキーにおけるテロワールのフレーバーの

表現方法も変える可能性がある。

さらに、ブドウ自体の生理学的および生化学的な側面もある。様々な農法が生殖成長（果実収量）と栄養成長（剪定重量）のバランスに影響を及ぼす事が分かっている。バランスの取れていないブドウの木は品質の低い実を付け、果糖、フェノール、アントシアニンの蓄積を妨げる可能性がある[5]。

これらは全て、農法がブドウとワインのフレーバーに（おそらくは大幅に）影響を与えている事を示唆しているが、私はそれでも具体的な証拠を欠いていた。分析化学と官能分析を用いたワイン科学の文献が、このテーマについて何を物語っていたかを私が知る事ができたなら、ワインのフレーバーがその原料となるブドウの種類（慣行型、有機型、バイオダイナミック型のどの農法で栽培されたか）によって影響を受けるかどうかを、本当に自信を持って判断できるのかもしれない。

2004年、ジーン・レイリーはバイオダイナミック農法と慣行農法のワインのフレーバーの比較について報告した[6]。主催者は慣行農法で造られたワインとバイオダイナミック農法で造られたワイン（ビオディナミワイン）それぞれ10本を集めた。2ヵ所のブドウ園の距離（近さ）、ヴィンテージ、価格帯に基づいて5つのペアがマッチングされ、ワイン業界の専門家

にブラインドテイスティングで提供された。5つの事例のうちの4つで、専門家は慣行型のワインよりもビオディナミワインを好んだ。この研究は"Fortune誌"に掲載されたが、同誌が上質で十分に精査された内容が満載とはいえ、専門家の査読のある学術雑誌ではなく、研究者の実験方法を監視した科学者もいない。これは必ずしもデータが間違っている、あるいは有益ではないという意味ではないが、鵜呑みにするべきではないだろう。

　とはいえ、同様のアプローチを取る学術論文は数多くある。異なる点と言えば、これらの学術論文では、はるかに大きなサンプルを使用している事である。カリフォルニア大学ロサンゼルス校とフランスのボルドーにあるKEDGEビジネススクールの研究者が、2016年に"Journal of Wine Economics"で発表した統計調査を考察してみよう[7]。研究者たちは、ここでは実際の実験は行わなかった。その代わりに、彼らは幅広い「専門家」からデータを収集し、統計的手法を用いて慣行農法で造られたワインと有機農法で造られたワイン（オーガニックワイン）／ビオディナミワインのフレーバーと品質の違いについて推論を導き出した。その専門家は大学で官能訓練を受けた感覚専門家ではなく、そのデータは科学的に検証された官能的方法から得られたもの

ではない。それどころか、そのデータは大衆誌3誌（Wine Adovocate、Wine Spectator、Wine Enthusiast）から収集された。それぞれの審査員は、同業者による審査なしに、内部で開発された100点満点法を用いてワインを評価した。そして実際には、これらの「100点」評価は、50点から始まっていた。テイスティングは通常ブラインドで行われるが、それ以外では、この評価方法にはFortune誌の調査よりも科学的な点はあまりない。

　しかし、このようなデータを活用する事には、依然としてメリットがある。最も重要なのは、この調査のサンプル数が単一の科学的研究で実現可能な数をはるかに超えている事である。官能パネルは数十回、あるいは非常に潤沢な資金がある実験の場合は、数百回のノージングとテイスティングを成し遂げるかもしれないが、このJournal of Wine Economicsの研究には、1998年から2009年までの全てのヴィンテージの、様々なカリフォルニアワインの74,000回以上のテイスティングが含まれていた。そして、これらの専門評価者は科学者ではないが、ワインの品質に関しては訓練を受けた官能パネルよりも経験豊富である事は間違いない。結局のところ、彼らの仕事は、科学的研究のためにワインを解剖する事ではなく、読者や飲み手のためにそのフレーバーを解明

する事なのである。ある意味では、これは彼らの評価の科学的妥当性を弱めている。しかし別の意味では、その実用性を高めている。それは、このワインはどのような味わいなのか？ どれほど美味しいのか？ という、最も重要な質問に対するはるかに優れた指針となるのかもしれない。最終的に、科学者らは統計分析の対象となった74,000本を超えるカリフォルニアワインのうち、オーガニックワイン/ビオディナミワインが慣行農法で造られたワインよりも、著しく高い評価を得ていると報告した。

　これらの結果は洞察に富んでいたが、研究者はオーガニックワインとビオディナミワインをエコサート認証（1991年にフランスで設立されたオーガニック認証機関）ワインという1つのカテゴリーにまとめていた。ワインのフレーバーがバイオダイナミック型と有機型のどちらの農法によって影響を受けるかをテストした最初の論文（少なくとも専門家の査読がある雑誌に掲載された）は、2009年に発表された。"Journal of Wine Research" に掲載されたその論文では、ワシントン州立大学の研究者たちが、バイオダイナミック農法と有機農法のどちらかを無作為に配置した区画を設けた12エーカーのブドウ園でメルロー種のブドウを栽培した[8]。この2つの主な違いは、バイオダイナミック型の区画には、その技術に特化した調整肥料が使われた事である。彼らはこの栽培方法を4つのヴィンテージ（2001年から2004年）に渡って繰り返した。最終的に、各ヴィンテージにおいて、有機型のメルローとバイオダイナミック型のメルローの間に大きなフレーバーの違いは見られなかった。ただ、2004年のヴィンテージは例外で、有機型のメルローは、バイオダイナミック型のメルローよりも渋味と苦味が著しく強く、余韻が長かった。しかし、ここでさえ違いは統計的には大きくなく、全体として、この実験は2つのアプローチが劇的に異なるワインを生み出す事はない事を示唆していた。

　しかし、私が見つけた科学論文のほとんどでは、比較が慣行型と有機型/バイオダイナミック型のものであろうと、有機型とバイオダイナミック型のものであろうと、そのデータは矛盾していた。一部のレポートでは、農法がフレーバーに影響を与えたと示し、他のレポートでは有意な差はないと主張していた。しかし、2019年2月に私に思いがけない幸運が訪れた。"American Journal of Enology and Viticulture" が、「慣行型、有機型、バイオダイナミック型によるブドウ栽培が土壌特性、生物多様性、ブドウの成長と収穫量、病害の発生率、ブドウの成分、官能特性、ワインの品質に与える影響を

比較した証拠の検討[9]」を目的とした、広範囲な総説を発表した。論文の概要は、「有機型とバイオダイナミック型のブドウ栽培の影響に関する様々な仮説を説明する事により、この総説とメタ分析は、多年生作物だけでなく、一年生作物の有機農法についてさらなる研究を行う事の意味を明確にするための有用なガイダンスを提供する」と結論付けている。

それはまるで、研究者たちが私にこう言っているかのようであった。「ウイスキーの蒸留業者もこの課題に興味を持っている事は分かっている。だから注目してほしい。私たちの研究結果は、あなた方が使用する一年生穀物に関係している」と。しかし、私の幸運は長くは続かなかった。その論文は、私が文献で独自に調査してすでに発見していた事をすぐに裏付けたからである。つまり、農法がワインのフレーバーに与える影響は、結論が出ていないという事である。いくつかの研究では、有機農法やバイオダイナミック農法のブドウから造られたワインは、慣行農法のブドウから造られたワインとは異なる、多くの場合好まれる香味や風味がある事が分かった。しかし、他の研究では違いが見られなかったり、慣行農法のブドウから造られたワインの方が複雑だったりした。

本書で取り上げた他の変数と同様に、有機農法やバイオダイナミック農法がプレミアムな香味や風味を持つ作物を生み出すかどうかという問いに、科学が明確に回答を出す事は困難かもしれない。フレーバーは複雑な表現型であり、その経験はある程度、テイスターの主観的なものである。それ自体が必ずしも科学的分析に適している訳ではない。その上、収穫から食品や飲料が皿やグラスにたどり着くまでの全ての加工プロセスで、フレーバーが他の何かによって影響を受ける場合もある。その答えは、研究やテイスティングに関連するあらゆる現象に応じて、常に「イエス」「ノー」「メイビー（もしかすると）」の寄せ集めになる可能性がある。とはいえ、大衆誌から学術雑誌、シェフや専門家のテイスターの意見に至るまで、有機型、バイオダイナミック型、低投入型の農法は、高投入、高収量の慣行農法よりも独特で多様な、ローカルフレーバーを生み出せるという証拠が少なくともいくつかある。高収量品種やカントリーエレベーターと同様に、高投入の慣行農法も穀物のコモディティ化を助長してきた。

農業とフレーバーに対するこの背景についての締め括りとして、様々な農法に対する私の主な関心は、環境への影響ではなく、素晴らしい香味や風味を生み出す事にあるように思われるかもしれない。これは本書の特定の文脈には当ては

まるが、高投入の慣行農法が地球の生態系に与える影響を無視する事はできない。とはいえ、環境意識とフレーバーへの意識は、好循環で機能するかもしれない。"The Third Plate"という本の中で、ブルーヒル・アット・ストーンバーンズの料理長であるダン・バーバーは、「素晴らしいフレーバーを追求すると、素晴らしいエコロジーも追求する事になる」と書いている。

合成化学肥料や農薬は環境を覆い隠したり、置き換えたりするものではないため、低投入で環境に優しい農法は、その作物を通じて環境の本質を表現する必要がある。テロワール主導のローカルフレーバーが唯一の目標だとしても、それは環境への影響（あるいは、より正確には環境との相互作用）と切り離す事はできない。そこで私はこう言いたい。「テロワールを追求する事は、素晴らしいフレーバーを追求する事であり、それに伴って素晴らしいエコロジーも追求する事になる」と。

★★★

ニューヨーク訪問から数ヵ月後、私はレイクビュー・オーガニック・グレーンのマリー・ハウエル・マーテンに電話した。私はダン・バーバーが書いた話題を持ち出し、彼女の農場が農法を通じ、どのようにフレーバーを重視しているかについて尋ねた。私は執筆中の本についての説明から会話の口火を切ったが、マリー・ハウエルは途中で私を止めた。「科学者として、ウイスキーでテロワールを味わえるという考えを持ち続けたくはありません」と彼女は言った。

「これは厄介だな」と私は思った。

マリー・ハウエルは、農場とカントリーエレベーターを所有して運営する他、コーネル大学で植物育種学の修士号を取得している。そして科学者として、彼女は当然ながら、テロワールは利用しやすい一方、証明するのが難しい事を認識していた。

「フレーバーにはかなり主観が入ります」と彼女は私に言った。

私は、彼女のインタビュー記事を読んだ事があり、その中で彼女は、ニューヨークの有機農法の農家が納屋に2種類のトウモロコシの実を山積みにしたという話をしていた。その山の1つは有機農法のトウモロコシで、もう1つは慣行農法のものだった。夜になると納屋のネズミがやってきて、有機農法の実をむさぼり食い、慣行農法のものには見向きもしなかった。そして農家がトウモロコシの置き場所を変

えても、ネズミは毎晩、有機農法の実を
むさぼり食ったという。しかし、こうした逸
話的な証拠は示唆に富み、また、マリー・
ハウエルが有機農法の熱心な支持者で
あるにも関わらず、彼女は依然として、フ
レーバーの向上に関する決定的な主張
を裏付ける科学的証拠はまだほとんどな
いと言う。

　私はマリー・ハウエルに、テロワールと
いう言葉は意味のないマーケティングの
流行語として用いられる事もあるが、私の
目的はその妥当性について科学的根拠
を示し、その影響の限界を定義する事だ
と念を押した。彼女の口調から、彼女が
まだ疑念を抱いている事が伝わっていた
が、私はさらに話を続け、技術の違いと、
なぜ有機農法やバイオダイナミック農法
が慣行農法（少なくとも高投入型の慣行
農法）よりも美味しい食べ物を生産できる
のかについて話し合うよう求めた。

　「健全な土壌は、大きな違いを生みま
す」と彼女は語り始めた。「もっと具体的
に言うと、土の中の有機物質です。慣行
農法で使われる化学物質は、土壌の微
生物を死滅させる可能性があります」

　有機農法やバイオダイナミック農法がよ
り風味豊かな食品を生み出すのであれ
ば、それは主に、高投入型の慣行農法の
土壌では生き残る事ができない微生物
が、土壌で繁栄しているおかげなのかも

しれない。多様な土壌微生物群は、土壌
中に一連の栄養素分子を生み、それが
植物に十分かつ多様な化学的構成要素
を提供し、植物の化学物質生産を刺激
する。

　私はマリー・ハウエルに在来品種につ
いて尋ねたが、彼女は農法の影響より
も、新たなフレーバーを発見する可能性
について楽観的に考えているようだった。
「在来品種はより複雑な香味や風味を
持っています」と彼女は私に言った。「し
かし、顧客は必ずしもすぐには決断に至
りません。最初は期待に胸を膨らませま
すが、ハイブリッド品種の約半分の収穫
量しか得られない事を考えると、費用は
倍になります。その費用の増大がほとん
どの顧客の興味を失わせます」

　最後に、ブドウ園の管理者が採用する
ブドウの特定のフレーバーを狙う技術と
同様な、フレーバーのために穀物を栽培
する特別な技術があるかどうかを尋ねた。
「私の知る限りではありません。そのよう
な技術は歩留まりの低下につながり、顧
客のコストが高くなる可能性があります。
顧客が品質とコストの増加に納得してい
れば、農家はそういった技術を模索する
でしょう。しかし現時点では、そういった
傾向は見当たりません」と彼女は答えた。

　マリー・ハウエルとクラースが農場とレ
イクビュー・オーガニック・グレーンで行っ

ている事は、収穫量を「オールマイティな
目標」とする哲学として要約する事はで
きない。もちろん、収穫量は確かに目標の
「1つ」だが、健全な環境を育てる事も別
の目標であり、栄養価が高く美味しい食
品を栽培する事も3つ目の目標である。彼
らの農法は特にフレーバーを追求するも
のではなかったが、全体的に健全な生態
系を目指したもので、その成果の1つは、
意図的かどうかは別として、フレーバー

だった。その香味や風味を重視したブド
ウ園の管理方法とは異なるが（最終的に
は、穀物栽培には当てはまらないかもし
れないが）、彼らの努力は正しい方向に
踏み込む一歩だった。そして科学的に証
明する事は困難ではあるが、彼らの穀粒
から製造されるウイスキーは、少なくとも
ある程度は、彼らの農場と農業に対する
取り組み方に特有のニュアンスを与える
だろう。

★★★

　ニューヨークの蒸留所全体でのエンパ
イア・ライの製造量は、ケンタッキー州の
ライウイスキーの製造量や、MGPからイン
ディアナ州のウイスキーを調達しているブ
ランドに比べると、依然として少ない。そ
して正直に言うと、ニューヨーク市への
旅行中、エンパイア・ライの存在に気付く
事はほとんどなく、まして味わう事もなかっ
た。それはその若さの証か、あるいは単
に都市の巨大さの証なのかもしれない。
私たちが泊まっているタイムズスクエアの
ホテルで、ウエイトレスにエンパイア・ライ・
ウイスキーがあるかと尋ねると、彼女は
困惑した表情で私を見つめた。私が質
問を言い換え、ニューヨーク産のウイス
キーがあるかを尋ねると、彼女は単にカ
クテルメニューのウイスキーを指さしたが、

そこにエンパイア・ライはなかった。このス
タイルは依然として信じられないほどに
未熟で、その可能性はまだ実感するには
程遠いものだと私は考える。
　現在行われている研究は、他の州や
蒸留所への刺激にもなると思う。私はトム・ポッターによる在来品種のライ麦復
活の成功に大いに触発され、同様の計
画が私の博士課程の研究の第2段階と
なった。私の目標は、ヒルズボロ・ブルー＆
ホワイト（Hillsboro Blue & White）と
呼ばれる、テキサスの古い在来品種のト
ウモロコシを復活させる事である。この
品種は、セス・マレー（私の博士課程の
指導教官）と彼の先輩たちの種子バンク
に何十年も保管されてきた。この品種は
ほとんど知られていないが、その名前が、

ソーヤー農場が位置しているテキサス州ヒルズボロで選抜された事を示唆している。我々は、残っている僅かなヒルズボロ・ブルー&ホワイトの種子を増やすだけでなく、植物育種の選抜技術も活用していきたいと考えている。我々の目標は、ソーヤー農場の環境にさらに適合させながら、同時にウイスキー造りに合わせる事である。我々がウイスキー造りにおいて選抜する形質の1つはアルコール収量だが、香味や風味を犠牲にする事はない。フレーバーは我々の主要な選抜形質となるだろう。

　在来品種の復活は非常に興味深いが、エンパイア・ライの最も意味深長なインスピレーションは、地元産穀物の必要要件から来る可能性が高い。これは、法律で定められているか、単に蒸留所が自主規制したものかに関わらず、ラベルに地理的特徴を記載する以前に、ブドウのほとんどがそれぞれのアペラシオンまたは地域で栽培されている必要があるワインのテロワール規制を反映した、初のウイスキースタイルの規制である。そして、エンパイア・ライは、同様に地元産穀物の使用を義務付ける他の新しいスタイルの台頭にも影響を与えた。2019年7月11日、ミズーリ州政府は、バーボンに「ミズーリ・バーボン」と表示するためには、その中に含まれる全てのトウモロコシが州内で栽培されたものでなければならないと義務付ける法案に署名した。これまで、ウイスキースタイルに関する規制のほとんどは、ラベルに記載されている州または地域でウイスキーが蒸留され、熟成される事のみを要求していた。

　しかし、例えばテキサスで製造されたウイスキーがスコットランドで栽培され精麦された大麦や、アイオワ産の在来品種のトウモロコシを使用した場合、それは本当にテキサスウイスキーと言えるのだろうか？　農場と穀物は、地域の違いやフレーバーのニュアンスを生み出す出発点であるべきではないのだろうか？　アメリカの多くのクラフト蒸留所は地元産の穀粒を調達しているが、歴史的に輸入商品穀物に依存してきた事を考えると、実はこのムーブメントの先駆となる、ある場所の存在に驚く人も多いだろう。しかも、この場所には地元の穀物をニッチなウイスキーにしか使われない原料以上のものにするための資金、資源、遺産、人材、そして開拓者精神があるかもしれない。この場所は、州や連邦の規制に影響を与え、アメリカンウイスキーの様相を変え、地元産の穀物（持続可能な農業や農業経済の発展は言うまでもない）を再び第一線に引き上げる可能性を秘めている。

　この場所とは、ケンタッキー州の事である。

14章
マイ・オールド・ケンタッキー・ホーム

　アメリカでは、ケンタッキー州ほどウイスキー造りの伝統が語り継がれている州は他にない。州内では900万以上の樽が熟成されており、これはケンタッキー州の住民1人につき2樽の割合である。農業も同様に、長い歴史を持っている。ケンタッキー州の最も重要な作物は、タバコ、大豆、干し草、小麦、トウモロコシである。後者の2つ（特にトウモロコシ）は、多くのケンタッキーウイスキー（特にバーボン）の重要な原料となっている。法律により、バーボンは最低51％のトウモロコシを含まなければならない。伝統的に、バーボンのグレーンビルにおいては、トウモロコシを補う穀粒としてライ麦か小麦が用いられる。ライ麦はより一般的な選択肢で、ジムビーム、ワイルドターキー、ウッドフォードリザーブ、バッファロートレース、エヴァン・ウィリア

ケンタッキー州クレアモントに位置するジムビーム蒸溜所。バーボンウイスキーの販売量は世界No.1を誇る。

ケンタッキー州ヴァーセイルズに位置するウッドフォードリザーブ蒸留所。ケンタッキーダービーのオフィシャルバーボンでもよく知られている。

ムスは全て、バーボンにライ麦を使用している。蒸留業者が小麦を使用した場合、その蒸留酒は「ウィーテッド（小麦）バーボン」と呼ばれる。メーカーズマーク、パピー・ヴァン・ウィンクル、W.L.ウェラーはよく知られているウィーテッドバーボンのブランドである。どちらのアプローチでも素晴らしいバーボンが造られるが、トウモロコシとライ麦を組み合わせたバーボンは、スパイシーな味わいに、トウモロコシと小麦を組み合わせたバーボンは、柔らかく少し甘みが増す傾向にある。

ウイスキーにおけるトウモロコシと小麦の重要性、そしてこれらがケンタッキー州の主要な農作物である事を考慮すると、ケンタッキー州のウィーテッドバーボンは全てケンタッキー州産のトウモロコシと小麦から造られていると考えても間違いではない。しかし、これは事実とは異なる。2014年まで、ケンタッキーバーボンの製造に使用されたトウモロコシのうち、実際にケンタッキー州産のものは僅か約40%であった[1]。残り60%の大多数は、主にインディアナ州のカントリーエレベーターから来ていた。この割合は、ケンタッキー・トウモロコシ生産者協会によるロビー活動のおかげで、近年はケンタッキー州産トウモロコシに有利にシフトした。しかし今日でも、ケンタッキー州の蒸留所で使用されているトウモロコシの多くは、北部のインディアナ州、イリノイ州といったコーンベル

ト全域で栽培されている。

トウモロコシ、小麦、ライ麦の産地に関わらず、ウイスキーの製造にケンタッキー州ほど多くの商品穀物を使用する州は他にはない。ケンタッキー州の蒸留所では通常、イエローデントコーン、軟質赤色冬小麦、プランプ・ライ（ライ麦の等級）、麦芽大麦以外の穀粒特性を指定する事はない。これらは全て、米国農務省（USDA）の許容等級（通常は#1）を満たしている必要がある。そのため、ケンタッキー州のウイスキーのほとんどは商品穀物から製造されており、これらの穀物の多くはどこか別の場所で栽培されている。

商品穀物の使用に対する表面的に適切な説明は、ケンタッキー州最大の蒸留所群の圧倒的な製造量にある。全体的に見ると、ケンタッキー州のバーボン業界は、1年間におよそ40万トンから54万トンのトウモロコシを消費している[2]。2019年、ケンタッキー州の農家は1エーカーあたり平均約4.9トンのトウモロコシを生産した[3]。従って、ケンタッキー州のバーボン業界に供給するためには、およそ8.3万〜11.1万エーカーと目されるケンタッキー州の農地が必要となる。これは広大な土地のように思えるかもしれないが、ケンタッキー州の総面積、およそ2,540万エーカーのうちの半分以上が農地として使用され、そのうちのおよそ

150万エーカーがすでにトウモロコシ栽培に使用されている事を考えれば、ケンタッキー州で栽培されているトウモロコシ全体の、僅か5〜8%を転用するだけで、ケンタッキー州のバーボン業界全体に供給する事ができる。

具体例を挙げると、ケンタッキー州最大のバーボン蒸留所の1つであるジムビームは、年間約50万樽を製造している[4]。平均すると、バーボン1樽の製造にはおよそ200〜250kgのトウモロコシを必要とするため、ジムビームは毎年およそ10〜13万トンのトウモロコシを消費する。1エーカーあたり収量約4.9トンとすると、ジムビームの年間のトウモロコシ需要をまかなうには、2.2万〜2.8万エーカーの農地が必要となる。これはかなり広大な農地のように思えるかもしれないが、大規模なワイン事業にも同様の面積要件がある事を考慮してみよう。例えば、E.&J.ガロワイナリーは、カリフォルニア州全域に2.3万エーカーを超えるブドウ園を所有している[5]。さらに、彼らは年間総需要を満たすために州全体の生産者と契約を結んでいる。

ケンタッキー州の大規模な蒸留所は、なぜ過去100年もの間、テロワールと地元産穀物の可能性と距離を置き、穀物の商品市場に閉じこもり続けたのだろうか? 財務上、農業上、管理上といくつかの理由があるが、おそらく何よりも、穀物のテロワールを選別してコントロールする事が利益をもたらすという、確固たる証拠がなかった事によるのかもしれない。

とはいえ、ケンタッキー州でも、一部の研究者や蒸留業者はようやくテロワールに注目し始めた。穀物品種や農場環境がフレーバーに与える影響を調査する最も興味深い研究のいくつかは、大手バーボン蒸留所が行っている。そこで、私はこれらの取り組みのいくつかを見る時が来たと判断した。

★★★

ニューヨークへの旅から1ヵ月後、妻と私は故郷のケンタッキー州ルイビルに向かった。この都市は、バーボンカントリーのテロワールを探求する数日間の旅の拠点となる予定であった。ルイビルで育った私は、すでにケンタッキー州のバーボン蒸留所の多くを訪れていた。そこで使用されている原料や製法、蒸留所ツアーでゲストに伝えられる事と伝えられない事も知っていた。ケンタッキー州で提供されている多くの蒸留所ツアーのどれかに参加すれば、どのツアーでも3つの事項を聞く事ができる。

1つ目は水である。ケンタッキー州の帯

水層は全て、炭酸塩堆積岩である石灰岩（ライムストーン）層の上にある。今日の石灰岩は、主に藻類、サンゴ、甲殻動物などの海洋生物の死骸から古代の海底で形成された。これらの微生物や動物は、海水から炭酸カルシウムと炭酸マグネシウムを隔離し、殻や骨格を形成した。つまり、石灰岩にはカルシウムとマグネシウムが豊富に含まれている事を意味する。これは、石灰岩の水をウイスキー造りにおいて理想的なものにする、2つの極めて重要なポイントの1つである。糖化においては、カルシウムが穀物由来のリン酸塩と反応してpH（水素イオン指数）を下げ、デンプンを糖へと変えるアミラーゼ酵素を安定させる。そして、カルシウムとマグネシウムは両方とも、酵母の健全性に必要なミネラルである。石灰岩は、水から鉄分を効果的にろ過もする。蒸留業者は、樽で熟成させた高度数のウイスキー（通常、アルコール度数55〜70%）を薄め、瓶詰め度数（通常、アルコール度数40〜50%）に下げる。ボトリング前に加える水の鉄分が豊富だと、それはオフフレーバーを発生させ、ウイスキーを濁らせる。現代の水処理技術が登場する以前は、石灰岩でろ過された水はカルシウムが多く、鉄分が少ない天然の水源としてウイスキー造りに最適だった。しかし、20世紀に水処理技術が進歩した事により、ケンタッキー州だけでなく、多くの都市

の水源がウイスキー造りに完全に適するようになった。そのため、「石灰岩でろ過された水（地質学者が〈硬水〉と呼ぶ）」の重要性は、19世紀に比べて今でははるかに低くなっている。

ケンタッキー州のバーボン蒸留所の2つ目のプライドは酵母で、ほぼ全ての蒸留所が独自の菌株を培養している。これらの菌株は、多くの場合、蒸留所の創業メンバーによって数十年または数世代前に分離された。禁酒法が廃止された直後、ジェームズ・ボーリガード・ビーム（ジム・ビームの方が分かりやすいだろう）は、蒸留所の裏口で酵母菌株を見つけた（蒸留所は、閉鎖された際に禁酒法以前の菌株を失っていた）。確かに多少は変異しているが、1933年に分離したこの新たな菌株は、今日でも使用されている（冷凍保存技術は1950年代まで発明されていなかった）。酵母菌株はそれぞれ遺伝的に異なり、穀物の品種が異なるのと同様に、遺伝子の相違によってフレーバーに独特のニュアンスが生じる。発酵中、糖やその他の栄養素を全く同じ方法で代謝する酵母菌株は2つとない。これにより、各菌株による独自のフレーバー化合物が生成される。これが、ケンタッキー州のバーボン蒸留所が独自の菌株を喧伝する理由である。

興味深い事に、スコッチウイスキー業界はその真逆である。歴史的に、スコッ

トランドの蒸留業者は全て同じ3〜5種の酵母菌株のみを使用しており、環境から酵母を分離させたり、独自の酵母菌株を創造したりする事を決して真剣に考慮した事はなかった。これは憶測に基づいているとはいえ、私はスコッチウイスキーの蒸留所がスコットランドのビール醸造所に近接しているためだと信じている。歴史的に、スコッチウイスキーの蒸留所は近隣の醸造所から廃棄された酵母を購入していた（ブルワリー酵母はディスティラー酵母と同じ種類のもので、1つの菌株がビール、ワイン、ウイスキー、ラム、ウォッカなど、多くの異なる種類のアルコール飲料の製造に効果的である事は、非常に一般的である）。20世紀に業務用酵母の供給会社が誕生すると、スコッチウイスキー業界は多様性を求めなくなった。酵母は糖をアルコールに変換する容器にすぎないと信じて疑わなかったためである。時折、新たな菌株を導入し採用する事もあったが、それはより効果的に高収量のアルコールが抽出できると示された時だけであり、フレーバーとは無関係だった（公平を期すために言うと、過去5〜10年の間にスコッチウイスキー業界は酵母に対する姿勢を見直し始め、現在では様々な菌株がフレーバーに与える影響を研究し始めている）。

これに反し、ケンタッキー州のバーボン業界は孤立した状態で設立された。ウイスキーを造りたくても近隣に醸造所がなければ、野生酵母を分離するしか選択肢はなかった。禁酒法以前は、「マスターディスティラー」という称号は一般的ではなく、ウイスキー製造責任者は「ディスティラー・イーストメーカー」という称号を持つ傾向があった[6]。2011年に私が蒸留業者として最初に担当した仕事の1つは、ウイスキーを造る事ではなく、酵母を「作る」事だった。最初の半年は、野生の酵母を求めて大牧場や農場、研究室で過ごした。我々は成功し、ＴＸウイスキーは1933年のジムビーム以来、野生の酵母を分離させてウイスキーの製造に使用した最初の蒸留所となった。我々の専有の菌株は、フォートワースの蒸留所から南西に車で約1時間のところにある、テキサス州グレン・ローズのランチョ・ヒエロ・ブラゾスから来ている。それは私が見つけた母樹の下に転がっていた、潰れたピーカンナッツから得たものだった。我々が「ブラゾス」と愛称を付けたその菌株は、オールスパイスとイチジクの独特のフレーバーを、我々のストレートバーボンとライウイスキーに与えている。

ケンタッキーの蒸留所ツアーで3つ目に聞くものは、樽である。連邦法では、アメリカのストレートウイスキーはチャーを施した（内側を焦がした）オークの新樽で熟成しなければならないと定めている。蒸留所ではおそらく、クーパレッジ（製樽工場）

の外で樽材をどのくらいの期間乾燥させるか、どの程度のチャーを行うか、そして、熟成庫のフロアの違いによってその場所特有のフレーバーを持つウイスキーが生まれるかの仕組みを説明するだろう。

だが穀物に関して言えば、ほとんどのツアーで提供される情報は比較的限定されている。現在はもちろん、全ての蒸留所は、バーボンは法律により少なくとも51％のトウモロコシを含まなければならないと教えるだろう。同様のシンプルな多数決原理はライウイスキーにも当てはまり、それは51％のライ麦でなければならない。しかし蒸留所は、「イエローデントコーン、プランプ・ライ、軟質赤色冬小麦、大麦麦芽」といった非常に細かな等級の仕様を説明するだろうか？

地元産ではない商品穀物を使用しているケンタッキー州のウイスキー業界を私が非難しているように思われる前に、もう一度言わせてほしい。商品穀物からウイスキーを造る事は、本質的に何も悪い事ではない。今日、最も風味豊かで高品質なウイスキーのほとんどは、商品穀物から造られている。しかし科学的研究では、商品穀物ではない、識別保存された穀物の違いを味わう事ができるという見解を裏付けている。過去100年のウイスキー造りにおける商品穀物の圧倒的な使用を非難している訳ではないが、科学と経験に基づき、商品穀物から離れテロワールへと移行する事で、ウイスキーの新たな扉が開かれると私は信じている。

★★★

ケンタッキーバーボンに使用されるトウモロコシの多くは州外で栽培されているが、実際には、ケンタッキー州には農家と蒸留業者の間に長年に渡る関係がいくつかあり、何世代にも渡り、いくつかの農場ではバーボン業界専用のトウモロコシや小麦を栽培してきた。ケンタッキー州中央部の中心都市、ルイビルから南に約100kmに位置するロレットにはペターソン農場がある。東に約65kmのところには、ダンビルの近くにカヴァーンデール農

場がある。ラングレー農場はルイビルのすぐ東、シェルビー郡にあり、ウォルナット・グローブ農場はケンタッキー州の南中央部、テネシー州境から僅か数kmのところにある。これらの何世代にも渡る家族経営の農場は、商品穀物とそうでない穀物を分ける境界線がいかに曖昧であるかを示す良い例である。

これらの農場はそれぞれ数十km²の土地を耕作し、トウモロコシ、小麦、大豆、キャノーラ（セイヨウアブラナ）など様々な

220

作物を栽培している。表面的には、どの農場も大規模な商品穀物農場のように見える。そして多くの側面において、それは事実である。しかし、これらの農場が他と異なるのは、トウモロコシと小麦の収穫の多くをケンタッキー州のバーボン業界に販売している事である。では、このトウモロコシと小麦は商品穀物なのだろうか?

TXウイスキーに穀粒を供給しているソーヤー農場は、元々は商品穀物農場であった。現在もそうだが、我々と提携する以前よりも規模は小さくなっている。しかし、ソーヤー農場がTXウイスキーに販売する穀粒は、商品穀物ではない。穀粒はIPハンドリング(分別生産流通管理)されているため、我々は彼らが栽培したトウモロコシ、小麦、ライ麦、大麦の厳選された品種のみを受け取る。同様に、ペターソン、ウォルナット・グローブ、ラングレー、カヴァーンデールも一部の穀粒を商品穀物市場に販売している。これらの農場が栽培するトウモロコシや小麦は、多くの場合、商品穀物と同じ品種であり、同じ農法で栽培されている。しかし、これらの穀粒は必ずしも第三者のカントリーエレベーターへと販売されて保管される訳ではなく、その代わりに農場が所有するサイロに保管され、蒸留所に直接届けられるという点が異なる。穀粒は地域のエレベーターにおいて、様々な農場や品種のトウモロコシ

と混ぜられ、実際に商品化される。前述の農家は必ずしも品種を区別している訳ではないが、GMOと非GMOトウモロコシを区別し、他の農場の穀粒と混ざらないようにしている。これはIPハンドリングの一形態である。これはテロワールに対する最も積極的なアプローチではないかもしれないが、ペターソン、ウォルナット・グローブ、ラングレー、カヴァーンデールの穀粒には原産地があり、ひいてはそれぞれの環境に特有のニュアンスをウイスキーに与え得る事になる。

ケンタッキー州のバーボン業界が歴史的にテロワールの追求に遅れているのは、農家の責任ではない。特定の農場特有のフレーバーを持つ高品質の穀物が州の至る所で栽培され、定評のある蒸留所はこれらの農場から原料を調達している。しかし、同時にケンタッキー州の複数の農場とインディアナ州のカントリーエレベーターから原料を調達している。蒸留所のエレベーターには約1週間分程度の原料しか保管できないため、穀粒のブレンドは1度に行われる訳ではなく、ゆっくりと段階的に行われる。毎日、毎週のように何台ものトラックが到着し、様々な品種や農場の穀粒が混ぜ合わされるため、ペターソン、カヴァーンデール、ラングレー、ウォルナット・グローブの穀粒がテロワールを捉えていたとしても、蒸留所においてそれが失われてしまう。

そして、ライ麦と大麦麦芽は、バーボンのグレーンビルとしてトウモロコシの補完によく使われる。ライ麦はケンタッキー州では一般的な作物ではないため、蒸留所は中西部北部、カナダ、さらにはヨーロッパからもライ麦を調達し、大麦麦芽は中西部北部の麦芽製造所から調達している。

そのような訳で、少なくとも禁酒法以来、ケンタッキー州のバーボン業界全体では、テロワールの有意義な追求は行われてこなかった。とはいえ、既存の蒸留所と新たな蒸留所のどちらにも例外は存在する。テロワールの追求がサイドプロジェクトの場合もあれば、蒸留所の穀物選択の基礎となる場合もある。

バッファロートレースは2015年以来、毎年、フランクリン郡の蒸留所に隣接する小さな農場で異なる品種のトウモロコシを栽培している。収穫されたトウモロコシは、それぞれ別々に糖化、発酵、蒸留、熟成される。そして熟成後は個別に瓶詰めされ、「シングルエステート」として発売される。非常に興味深いサイドプロジェクトではあるが、これらのトウモロコシの収穫量は、蒸留所の年間製造量と比べるとごく僅かである。

メーカーズマークは1950年代に蒸留所を開設後、ペターソン農場から穀粒の調達を始めて以来、彼らと緊密な関係を築いてきた。ペターソン農場は、メーカーズマークへの軟質赤色冬小麦の唯一の供給元で、この農場はかなりの量のトウモロコシも供給している。

エフタクリードは、ルイビル近郊の新しい蒸留所で、2016年以来、シェルビー郡のテロワールを捉えるために、ブラッディ・ブッチャーと呼ばれる在来品種のトウモロコシを使用している。ブラッディ・ブッチャーは、標準的なイエローデントコーンに比べ魅惑的なえんじ色をしており、それゆえにこの名が付けられた。その記録は、ネイティブアメリカンがバージニア州の入植者に紹介した1840年代までしかさかのぼれないが、その起源はそれよりもさらにさかのぼると考えられており、ネイティブアメリカンがその濃厚で甘いフレーバーのために栽培したと考えられている。エフタクリードは、使用するブラッディ・ブッチャーの全てを家族経営の農場で栽培している。彼らは毎年、次のシーズンに植

ケンタッキー州フランクフォートに位置するバッファロートレース蒸留所。テロワールの研究にも熱心だと言われている。

14章 マイ・オールド・ケンタッキー・ホーム

え直すための種子として収穫の一部分を保存している。私は、このアプローチはテロワールを捉えて際立たせる最も誠実で確実な方法の1つであると考えている。この初期世代のトウモロコシは蒸留所のすぐ隣で栽培されており、季節ごとに種子を保存するという自然淘汰と選抜により、蒸留所の農場という非常に地元特有の環境に適応する。つまり、テロワールは本質的に、ウイスキーの原料となる穀粒と、種子として使われる穀粒で、2つの役割を果たしていると言えるだろう。

生産量と品質の両方の観点から、ケンタッキー州の新しい蒸留所の中で最も印象的な蒸留所の1つは、ダンビルにあるウィルダネストレイルである。地図上では、ダンビルは限りなくケンタッキー州の中心に位置している事が分かる。この街は、私立のリベラル・アーツ・カレッジであるセンターカレッジの本拠地として、最も良く知られている。アイビーリーグ（アメリカ合衆国北東部にある8つの名門私立大学の総称）校がアメリカンフットボールチームとして知られていた1921年までさかのぼると、センターカレッジはハーバード大学を6対0で破り、"New York Times"はこれを「フットボールにおける世紀の番狂わせ」と呼んだ。

5月下旬の木曜日の朝、私はリア、母、そして叔父のリック（ケンタッキー州のバーボン業界のベテラン）と共に幼少期を過ごしたルイビルの家を出て、南西のダンビルへと車を走らせた。我々はウィルダネストレイルを訪問する予定であった。そこでは穀粒の大半を2つの農場から調達しており、そのうちの1つはライ麦も供給していると聞いていた。ケンタッキー州産のライ麦を使用している蒸留所は、私が初めて目にした例であった。

ケンタッキー州ダンビルに位置するウィルダネストレイル蒸留所。サワーマッシュではなくスイートマッシュを行うことで知られている。

15章
ケンタッキーのトウモロコシ、小麦、ライ麦

　ウィルダネストレイル蒸留所は、2013年にシェーン・ベイカーとパット・ヘイスト博士によって設立された。彼らは1990年代からの友人で、一時期はバンド仲間でさえあった。蒸留所は、2人の親友がかつての輝かしい時代を取り戻すために軽々しく努力をしているような場所ではなかった。操業開始時には、彼らはすでにビジネスパートナーとして7年間の成功を収めていた。最初の会社は「フェルム・ソリューション」といい、その業務は蒸留業界向けの酵素と酵母の卸売りとコンサルティングだった。では、彼らはどのようにして蒸留の技術と科学を学んだのだろうか？かつてパットは私にこう言った。「蒸留所で何かうまくいかない事があると、皆すぐに酵母のせいにします。だからシェーンと私は、『それは酵母のせいではありません』と顧客に説明できるよう、蒸留プロセスのあらゆる側面を学ばなければならな

ウィルダネストレイル蒸留所には、2万樽以上を貯蔵できる熟成庫が点在している。

ウィルダネストレイル蒸留所のビジターセンター。木材を多用したシンプルな空間に仕上げてある。

15章 ケンタッキーのトウモロコシ、小麦、ライ麦

かったのです」と。

シェーンは大学で機械工学を学び、キャリアの前半を3つの異なる会社でエンジニアリング担当副社長として過ごした。パットは、2006年にシェーンとフェルム・ソリューションを共同設立する以前は、ケンタッキー大学で植物病理学の博士号を取得し、パイクビル大学で医学微生物学の准教授をしていた。これはちょうど直近のケンタッキーバーボンブームの頃で、アメリカ国内の蒸留酒の売上は、2009年から2014年にかけて36%増加し、輸出の売上は2010年から2014年にかけて56%増加していた。市場はバーボンに熱狂していた。そこで、フェルム・ソリューションの設立から7年後の2013年に、パットとシェーンは自分たちの蒸留所を開設する事を決定したのだった。僅か数年で、その生産能力は日産数百樽にまで達した。彼らは単にケンタッキー州だけでなく、世界レベルでも最大級の「新しい」蒸留所の1つなのである。

ルイビルから東へ車を走らせ郊外を過ぎると、ケンタッキーの人々がホース・カントリーと呼ぶ地域に入る。丘のあちこちに散在する赤い納屋、フェンス、練習場は、ケンタッキー州のもう1つの象徴であるサラブレッドの牧場である。馬の牧場や丘陵地帯には、長い棚で構成された樽貯蔵庫の一種であるリックハウスが点在している。その棚では樽が熟成され、基本的には樽が上に積み重ねられている。こ

ケンタッキーダービーで有名な、サラブレッドの牧場。広大な敷地が広がる。

れらは巨大な貯蔵庫で、通常どの倉庫も2万〜7万樽のウイスキーを貯蔵している。

我々が午前中に到着し、最初に目に付いたのは建設中の貯蔵庫の1つであった。私はすでに完成した4棟を見つけたが、それらは巨大で、それぞれが間違いなく2万樽を貯蔵できるものであった。これほど日の浅い蒸留所が、熟成中の樽をこれほど大量に保有しているのは驚くべき事である。新しいクラフト蒸留所のほとんどは、年間に数百樽しか生産しないだろう。

私の家族はツアーのためにビジターセンターへと向かい、私はパットとシェーンに会うために事務所へと入った。蒸留所のほとんどは基礎から新築されていたが、事務所はすでに敷地内にあった19世紀のビクトリア朝様式の建物を修復したものだった。私は会議室で、ウイスキーで満たされたテイスティンググラスの列の前にいるパットを見つけた。その後ろには、スタイル、穀物の詳細、熟成年数、樽、貯蔵庫の場所など、それぞれの特徴を記したサ

ンプルボトルがあった。

　「ちょっと早朝の分析をしていたよ」とパットは言い、私たちは笑顔で握手を交わした。挨拶のすぐ後にシェーンが入ってきた。パットとシェーンに初めて会っても、彼らが高学歴で経験を積んだ、知識豊富な専門家のコンビだとは即座には気付かないかもしれない。着ている服はカジュアルで、顔には髭を生やし、ケンタッキー訛りの温かみのある話し方をする。たとえ最近知り合ったばかりでも、まるで数十年来の友人であるかのような気分にさせてくれる。しかし誤解しないでほしい。パットとシェーンはウイスキー業界において最も尊敬されている人物であり、業界全体のコンサルタントとして活動を続けている。

　この訪問の時点で、私がパットとシェーンと知り合ってから5年ほどが経っていた。2014年にTXウイスキー独自の野生酵母菌株をフリーズストック、寒天培地、液体培地からバッチごとに繁殖させた後、フェルム・ソリューションは我々の酵母を活性乾燥形態に変換させた。我々独自の酵母菌株の独特な遺伝子とフレーバーは同じだが、乾燥酵母の供給は信じられないほど時間の節約になった。私はまた、蒸留所で問題が発生した時には、何年にも渡り何度も彼らにアドバイスを求めてきた。我々は過去にも穀粒について議論した事はあったが、彼らは決してデンプン、タンパク質、脂肪の望ましい濃度についてそれ以上の議論をする事はなかった。

　「私たちの業界では、『南部では良質のライ麦は育たない』という話しか聞いた事がありません」と、私は座りながら言った。目の前にはテイスティンググラスが並び、部屋にはウイスキーの匂いが充満していた。「私はその言葉を決して受け入れませんでした。特に、私たちはテキサスのソーヤー農場で3シーズンに渡りライ麦の栽培に成功してきたからです」

　我々が2015年に初めてソーヤー農場と仕事を始めた時、彼らはすでにトウモロコシと小麦の栽培で定評があった。しかし、TXウイスキーにはライ麦と大麦が必要だと気付いた後、ジョン・ソーヤーと彼のチームは、テキサスでは本質的に前例のない、これら2つの穀物の栽培に着手した。ジョンは、一般的に寒冷な気候でよく育つと言われているこの2つの穀物のテキサスでの生育を可能にする、品種と農業技術をどうにか見極める事ができた。2017年、ソーヤー農場はTXウイスキーのライ麦の唯一の供給元となった。そして2年後には、彼らは大麦の唯一の供給元となり、その大麦は地元フォートワースのクラフト精麦業者であるテックスモルトで麦芽にされるようになった。

　続けて私は、「なぜケンタッキー州ではライ麦がこれほど少量しか栽培されておらず、ケンタッキーウイスキーの製造に使用されるライ麦は基本的に全て、北部から数千kmもの距離を運ばれてくるのでしょうか？　あなた方はどのようにして

15章 ケンタッキーのトウモロコシ、小麦、ライ麦

テキサス州フォートワースに位置するクラフトの精麦業者、テックスモルトの事務所。

蒸留所からのオーダーに合わせて、精麦にもさまざまなレシピを用いている。

そのシステムから脱却し、100%ケンタッキー産のライ麦を調達するようになったのですか?」と尋ねた。

「そうですね、昔からそうだった訳ではありません」とシェーンは語り始めた。「1800年代を振り返れば、ケンタッキー州ではたくさんのライ麦が栽培されていましたが、禁酒法後に蒸留所が復活した時、ケンタッキー産のライ麦はほとんど栽培されていませんでした。しかし、北部の商品穀物のライ麦は列車で簡単に運ばれてきました」

ケンタッキーのライ麦を葬ったのは、地元の他の穀物も葬ったものだった事が判明した。穀粒が鉄道で全国に運ばれる以前、そして近代農業が農家を多様な品種から少数の高収量で助成金が出る作物へと移行させる以前は、蒸留所は地元の穀粒を使用する以外に選択の余地はなかった。これには、ケンタッキー州のバーボン業界向けの地元産ライ麦も含まれていた。しかし20世紀前半には、ケ

ンタッキー州の農家は被覆作物としてたまに栽培する場合を除き、ライ麦の栽培をほとんどやめてしまった。現在、州全体でライ麦が栽培されている農地は僅か1,000エーカーである。しかしその面積のうち、ウィルダネストレイル蒸留所のニーズを満たすのに十分な面積がウォルナット・グローブ農場にはある。「私たちのところから南西に240kmほどのところにあるウォルナット・グローブ農場のハルコム家が、2015年以来、私たちのライ麦の100%を供給してくれています」とパットが言った。「北部産のライ麦のようにふっくらとは育たず、穀粒はかなり細いですが風味は豊かです」

このサイズの問題は、私がすでに数年前から考えていた事だった。ウォルナット・グローブ農場のライ麦と同様に、我々がソーヤー農場から仕入れたライ麦は、比較対象とした北部産のライ麦サンプルよりも細かった。また、非常に乾燥した夏を経験したトウモロコシでさえ、穀粒は通常よ

りもはるかに小さかった。一般的に、生育条件が最適でないほど、穀物の穀粒は小さくなる。トウモロコシの穂の穀粒の数は比較的一定で、通常は一穂あたり800粒である。従って農家は通常、一穂あたりの収量を増やすためにより大きな穀粒を狙う。

　一般的に、小さくて細い穀粒は、大きくて太い穀粒と比較して「試験重量（※穀粒の取引価格を左右する平均重量）」も低くなる。試験重量は、米国農務省が認可したクォートカップに穀粒を満たし重さを量る事によって計算される。これにより、規程の容積（約35ℓ）を満たす穀粒の重量を決定する。穀粒の密度、特にデンプンを含む胚乳の緻密さは試験重量に影響を及ぼす可能性があり、それは穀粒の形、サイズ、内包能力も同じである。カントリーエレベーターは同じ容積に保管できる重量が減ると考慮し、低密度の穀粒の保管と輸送にはコストが嵩むため、試験重量の低い穀粒の価格は割り引かれる。これは、商品穀物市場に販売する農家は、小さな穀粒よりも重量があり、面積あたりの収量が高いため、大きな穀粒を望んでいる事を意味する。そして農家は、カントリーエレベーターで割り引かれないために、高い試験重量を望む。しかし、蒸留業者はなぜ穀粒のサイズと試験重量を気にするのだろうか？

　ほとんどの蒸留業者は、カントリーエレベーターのニーズを反映するように訓練されているため、試験重量が品質の証であると考えている。だがそれは、少なくともフレーバーの観点では異なる。それは単に、商品穀物の効率的な保管と輸送に関連する測定基準である。1ポンド（約450g）を構成する穀粒の数に関係なく、蒸留業者は依然としてポンド単位で支払いをする。確かに、試験重量が低い穀粒はデンプンの豊富な胚乳の割合が低く、種皮（ふすま）の割合が高い穀粒である可能性を示唆している。しかし常にそうであるとは限らず、たとえそうだとしても、ふすまには重要な揮発性フェノールの前駆体として機能するヒドロキシケイ皮酸などのフレーバーコンジナー（香気成分の同族体）が豊富に含まれているため、最悪の事態ではない可能性がある。我々が、テキサス州ヒル郡の異常に乾燥した2018年の夏に収穫された試験重量の低いトウモロコシで蒸留したところ、アルコールの収量は安定していた。試験重量の高いトウモロコシを使用した時と同量の糖が糖化により生成され、同量のアルコールが発酵から生成された。同じ事は、我々のより細いライ麦の穀粒にも当てはまる。試験重量は北部のふくよかなライ麦よりも低いが、デンプンのレベルに大きな違いはいない。

　試験重量と同様、穀粒のサイズは本当に唯一、収穫高が全ての目標である商品穀物市場に販売する農家の気を揉ませている。大きい穀粒の方が小さい穀粒

よりも印象的に見えるのは事実かもしれないが（少なくとも一部の人にとっては）、穀粒のサイズはフレーバーの質の指針にはならない。

しかし、パットが言うように、小さな穀粒はフレーバーを内包するのだろうか? 結局のところ、ワイン業界ではブドウは小さく、フレーバーが濃縮されるように栽培されている。スーパーで販売されている大きな食用ブドウは、ワイン用ブドウのかろうじて半分の甘味だが、サイズは倍である。同じ事は、私たちが食べる多くの作物、家禽、家畜にも当てはまる。収量を求めて品種改良や栽培を行うと、フレーバーが犠牲になってしまう。フロリダ大学のハリー・クリーの研究室の調査では、現代の大きなトマトのハイブリッド品種は小さな在来品種のトマトに比べ、糖、酸、その他のフレーバー成分の濃度が著しく低い事が示された[1]。消費者にとって見た目が魅力的でも、実際のフレーバーには反映されない場合がある。個人的には、ソーヤー農場の細いライ麦の穀粒（および2018年の夏に収穫した、トウモロコシの小さな穀粒）は、未加工の時も蒸留してウイスキーにした後でも、フレーバーが詰まっていると感じた。

ワイン生産者が小粒で凝縮したフレーバーの強いブドウを生産するため、例えば「干ばつや痩せた土壌などでブドウの木にストレスを与える必要がある」といった話をするのをよく聞く。過度なストレス

は実際には良くないため、この考えはある種の誤解である。「ストレス」がより正確に伝えようとしているのは、条件が良すぎる（水や土壌中の栄養分の過多）と、フレーバーの乏しい大粒で健康的なブドウ、つまり食用ブドウが生産されるという事である。現代の慣行農法は、食用ブドウの栽培を追求するように穀物の栽培を追求してきた。すなわち、大きな果実を生産する事である。大きな穀粒が小さなものよりフレーバーに乏しいかどうかについては、さらなる研究が必要だ。確かに、在来品種のトウモロコシの多くは非常に大きな穀粒を持ち、素晴らしいフレーバーを有している。しかし、このフレーバーを「凝縮」できるような方法で栽培すれば、このフレーバーはより一層強いものになるのだろうか?

興味深い問いだが、これは確実に全ての蒸留業者がオークの木に当てはまると信じている概念である。樽に使用されるホワイトオークの木は、急速に成長するために理想的な土壌や環境下で生育したものではない。代わりに、それらの木々はオザーク高原やアパラチア山脈といった場所で生育しており、これらの地域の土壌は肥沃さに欠け、木々は栄養分を取り合わなければならず、成長するために「努力」しなければならない。基本的に、理想とはかけ離れた生育条件では、シーズニングしてチャーリングした樽の中で重要なフレーバーコンジナーとなる化合物

が濃縮される。したがって、穀物に関する問いは次のようになる。収量にとって理想的な条件とは、環境に基づいて自然に与えられたものなのか？ 農家による投入に基づいて人為的に与えられたものなのか？ あるいはその両方であるかに関わらず、フレーバーにとって理想的ではなくなるのはどの時点なのか？

私はパットとシェーンにこの事を尋ねたが、彼らは確信が持てないと言った。「理論的には、その考えにはある程度の妥当性があると思います」とパットは言った。「しかし、私の知る限りでは、穀物農家は特定の技術がフレーバーにどのような影響を与えるかを考慮していません。かつては考慮していたとしても、彼らは長い間考慮してこなかったし、収量のために（あえて）考慮してこなかったのです。あるいは、今でも考慮している農家がいたとしても、極めて稀でしょう」

これが、私がカリフォルニアを訪れて以来、ほぼ全ての場所で出くわしたワインとウイスキーを隔てる壁であった。ワイン生産者と蒸留業者がブドウや穀粒を調達、選択、品質評価する方法には明らかな違いがある。しかし、私が気付き始めていたのは、その壁はそれよりも高く、果物を栽培するために使用される農法にまでさかのぼり、さらに以前から始まっていたという事だった。私が言及しているのは、慣行農法と有機農法のどちらを選ぶかという決断ではなく、より正確には、農業に

対する考え抜かれた総合的なアプローチである。つまり、ワイン生産者やブドウ栽培者は、収量を犠牲にしてでも果実のフレーバーを向上させ、濃縮する事を目的とした「ストレスを与える」ような技術を、具体的にどのように採用するのかという事である。私が知る限りでは、穀物栽培にはこれに相当するものは全くない。一部の農家、特に有機型やバイオダイナミック型の農家は、化学物質の投入量を減らし、生きた土壌との相互作用を増やす事が、より良いフレーバーにつながる「可能性がある」と即座に指摘するが、彼らがフレーバーのために特別に何かをするという事は滅多にない。むしろ、フレーバーは後付けであり、収量と環境の持続可能性が保証されて初めて考慮されるおまけである。

ブドウに「ストレスを与える」というのは、ブドウのフレーバーをコントロールし、目標とするために栽培者が用いる技術を特に科学的に表現する言い方ではない。また、こういった技術全般を網羅している訳でもない。ブドウ園には、除葉、樹冠管理、葉面施肥、房の間引きなど、ブドウの中で発達するフレーバーコンジナーに影響を与える事を目的とした、あらゆるカテゴリーの農法が存在する。

例えば除葉では、ブドウへの日光の量と強さを管理する。特定のカロテノイド由来の、ビチスピレン（フローラル）やテルピネオール（フローラル、シトラス）といったフ

レーバー化合物は、果実がさらなる日光を受けた時に高い濃度で生じる。その一方で、ワイン生産者は3-イソブチル-2-メトキシピラジン（青ピーマン）の産出を促すため、除葉や人工的な遮光をしない場合もある。ワインのスタイルによっては、メトキシピラジンを避けたいものもあり、ソーヴィニヨン・ブラン、カベルネ・ソーヴィニヨン、そしてボルドーといった特定のスタイルは、その典型的で期待されるフレーバーの多くをこれらの化合物に負っている[2]。

樹冠やツルの管理では、トレリス（成長するブドウのツルを誘導する格子垣）と剪定（ブドウの房となる芽〈未発育の胚性シュート〉の数を決定する、ブドウの枝の切断）により、ブドウの樹冠をコントロールする。樹冠は、幹、枝、茎、葉、花、果実など、地上に見えるブドウの部分を指す。樹冠管理は、ブドウが得られる酸素と日光の量に影響を与え、これが次はブドウのテルペン、フーゼルアルコール、ノルイソプレノイドの濃度に影響を与える。葉面施肥は、地面に撒く代わりに植物の葉へ直接肥料を散布する事である。硫黄と窒素の葉面施肥は、ブドウの実のチオール濃度を変化させる。パッションフルーツとグレープフルーツのフレーバーによって特徴付けられる、とりわけニュージーランド産のソーヴィニヨン・ブランといったチオール濃度が特に重要な特定のスタイルは、葉面施肥が一般的である。テルペン（甘味、フローラル、フルーツ、樹脂）、フェネチ

ルアルコール（フローラル、バラ）、フェニルアセトアルデヒド（ハチミツ、バラ）は、肥料がプロリン、フェニルアラニン、尿素、窒素を基にしたものであるかどうかにより、影響を受ける事が知られている。そして銅は、1880年代から害虫の管理に用いられており、フレーバー化合物の全範囲の濃度に影響を与える可能性がある[3]。

ブドウ園が受ける灌漑の量とタイミングは、ブドウのフレーバー化合物の発達に重大な影響を及ぼす。干ばつによりブドウの品質が低下するのは事実だが、適度な水分ストレスは、β-ダマセノン（調理したリンゴ）、4MMP（ブラックカラント、セイヨウツゲ）、4MMPOH（シトラス）、ネロール（フローラル、フルーティ）、ゲラニオール（バラ）、リナロール（スイート、フローラル）、メトキシピラジン（青ピーマン、草、土っぽさ）を濃縮する事が研究で報告されている。特定の研究では、適度にストレスを与えられたブドウは、これらのフレーバー化合物をより高濃度で含む果実を付けたが、それは水分ストレスのもう1つの副産物である果実の縮小による可能性がある。言い換えれば、水分ストレスはフレーバー化合物の生成を促すのではなく、本質的に濃縮された小さな果実の形成を促すのである[4]。しかし、これは実際には、細いライ麦の穀粒ほどフレーバーを内包するという、パット、シェーン、そして私の観察を実際に裏付けるものかもしれない。

房の間引きは、小さな房や大きすぎる房、形の悪い房を取り除く事であり、これにより混み合ったり栄養素を奪い合ったりする事なく、最も理想的かつ適切なブドウの房の成長が可能になる。研究によると、房を間引くとカベルネ・ソーヴィニヨンとグレナッシュ（Grenache）で最も望ましいアロマのレベルが高くなる事が分かっている。ある研究では、これは先述の3-イソブチル2-メトキシピラジン（青ピーマン）の濃度の増加に起因している事を示唆している。ソーヴィニヨンの果実は、間引く事で様々なテルペン（スイート、フローラル、フルーツ、樹脂）が増加する[5]。房の間引きは、ブドウ園のフレーバーをコントロールするために採用されている農法の中で最も研究が進んでいないが、それは依然としてコンジナーコントロールの重要な側面である。

ブドウの木にストレスを与えると、ワイン用のブドウのフレーバーは向上するが、穀物の場合は状況が決定的に異なる可能性がある。先程ブドウ栽培で説明した技術に基づくと、穀物作物にストレスを与えるとフレーバー化合物の生産量が増加する可能性があると考えられる理由がいくつかあるが、同時に感染症を引き起こし、マイコトキシンの生成につながる可能性もある。マイコトキシンとは、人体に有害で、急性中毒、免疫不全、癌などの原因になる。マリー・ハウエル・マーテンが電話で初めて話した時に、この事を教えて

くれた。「穀物にストレスがかかると特定の真菌感染症にかかりやすくなり、それらの真菌はマイコトキシンを生成する可能性があります。そのため、ストレスを受けた穀物植物は、しばしば有毒な穀粒を作る事になります」

植物に対して「ストレスを与える」事が、その穀粒のフレーバーにどれほど影響を及ぼすかを調査するのなら、実現するべきそのバランスについて、マリー・ハウエルは説得力のある主張をしている。穀物植物が過剰な栄養素や水分にさらされないように特定の技術を研究する事は可能だが、不用意に有毒な穀粒を作り出さないよう、私たちはそれを注意深く行わねばならないのである。

ワイン用ブドウの栽培者にとって、収穫の成功は、フレーバーのコントロールと活用に根ざした技術に大きく依存している。彼らは「フレーバーを求めて栽培している」。しかし、今のところ穀物に関しては、少なくともワイン用ブドウの栽培者のようには、フレーバーのために栽培していない。私はパットとシェーンに、彼らのところで働いている農家が品質を維持するためにどのような農法を採用しているのか、そして彼らにとって品質とはそもそも何を意味するのかを尋ねた。「そうですね、業界を見渡せば、品質とは本質的に、試験重量、水分、高デンプン、低タンパク質、好ましいアロマという特定の要件を満たす事を意味します」とシェーンが言った。

「穀粒には、カビ臭い酸味のあるアロマがあってはいけません」

「その通りですね」と私は答えた。米国農務省によって規定されている商品穀物取引の品質保証は、アメリカのウイスキー業界の基準値となっている。「それはTXウイスキーも一緒です。私たちは様々な農業技術がフレーバーにどのような影響を与えるかを研究し始めていますが、まだ初期段階にあります」

私は、自分たちが行ったウイスキーテロワールの研究により、ウイスキーのフレーバー化合物と相関する可能性がある生のトウモロコシに含まれる化学マーカーについて、手掛かりを明らかにした事を彼らに伝えた。我々の結果は、特にトウモロコシの穀粒のベンズアルデヒド、カロテノイド、ヒドロキシケイ皮酸の濃度が、明確にウイスキーの多くの好ましいフレーバー化合物の濃度と正の相関がある事を論証していた。しかし我々は、生のトウモロコシに含まれるベンズアルデヒド、カロテノイド、ヒドロキシケイ皮酸の濃度に何が影響するのかを依然として調査しており、いつか品種改良や栽培技術を通じてこれらの濃度をコントロールできるのではないかと考えている。

「フレーバーに関しては考慮すべき事が非常に多く、穀粒の化学組成がどのような役割を担っているのかを理解するには、依然として多くのギャップがあります」とパットが言った。「さらに、業界は何

十年もの間、シーズニング、トースティング、チャーリングといったオーク樽の様々な仕様や、貯蔵庫の環境がフレーバーにどのように影響を与えるかに重点を置いています。真っ先に樽が来ているのです。穀粒が常に重要である事は明らかですが、見栄えと香りが良ければ、あるいは十分に良ければ、それでよしとされていました」

「私たちは2ヵ所の農家と仕事をしています」とシェーンが付け加えた。「先ほども述べたように、ウォルナット・グローブ農場は私たちが使用するライ麦の全てを供給し、カヴァーンデール農場はトウモロコシと小麦の全てを供給してくれています。カヴァーンデール農場は私たちの蒸留所のすぐ近くです。彼らは種子生産者でもあるので、非常にきれいな穀粒を私たちに届けてくれます」

その日遅くに、私はカヴァーンデール農場のマネージャー、バリー・ウェルティと会う事になった。バリーは、私がこの本を書き始めた時からだけでなく、私がウイスキー業界に入ってから出会った他の農家全員から聞いた事と同じ話をしてくれた。その話は、異物、埃、異臭のない（米国農務省が規定した）高品質の穀粒を生産するというものだが、それはフレーバーではなく、商品穀物市場によって先導された農業手法の話である。繰り返しになるが、ウィルダネストレイル、ニューヨーク・ディスティリング、キングスカウン

ティ、そして我々のTXウイスキーで使用する穀粒が必ずしも商品穀物であるという意味ではない。しかし、ワイン業界と比較すると、我々が使用する穀粒はワイン用のブドウよりも食用のブドウに近い方法で栽培されているのだろうか？　私はそうだと思う。

　話題を変え、私はパットとシェーンに化学的ロードマップの話を持ち出した。また、テロワールに力を入れている他のニューヨークの蒸留所とも議論をしたが、彼らはウイスキーのフレーバーの化学的性質について重要な研究をしていなかったため、あまり意見が得られなかった事にも言及した。パットとシェーンには科学的背景があり、ウイスキー業界のコンサルタントとして長年役割を果たしてきている事から、何らかの見識があるのではないかと期待していた。しかし、ニューヨークでの私の経験と同様、彼らもあまりコメントができなかった。もちろん、彼らはフレーバー化合物のリストに興味を抱いたが、特定のフレーバー化合物をより効果的にターゲットにしてコントロールするため、それをどのように「利用するか」という事に関しては、確信を持っていなかった。テロワールの特定の側面、つまり穀物の遺伝的特徴、農場環境、および農業技術が穀粒由来のフレーバー化合物の存在と濃度に具体的にどのような影響を与えるかについて、さらに詳細が解明されるまでは、テロワールを最も効果的に活用する方法について、根拠に基づいた決定を下すのは困難である。今のところ、我々にできる最善の事は、テロワールを「追求し」、その過程でどのようなフレーバーを発見するのかを見る事である。

★★★

ケンタッキー州アデアビルに位置するウォルナット・グローブ農場。ここでも広大な農地が広がる。

ウォルナット・グローブ農場に植えられた、在来種のレイズ・イエローデントコーン。フレーバーを追求した画期的な取り組みだ。

15章 ケンタッキーのトウモロコシ、小麦、ライ麦

ウィルダネストレイルは、2つの農場からのみ全ての穀粒を調達する能力がある、ケンタッキー州最大の蒸留所の1つと思われる。蒸留所から8kmも離れていない1つ目の農場であるカヴァーンデール農場は、全てのトウモロコシと小麦を供給し、2つ目の農場であるウォルナット・グローブ農場（蒸留所から南西に車で数時間の距離、テネシー州の州境近くにある）は、全てのライ麦を供給している。そのため、ウィルダネストレイルのウイスキーは産地の特色を持ち、土地のフレーバーを表現し、商品穀物からは造られていないと断言できる。繰り返しになるが、これは必ずしも商品穀物に頼ったり、蒸留シーズン中に多くの農場や品種の穀粒をブレンドしたりする他のケンタッキー州の蒸留所のものよりも、彼らのウイスキーが優れている事を意味する訳ではない。しかし、ウィルダネストレイルにはある程度独自の性質を備えた穀粒が供給されており、そのため彼らのウイスキーには、その土地特有のフレーバーがもたらされる。それはテロワールから生まれるフレーバーである。

★★★

翌日、私たちは次の蒸留所を訪れるために、それほど遠くまで行く必要はなかった。我々が向かったのは、私が幼少期を過ごした家から16kmほど離れた、"NuLu（ヌル：ニュー・ルイビルの略称）"と呼ばれる新たに富裕層エリア化したルイビルの一画にあるラビットホール蒸留所である。ルイビルの中心街の東に隣接するヌルは、流行のレストラン、ヴィンテージ物の服、クラフトビール、そしてもちろんバーボンの温床で、ルイビルがマンハッタンなら、ヌルはブルックリンに該当する。

ケンタッキー州のウイスキー産業が始まった当初から、ルイビルは多くの蒸留所

ケンタッキー州ルイビルに位置するラビットホール蒸留所。斬新なデザインの建物がひときわ目を引く。

ラビットホール蒸留所への入口。蒸留所内も洗練されたデザインとなっており、まるで美術館に来たようだ。

の本拠地だった。しかし、禁酒法が多くの蒸留所のドアを永久に閉ざしたのだった。20世紀の大半、ブラウンフォーマンとヘブンヒルだけが、ルイビルで蒸留所を操業した。しかし、2010年代にクラフト蒸留所ムーブメントの起こりと共に、新たな蒸留所が操業を開始した。現在では市内の中心部だけでも、ヌルと中心街の間の僅か3kmの区間に6つの蒸留所がある。ラビットホール、エンジェルズエンヴィ、オールドフォレスター、エヴァンウィリアムス、ミクターズ、ピアレス（中心街のオールドフォレスター、エヴァンウィリアムス、ミクターズは、本部の蒸留所よりも小規模なサテライト蒸留所）である。

ラビットホール蒸留所は2012年に、南カリフォルニアで育ち、成人してからの初期をシカゴで過ごしたイラン生まれの心理学者、カヴェ・ザマニアンによって創業された。そこで彼はルイビル生まれの妻と出会った。頻繁に訪問するうちに、カヴェはケンタッキーと恋に落ちた。彼は自身の心理学の診療所を閉じ、蒸留所を開設する夢を追求する事を決断した。

ラビットホールのツアーに参加する場合、入り口から直接ギフトショップとチェックインカウンターにアクセスできる。ギフトショップを抜けたすぐ先、ツアーのまさしく始めの壁には、穀粒からボトルまでのラビットホールのウイスキー製造プロセスを詳しく解説したフローチャートが貼られている。ラビットホールの蒸留責任者、キャメロン・タリーがギフトショップから蒸留所へと私たちを案内してくれた時、このフローチャートが私の目に留まった。

「他の多くのバーボン蒸留所と同様に、ラビットホールでは伝統的な穀物であるトウモロコシ、ライ麦、そしてディスティラーズモルトを使用しています」とキャメロンは言った。ディスティラーズモルトとは、バーボンなどの高い穀粒比率のマッシュビルが効率よくデンプンを糖に変えるために必要な、高い酸素含有量を目的として特別に製造された大麦麦芽（通常は

ルイビルの中心街に位置する、エヴァンウィリアムスのサテライト蒸留所。外観も内部も洗練された建物だ。

蒸留所のすぐ近くに設置されたエヴァンウィリアムスの記念碑。

15章 ケンタッキーのトウモロコシ、小麦、ライ麦

六条大麦)に付けられた名前である。

「しかし、私たちの味わいを表現するために、バーボンの製造には一般的に使用されていない、ライ麦モルト、小麦モルト、二条大麦のハニーモルトといった特殊なモルトも使用しています」

「ハニー」スタイルのモルトは、カナダのブリティッシュコロンビア州にあるガンブリナス・モルティング社によって製造されている。ラビットホールのハニーモルトに使用されている二条大麦の原産地は、ケンタッキー州ではなく、間違いなくカナダだろう。当時ケンタッキー州には精麦所がなく、ライ麦モルト、小麦モルト、六条大麦のディスティラーズモルトも、ケンタッキー産ではないであろう事を私は分かっていた。キャメロンもこれを認めた。「私たちのモルトとライ麦は、全てドイツかカナダから来ています」。ケンタッキー州がいつかライ麦とモルトの産業を確立、あるいはむしろ再確立する事を期待しています。しかし、今のところは存在していないし、少なくとも実質的な形にはなっていません。しかし、私たちのバーボンのマッシュビルの重要なレシピであるトウモロコシは全て、地元で栽培され供給されています」

私はキャメロンが、トウモロコシは全てケンタッキー産だと言っているのだろうと推測した。しかし私がその事を確認するように頼んだところ、彼は否定した。「いえ、私たちのトウモロコシは全てが地元産です。2ヵ所のエレベーターから購入していて、1つは私たちの蒸留所からほんの数kmのところにあり、もう1つは50kmほど東にあります。ですが、ルイビルのエレベーターで使われているトウモロコシの一部は、オハイオ川を渡ったインディアナ州で栽培されています。ここはインディアナ州からはほんの数kmしか離れていないので、結局のところ、ケンタッキアナ(ケンタッキーとインディアナを合わせた)地域なのです」

ルイビルで育つと、この言葉を常に耳にする。ルイビルの地元のニュースでは、

こちらもルイビルの中心街に位置する、ミクターズのサテライト蒸留所。1階のビジターセンターの奥には蒸留器が設置されている。

ラビットホール蒸留所の最上階でテロワールについて語り合う、創業者のカヴェ・ザマニアン氏(中央)、著者(左)と訳者。

キャスターは単にケンタッキー州ではなく、ケンタッキアナと放送する。しかし最初は、私はなぜキャメロンが州境を越えたインディアナ州で栽培されているトウモロコシを、ケンタッキー州が本拠地の蒸留所にとって「地元産」と考えているのか理解できなかった。しかし、ツアーが進み、蒸留所の上の階へと進むにつれて私はその事について考えた。ラビットホールのツアー体験が素晴らしいのにはいくつかの理由があるが、特に重要なのはツアー中に直径60cm、高さ15mの銅製コラムスチルを常に目にしながらスチルハウスを上がる事で、最上階のバーとテイスティングルームでフィナーレを迎える。

　階段を上りながら、私はキャメロンが言った事を頭の中で繰り返し考えていた。これまで私は、"地元産"とは蒸留所と同じ州内で栽培された穀物を意味すると考えていた。しかし、州の地理的な境界線は、もちろん、テロワールのコンセプトを念頭に引かれたものではない。テロワールの地理的な境界線は、特定の地域に特有の気候や土壌の保全と、より深く関係している。

　私はこの地域性という考え方を、私がウイスキーを造っているテキサス州という場所の観点から熟考した。テキサス州は非常に広大な州である事から、砂漠、平原、海岸など、驚くほど多様な環境があり、ひいてはテロワールも多様である。ソーヤー農場は、我々の蒸留所からほんの

80kmほどのところにある。しかし、ソーヤー農場の事を知らず、私が今でも穀粒の供給者を探していると仮定してみよう。例えば、2ヵ所の農場を見つけたとして、1つはテキサス州の回廊地帯（テキサス州の最北端、北へ細長く伸びているエリア）で、もう1つはレッドリバーを渡ったオクラホマ州にある。テキサス州の回廊地帯は蒸留所から数百km離れており、オクラホマ州境まではおよそ160kmである。農場が蒸留所に近いほどテロワールが確実に捉えられると仮定するなら、テキサス州の回廊地帯の農場より、オクラホマ州の農場の方が実際には良い選択という事になる。

　そこで私は、ラビットホールの創業者、カヴェ・ザマニアンに尋ねた。「私たちにとって本当に重要なのは"地域性"です。トウモロコシはインディアナ州の農場から来るのか？　それともさらに具体的にはケンタッキアナの農場から来るのか？　その通りです。しかし、だからといってそれは、私たちラビットホールにとって地元産ではないという事ではありません。私たちにとって、それは穀粒だけに留まりません。ウイスキー蒸留の副産物である使用済みの穀粒は全て、ここから65km東にあるヘンリー郡の農場へと送られます。そして今、同じような農場のいくつかが、私たちのためにトウモロコシの栽培を始めています。そして、それらの農場からほんの数km先には私たちの樽貯蔵庫があり、

15章 ケンタッキーのトウモロコシ、小麦、ライ麦

これまでに蒸留したウイスキーを一滴残らず熟成させています」

私たちはラビットホール蒸留所の最上階に到着し、ガラスの壁でできたテイスティングルームに向かって進んだ。私はルイビルの地平線を眺めた。ちょうどその向こう側、北の地平線の遠い空の下は、インディアナ州だった。私たちはケンタッキー州に滞在するのと同時に、ケンタッキアナに滞在していた。地域性とテロワールを追求するラビットホールにとっては、例えば南に160km以上離れたペターソン農場からトウモロコシを調達するよりも、インディアナ州南部からトウモロコシを調達する方が合理的だった。

「地元産」の意味に対するラビットホールの姿勢を見て、私はケンタッキーバーボンの製造に使用されるトウモロコシに関して全体像を考えるようになった。前日、私はインディアナ州のトウモロコシを、ケンタッキーバーボンのテロワールに対する茶番だとすぐに切り捨てていた。しかし、状況はそれほど単純なものではなかった。州の境界線は人工的に構成されたもので、テロワールの境界線を規定するものではない。

★★★

旅の3日目に、私は早起きをしてルイビルから州間高速道路64号線を東に向かい、フランクフォートへと車を走らせた。人々はよく、ケンタッキー州最大の都市ルイビルを州都だと勘違いする。しかし、実際の州都はほんのちっぽけなフランクフォートで、人口は2万5千人である。ケンタッキー州が15番目の州として1792年に連邦政府に取り込まれた時、5つの郡の理事委員会は、自分たちの町を州都にしたいという地域社会からの提案を検討した。伝えられるところでは、委員会はアンドリュー・ホルムズの丸太小屋を7年間州都にするという申し出を選択したのだが、その提案には3千ドルの金塊が含まれていた。フランクフォートはその初期に2度全焼し、どちらの時もルイビルとレキシントン（ケンタッキーで2番目に人口が多い都市）が州都としてその代わりを争った。しかしフランクフォートは、ケンタッキーの中心であり続け、名誉を保った。

フランクフォートはバッファロートレース蒸留所の本拠地であり、バッファロートレースはその名を冠したバーボンの他、イーグルレア、W.L.ウェラー、カーネルE.H.テイラー、ブラントン、そして著名なパピー・ヴァン・ウィンクルの製造で有名な事から、ある意味ウイスキーの州都でもある。しかし、私が訪問の数週間前に連絡し、11章の化学的ロードマップを送った時、彼らは難色を示した。彼らが集めた、テロワールがどのようにウイスキーの穀

物由来のフレーバーに影響を及ぼすかのデータは、同社の独占所有物だと私に伝えてきたのだった。これが真実であるのか、あるいは彼らが何らかのデータを本当に持っていたのかどうかさえ、私には分からない。私は、彼らは持っていると推測している。彼らのウイスキー専門家チームは熟練しており、広範囲に渡り科学的な考え方をする。バッファロートレースは、オーク樽熟成の不確定要素の影響を探究する事で広く知られており、熟成環境の温度、日光、湿度の管理を可能にするウェアハウスXと呼ばれる実験用の熟成庫を建設してさえもいる。そして彼らは、トウモロコシの品種の違いが、どのようにフレーバーに影響を与えるかを調査するための「シングルエステート」計画を開始した。

　今のところ、私のバッファロートレース訪問の目的は、彼らのデータの秘密を暴く事ではなく、主にワインの化学的構造と植物科学でキャリアを始めたセス・デボルトというオーストラリア生まれの科学者に会う事だった。2008年、デボルトはレキシントンにあるケンタッキー大学の園芸学部へと移籍した。世界中の多くの大学との広範な共同研究やトレーニングプログラムを開発してきたワイン業界に精通するデボルトは、ケンタッキー州のウイスキー業界にはそのようなシステムがない事を理解していた。2015年、デボルトはケンタッキー大学で、蒸留、ワイン、醸造

学の学部認定資格を設定した。その目標は、学生をアルコール飲料業界に参入させるか、少なくとも業界への足掛かりを得るよう訓練する事だった。もちろん、ケンタッキー州はバーボンと密接な関係にあったため、多くの学生はその業界に狙いを定めていた。プログラムの成功とケンタッキー州の蒸留所のサポートの組み合わせにより、ジェームス・B・ビーム・ケンタッキー・スピリッツ研究所（ビーム研究所：ケンタッキー大学に本拠地がある）の創設へとつながり、デボルトはその所長に就任した。大学のプレスリリースによると、研究所は「次世代の蒸留業者を教育」し、穀物を含む蒸留酒製造の全ての側面の研究を行うという。

　フランクフォートの中心部をケンタッキー川が流れており、バッファロートレース蒸留所は、都市のちょうど北の川岸に位置している。州間高速道路を降りると、ルイビルロード（ルイビルとフランクフォートを結んでいた古い高速道路）に沿って坂道を進み、州の議事堂を越え、川を渡り、真っすぐに中心街へと入った。フランクフォートは古風な趣がある。まるで時間に閉じ込められた街のようだ。しかし、フランクフォートの人々はそれを全く問題なく受け入れている。もし現代の街に住みたいのなら、ルイビルに引っ越すだろう。

　中心街を出てケンタッキー川の東岸に沿って進むと、「バッファロートレース」の文字とバッファローの頭部がペンキで

描かれた控え目なレンガの壁に到着した（かつては、バッファローが移動する事によって作られた実際の跡〈トレース〉が、ケンタッキー州、インディアナ州、イリノイ州を通して存在していた。それは様々な名称で呼ばれ、その1つがバッファロートレースだった）。エントランスへと続く道は木々の陰になり、丘に囲まれている。バッファロートレースはアメリカで連続操業している最古の蒸留所だと主張しており、その歴史において様々な名称で呼ばれてきた。これについては議論もあるが、1775年以来この地で蒸留が行われている事を示す記録が残っている。

私は車を駐車し、自分の生来の性向と戦いながら、蒸留塔から離れ、代わりに丘を上りデボルトと会う運動場へと向かった。間もなく、明るい青色のケンタッキー大学のポロシャツとジーンズを着た彼が、2人の子供を連れて丘の向こうから現れた。ウェーブのかかったブロンドの髪とアスリートの体格で、彼はオーストラリア人科学者というよりは、オーストラリアのラグビー選手のように見えた。デボルトは自分の子供たちに遊んでくるようにと言い、話の邪魔をせずに遊ぶなら、フレディーズルートビア（アルコールを含まない炭酸飲料の一種）を買ってあげるよと言った（この特別なルートビアは、長年に渡るバッファロートレースの三代目のアンバサダーであり、ツアーガイドであり、ケンタッキーバーボンの殿堂入りを果たしたフレディ・

ジョンソンに因んで名付けられた）。

私はセスに、ルイビルに来た経緯を尋ねた。「そうですね、アメリカ出身の妻が乗馬をしていて、夏はルイビルのチャーチルダウンズ競馬場で過ごしていました。彼女はすっかりこの地域に惚れ込んでしまったんです」

レキシントンとケンタッキー大学に移る前に、デボルトはオーストラリアのアデレード大学で生物学の博士号を取得し、その研究にはオーストラリアン・ワイン研究所との共同研究が含まれていた。彼はスタンフォード大学のカーネギー植物生物学部で、博士研究員として研修を受けていた。研究の対象がワインからセルロース誘導体のエタノールへと移行したが、デボルトはアルコール飲料への学問的な関心を維持していた。ケンタッキー大学へと移る事で、アルコール飲料の研究へ再び取り組む機会が生まれた。

「バーボン業界は、これまで長い間存在していたギャップを埋める事ができる、学術研究プログラムの構築に非常に協力的です」とデボルトは私に言った。「ビーム研究所は、そういった取り組みの拠点となります。私たちは、蒸留所のスタッフである多くのマスターディスティラーや博士号を持つ科学者と協力しています」

「それで、あなたとあなたの研究室はどうですか？」と私は尋ねた。「研究対象はどこにありますか？」

「そうですね、今はオーク樽の熟成

に焦点を当てていて、バッファロートレースのマスターディスティラーのハーレン・ウィートリーと多くの仕事をしています。しかし、ウッドフォードリザーブのマスターディスティラーのクリス・モリスは、ちょうど今、テロワールとライ麦に関する非常に興味深い研究をしています」

後に分かった事だが、クリス・モリスとウッドフォードリザーブの彼のチームは、ケンタッキー大学の農学者や地元の農家と協力して、ライ麦をケンタッキー州に復活させようとしていた。ウッドフォードリザーブ蒸留所は、ライ麦の1種（ジョンがTXウイスキーのためにソーヤー農場でも栽培しているブラセット〈Brasetto〉種）を取り上げ、ケンタッキー州内の4つの異なる農場で栽培した。その計画は、各農場で別々に栽培、収穫、蒸留を行い、農作物収量、アルコール収量、フレーバーを査定するものだった。

★★★

セスと私はウッドフォードリザーブのプロジェクトについてより詳細に議論したが、数週間後には、ウッドフォードリザーブのアシスタント・マスターディスティラーでクリス・モリスの弟子であるエリザベス・マッコールとも電話で話す事になった。彼女は私に、フレーバーと環境の両方の理由から、地元産ライ麦のプロジェクトを推進していると言った。

「数千kmも離れた農場やエレベーター、さらには大西洋の向こうからライ麦を輸入する場合の二酸化炭素排出量を考えると、それはちょっとクレイジーです。それが、私たちがこのプロジェクトを推し進めようと決めた大きな理由の1つです。ウッドフォードリザーブは、ケンタッキー州のラングレー農場とウェーバリー農場という2つの農場からのみトウモロコシを受け入れているため、地元の穀物という特性をライ麦にも拡張する事が、次の当然のステップでした。それに、ケンタッキー州では農家がライ麦を栽培していたのに、再び栽培しないのはなぜでしょうか？」

エリザベスの指摘は、"ライ麦と大麦は寒い気候でのみ良く育つ"という誤解が広く存在しているという事だった。しかし、これは必ずしも真実ではない。いわゆる、大麦とライ麦が現代のイラク、イスラエル、シリア、レバノン、エジプト、ヨルダンに及ぶ中東地域の肥沃な三日月地帯で栽培化された事を考えてみよう。数千年前に植物の栽培が始まった時でさえ、世界のこの地域は暖かかった。

エリザベスの次の指摘は、特に彼女が世界で最も巨大な蒸留所のうちの1つで働いていた事を考えると、聞くのが楽しみだった。「私たちの現在の目標は、真にフレーバーを探求する事です。収量は

関係なく、少なくともフレーバーほど重要ではありません。もちろん、これは農家にとってメリットをもたらす必要があり、資源と財務の両方の観点から彼らをサポートする必要があります。しかし、私は希望を持っています。最初の結果は本当に有望です。私たちが栽培しているケンタッキー州のライ麦の中には、私たちが購入する市販のライ麦よりも、より良く、より濃厚なフレーバーがあるようです」

★★★

　私は希望と励ましに満ちてデボルトとのミーティングを終えた。単にテロワールに限らず、また単にケンタッキー州のバーボン業界のためでもなく、健全なウイスキー研究の未来にとって重要だった。資金豊富な蒸留所の多くは独自の内部研究を進めていたが、20世紀初頭のシーグラム以来、その調査結果を公表した企業はなかった。ビーム研究所は、大学に拠点を置く事になる。例外もあるとはいえ、大学で実施される研究は、業界で実施される研究よりも公表される可能性がはるかに高くなる。

　ルイビルに戻る車の中で、私は景色について考えた。私の周りの全てにはウイスキーとの深いつながりがあると感じていた。スコットランドの渓谷やアイルランドの緑の丘陵地帯にまでさかのぼる蒸留のルーツを持つケンタッキー州の最初の入植者たちは、私と同じ気持ちだったのだろうか。もちろん、彼らは石灰岩でろ過された水、肥沃な土壌、そして船積みや輸送を容易にする広大な河川水系がウイスキー造りに理想的だと認識していた

だろう。しかし、他にも何かあったのだろうか？　大気の中に何か、あるいはこの本に特化して言えば、土地に何かがあったのだろうか？

　ケンタッキー州で暮らしていた頃、私が蒸留業者になる前は、ウイスキー、特にバーボンがケンタッキアン（ケンタッキー州民）にとって何を意味するのかを理解するには、私は幼すぎた。しかし、今は理解している。バーボンは、風景、文化、歴史、そして人々を通じて響き渡る。ケンタッキー州の蒸留業者は、バーボンの品位と品質を維持し続けると共に、バーボンの革新の原動力であり続ける。ケンタッキー州の蒸留業者が地元の穀物とテロワールの追求に最大限の努力を投じる事を決めるなら、農業とフレーバーにプラスの効果が広範囲に及ぶだろう。

　ニューヨーク州での経験と同じように、ケンタッキー州での経験は必ずしも私の化学的ロードマップの道筋を埋めるものではなかったが、テロワールの追求がそこでは健在である事が分かった。蒸留業者は、在来品種のトウモロコシや忘れ去

られたライ麦作物を再導入している。農家との旧縁は継続され、新たな関係が育まれ、新世代の植物科学者が大学を拠点とし、業界に後援された研究に着手している。

しかし、おそらくこの訪問で私に最も影響を与えたのは、言葉で表現するのが難しいものだった。それは抽象的で、あまりに感情的にすぎるのである。しかし、それを一言で説明するとすれば、それは「畏敬の念」だろう。ケンタッキー州はウイスキー造りを独占している訳ではない。多くの州が同様に理想的な原料と境遇を備えている。しかし、少なくとも今のところは、アメリカの他のどの州にも匹敵する事のない、蒸留酒に対する畏敬の念の感覚がある（テキサス州もすぐに、ケンタッキー州に匹敵するようになる事を願っているが！）。もしかすると、ケンタッキー州の先駆者的な蒸留業者たちも、ケンタッキーウイスキーに対して同じような敬意を抱いていたのかもしれない。いずれにしても、ケンタッキー州の土地がウイスキー作物の栽培に適した肥沃な土地というだけでなく、神聖な土地であるという印象を否定するのは難しいだろう。

16章
池を越え、丘陵を抜けて

　ケンタッキーを離れた時、私のテロワールの探求はトウモロコシとライ麦に限定されていた。ウイスキーの製造では、これらの穀粒はほとんどの場合、未加工で使用される。だが大麦は異なる。大麦は、未加工と麦芽のどちらも使用するアイリッシュ・ポットスチルウイスキーを除き、ほぼ必ず麦芽にされる。精麦は未加工のデンプン質で硬い穀粒を、甘く砕けやすいものに変える。また、麦芽となった穀粒に甘いキャラメルや濃厚なナッツのフレーバーなど、新たなフレーバーの層を付け加える。そして、この事は疑問を提起する。精麦はテロワールのフレーバーを打ち消したり、覆い隠したり、あるいは強調させたりするのだろうか?

　私は、未加工の麦芽にされていない穀粒だけを熟考するだけでは、ウイスキーのテロワールを完全に理解する事はできないと分かっていた。バーボンやライウイ

スキーなど、主に穀粒から造られるウイスキーならそれで十分かもしれない。しかし、世界で最も有名でよく飲まれているウイスキーの中には、未加工の穀粒を使用していないものもある。それらには麦芽、具体的には大麦麦芽が使用されている。そして、モルトウイスキーほど大麦麦芽が重んじられ、支持されているものは他にない。

　「シングルモルト」という言葉は、おそらく他のどのウイスキースタイルよりも優れたステータスと品質の感覚を想起させる(〈シングル〉は1つの蒸留所で造られた事のみを意味し、〈モルト〉は100%大麦麦芽から蒸留された事を意味する。ほとんどのモルトウイスキーは、それぞれ1つの蒸留所で造られているため、〈シングルモルト〉はモルトウイスキーよりも一般的な呼称となる)。モルトウイスキーは、スコットランド、アイルランド、日本と最も深く結び

付いている事が知られており、その中でもスコットランド産のモルトウイスキーが群を抜いている。

　明確に言うと、ジョニーウォーカー、デュワーズ、フェイマスグラウスといったスコッチウイスキーは、世界中のウイスキーの中で最も販売量が多く、多くの人に親しまれている銘柄である。しかし、これらは実際にはモルトウイスキーではなくブレンデッドウイスキーであり、アイルランドで最も有名なウイスキー、ジェムソンやパワーズもブレンデッドウイスキーである。ブレンデッドウイスキーは、大部分（60〜80％）がグレーンウイスキーだが、20〜40％はモルトウイスキー（アイルランドではポットスチルウイスキーも）で構成されている。ブレンダーが自分たちの仕事を説明する時に、絵を描く事に例えているのを聞いた事がある。つまり、グレーンウイスキーが下地であり、そこにモルトでフレーバーを描く訳だ。

　私は、ニューヨーク州やケンタッキー州（そしてテキサス州の我々）の蒸留所がバーボンやライウイスキーのテロワールに焦点を当てているのと同じように、モルトウイスキーのテロワールに焦点を当てている蒸留所を探し始め、2つの蒸留所を念頭に置いていた。スコットランドのブルックラディとアイルランドのウォーターフォードである。

　ブルックラディは110年以上ウイスキーを造り続けた後、1994年に閉鎖した。しかし、この閉鎖期間は束の間の事で、2000年にマーク・レイニエ率いる投資家グループによって蘇った。レイニエはワインの世界で育ち、幼い頃からテロワールの概念に深く慣れ親しんでいた。彼はこの知識と探究心を、最もテロワールを重視して操業している蒸留所の1つであるブルックラディに持ち込んだ。レイニエと彼のパートナーは、2012年にブルックラディをレミーコアントローに売却し、その後2014年に、アイルランドのウォーターフォードにウォーターフォード蒸留所を開設した。彼は、ウォーターフォードにテロワールの熱心な追求を持ち込んだ。ウォーターフォードはアイルランドだけでなく、おそらく世界で最もテロワールを重視した蒸留所である。順番が少し前後するが、私はまずアイルランドのウォーターフォードを訪れ、スコットランドとブルックラディへの旅をウイスキーテロワールの旅の最後の行程に残す事にした。

　2019年7月、私はダラス・フォートワース国際空港からダブリンへと飛んだ。妻

のリアと私は、午後11時の深夜便に乗り、現地時間午後1時、私たちの頭の中では午前9時にダブリンに到着した。しかし、私は余りにも興奮しすぎて眠れなかった。代わりに私は、大麦、麦芽、テロワールについて発表された少しばかりの研究論文を読む事にした。それは3つの論文だった。全てビールに関するもので、ビールも大麦麦芽から造られている。最も古い2つは2017年のもので、これはモルトのテロワールという領域がいかに新しく、未開拓であるかを示している。

3つの論文のうちの2つは、当時オレゴン州立大学(OSU)でパトリック・ヘイズ教授の下で博士課程に在籍していたダスティン・ハーブが書いたものだ。ヘイズは植物育種家で、同大学の大麦育種プログラム、通称「バーレイ・ワールド」を主導する教授である。ハーブの研究は、大麦の品種と生育環境がビールのフレーバーにどう影響を与えるかを調査していた。トウモロコシを原料とする私のウイスキーの研究では、未加工のトウモロコシ自体を糖化、発酵、蒸留するが、ハーブは糖化の前にまず未加工の大麦を麦芽にする必要があった。

精麦では、キルニング(麦芽乾燥)中に糖、アミノ酸、その他の前駆体化合物に化学反応(特にストレッカー分解、カラメル化、メイラード反応)が引き起こされる。これらの反応は、未加工の穀粒が持った

ない新しい多様なフレーバーを創造する。さて、ウイスキー用に生産されるほとんどのモルトの場合のように、キルニングの温度が比較的低いと、これらの反応は抑えられるというのは事実である。ギネスなど、一部のビールに黒い色とローストしたチョコレートのフレーバーを与える高温でキルニングしたモルトは、ウイスキーには通常使用されない。とはいえ、モルトの蒸留に用いられる低温でのキルニングであっても、モルトとそれから製造されるウイスキーの両方に甘いトフィーやカラメルのフレーバーが生まれる。大麦麦芽のフレーバーは、主に精麦過程中に発生すると考えられているため、大多数の研究はキルニングの温度と時間の長さの違いによって、フレーバーがどのように変化するかに焦点を当ててきた。未加工の大麦自体の化学組成が、それらのフレーバーにどのような影響を与えるかは考慮されていない。その代わりに、蒸留業者と農家は歴史的に、栽培、収穫、精麦に効率的な特性を持つ麦芽用大麦の品種を選択してきた。そして、ウイスキーの原料となる他の穀粒と同様に、ほとんどの麦芽製造業者(特に大手)は、あらゆる品種の穀粒とあらゆる種類の生育環境の穀粒が混ぜ合わされる穀物エレベーターから麦芽用大麦を調達している。

麦芽用大麦の品種は、農場、そして後に蒸留所へと運ばれる前に、協会、研究

所、国の管理機関によって検査され、承認される。アメリカには、アメリカ麦芽用大麦協会がある。カナダには、醸造・麦芽用大麦研究所がある。イギリスには、醸造・蒸留協会がある。麦芽製造業者は、急速な成熟、麦芽の休眠期間を素早く終わらせる性質、均一な発芽など、精麦プロセスに理想的な大麦の特定の特性を求めている。より多くの糖を抽出する事から、低いタンパク質のレベルも求められる。麦芽製造が承認されているのは特定の大麦品種のみであり、麦芽用大麦の栽培には、飼料用大麦の栽培では必要とされない技術が必要となる。その技術のほとんどは、タンパク質レベルを抑えるために肥料を慎重にバランスよく維持する事である。

しかし、商品穀物のトウモロコシ、小麦、ライ麦とは異なり、管理機関は麦芽用大麦品種のフレーバーを評価する。ただし、これは最後の検討事項の1つである。オフフレーバー（それぞれ過剰な硫化ジメチルとジアセチルに起因する、硫黄とバターのような香り）を伴う品種は認められない。しかし、承認されている麦芽用大麦の品種全体について、品種や生育環境によるフレーバーのばらつきは最小限であり、最終的にはいずれにせよ、精麦と蒸留のプロセスで隠されるというのが一般的な考え方である。そのため、麦芽製造業者は品種や生育環境が異な

る大麦を、品質仕様を全て満たしていると仮定して取引したりブレンドしたりする。その上、醸造業者や蒸留業者は、購入する大麦の品種さえ知らない事がよくある。その代わりに、彼らの選択は、ピルセン、ペール、ミュンヘン、クリスタル、ウィーンといった麦芽のプロファイルを基に成される。これらの異なるスタイルのモルトは、同じ大麦から製造できる。これらの品種に独自性をもたらすのは、麦芽製造業者による浸麦、発芽の方法と、そして最も重要なキルニングの方法である。

しかし、例外もある。古くて時代遅れに見える大麦の品種、つまりゴールデンプロミス（Golden Promise）、クラーゲ（Klages）、ベア（Bere）、マリスオッター（Maris Otter）が復活を遂げている。クラフトの麦芽製造業者、醸造業者、蒸留業者がこれらの品種を求めるのは、これらの品種の支持者が、近代品種にはない（もしくはそれほど強くない）ユニークで望ましいフレーバーをビールとウイスキーに添えると主張しているからである。

ハーブの論文では、一般にテロワールの重要性を考慮する際、これらの品種とワインおよびビール業界の二分法について言及している。彼は何かが見落とされているという仮説を立てた。ビール業界は、フレーバーの根本的な源を無視している可能性があると。

ハーブの2つの論文のうち最初のもの

は、「大麦（*Hordeum unlgare* L.）の
品種と生育環境がビールのフレーバー
に与える影響」であった[1]。この論文で
は、大麦の品種と生育環境がビールのフ
レーバーをどのように変化させるかを調
査していた。「私たちはこのプロジェクト
を、ある疑問から始めた」と彼は書いてい
る。「大麦には、精麦や醸造を経てビール
にまで残る新たなフレーバーがあるのだ
ろうか？」[2]と。私は、そのフレーバーがあ
り、それがテロワールにまでさかのぼる事
ができ、糖化、醸造、発酵、さらには蒸留
を経ても生き残ると確信していた。しかし、
精麦に関しては確信が持てなかった。

　実験の開始時に、ハーブは興味深い
事を行った。我々の研究で行ったように
既存の品種を扱うのではなく、スペインの
アウラ・デイにあるL.シスチュー研究所と、
指導教官であるオレゴン州立大学のパト
リック・ヘイズ博士の研究室で最近育成
された200品種の中から34品種を選択し
た。彼らはそれらの品種を「倍加半数体
育種」と呼ばれるプロセスで育成した。こ
のアプローチで重要なのは、200品種全
てを生み出したのがたった2つの親品種
だという事である。親品種の1つはゴー
ルデンプロミスで、質の高いフレーバー
で知られている。この品種は1968年に
リリースされたが、新しい品種の方が作物
栽培の観点で見れば秀でているにも関
わらず、ビール醸造業者や蒸留業者が

この品種とその独特のフレーバーを求め
ているため、存続している。もう1つの親
品種は、オレゴン州立大学の大麦育種
プログラムにおいてヘイズが開発した、作
物栽培的に競争力のある品種のフルピン
ト（Full Pint）である。フルピントはこの
10年間で商業的に発売され、市販の麦
芽用大麦に比べ、そのユニークで好まし
いフレーバーのため、醸造業者の間で人
気を博している。フレーバーと収量の「両
方」を考慮して選ばれた新たな穀物品
種の開発は、テロワールの新たな未開拓
領域のうちの1つだと私は考えている。

　2014年、ハーブはオレゴン州コーバリ
スのとある場所で34品種全てを反復し
て栽培した。そして翌年、彼はコーバリス、
レバノン、マドラスの3都市でそれらを栽
培した。コーバリスとレバノンはオレゴン州
のウィラメットバレーに位置し、降雨量が
多いため灌漑は必要なかった。マドラス
はオレゴン州の中央に位置し、より乾燥し
ているため灌漑が必要だった。

　収穫後、ハーブは全ての大麦のサン
プルを「実験室規模」で処理した。つまり、
醸造の全てのプロセスが、スモールバッ
チで成された。これを専門用語で言う
と、「マイクロ精麦」と「ナノ醸造」である。
ハーブがこれを行った理由の1つは、研
究のための素材がそれほど多くなかった
事もあるが、より重要なのは、実験室規模
の調査により、科学者が変数をコントロー

ルできる事である。ワイン生産者、醸造業者、蒸留業者なら誰でも、大規模操業ではバッチ間の要因が混同されやすいと言うだろう。研究室では、こういった厄介な問題を大抵は巧みに回避する事もできる。

ハーブは、化学的データは収集しなかったが、官能データは収集していた。ミネソタ州のラール・モルティング・ファシリティで、彼は全てのサンプルを精麦し、醸造し、分析した。比較対照分析を行う12人のパネリストが、アメリカンラガーの代表格であるビール、ミラー・ハイライフを基準として各サンプルのフレーバーを定量化した。

パネリストは、17の官能的記述子のフレーバーを0から8の段階評価で数値化した。1人のパネリストが1つのフレーバーを4と評価した場合、その強さはミラー・ハイライフと何ら変わりはないという事を意味する。つまり、0から3は「それほど強くない」、5から8は「より強い」という事である。

パネリストは、ビールのフレーバーに「フルーツ」、「フローラル」、「甘味」、「シリアル」、「トースト」、「モルト」、「トフィー」、「草」、「ハチミツ」などの重要な差異を発見し、それは大麦の品種、その生育環境、あるいは両者の相互作用にのみ起因するものであった。これは、少なくともビールにおいては、精麦がテロワールを覆い隠す事はない事を強く示唆している。ハーブは遺伝解析も行い、ビールのフレーバーに重要な影響を与える大麦ゲノムの領域を特定した。これは、これらの領域内に、最終的なフレーバー化合物の生成に何らかの役割を果たすタンパク質をコードした遺伝子がある事を示唆している。穀物のフレーバーの遺伝的特徴を解明する事は、将来、植物育種家が新しい風味豊かな品種を育成する助けとなるのかもしれない。

ハーブの2つめの論文「モルトの変性とそれがビールフレーバーに対するオオムギ遺伝子型の貢献に及ぼす影響[3]」は、大麦品種との関連性から、モルトの変性がフレーバーにどの程度影響するかを理解する事を目的としていた。最初の研究では、全てのサンプルに同じ精麦パラメータを用いていた。表面的には、これは理に適ったアプローチのように見えるが、実際には実験の混乱を招く側面もある。各サンプルに同じ精麦のプロセスが適用されたとしても、サンプルの個々の特性により「変性」の度合いは異なる。最も基本的な意味では、変性とは大麦の穀粒が苗へと成長する度合いである。そして、モルトの変化の度合いによりビールのフレーバーが変わる事もある。そこでハーブは、2番目の研究においてフレーバーの有意な差異には、モルトの変性ではなく大麦の品種や環境が関わっている事を決定的に示そうとした。

精麦は、麦芽製造業者が大麦の穀粒

を「だまして」、植物に成長する時期が来た（発芽）と思わせるプロセスにすぎない事を覚えておいてほしい。麦芽製造業者は、穀粒の周囲に適切な環境を作り出す事でこれを行っている。穀物の穀粒は、胚（胚芽とも呼ばれる）、胚乳、ふすまで構成された、パッケージ化された赤ちゃんの出産システムと保育器のようなものである。植物は光合成によってエネルギーを生成できるが、種子の穀粒はそれができない。まず、光合成に必要な組織がまだ発達していない。言うまでもなく、種子の穀粒は地中にあり、日光が届かない。しかし、胚乳は糖という形でエネルギーに満ちており、幼植物が地上に芽を出し、自ら光合成できるようになるまで栄養を与えてくれる。

穀粒の狭いスペースに可能な限り多くのエネルギーを詰め込むため、何千もの糖分子がデンプンと呼ばれる結晶の紐に結び付けられる。デンプンは効率的だが、胚が摂取するための栄養源としては複雑すぎる。そのため、種子の穀粒は成長を始めるのに適切な条件であると認識すると、発芽し始める。アミラーゼと呼ばれる酵素を生成し、デンプン鎖を胚が代謝できる、より単純な糖に分解する。麦芽製造業者が「変性の程度」について話す時、彼らは酵素生成、デンプン分解、糖利用の程度について説明する。麦芽製造業者の技術の1つは、モルトの変性が不十分であったり過剰であったりしないよう、これのバランスを取る事である。変性が不十分なモルトは、糖化中に抽出する糖が少なくなり、発酵後のエタノール濃度が目標値より低くなる。変性が過剰なモルトは、粉砕中に過度に粉化する可能性があり、それがロータリング（ろ過：マッシュを液体の麦汁と穀粒の殻に分離する）中に問題を引き起こす。

ハーブは、最初の論文と同じ官能分析技術を用い、変性という交絡変数があったとしても、大麦の品種と生育環境が有意義で重要なフレーバーの違いの原因となる事を発見した。

3つ目の研究は、コロラド州立大学のアダム・ヒューバーガーの研究室から発表された。ヒューバーガーの目標はハーブの論文とほぼ同じだったが、官能分析に分析化学を加えた。ヒューバーガーと彼のチームは、6つの出所の異なるモルトを使用し、各モルトとそれらから製造されたビールの化学組成を調査した。モルトの出所とは「遺伝子型と環境（麦芽製造業者を含む）による複合的な変動」を意味し、そのサンプルはハーブの研究のようにマイクロ精麦されたものではなく、商業用麦芽製造所の生産ロットから採取された。ひとまとめにすると、出所の異なるモルトは6つの異なる品種（コープランド〈Copeland〉、エクスペディション〈Expedition〉、フルピント、メレディス

〈Meredith〉、メットカーフ〈Metcalf〉、ポーラースター〈PolarStar〉）、4つの生育環境（アメリカのモンタナ州とオレゴン州、カナダのアルバータ州とサスカチュワン州）、4つの麦芽製造所（ラール、モルトロップ・グループ、ブリーズ、カーギル）で構成されていた。

　ヒューバーガーは2.5 hℓの実験的な醸造システムを用い、各モルトからビールを醸造した（1 hℓ〈ヘクトリットル〉は100 ℓで、論文では余ったビールがどこに消えたかについては言及されていないが、間違いではないと推測できると思う）。彼らはビールのフレーバー化合物を分析するため、高度なクロマトグラフィーと質量分析法を利用した。官能分析では、ヒューバーガーはコロラド州フォートコリンズのニューベルギー・ブルーイングカンパニーからパネルを集め、定量的記述分析（QDA）と呼ばれるプロセスを用いて45種類のフレーバーの存在と強度を評価した。生成された官能データが、ハーブの官能技術を用いて生成したものと似ている可能性があるが（各フレーバーは0〈存在なし〉から始まり、強度が最大である事を示す、やや恣意的な上限数〈ハーブの研究では8、ここで説明されているQDA分析では5〉で終わる）、QDAに参照試料がないため（参照用のミラー・ハイライフに関しての言及はない）、パネリストはサンプル自体からのみフレーバーの概

念を生成する。個人的には、より一貫性があり有意義なデータの生成を可能にする、参照試料（分析・試験・検査に用いるサンプル）の使用が望ましいと思う。しかし、QDAは記述的官能分析において、より多くの実績がある、確立された方法の1つである。

　ハーブとパネリストは、6つのビールのサンプルから、アルコール、アルデヒド、アルカロイド、アルカン、アミン、アミノ酸、ベンゼン、エステル、フラン、ケトン、脂質、有機酸、有機硫黄、フェノール、プリン、テルペンなど、様々な化学分類に属する246種類以上の潜在的なフレーバー化合物を検出した。検出されたフレーバー化合物の約61%は、品種、生育環境、あるいは両者の相互作用に応じて有意な濃度変動を示した。

　官能データによると、フルピントとコープランドは他の品種と比較して、「フルーティ」、「スイカの皮」、「溶剤の甘さ」、「バナナ」、「青リンゴ」のフレーバーが、メレディスとメットカーフは、「コーンチップス」、「硫黄」、「ハニーコム・シリアル」のフレーバーが、そしてポーラースターとエクスペディションは「旨味」と「ダンボール」のフレーバー濃度がより高かった。

　次に、彼らはフレーバーの化学的性質を官能データと関連付け、知覚されるフレーバーの違いの背後にどのようなフレーバー化合物があるのか仮説を立て

た。例えばフルピントには、検出された「フルーティ」で「フローラル」なフレーバーと一致する特定の窒素化合物とテルペンが含まれていた。そのようなテルペンの1つが、1970年の研究でバーボン、ライウイスキー、モルトウイスキーのサンプルで検出されたノルイソプレノイド系香気成分のα-イオノン（フローラル）である[4]。α-イオノンは、その同族であるβ-イオノン（どちらも高温の精麦、糖化、蒸留中のカロテノイドの分解から生じる）とは異なり、私が調査した「どの」ウイスキーのセンソミクスの論文でも検出されていなかった。それでも、ノルイソプレノイドなどのテルペンがウイスキーのテロワールを介した濃度変動を示すという、もう1つの証拠であった。

もちろん、ヒューバーガーの調査で検出された246種類のフレーバー化合物の全てが、実際にビールのフレーバーに影響を与えている訳ではない。しかし、濃度に有意な変動が見られた化合物の割合が高い事から、ビールにおけるテロワールの影響は、精麦、醸造、発酵を経ても残る事が示唆される。そしてテロワールの発現は、蒸留後も存続するという十分な証拠を私はすでに持っていた。従って、モルトウイスキーでテロワールを味わえるのは当然の事だと思われる。少なくとも、研究論文を読んで私はそう思った。今度は、テロワールを自分自身で体験し、味わいたいと思った。

★★★

私たちは7月1日にダブリンに到着し、12時間前に経験していたテキサス州の酷暑から解放された。テキサス州は住むには素晴らしい場所だが、夏は暑く、この2週間の旅行で得られる涼しい気候の中休みは大歓迎だった。

私たちの計画は、時間を無駄にしないように、すぐにダブリン空港から車で南へ2時間ほどのところにある蒸留所の名を冠した都市、ウォーターフォードに向かうというものだった。ウォーターフォードは、アイルランドで4番目に人口の多い都市であると同時に、アイルランドで最も古い都市でもあり、10世紀にヴァイキングによって開拓された。ダブリンからウォーターフォードまでは列車が直通しているが、蒸留所は親切な事に社用車を用意してくれていた。

私たちがその車に近寄ると、グレース・オレイリーが挨拶をするために運転席から降りてきた。「ハイヤ（こんにちは）」と彼女は言った。背が高くほっそりとした黒髪の26歳のグレースは、生まれも育ちもアイルランドで、ウォーターフォード蒸留所のア

グロノミスト（農学者）である。アグロノミストの役割は、蒸留所にとっては珍しいポジションだ。彼女の仕事は、これからの数日間で私が学ぶ事になるのだが、蒸留所と110以上の農家の間の調整役だった。彼女は作物の状態をチェックし、必要に応じてアドバイスを提供し、蒸留所のニーズと目標が農場で実現されるようにするための責任を担っていた。そしてもちろん、彼女は農家の懸念、アイデア、目標も蒸留所へもたらす。

　空港からの道すがら、妻のリアと私は初めて左側通行の道路を体験した。助手席（私には運転席のように感じた）から、ほとんどの蒸留所は農学者を雇用していないという事実に基づき、グレースに簡単な質問をした。「いったい全体、どうして蒸留所で働く事になったのですか？特にウォーターフォードで」

　「そうですね、それは私が成し遂げようと定めていた目標ではありませんでした」とグレースは少し笑いながら言った。「私はダブリン大学で農学の学位を取得して、（創業者の）マーク・レイニエ氏とは、彼がここでの仕事のオファーをしてくれる以前から、長年に渡る知り合いでした」

　「どうして農業の道に進んだのですか？」と私は尋ねた。

　「私はダブリンから車で北に1時間ほどの農場で育ちました。父も祖父も農家でした。アイルランド北部では、それほど多くの作物は栽培していません。主に牛と羊を育てています」

　グレースは学部生として、動物と作物の生産を専攻していた。彼女は、アイルランドの羊研究センターやニュージーランドの酪農場など、様々な種類の農業事業に携わり、作物性能試験を実施していた。「私が農作物の栽培に興味を持ったのは、圃場で試験栽培に取り組んでいた頃でした。講師が私の興味に気付き、農作物の分野でのキャリアを追求するよう指導してくれました」

　グレースは、最終的にミンチモルトに就職した。1847年から操業している同社は、アイルランドで最古かつ最大規模の精麦会社で、ウォーターフォードから北へ約100kmのキルデア県にある（アイルランドには32の県〈行政区画〉があり、ウォーターフォードはウォーターフォード県に立地している）。ミンチは独自に認定した大麦種子を、アイルランドの8つの県に渡る600以上の審査・認証済みの麦芽用大麦の農家に供給している。非常に多くの農家があり、それぞれの畑と作物が麦芽用大麦の品質仕様を達成する可能性を最大限に高めるためには、物流面と技術面の両方で様々な状況が伴うため、計画、種まき、栽培、収穫、保管、輸送など、1年中農家と連携して作業する専任のアグロノミストが必要で、グレースはそういったアグロノミストの1人であった。

「ミンチモルトでは、"作物まで歩いていく"のが私の仕事でした」とグレースは私に告げた。「つまり、畑に行って大麦の品質を評価するのです。農家が麦芽品質の大麦を届けてくれるよう、できる限りの事をするのが私の仕事でした」

麦芽用大麦の品質仕様は、基本的に作物の発芽率が十分に高く、病気がなく、タンパク質の低さが許容範囲内に収まる事の保証に帰着する。デンプンは糖に変換され、さらに発酵してアルコールになる。大麦のタンパク質レベルが高いほどデンプンレベルが低く、蒸留所でのアルコール収量の低下につながるため、タンパク質の割合は重要である。シングルモルトウイスキーのように原材料の全てが麦芽のレシピでは、潜在的な糖分を大麦麦芽のみに依存している事を考えると、タンパク質レベルを十分に低く保つ事が不可欠となる（注記：バーボンやライウイスキーなど、穀粒を多く使用するレシピの場合は、麦芽の中でより多くのアミラーゼ酵素が生成されるため、タンパク質が豊富な大麦を麦芽にする事が実際には望ましい。グレーンビル中の大麦麦芽の割合が僅かでも、糖化中に全ての穀粒のデンプンを糖に変換するのには十分であるため、タンパク質豊富な大麦が必要となるからである）。

「許容されるタンパク質レベルは、9.5〜12.5%の範囲です」とグレースは私に言った。「しかし、ウォーターフォードは常にその領域で一番低いタンパク質レベルを達成しようと努力しています」

グレースはウォーターフォード蒸留所の"ために"働く以前は、ウォーターフォード蒸留所と"共に"仕事をしていた事が後に分かった。ミンチに所属していた間、彼女が関わった多くの農家の穀物は、ウォーターフォードのために栽培されていた。彼女はミンチモルトの従業員であった時、ウォーターフォードのプロモーションビデオに出演した事さえあった。グレースは私に、蒸留所のプロセスはユニークで、毎年40〜50回の「シングルファーム（単一農場）」の蒸留を実施していると説明した。

「シングルファーム蒸留」。これは私にとって新たなフレーズだった。「シングルバレル」は我々の業界では十分に定着している。それはボトルの中の全てのウイスキーが、同じ樽から来ている事を意味している。「シングルファーム」はワインの「シングルヴィンヤード」に似ている事は分かった。しかし、私はグレースに「シングルファーム蒸留」というフレーズの「蒸留」の部分をはっきりと説明してくれるように尋ねた。

「私たちは毎週、シングルファームの大麦から生産されたモルトを蒸留しています。合計で、毎年およそ40回のシングルファーム蒸留を行っています。通常、110

ほどの農家と契約していますが、全ての農家が麦芽品質を満たす大麦を生産する訳ではなく、全く収穫できない農家もある事は承知しています。しかしその要点は、毎年およそ40の農家から個々に大麦を購入して保管しているという事です。そして、年間を通じて、各農場の大麦をミンチに個別に送り、ミンチがその大麦をモルトにして、それを私たちの蒸留所までトラックで運んで蒸留します」

それが、シングルファーム蒸留だった。商品穀物の蒸留とは正反対である。

グレースは、2018年にミンチから年間収益35億ユーロを超える多国籍栄養食品グループであるグランビアに転職したと言った。そこで彼女は、飼料用に栽培される小麦に焦点を当て、関わりのある農家に肥料や農薬を販売していた。

「しかしマークは粘り強く、再度連絡をしてきて、私にウォーターフォードに加わるよう誘ってきました。アグロノミストとしては異例のオファーでしたが、私はそのオファーに賭けてみる事にしたのです。正式には今年の2月に加わりました」。私はなぜ彼女がグランビアを離れ、ウォーターフォードでより伝統的な役割を果たそうと決めたのかを尋ねた。レイニエの2度目のオファーを引き受けるのに、何が彼女を変え、何が彼女を決心させたのだろうか？

「私がグランビアのチームに加わった時、アイルランドの様々な地域で様々な種類の作物に触れました。テロワールが意味するものは何か、ウイスキーにとってそれは潜在的にどのような意味を持つのかを本当に理解するようになりました。マークと私が話をするにつれて、私にとって今でなければ2度とない機会だと2人とも意見が一致したので、思い切って業界に飛び込みました！」

私たちは街から遠ざかると、ダブリンのすぐ南からウォーターフォードへと続く、アメリカの州間高速道路に相当する約120kmのM9高速道路に接続した。緑豊かなアイルランドの田園地帯が風景を覆い尽くし、なだらかな丘陵地帯は単なる決まり文句ではなく、至るところにあった。

「この付近のいくつかの農場と仕事をしています」とグレースは言った。「私たちの農家の大半は、ダブリンとウォーターフォードの間に位置し、ここの土壌と十分な日照は、大麦の栽培に適しています」

外を見ると、見渡す限り畑が見えた。牛や羊を放牧しているところもあれば、作物が並んでいるところもあった。私は一部の畑が他の畑よりも明らかに色が濃い事に気が付いた。

「あの畑が見えますか？」と、茶色い畑の1つを指さしながらグレースが訊ねた。「あれは冬大麦です」。大麦は、品種分類よりも一般的な仕様に基づき、様々なカテゴリーに分類される。そのようなカテゴリーの1つは、"spike"もしくは"ear"と

呼ばれる大麦の頭部(穂)の種子の並びに基づいている。その種類には二条と六条がある。もう1つのカテゴリーは生育期に基づいたもので、冬と春である。小麦とライ麦でも、同じように品種の生育期分類がある。アイルランドでは、春大麦が3月に植えられ、9月に収穫される一方、冬大麦は10月に植えられ、7月に収穫される。植え付けと収穫の正確な時期は天候によって変わる事もあるが、その差は通常、数週間程度である。グレースは、冬大麦の畑が春大麦の畑よりも茶色いのは、単に収穫時期が近いからだと説明した。

「アイルランドでは、麦芽製造には主に春大麦を使用します」とグレースは言った。「栽培するのが容易な作物の1つで、ヨーロッパでは最も高い収量を達成できます。夏は穏やかで湿気が多く、霜や干ばつといった極端な気温の変化がない温暖な気候で生育します。麦芽製造業者にとって、適切な気候条件下では、冬大麦よりも春大麦の方が品質基準を満たすのが容易なのです」

窓から見えるアイルランドの田園風景と会話で時間はあっという間に過ぎ、やがて私たちはウォーターフォードの郊外

ウォーターフォード蒸留所のすぐ横を流れるシュア川。午後10時でも明るく、綺麗な景色を見る事ができる。

雄大な流れのシュア川に架けられたライスブリッジを渡り右折すると、ウォーターフォード蒸留所は目と鼻の先だ。

左：WATERFORDと書かれた蒸留所の巨大な外壁。その先にはロンドンのガーキンビルを横にしたような卵型の製造棟が位置している。　右：蒸留棟の先に位置する麦芽用トレーラーの搬入口。

に到着した。シュア川をまたぐ小さな中心街の橋を渡ると、そこから川を背後に軒を連ねる、ウォーターフォード蒸留所の傑出した景観が見えた。その外観は長く、まるで建物そのものが川を下っているかのような形をしており、横たわっている以外はロンドンの卵型をしたガーキンビルのようだった。

　グレースは蒸留所の入り口からほんの200mほどのホテルに私たちを送り届けてくれた。リアと私は近くにレストランを見つけ、そこで新鮮なギネス（アイルランドのものが断然美味しい）を飲み、マッシーピーを添えたフィッシュ＆チップスを最初の食事として食べた。アメリカでは普通だが、アイルランドではとても異常なチップを渡した後（ウェイトレスの表情からそう推測した）、私たちはホテルに戻った。テキサス北部から始まり、アイルランド南部で終わった一日は、午後10時前にはぐっすりと眠りについていた。

シュア川の対岸から見た、ウォーターフォード蒸留所の製造棟。

蒸留所の周辺にはパブが数軒ある。現地で飲むギネスビールは、やはり格別である。

17章
TĒIREOIR

翌日の朝、最初の伝統的なアイリッシュ・ブレックファストを楽しんだ後、私たちはウォーターフォード蒸留所の入り口まで少し歩いた。建物は白、鉄灰色、淡い青の色合いにペンキで塗られている。この配色はレイニエの最初の蒸留所、ブルックラディを反映したものだと私は後に気付いた。私はそれが偶然なのか、もしくは狙ったものなのかを決して尋ねなかった。

入り口の門のところでブザーを押して警備員を呼んだが、私たちを待っていたようだった。警備員は磁気ゲートを開けて私たちを蒸留所の敷地へと迎え入れてくれた。彼はイアモンだと自己紹介し、ロビーの椅子に座るように勧め、グレースとウォーターフォードの醸造責任者であるニール・コンウェイがすぐにやってくると言った。ロビーには、大文字で印刷した「TĒIREOIR」という単語が壁全体を

ウォーターフォード蒸留所のすぐ隣に位置するホテルのアイリッシュブレックファスト。

ウォーターフォード蒸留所の正面ゲート。電気式で開閉する。

左：壊れない事で有名なポーティアス社製のローラーミル。
右：手動で蓋を開閉させる100年以上前の糖化槽。
現在はどちらも使用されていない。

　覆った大きな絵画があった。
　ほどなくして、グレースとニールが出入り口から現れ、非常に慣れ親しんだ心地よい優しさで私たちを迎えてくれた。アイルランド人は信じられないほどに友好的で、故郷から数千km離れていたとしても、くつろいだ気持ちにさせてくれる。ニールはグレースより数cm背が低く、そばかすのある顔に黒縁の眼鏡をかけていた。私と同じように、ニールは醸造所あるいは蒸留所にいる時と同様に、研究室でも穏やかなタイプの醸造家のようだった。グレースの時と同様に、私は彼に蒸留所で働くようになった経緯を尋ねた。
　「そうですね、ここで働き始めたのは1998年で、当時はこの施設全体がギネスの醸造所でした」とニールは私に言った。その歴史のほとんどにおいて、蒸留所の敷地にはギネスを始めとする数々の醸造所が相次いで入居していた。昼前に、警備員のイアモンは素晴らしいツアーガイドへと転向し（小規模蒸留所の従業員が、多くの仕事をこなさなければならないという良い例だ）、ギネスが卵型の新しい醸造所を建設した2003年に操業を停止した、廃墟となった醸造所を案内してくれた。
　この敷地に最初の醸造所が設立されたのは1792年で、デイビス・ストラングマン＆カンパニーによるものだった。長年に渡り何度もオーナーが替わったが、現存する多くの設備は100年を超えており、木製の天井の梁(はり)と窓には初代の18世紀の建造物もあった。おそらく私たちが見た中で最も心躍るものは、内部に銅を張り込んだ19世紀のオープントップ（蓋なし）の木製発酵槽だった。これらはクールシップ発酵槽と呼ばれており、その銅の内張りがより好ましい熱伝導を可能にする。現代の熱交換器が導入される以前は、この特性は糖化と発酵の間にビールを冷やすために重要なものだった。妻は銅で頭

17章 TÉIREOIR

19世紀の「クールシップ」と呼ばれるオープントップの発酵槽。現在は使用されていない。

発酵槽の中は銅で内張りがしてある。

が一杯だったため、すぐにこれらに夢中になった。そして、それは私も同じだった。オープントップ発酵槽は私にとって馴染みが深く、これまでウイスキー造りに使ってきた物ばかりである。しかし、ベルギーのランビック（酸味が特徴の伝統的なベルギービール）の製造に使用されるものなど、顕著な特例を除けば、最近の醸造所では希少なものだ。

1948年に、デイビス・ストラングマン＆カンパニーは醸造所を閉鎖し、ギネスが1955年にその敷地を購入した。ニールは1998年にそこでビール醸造者となり、ギネスがダブリンのセントジェームスゲートにある本社に業務を統合し、工場を閉鎖した2010年まで、そこに留まった。ニールは醸造所を追ってダブリンに行き、業界から離れる事を決意するまで、さらに5年間ギネスビールを醸造した。それは一時的な出発だったに違いない。2015年、ニールはグレースがミンチモルトの後とウォー

ターフォードの前に働いた同じ企業であるグランビアへと移った。

「グランビアでは、私は新しい乳製品栄養成分工場のシフトマネージャーでした。しかし、マークが醸造所を購入してウォーターフォード蒸留所を立ち上げた数年後の2017年、ネッドから電話があり、醸造責任者のポジションをオファーされました」。ネッド・ガーハンはウォーターフォードの蒸留責任者で、私が間もなく会う予

蒸留所から12km南下したバリーガーランに位置する集中熟成庫。ケルト海から500mの距離にあるため、潮風が流れ込む。

定の人物だった。ニールと同様、彼は少なくともマーク・レイニエが醸造所を購入した時点において、現在ウイスキーを製造している同じ建物で、ギネスビールの製造にキャリアを費やしていた。

「2012年にブルックラディがレミーコアントローに売却された時、マークは会社を去ろうと決心しました」とニールは私に言った。「彼は新たなスタート、白紙の状態からのスタートを望んでおり、自分のビジョンをゼロから構築したいと考えていました」

マーク・レイニエは、ウイスキー業界ではいわゆる一匹狼だ。私は彼が2000年にブルックラディを再生させた事を知っているが、それ以外は、今までは彼の事をよく知らなかった。2019年2月、"Forbes"はウイスキーのテロワールに関する記事のため、私たち2人だけでなくブルックラディのサイモン・カフリンにもインタビューを行った。カフリンはレイニエの以前のビジネスパートナーで、現在はレミーコアントローのグローバルウイスキーブランドのCEOを務めている。私がインタビューで私の本について触れたところ、ウォーターフォードの広報責任者のマーク・ニュートンが、自分たちのテロワールへのアプローチをさらに調査する事に興味があるのではないかと、私に連絡をしてきた。彼はアイルランドの自分たちの蒸留所を訪問するよう提案し、レイニエの連絡先の

情報を教えてくれた。それで私はレイニエに電話をしたのだった。

率直で、疲れを知らない話し手であるレイニエとの1時間の通話は、およそ55分が彼の話で占められていた。しかし、私は1秒1秒を楽しんだ。ウォーターフォード、そしてテロワールの追求に対する彼の熱意、粘り強さ、ビジョンは伝わりやすく、それは蒸留所の全ての従業員にも感じられるものだと私は再び思った。

ウイスキー業界へ参入する以前、レイニエはロンドンのワイン輸入業者の三代目だった。「子供の頃、父は日曜日の昼食時に、私たちに出されるワインを言い当てさせました。その推測の正当性は常に、テロワールの考えに根ざしていました」。レイニエは、どのようにワインからウイスキー業界に移ったかを私に伝え、戦後のヨーロッパの農業の歴史を要約した。彼が私に語った事で、農薬を大量に投入した農業がテロワールの影響をいかに覆い隠しているかについての私の疑念が裏付けられた。「第二次世界大戦後、農薬の導入とその使用量の増加により、一部のワインは（ブルゴーニュ地方のものでさえ）テロワールのニュアンスを失いました。収量を求めてブドウを栽培し、化学薬品をブドウの木に与えても、ブドウの木が岩盤を掴む事はありません」。つまり、ブドウ栽培業者でさえ、フレーバーを犠牲にして収量を追求する事もあるという事だ。

17章 TÉIREOIR

レイニエは、私がこれまでに会った中で誰よりもテロワールについて熱心だ。2016年には、彼は新たなラム製造事業、レネゲイドラム蒸留所も立ち上げた。そこではウォーターフォードがウイスキーに注力しているのと同様に、ラムのテロワールを捉え強調するために、最大限の力を注いでいる。ニールがウォーターフォードへの入社を決意したのは、レイニエの情熱、そして古巣の醸造所に戻る機会となったからだ。「仕事をしないかとネッドが電話をしてきた時、最初は全く確信が持てませんでした」と、ニールは蒸留所のウェルカムセンターで私に言った。「でもマークと話をした後、すぐにその仕事を引き受けました」

ニールは、私が訪問する2年前の2017年にウォーターフォード蒸留所へ加わった。醸造責任者として、彼は主に入荷したモルトからニューメイクの蒸留までのプロセスの1つ1つに注力した。ネッドも蒸留責任者として同様に蒸留を担当したが、彼は熟成中の在庫のモニタリングとブレンディングにも多くの時間を費やした。多くの蒸留所において、ニールはディスティラー、ネッドはブレンダーの役職を持つ。しかし、役職および特定の役職が果たす実際の役割は、蒸留所ごとに柔軟性がある。

蒸留所に入る前に、私はニールに、壁に描かれたテロワール（TÉIREOIR）の

ウォーターフォードのキーワード「TÉIREOIR」。テロワールとアイルランドを掛けたレイニエ氏による造語だ。

綴りについて尋ねた。「ああ、そうですね」と彼は壁の方を見ながらニヤッと笑った。「あれはマークのアイデアでした。「eire（エール）」の言葉遊びで、それはアイリッシュのゲール語で、アイルランドを意味します。でも私たちの生産哲学をうまく要約するために用いる言葉の一部になっているのです。私たちの大麦の品位を明示するために、承認の刻印を押すようなものですね。それで今ではウイスキーのラベルに、よりはっきりとTÉIREOIRを使用する事を心掛けている訳です」

私たちはニールに続いてウェルカムセンターから蒸留所内へと入って行き、ちょうど入り口に入ったところで止まった。壁には、ウォーターフォードの製造プロセス（大麦、精麦、糖化、発酵、蒸留、熟成）を画像付きで詳細に提示した、個別に構成された5つのフローチャートがあった。ニールがそのプロセスを説明してくれた。

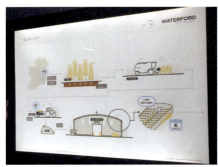
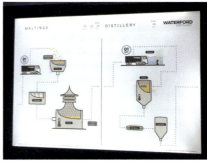
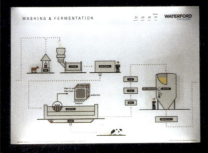

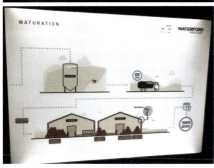

蒸留棟に入るとすぐ右手に掲示してあるパネル。各製造工程をイラストを用いて分かりやすく説明してある。

　ウォーターフォードは季節ごとに、それぞれ異なる土壌タイプ（全農場で20種類の異なるタイプがある）と農法（慣行型、有機型、バイオダイナミック型）を持つ110の農家と契約し、その農家専用の大麦を栽培するアプローチを取っている。通常、契約農家全体で約10種類の異なる品種が栽培されているが、これらの品種は必ずしもフレーバーのために選ばれる訳ではなく、通常は、アイルランド農務省によって規定された利用可能な種子と、特定の土壌や地域への適合性に基づいて選ばれている。しかし、ウォーターフォードは在来品種に焦点を当て、ミンチモルトと品種試験も行っている。2019年シーズンは、彼らはハンター（Hunter）とゴールドソープ

17章 TÉIREOIR

(Gold Thorpe)を栽培していた。前者は有望だったが、後者は成長しすぎて茎が倒れる、いわゆる「ロッジング(倒伏)」と呼ばれる状態を引き起こした。茎が倒れると収穫が困難になる他、穂が地面に近付いて穀粒が水分を吸収する可能性がある。そしてこの湿気により、穀粒は植え付けをされたのだと勘違いし、穂の上で早期に発芽する可能性がある。

　全ての農場は、120トンの大麦を収穫する事を目標としている。各農家の収穫は現地の穀粒処理施設へと送られ、そこで乾燥され、ウォーターフォードが"大麦大聖堂"と名付けた建物(サイロ)に保管される(興味深い追記:全ての気候において乾燥が必要な訳ではない。テキサス州などの一部の地域は、収穫前に穀粒が穂の上で乾いてしまうほど暑く乾燥している)。大聖堂の中には40から42に分けられた容器があり、それぞれに1つの農家の大麦が保管されている。年間を通じて、ミンチモルトは各農場の大麦を別々に精麦してからウォーターフォードに送り、

ウォーターフォード蒸留所の「大麦大聖堂」と呼ばれる巨大な貯蔵庫。各農家ごとに大麦を保管する事ができる。

大聖堂の内部を説明するテロワールスペシャリストのフォンセカ・ハインズ氏(左)とブランドアンバサダーのズギャニャッチ氏。

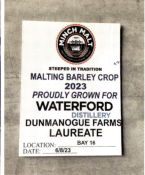

「大聖堂」内は42の区画に分けられており、各農家の大麦が保管され、それぞれの収穫年月日や品種、栽培者の情報が掲示されている。

サイロに保管している。ウォーターフォードは毎週、各農家の大麦を別々に粉砕、糖化、発酵、蒸留して樽詰めする。彼らは2回蒸留を行っており、アイリッシュウイスキーが通常は3回蒸留を行う事を考えると、それはやや珍しい事だ。

今日、彼らが使用している蒸留器のうちの1つは、かつてレイニエがブルックラディ蒸留所で働いていた時、そこの前に展示されていたものだ。レミーコアントローが蒸留所を買収した時、レイニエはその蒸留器を持ち帰るという契約を結んだ。それをウォーターフォードで修理調整し、再利用したのだった。ウォーターフォードのウイスキーはその蒸留器から流れ出てきており*、約140プルーフ（アルコール含有量70％）で樽詰めされている。彼らは各農場の大麦を個別に樽詰めしており（農場ごとにおよそ200バーレル〈1バーレルは約119ℓ〉から220バーレル）、様々な種類の樽を使用している。

*この蒸留器は2015年〜2021年6月まで稼働していたが、現在は使用されておらず、蒸留棟内に展示してある。

「大麦大聖堂」内では、巨大なトラクタ（ホイールローダ）を使用して大麦の仕分けと運搬が行われている。

17章 TÉIREOIR

蒸留棟に入るとすぐ右手に置かれている、ブルックラディ蒸留所から運ばれてきた蒸留器。現在は使用されていない。

どの農場でも、50％は使用済みのバーボン樽（スコットランドやアイルランドの多くの蒸留所では、生産量の90％以上が使用済みのバーボン樽で熟成されている）を用い、20％はトーストあるいはチャーを施したオークの新樽（業界では"ヴァージン"と呼ぶ）、15％は使用済みのワイン用フレンチオーク樽、そして残りの15％はポート、シェリー、マデイラ、ソーテルヌといった、様々な使用済みのスイートワイン

バリーガーランに位置する集中熟成庫では、パラタイズ式も採用されている（上・右下）。蒸留所内にある試験熟成庫（左下）。

267

現在使用されている蒸留器は初留・再留ともにフォーサイス社製のストレートヘッド型である。

ギネスビールが使用していたマッシュフィルターの使用によって、クリアでモルティ、グラッシーな麦汁の抽出を実現している。

ハイドロミルは水を混ぜて酸素なしの状態で粉砕を行うため、酸化せずにマッシングの初期段階の状態に持っていく事ができる。

樽を用いている。

　ニールは私たちを蒸留所に案内し、その製造プロセスを直接見せてくれた。蒸留器、マッシュフィルター、麦芽粉砕機（ハイドロミル）が極めて密接に置かれた蒸留塔には、シュア川を見渡せる大きな窓がある。私たちが前日、初めてウォーターフォードに来た時に渡った橋が簡単に見つけられた。ついに私たちは蒸留所の中

17章 TEIREOIR

に入ったのだった。

ニールは、私たちにウォーターフォードのシングルファーム蒸留プログラムについて説明した。それはまさに唯一無二のものだった。そう、彼らは商品穀物の使用を控え、農家と直接協力する事で地域のフレーバーを活用しているのだが、全体のコンセプトをさらに一歩進めている。大麦が毎週異なる農場から届くため、個々の農場のフレーバーを捉え際立たせる事で、週ごとにニューメイクに固有の好ましいフレーバーが変化する事を確認できる。これは、例えば我々がTXウイスキーにおいてソーヤー農場のフレーバーだけを捉えて強調する方法とは明らかに異なっている。我々が生産するニューメイクは、収穫期ごとにフレーバーに固有の小さな変動を見るが、収穫期の合間など、年間を通じてニューメイクのフレーバーは一貫性が保たれている。もちろん、テキサス州は広い。アイルランドの1,100万エーカーに対し、およそ1億3,000万エーカーの農地がある。テキサス州には、大規模蒸留所の穀粒需要のほとんど、あるいは全てを供給できるほどの規模の農場がある。アイルランド（およびスコットランド）では、これは通常当てはまらない。ウォーターフォードの農家のほとんどは、年間30～40エーカーの農地で麦芽用大麦を栽培している。週ごとに、意図的にフレーバーの変化を取り入れるというアイデアに疑念を持つ蒸留業者もいるかもしれないが、ウォーターフォードはそれを違った目で見ている。「私たちはその変化を追い求めています」とニールは私に言った。「毎週、製造プロセスの全てを一定に保つように努めていますが、それは私たちが生み出すフレーバーのニュアンスが本当に大麦そのものから生まれるようにするためです。そのニュアンスはご存じだと思いますが、そう、それがテロワールです。それを私たちは追い求めているのです」

テロワールは、ウォーターフォードのウイスキー造りへのアプローチの単なる一側面ではなく、全てがその上に築かれる、まさに根幹である。だからこそ、それが本物である事、つまりテロワールがウイスキーの中に存在するだけでなく、その存在が奥深いものである事を証明するために、できる限りの事をするのが重要であると感じたのだ。この目的をさらに進めるために、ウォーターフォードは素晴らしい科学者たちと共にチームを組み、ウイスキーテロワールプロジェクトを作り上げた。

269

蒸留責任者のネッド・ガーハン氏とテイスティング。7年熟成のオーガニックウイスキーは素晴らしい味わいだった！

　ウォーターフォード蒸留所を訪れたなら、異なるテロワールの大麦から製造されたニューメイクのサンプルを、ほぼ確実に試飲させてくれる。それぞれが品種、農場、農法がどのようにフレーバーに影響を与え得るかを強調している。彼らによると、テロワール間のフレーバーの違いは「酒を飲まない人でも分かる」という。私もその意見に同意する。新たなニューメイクのサンプルの中には、パンのようなシリアルの香りに満たされたものもあれば、フルーティでフローラルな香りが顕著なものもある。しかし、それでもウォーターフォードはその事を証明するために、我々と同じ理由で科学的研究を行った。

　我々のバーボンにおけるテロワールの

研究には、2つの目標があった。1つ目は、近代のトウモロコシ品種が、遺伝的多様性が比較的限られるにも関わらず、依然としてテロワールの影響を受けているかどうか、またその影響がフレーバーの化学反応に反映されるかどうかを、我々自身で判断したいと考えていた。もしその答がノーだったとしたら、我々が使用していた品種や仕入れていた農場について、そこまで厳しくする必要はなかったという事になる。そして2つ目は、もしテロワールによってフレーバーが変わる事が判明したなら、我々は、その発見を専門家の査読がある学術雑誌に発表したかった。これはテロワールという概念の完全性を守るために戦う一手段となり、テロワールは単なるマーケティング上の流行語ではないと我々は信じていたからだ。

2つ目の目標は、ウォーターフォードの研究を動機付けたものでもあった。レイニエは（ワイン業界とブルックラディ時代の経験から）ウイスキーにはテロワールが重要だという事に揺るぎない自信を持っていた。しかし、より大規模のアルコール企業の中には、このアイデアを却下し、過小評価をするところもある事から、レイニエは決定的な証拠を提出する事を決心したのだった。

2019年以前は、私はウォーターフォードの事を知らず、そしてウォーターフォードも私やTXウイスキーの事を知らなかっ

たが、私たちはどちらも、ほぼ同じ方法とほぼ同じ目標を持った研究を、ほぼ同じ時期に行っていたのだった。我々のバーボンにおけるテロワールの論文は2019年に発表され、ウォーターフォード独自の大麦を使用したウイスキーにおけるテロワールの科学論文は、2021年に発表される予定である*。私たちはこのプロジェクトをほぼ同時期に始めたが、ウォーターフォードは、ワイン生産者がヴィンテージと呼ぶ「季節」という変数を組み込む事にした。我々の研究は、2016年に栽培され収穫されたトウモロコシのみを対象としていたが、ウォーターフォードは3つの異なるシーズン（年）を分析したため、彼らは今でもそのプロジェクトの最中で、2016年シーズンの分析は終了したが、2017年と2018年シーズンの大麦を分析している*。
*これらの分析は終了し、現在はすでに発表されている。

彼らは、ウイスキー業界は内輪的だと言う。例えば、ビームファミリーは単にジムビーム蒸留所だけでなく、ケンタッキーで長年続いているほぼ全ての蒸留所と関わってきた。これは農学の科学者にも当てはまっているように思える。旅の初めに、私はウイスキーとテロワールの最も新しい研究論文のいくつかを読んだが、そのほとんどはパトリック・ヘイズの助言の下、オレゴン州立大学の大麦育種プログラムに属するダスティン・ハーブによって書か

れていた。博士号取得の前に、ハーブはテキサスA&M大学で植物育種学の修士号を取得しており、私自身の博士号のアドバイザーであるセス・マレーが彼の論文審査委員会の一員だった。

ハーブがビールのテロワールに関する2つの論文を発表し、大麦の品種と生育環境がビールのフレーバーを変える事を実証した時、レイニエは同じ技術を用いてウイスキーのテロワールも実在する事を「証明」できる事に気が付いた。レイニエはハーブに連絡を入れ、研究チームへの加入に興味があるかを尋ねた。その研究は、アイルランドとスコットランドで実施される予定だったが、ハーブはオレゴン州で彼の家族によって創立された種子生産会社であるOreGroの研究者であり、植物育種家だった。彼は物理的に研究室に常駐する事はできなかったが、データの主要分析者および著者としてチームに加わる事に同意した。ハーブはウイスキーテロワールプロジェクトの暫定結果の著者で、それは近々発表される学術論文に先がけて公開された。

このプロジェクトは、アイルランド、スコットランド、アメリカからチームを呼び集めた共同事業だった。ウォーターフォードは2016年にこのプロジェクトを、50km余り離れたキルデア県のアシーとウェックスフォード県のバンクロディという2つの異なる農場で、2つの異なる品種の大麦（オリンパス〈Olympus〉とロリエット〈Laureate〉）を反復して栽培する事から始めた。彼らは収穫後に、16種類の異なる微量栄養素を求めて大麦を分析した。品種間には統計的に有意な違いは見られなかったが、農場の場所は違いを示していた。アシー産の大麦はセレニウム、クロム、スズの含有量が高く、バンクロディ産の大麦はバリウム、カドミウム、亜鉛、銅、アルミニウムの含有量が高かった。これらの微量栄養素の違いがフレーバーにどのような影響を与えるのかは分からないが、それは興味深い発見であり、私自身の研究では調査されていなかった。

4つの大麦のサンプル（オリンパス-アシー、オリンパス-バンクロディ、ロリエット-アシー、ロリエット-バンクロディ）は、種子の発芽休眠期間を打破するために数ヵ月間保管した後、実験室規模の精麦をするためにミンチモルトへと送られた。そこで彼らは、精麦プロセスでの影響を抑えるために、標準化されたベースモルトの製造に取り組んだ。精麦プロセスは標準化されていたが、品種間の遺伝的差異や生育環境の結果として、アシー産はバンクロディ産よりもさらに変性していた。化学的観点から、アシー産の大麦はβ-グルカン、デンプン/糖類抽出物が少なく、タンパク質が多かった。

この大麦麦芽のサンプルは、その後に空を飛び、有名なウイスキーコンサルタン

17章 TEIREOIR

ト業務の研究所であるスコットランドのタットロック&トムソンへと飛行機で輸送された。そこでは、研究所所長のハリー・リフキン博士が実験室規模の精麦、発酵、蒸留を監督していた。彼のチームはニューメイクウイスキーを取り上げ、定量的記述分析を行った。これは、コロラド州立大学教授のアダム・ヒューバーガーがビールのテロワールに関する研究論文で用いた官能分析手法（前章で説明）と同じ手法である。彼らは、アシーで栽培された大麦から生産されたニューメイクウイスキーは、バンクロディ産と比較して、「フルーツ」と「モルト」のフレーバーが強い事を発見した。逆に、バンクロディ産のニューメイクは、「硫黄」と「草」のフレーバーが強い事が分かった。2つの大麦品種間に大きな違いは見つからなかったが、彼らは品種と栽培地域の相互作用による重要な影響を発見した。アシーで栽培されたロリエット大麦は、他の3つのサンプルにはない「シリアル」と「ドライフルーツ」の強いフレーバーを有していた。タットロック&トムソンは分析を終えると、ニューメイクのサンプルを分析化学のためにアイルランドへと送り返した。

アメリカでも見られたように、この科学に対する大きな障害は資金だった。テロワールの影響を証明する事も有り得る、ある種の徹底した研究を行うには費用がかかる。しかし、ウォーターフォードは、

革新的なアイルランド独自の企業の発展と、世界市場での地位向上を支援するアイルランド政府の経済開発機関"エンタープライズ・アイルランド"から、化学分析のための資金をどうにか調達できた。その資金により、キエラン・キルコーリー博士の指導の下、ティーガスクで実施される分析化学の博士研究員の招聘が可能になった。ティーガスク（アイリッシュ・ゲーリック語で「知識」を意味する）は、アイルランドの農業食品部門のための、政府の研究開発、トレーニング、諮問機関である。キルコーリーは主に乳製品に焦点を当てたフレーバー化学者であるため、ウイスキーテロワールプロジェクトは、ウイスキーにおけるテロワールの影響だけでなく、テロワールが畜牛の飼料用大麦にどのような影響を与えるか、ひいては乳製品のフレーバーにどのような影響を与えるかについても興味を持っていた。とはいえ、牛乳のテロワールは、間違いなくこの本の範囲外の事だ！

キルコーリーとウォーターフォードは、博士課程の研究としてブドウ栽培の技術がどのように赤ブドウのフェノール組成を変えるかを調査したマリア・キラロー博士を採用した。チームは、ガスクロマトグラフィーと質量分析法を用いて、ニューメイクウイスキーのサンプルのフレーバーの化学的性質を分析する。これは私にとってワクワクする事だった。ニューヨークと

表17.1　ウォーターフォード蒸留所のウイスキーテロワールプロジェクトの結果

区分	テロワールに起因する ウォーターフォードの ニューメイクにおいて 有意差のあるフレーバー化合物[1]	バーボン、ライウイスキー、 および/またはモルトウイスキーの重要な フレーバー[2]
アルデヒド	アセトアルデヒド	バーボン/ライウイスキー
エステル	ラウリン酸エチル	モルトウイスキー
	乳酸エチル	報告なし
フラン	フルフラール	報告なし 焼きたてのパン
フーゼルアルコール	n-プロパノール	バーボン*/ライウイスキー*
	n-ブタノール	バーボン†/ライウイスキー†*/ モルトウイスキー†

* 潜在的なフレーバー化合物の前駆体として重要
† 専門的にはn-ブタノールではなく、イソブタノール異性体
出展は付録4の「ロードマップへの鍵：17章の出典」でも見る事ができる。

ケンタッキーではあまり運がなかったものの、ついに誰かが私のウイスキーのロードマップに何かを付け足してくれるかもしれないからである。彼らは、我々の研究で検出された、あるいは（ビールとワインの相同性比較によって）影響を受けると仮定した同じフレーバー化合物の多くに、テロワールが影響を与えていたと報告するだろうか？

　ウォーターフォードは2021年に研究結果の大部分を発表する予定*だが、Webサイトを通じて一部の暫定的な結果を一般公開した。これが彼らの発見である。表17.1にその結果を要約し、それらが前章のウイスキーのセンソミクスとバーボンのテロワール研究とどのように重なるかを示している。

*現在はウォーターフォード蒸留所のウェ

ブサイトから検索する事ができる。

　環境の影響を考慮すると、アセトアルデヒド（青リンゴ）、n-プロパノール（カビ臭い溶剤）、n-ブタノール（バルサミコ）、フルフラール（アーモンド、焼きたてのパン）の濃度は、その大麦が栽培された農場によって大きく左右される事を彼らは発見した。例えば、アシーで栽培された大麦から蒸留したニューメイクウイスキーでは、他の場所で栽培された同じ品種の大麦と比較して、フルフラールの濃度が著しく高かった。バンクロディ産の大麦のn-プロパノールも同様だった。また、品種による有意な差も彼らは発見した。すなわち、オリンパス品種から蒸留されたニューメイクウイスキーは、ラウリン酸エチル（フローラル）の濃度が高かった。環境と品種の相互作用については、ニューメイクウイス

17章 TĒIREOIR

アロマ	生成起源	ニューメイク・バーボンにおける テロワールの影響[3]	ワインにおける テロワールの影響
青リンゴ	発酵、熟成	部分的	ワイン[4]
フローラル、ワクシー	発酵	あり	ワイン[5]
バタースコッチ		検出されず	ワイン[6]
アーモンド、	穀粒、熟成	検出されず	ワイン[7]
カビ臭さ、溶剤	発酵	検出されず	ワイン[8]
バルサミコ		あり†	ワイン[9]

キー間で乳酸エチル（バタースコッチ）の
濃度に有意な差がある事をチームは発
見した。

　ＴＸウイスキーとテキサスＡ＆Ｍ大学
は、アセトアルデヒドについても同様の事
を発見した。その濃度は農場の環境に
よって少なくとも部分的に影響を受けて
いた。さらに、アセトアルデヒドは「良い」ア
ロマ成分の合計と負の相互関係にあっ
た。

　我々は、エステルであるラウリン酸エチ
ルについても同様の結果を得た。品種が
濃度に大きな違いを生じさせている事を
発見したが、それが品種と農場の相互
作用によるものだと分かった。さらに、ラウ
リン酸エチルはスコッチモルトウイスキー
において、重要なフレーバー化合物であ
る事が報告されている[1]。最後に、我々は

乳酸エチルを検出せず、ウイスキーのセ
ンソミクスのどの論文でも検出されてい
なかったが、ウォーターフォードとティーガ
スクのチームは検出した。しかし、私は
当然だと思っていた。乳酸エチルはエタ
ノール（酵母によって生成される）と乳酸
（細菌によって生成される）のエチルエ
ステルである。研究によると、麦芽に生
息する固有の乳酸菌の構成はその産
地によって異なり、これらの乳酸菌は発
酵中に様々なフレーバー化合物（乳酸
を含む）を生成する事が示されている[2]。
ウォーターフォードのチームがここで品種
と農場の相互作用による大きな違いを検
出したという事実には、仮説的な説明が
ある。

　我々の研究ではn-プロパノールは検
出されなかったが、本書の前半で詳述

したウイスキーセンソミクス研究の一部では、プロパン酸エチルエステルが、少なくともバーボンやライウイスキーにおいて潜在的に重要なフレーバー化合物である事が判明した[4]。プロピオン酸エチルは、エタノールとプロピオン酸のエチルエステルで、プロパノールは適切な条件下で酸化しプロピオン酸になる。従って、n-プロパノールとプロピオン酸エチルを結び付けるのは無理があるが、少なくとも検討する価値はある。同様に、我々の研究ではn-ブタノールは検出されなかったが、ウイスキーセンソミクスの研究により、その密接に関連した異性体イソブタノール（異性体とは、同じ化学式を持つが、三次元空間における原子の配置が異なる事を意味する。第10章のペニー、ニッケル、クォーター硬貨の例を思い出してほしい）がバーボン、ライウイスキー、モルトウイスキーにおいて重要なフレーバー化合物である可能性がある事が示された。繰り返しになるが、同様に我々の研究ではフルフラールを検出しなかった。しかし、バーボンのニューメイクのサンプル間での2-ペンチルフラン（フルーティー、草っぽさ）の変動の37%以上が、農場の環境に起因している事が分かった。フルフラールと2-ペンチルフランはどちらもフランというフレーバー化合物種に属しており、フルフラールは数段階の化学反応を必要とするが、2-ペンチルフランの前駆体として機能する。だが特筆すべき最も重要な事の1つは、ウォーターフォードによって検出された全てのフレーバー化合物がテロワールの影響を受けているという事であり、学術研究文献には、テロワールがワイン中のフレーバー化合物の存在と濃度に影響を与える事を示唆する、複数の報告があるという事だ（表17.1）。ワインは、ウイスキーのテロワールを研究するためのモデル体系としての役割を果たし続けているのである。

ウォーターフォードは、私の研究で導き出した結論と同じ結論を出した。穀物の品種、生育環境、そしてこれら2つを組み合わせた相互作用は、統計的に多くの重要なフレーバー化合物に有意な影響を与えていた。より正確に言うなら、2つの別々のウイスキーの製造チームが、テロワールが実際にウイスキーのフレーバーに影響を与える事を、それぞれ独自に発見したという事である。

18章
ĒIRE（エール：アイルランド）の農場におけるフレーバーの育成

　前日の大半を、ニールと共に蒸留所の運営方法やテロワールプロジェクトの状況について話し合う事に費やした後、私はどうしても地方へ出て、ウォーターフォードの農家を訪問したくなった。ウォーターフォードの抱える農家には、彼らが働く農場全体に存在する土壌、気候、地形の差異を活用すると共に、慣行型、有機型、そしてバイオダイナミック型の農法を追求する農家が含まれている。私は、これまでテキサス州、ニューヨーク州、ケンタッキー州の農家との交流を通じて様々な農法を学んできたが、ウォーターフォードは、これらの要因が、フレーバーにどのように影響するかを直接理解するのに役立つ可能性のあるユニークな状況を提供してくれた。ウォーターフォードの農家は、穀物のフレーバーを最優先に考えた方法で農業を行っているのだろうか？　それと

も、彼らは依然として、商品麦芽用大麦に定められた品質仕様に焦点を当てているのだろうか？　私がこれまでに話をした事がある農家は、多くの場合、識別保存を行いつつ、可能な限り最高品質の穀物を生産しようと努力していたが、彼らの方法論は穀物のフレーバーを高める方法や、ましてや特定のフレーバーを選択する方法に常に重点を置くものではなかった。さて、これらの農家、そして他の全ての穀物生産者を擁護するために言うなら、現在の科学的状況では、様々な農法が穀物のフレーバーにどう影響するか、ましてや、その穀粒から造られるウイスキーにどう影響するかは、十分に解明されていない。それでも私は、ウォーターフォードの購買層がそのフレーバーとテロワールの両方に心を奪われている事を知っていたので、その生産者が大麦栽

培にどう取り組んでいるのか、もっと知りたいと思っていた。

　ホテルでもう1度アイリッシュ・ブレックファストを食べた後、妻と私はウォーターフォードへと短い距離を歩いて戻り、そこでグレースと社用車に出迎えられた。私たちは北へ車で1時間ほどのリーシュ県にあるダロウという町の、ウォーターフォードで最も成功を収めた終身雇用農家の1人、シーマス・ダガンの農場に向かった。グレースによると、ダガンは慣行農法で農業を行っているが、農薬を過剰に使用している訳でも、自然を通じて農場に「栄養を与える」努力をしていない訳でもないという。「シーマスは畜牛も育てています」と、より緩やかな緑の丘陵地帯を田園地方へ通り抜けながらグレースは言った。「彼の畑は穀物、ビート、牧草を混ぜて輪作しています。ビートは土壌構造を維持し、その通気性を高めるのに役立ち、畜牛が草を食みます。また、畜牛の糞尿を畑の肥料として利用しているため、合成肥料の使用は最小限に抑えられています」

　農場を訪れるには心地よい日だった。晴れ渡り、十分に暖かいため上着は必要なかったが、汗をかくほど暑くもなかった。「雲ひとつないアイルランド」というのは、大抵は矛盾した表現だが、アイルランドの南部には当てはまらない。アイルランド人はそれを「日当たりの良い南東部」と呼

ぶ。地元の人々は間違いなく日光（もちろん、そこは依然としてアイルランドで、毎日または2日に1度の雨が見込まれる）を満喫し、そして大麦も日光を満喫している。日光は「グレーンフィル（穀粒自体が成長を始める時期を指す言葉）」を促進する。

　私たちは、シーマスの畑の入り口にある彼の家に車を停めた。車を降りると、シーマスが家の裏口から現れた。彼は逞しい体格で背が高く、ジーンズにワークブーツ、野球帽を身に着け、私がアメリカで出会った多くの農家のようだった。シャツも帽子も緑色で、農場の景色に溶け込んでいるように見えた。簡単な自己紹介の後、私たちは舗装された小道を下り、彼の家から100mも離れていない大麦畑の一区画へ向かった。

　畑の入り口には、「ウォーターフォード蒸留所：シングルファーム蒸留用大麦」と書かれた看板の付いたゲートがあった。ウォーターフォードのために大麦を栽培しているほぼ全ての農場で、通常は公共の場に面したゲートや壁にこれらの看板が掲げられているのを目にしていた。それは、テキサス州、ニューヨーク州、ケンタッキー州の農家に見られたのと同じプライドであった。自分たちの大麦が個別に蒸留されてウイスキーとなり、友人や家族と味わって分かち合える事を知っているプライドである。その看板は、単にウォーターフォードの宣伝用ではなく、農

家にとっての名誉の証なのだ。

「ウォーターフォードが最初にこのアイデアを持ちかけて来た時は」とシーマスは言い、「そうですね…最初の1、2年は他の農家の多くもそう思っていたように、有り得ないと思いました」。私たちが畑で話をしている間、グレースは少し離れたところで作物を調査していた。シーマスの事務的な口調とグレースの無反応から、私には彼が何か重大な秘密を明らかにしようとしている訳ではない事が分かった。ウォーターフォードのチームが対処しなければならなかったのは、特定の飲料企業からの懐疑的な意見だけではなかった。地元の農家でさえ、最初は疑念を抱いていた。

「大麦は所詮、大麦。少なくとも私はそう思っていました」とシーマスは言った。私たちは手で大麦の穂を撫でながら畑を歩いた。茎はおよそ腰の高さで、穂は艶々としていて、太陽と風に揺らいでいた。「でも、ウォーターフォードのおかげで見方が変わりました。テロワールの一般的な概念はずっと理解していたと思います。自分の農場でも、それぞれの畑のユニークな特徴によって、農法は少しずつ異なります。でも、フレーバーの違いには驚かされました」

シーマスは、自分の大麦と3kmも離れていない隣の農家の大麦から作られたモルトウイスキーのニューメイクを味見し

て初めて、テロワールの現実が彼の心に残る感銘を与えたと私に語った。「フレーバーが完全に違うものでした」とシーマスは言い、「味わいは、そうですね、衝撃を受けました。このテロワールというものには、一片の真実があるのだと」。私のノートには、シーマスからの引用の「一片の真実*」に丸印が付けられ、彼の言葉遊びを称賛していた。グレースは、彼は最初からこれを言いたかったに違いないと言った。

*訳者注：原文は、'Grain of truth'（一片の真実）だが、ここでは「一片」と「穀物」とをかけた言葉遊びの表現を用いている。

シーマスはまた、ウォーターフォードは他の販売先候補よりも大麦のポンドあたりの金額を多めに農家に支払っていると説明した。もちろん、それがウォーターフォードの品質基準を満たしているという事が前提ではあるが。大麦の販売価格で競合する販売先が他になかったため、ウォーターフォードの農家は一部のワイン用ブドウ栽培者のように、価格交渉のテーブルに着く事ができた訳ではない。しかし、それは正しい方向へと向かう一歩である。ウォーターフォードの農家は、作物の品質に見合った十分な報酬を得ているのである。

シーマスの大麦にさらに近付いて見てみると、穂はすでに十分に良い形をし

ていて重みがあるのが分かった。この近代の大麦品種の強くて短い茎がなければ、おそらくこの時点で倒れていたに違いない。育種家は、大きく実った穂を支えるために、特に強くより短い茎を選抜した。古い品種にはこの特性が無い事が多く、倒伏しがちであった。シーマスは、ウォーターフォードが近くの農場で試作していた在来品種の管理を担当していた時に、これを直接経験した事があると私に告げた。大麦畑は、彼の農作業全体を見渡せる丘の上にあった。他の多くの畑には、彼の300頭の畜牛が点在していた。シーマスは慣行型の農家だったので、作物を栽培したり畜牛を飼育したりするために、肥料や殺虫剤などの化学合成農薬を投入していた。少なくとも私の目には、彼の畑には雑草が全く生えていないように見えた。これがデリケートな話題である事を承知の上で、私は彼に農業へのアプローチについてと、慣行農法における化学合成農薬の使用、有機型やバイオダイナミック型の農家が使用する天然農薬の使用についてどのように考えているのかを慎重に尋ねた。

「そうですね、何の配慮も考えもなく、ただ農薬を散布して処理する訳ではありません」と、シーマスはやや身構えるように言った。「私たちの目標は、土地を疲弊させる事なく良い作物を生産する事です。慣行型の農家は後者だけを気にして、前者には関心がないという誤解があると思いますが、現実には、私たちの多くは他の人と同じように、土壌の本来の肥沃度について懸念しています。もし私が土地の健全性に気を使わなければ、私の土地は四季を通じて何の役に立つでしょう?」

シーマスの家へと戻りながら、私は彼に「フレーバーのための農業」に該当する技術を採用しているかどうかを尋ねた。「そうですね、私たちはロリエットと呼ばれる品種を栽培していて、それは素晴らしいフレーバーを持っていると言われています。しかし、農業の観点から見た私たちの主な目標は、低タンパク質を促進する事です。適切なタイミングで適切な量の窒素を散布する事で、これを実現します。タンパク質が多過ぎるとウォーターフォードは受け入れてくれず、そうすると私たちは、条件がそれほど厳しくない別の蒸留所や醸造所に販売するか、場合によっては飼料用として販売しなければなりません。そしてもちろん、フザリウムの様な病原菌による病気を避けるため、できる限りの事をしています。しかし、実際に特定のフレーバーを目的にした特別な技術は知りません。もしそういったものがあるなら、間違いなく試してみたいです」

ロリエットは、スイスの農業バイオテクノロジー企業であるシンジェンタによって選抜・育成された近代の春まき型二条大麦

品種である。この品種は醸造および蒸留業界において名声を獲得しているが、他の全ての近代品種と同様、フレーバーを主な選定基準として育種された訳ではない。しかし、ロリエットは配糖体ニトリルを含まない、最も収量の高い麦芽用大麦品種の1つである。配糖体ニトリルはカルバミン酸エチルと呼ばれる潜在的な発ガン性物質の基礎前駆体化合物として機能する可能性があるため、これは重要である。ほとんどのウイスキー蒸留業者は蒸留酒を監視し、カルバミン酸エチルのレベルが十分に低い事を確認する。しかし、この問題は配糖体ニトリルを含まない大麦品種を使用する事で、少なくともモルトウイスキーにおいては完全に回避できる。

シーマスの家に戻ると、彼はポットに紅茶を淹れ、スコーンと新鮮なバターが盛られた皿を運んできた（アイルランドで美味しいのはギネスだけではない。バターも同様に、そして明らかに美味しい）。それから彼はウイスキーのボトルを持ってきた。まだ1年ほどしか経っていない若いウイスキーだったが、それでもオーク樽で熟成された美しい琥珀色をしていた。それはシーマスの大麦から作られたウイスキーだった。

「一杯どうですか？」

そのウイスキーを勧めた時のシーマスの顔つきが、ウォーターフォードのために大麦を栽培する事は、支払われている報奨金以上のものだという事を私に確信させた。「もちろんです」と私は答えた。

シーマスの顔が明るくなり、即座に私たちに2杯注いだ。「これは、今までに作られた中で最高のウイスキーですよ、ねえグレース？」

「そうよ、シーマス。最高のものよ」と、グレースは笑いながら言った。

そのウイスキーは良い出来で、特に1年熟成という事を考えると尚更だった。クリーンで麦芽感のあるフレーバーがベースだが、熟成に使用されていたフランスのワイン樽からのはっきりとしたフルーティな香りが層の上にあった。しかし、そのフレーバーだけが私に印象を与えた訳ではなかった。私はアイルランドの田園地方のど真ん中にいて、紅茶を飲み、新鮮なバターを添えたスコーンを食べ、私がいるところから100mも離れていない場所で栽培された大麦から作られたウイスキーを飲んでいたのだ。そして私は、そのウイスキーを農家自身と一緒に、彼のプライドに浸りながら楽しんだ。それは、非常に特殊な場所の味わいだった。シーマス自身がそれをうまく言い表した。「私たちは、最終的にウイスキーやビールの原料となる穀物の一次生産者です。でも、自分の名前が実際に特定のボトルに付けられているとは言えません。ただし、このボトルにある私の名前は例外です。これは私の作物と私の畑に由来していて、

281

それが全て、つまり原産地です。私にとって、それは素晴らしい事です[1]」

そのグラスに入ったウイスキーの極めて本質的な原産地、シーマスと彼の土地とのつながり、それがテイスティング体験を単なるフレーバーを超えたものにした。それが何を超えたのかを言葉で説明するのは難しいが、それ自体がテロワールの真の特徴なのかもしれない。確かに、テロワールには科学的に根拠のある具体的な側面もあるが、言葉では言い表せない、もしかしたら神秘的でさえある側面もあり、その側面の重要性が私にとってますます明確になってきた。テロワールの全ての側面は、あるいは科学的に説明する事はできないのかもしれない。しかし、私はそれでも良いと理解し始めていた。なぜなら、味わえば分かるのだから。

シーマスの農場を出発し、さらに北のティペラリー県へと向かった。内陸地方のティペラリーは、丘、川、湖に囲まれた農業の町だ。私たちはウォーターフォードの最も有名な農業デュオ、ロス・ジャクソンとエイミー・ジャクソンを訪れるためにそこへ向かっていた。グレースは彼らを総称して「ジャクソンズ」と呼んでいた。ロスはアイルランド人で、赤毛で縮れたモップのような髪が自慢、エイミーはイングランド人で、ストレートのブロンドヘアーだ。彼らの独特のアクセントと外観は魅力的なコントラストであり、それで彼らがウォーターフォードの広報役的農家としても貢献しているのに違いないと判断した。その上、ロスは双子で、兄弟のアランは彼の隣で農場を営み、アランもまたウォーターフォードの大麦を栽培している。

車を敷地に乗り入れながら、グレースは、ジャクソンズは慣行型の農場として始まったが、最終的に全ての作物と動物を有機的に育てる事に変えたのだと私に伝えた。「どうして変えたのかについては、エイミーがさらに詳しく説明してくれますよ」と、彼女は砂利道に車を乗り入れながら、はるか彼方で羊を柵に追い込んでいるエイミーを見つけて言った。

私たちは、羊の大群をまとめているエイミーのところへ行き、簡単な自己紹介の後、大麦の畑へと向かった。歩きながら、私はエイミーになぜ農場を慣行型から有機型へと変えたのかを尋ねた。「そうですね、理由の1つは間違いなく有機栽培がもたらすプレミアム価格です」と彼女は言った。「ロスの兄弟のアランもすでに有機栽培に切り替えていて、彼にとってはそれがうまくいっていました。さらに、有機の方が、風味が優れている事が分かりま

した。私たちは栽培した有機大麦は食べません。あまりにも高く売れるからです！私たちはそれをウォーターフォードに販売します。でも有機で育てた肉は食べます。従来のものと比べると味は本当に良いのです。また、慣行型の農業が何らかの影響を及ぼしている事にも気付きました。私たちは畑の生物学に逆らうのではなく、協力して土壌を可能な限り健全に保ちたいと考えました」

ウォーターフォードのプロモーションビデオを見た事があるが、そこでロスは「面白い事に、良い土と悪い土の違いは実際に匂いで分かります」と語っていた[2]。その匂いは本物だ。土壌が生きていて微生物と有機物に満ちていると、土っぽさと微かに甘い香りがする。土壌がぎっしり詰まっていると排水がうまくいかず、酸素が枯渇し、物質の分解に時間がかかり、酸味やアンモニアのような悪臭となる。植え付けのために詰まった土壌を耕す一般的な方法は耕耘だが、それにより微生物や有機物が空気にさらされる事で濃度が低下し、石化や侵食が促進される。土壌の詰まりを避けるため、農家は土地が湿っている時は、農業用の重機を使用しない。耕耘を行う場合、あるいは単に健全で生き生きとした土壌が必要な場合でも、有機物で土壌をリフレッシュするために作物を輪作したり、被覆作物を栽培したりする事がよくある。ジャクソンズが

慣行型から有機型に切り替えた時、土壌の肥沃度を回復するために彼らは牧草とムラサキツメクサを栽培した。

私たちが彼らの農場を歩き回り、庭に生えているラズベリーを食べていると、SUVがやってきた。音が聞こえるのと同時に、ほぼ突然にその車は現れた。車は私たちの横に止まり、ロスが降りてきた。私が会ってきた全ての農家と同様、彼はジーンズを履いていた。しかし、彼は私が会った中でも一番若い農家で、若いというのは、よりカジュアルに見えたという意味だ。ロスは襟付きのシャツの襟を内側に入れ込み、Tシャツのようにして着ていた。挨拶を交わした後、私たちはウォーターフォードの大麦が栽培されている畑へと歩いて向かった。

「土壌を確実に健全に保つために、畑を循環させています」とロスが言った。「私たちはこんな風に、畑で大麦を連続して栽培し、次にオーツ麦、次に牧草、そしてベッチを栽培します。このシステムが土壌を肥沃に保つ訳です」。ベッチとは、マメ科ソラマメ属の植物であるため、成長中に空気中の窒素を取り込み、土壌を回復させる事ができる。牧草は広範囲に及ぶ根系（地中における根の分布状態）を持ち、それが土中深くから栄養素を引き上げる。それらを収穫するのではなく、ジャクソンズは牧草とベッチを耕して土中に戻し、外気とより深い土壌から、表土を

窒素と栄養素で再び満たすのである。

　ジャクソンズは、健全な土壌が作物のフレーバーをどのように改善するのか確信を持っていなかった。しかし、彼らの仮説は、土壌の栄養素が植物の代謝の構成要素であるというもので、私もこれは妥当だと思う。土壌の栄養素が少なければ、植物が構築するものが少なくなり、植物の代謝による副産物（フレーバー化合物など）の多様性と濃度が低下する。

　私の目が知らぬ間に大麦畑の雑草を追っていたのを、ロスは見ていたに違いない。それはシーマスの畑よりもさらに目立っていた。「そうです、慣行型の栽培よりも雑草は多いです。でも、私たちは被覆作物を栽培する事で雑草を寄せ付けないようにしています。結局のところ、ここにはいくつかの雑草が生えていますが、それはたいした事ではありません」。これは以前に私が考えていた事でもあった。多くの農家、特に慣行型の農家は、畑に残っている雑草を全て駆除するように訓練されてきた。ある意味、これは良い習慣である。雑草は栄養素を作物と奪い合い、増えすぎると収量を低下させる。しかし、雑草の存在が深刻な問題ではないという"点もある"に違いない。作物の至るところであちこちに広がっている雑草の"中には"、彼を心配させるようなものはなかったようである。

　「ところで、畑での競争が作物のフレー

バー化合物の増加や変化につながるのではないかとずっと考えていました」と私はロスに言った。その考えはこんな感じだ。植物はお互いに語り合うが、それは言葉によってではない。2008年の映画『ザ・ハプニング』のように、植物は化学物質を通じて会話する。この映画では（露見注意）、植物が空気中の化合物を介して互いにコミュニケーションを始め、その化合物には人間を集団自殺に追い込む神経毒が含まれていた。これはそれほど有り得ない話ではない。植物は様々な揮発性有機化合物（VOCs）を通じてコミュニケーションをとる。それは栄養源あるいは接近する捕食者の位置を伝達するためかもしれないが、その動機が何であれ、植物は大気中へ、そして土壌を通じて近隣の植物へ通知するためにVOCsを放出する。場合によっては、VOCsは昆虫や他の動物といった捕食者にとって有毒であり、防御機構としても機能する。

　これをさらに一歩進め、フレーバーについて考えてみよう。雑草や虫が寄り付かず、栄養分（天然か合成かに関わらず）が豊富な畑で作物が育っている場合は、作物は畑の仲間とあまりコミュニケーションを取る必要はない。しかし、競合するほどではないが、その存在を作物に知らせるには十分な雑草が現れた場合、作物によるVOCsの生成が促進され

る可能性がある。こういったVOCsは、フレーバー化合物として役目を果たすか、あるいはフレーバー化合物の生成をもたらすかもしれない。これは単なる私の仮説であり、近いうちに研究する予定はない。しかし、なぜ有機作物の味わいが異なるのかの1つの潜在的な説明にはなる。生物の多様性がより豊かな畑には、土壌だけでなく化学的なコミュニケーションも存在するのかもしれない。結局のところ、単一栽培は、私たちの作物が最初に選定され栽培化された環境ではなかった。ロスとエイミーはこの考えに興味を持ったが、必ずしも望ましくない植物種の生育をすぐに促進しようとしている訳ではなかった。雑草は、依然として雑草なのである。

ジャクソンズを訪問中、私たちは彼らの大麦から蒸留されたウイスキーを試さなかった。しかし、ロスは過去にウォーターフォードを訪問してそのウイスキーの香りを嗅ぎ、味わっていた。彼の大麦は最高のものだったのだろうか？　彼は謙遜して、私の質問には直接答えなかった。だが、ウォーターフォードが同じプロモーションビデオの中で彼の大麦からできたウイスキーが最高のものだと本当に思うかと尋ねた時、ロスの反応は、「そうですね、ええ、それはかなり主観的ですが、でもそれが私の意見です」というものだった。ロスは笑いながらそう言っていたが、その

返答もまたプライドと自信、そして切磋琢磨する気持ちから出てきたものである事が分かる。そして、これはウォーターフォードが行っている最も重要な側面の1つなのかもしれない。ウォーターフォードの農家は本質的に、互いに競争している。もちろん友好的な競争であり、全員が公平に報酬を得ている限り、誰もそれをあまり真剣には受け止めない。しかし、それはウォーターフォードのシングルファーム蒸留に対するアプローチの、真の成果でもある。

だが、なぜこれが重要なのだろうか？それは植物間の競争が新しいフレーバー化合物を生成する可能性があるのと同様に、農家間の競争も新しいフレーバー化合物につながる可能性があるからである。この競争は革新を促し、変化を促すだろう。新たな品種であれ新たな農法であれ、ウォーターフォードの農家は、自分たちの大麦で造ったウイスキーが最高だと自慢気に言えるよう、あらゆる角度から優位に立つために探求する。確かに、表面的には単なる楽しい競争である。しかし私は、革新が遅れている業界において、この競争が新たな農業革新を促すと確信している。現在のところ、ウォーターフォードの農家は、まさしくフレーバーを求めて農業をしているとは言えないが、彼らはフレーバーを念頭に置いて農業を行っているのである。

19章
ついに、ひと口

　私たちはウォーターフォードでの最後の日を、蒸留責任者のネッド・ガーハンと共に過ごした。醸造責任者のニールと同様、ネッドもウォーターフォードがギネスの醸造所だった頃、この地で働いていた。私たちはネッドの官能試験室で彼に会った。蒸留所の地下の比較的薄暗いエリアにひっそりと佇むネッドのテリトリーは、遠目からはマッドサイエンティストの地下実験室のように見えた。しかし近付くにつれ、研究室の壁一面の窓の向こうに、琥珀色の液体で満たされたサンプルボトルの棚が並ぶ、明るく照らされた白い部屋が現れた。

　ネッドは微笑みながら私たちを迎え、「正確なテイスティングをする準備はできていますか?」と言った。

　ネッドは、ウォーターフォードが創設された時からその指揮を執っている。どのようにしてウォーターフォードの蒸留責任者になったのかを尋ねると、彼が初めてマーク・レイニエに会った時は、マークが何者で、ブルックラディで何をしてきたのかを全く知らなかったと言った。「マークに初めて会ったのは2014年で、彼が昔の醸造所の敷地を訪問していた時でした。彼がその場所を購入して蒸留所にしようとしていた事は知っていて、それで私が出て行って醸造所を案内し、どのように操業されていたかについて話をしました。数ヵ月後、彼に何かしら見込みのある雇用の機会はないかと連絡を入れ、会いに行って話をして、それでマークはこの仕事を提示してくれました。古い醸造所を最先端の蒸留所に変える手助けをする事が私の責務でした」

ウォーターフォード蒸留所の蒸留責任者、ネッド・ガーハン氏。常に最高のテロワールとフレーバーの表現を追求している。

19章 ついに、ひと口

　私たちが実験室の中へと入って行った時は、ネッドはブレンドに取り組んでいた。ウォーターフォードは、シングルファームを強調する限定ボトルや、農法や樽の種類を強調した他のボトルを発売する予定だが、最終的な目標は、キュベ・ワインのブレンドと同じ方法で主要ブランドを作り上げる事だ。ネッドは、ウイスキーの在庫（毎年40以上のシングルファーム蒸留から造られたスピリッツで構成され、一般的な4タイプの樽で熟成され、熟成年数が異なる）をどのように組み合わせるかを決定する責任を負っている。レイニエが言うところの、「考え得る限り最も複雑なウイスキー[1]」である。ウォーターフォードは最終的に、2020年に初のウイスキーを市場で発売した。

　ネッドが新たな試作ブレンドを作っているカウンターの後ろには、ニューメイクウイスキーで満たされたグラスの列があった。その後ろにはそれらのボトルがあり、それぞれに農家の名前、郡、土壌の種類、農法（慣行型、有機型、バイオダイナミック型）、大麦品種のラベルが貼ってあった。これは、我々のTXウイスキー／テキサスA&Mの研究以来、私が様々なウイスキーのテロワールの影響を比較できる初めての機会だった。私は、穀物の品種、農場（あるいは農業地域）、あるいは農法が異なる穀粒を用いて、同じ蒸留所で、同じ糖化、同じ発酵、同じ酵母菌株、同じ蒸留方法を用いて造られたウイスキーを並べてテイスティングした事は1度もなかった。そして私自身の研究でも、トウモロコシは全て慣行型の農法で栽培されていた。慣行型、有機型、バイオダイナミック型の違いをテイスティングするのは、これが初めてであった。

　まず私は、慣行農法で栽培された大麦から作られた3つのサンプルから始めた。2つの味は非常に似ていて、ネッドはそれを予想していたかのように少し頷いた。それらは過度に複雑ではなかったが、新鮮でフルーティなフレーバーとシリアルの微かな香りがあった。「これら2つのサンプルは、同じ地域の非常に似た種類の土壌と気候で栽培された大麦から作られています」とネッドは私に告げた。

　3つ目のサンプルは、最初の2つよりも明らかに風味が豊かだった。最初の2つは微かなシリアルの香りがあったが、この3つ目のものは麦芽とトフィーのフレー

蒸留所の実験室では、さまざまな大麦から作られたニューメイクウイスキーが官能評価されている。

バーが顕著だった。次に、この3つ目の慣行型のサンプルを、有機農法とバイオダイナミック農法で栽培された大麦から作られたサンプルと比較した。3つ全てにおいて、どれも同じようにトフィーのアロマが強烈な事に私は驚きを隠せなかった。ウォーターフォードのチームは、有機型とバイオダイナミック型の大麦から作られたウイスキーは、通常はさらにパンチがあると私に告げていたが、私が慣行型の農家と何度も話をした結果、化学合成農薬を使っているとはいえ、それを使い過ぎたり、土壌中の微生物の微妙なバランスを崩したりする訳ではない事が分かった。バランスの取れた健全な土壌を実現するために、場合によっては慣行型の農家も、有機型の同業者と同じ技術を多く使用する事もあるのである。

3つ目の慣行型のニューメイクウイスキーは、有機型やバイオダイナミック型のものに近いトフィーの香りを有してはいたが、少し複雑さに欠けていた。有機型のものはトロピカルフルーツの香りがあり、バイオダイナミック型のものはバラのフローラルな香りがあった。これらのフレーバーの違いは、用いられた農法に起因してい

る可能性もあるが、3つ全ては異なる大麦品種を使用しており、異なる地域で生産されたものである。そのため、厳密には、フレーバーの些細な違いが農法によるものか、それとも他の何かによるものなのかは分からなかった。

私がテイスティングした6つ目のサンプルは、ハンターと呼ばれる在来品種の大麦から作られていた。それを栽培したのは、他ならぬシーマス・ダガンであった。このサンプルは他のものより傑出していたが、必ずしもより良いという訳ではなかった。実際、他の品種ほどフルーティで繊細ではなかった。しかし、このグループにおいては、ナッツとトーストしたシリアルのフレーバーが最も強烈であった。ウォーターフォードは、この品種から再度ウイスキーを蒸留する予定はないという。つまり、これは実験であった。しかし、彼らは在来品種の研究を続け、強調する価値がある特有のフレーバーをそれぞれが持っている事に期待を寄せている。彼らの計画の次の候補は、20世紀初頭に導入され、素晴らしいフレーバーを持つと言われているゴールドソープと呼ばれる品種であった。

★★★

さて、この瞬間、あなたはこう自問しているかもしれない。「それでは、"ピンとくる

瞬間"とはいつなのか？ 環境Xで農法Yを用いて栽培された品種Zが、世界最

高のウイスキーを作るという秘密のレシピを、著者はいつになれば明らかにするのだろうか？ 著者が常に話している化学的ロードマップは、どのようにしてテロワールの秘密を明らかにするのだろうか？」と。

もしそう考えているのなら、申し訳ないが、その「ピンとくる瞬間」は決してやっては来なかった。それを期待していたのかどうかさえ、私には分からない（恐らく少しだけ、特に最初は期待していたかもしれない）。しかし、旅を続けるうちに、私はそんな明快な答えは絶対に見つからないのだろうと悟った。ウォーターフォードでテイスティングをする頃には、テロワールは容易に限定できる数のフレーバー化合物を変化させる現象ではない事を、すでに発見していた。ウイスキーには、穀粒の化学成分に由来する潜在的なフレーバー化合物が多数ある。特定のテルペンやアルデヒドのように直接もたらされるものもあれば、エステルやフーゼルアルコールのように間接的に発生し、発酵前駆体として機能するものもある。本質的に、穀粒に含まれるあらゆる化学成分は、品種の遺伝的特徴、農場の環境、農家の農法のアプローチによって影響を受ける可能性がある。テロワールはオーケストラのセクションのように、穀粒の発達や組成の単なる一部ではない。それは指揮者なのである。

この本の冒頭で、私は重要な点に言及した。現在の科学文献は、少なくとも私の解釈では、ウイスキーのテロワールが大いに「より良い」ウイスキーを生み出す事を示唆してはいないと。しかし、テロワールはウイスキーのフレーバーに独特のニュアンスをもたらす可能性がある。特に、フレーバーのために選抜・育成された新しい品種や在来品種を使用して、フレーバーを最も強く、真に表現できる特定の環境においてこれらの品種を栽培する事を意味する場合には、フレーバーを凝縮させる事ができる。確かに、それは商品穀物に見られるものよりも、多様で濃縮された一連のフレーバー化合物を提供するだろう。そしてテロワールは、穀物やウイスキーの中で忘れられていた（そしておそらく1度も体験した事のない）フレーバーを解き放ち、明らかにする可能性がある。ウイスキーのあらゆるフレーバーを、マンションの部屋だと想像してみてほしい。テロワールはそれらの部屋のいくつか、あるいはフロア全体の鍵で、そういった部屋の多くには、非常に長い間、鍵がかけられている。しかし、テロワールから「最高」のウイスキーを作るためのフロアマップを期待する事はできない。一例としては、ロス・ジャクソンが言ったように、「最高」というのは主観的なものだからである。次に、テロワールとは、特定の場所のフレーバーを捉えて表現する事であり、「最高」の場所というのはない。原産

地と嗜好は異なるからである。

　しかし、私の目の前にはあらゆる種類のサンプルが並べられていた。有機農法の大麦と慣行農法の大麦、在来品種と近代品種、島の南部の農場とダブリン郊外の農場で作られたウイスキー。それらの違い、存在するフレーバーのニュアンスがテロワールであった。

　そして、テロワールを積極的に追及し、捉え、強調している蒸留所は、そのフレーバーのニュアンスとそれに伴う生来の独自性という報いを受けている。蒸留所間で品種は共通しているかもしれないが、生育環境は異なる場合がある。生育環境が同じ、または類似していても、品種が異なる場合もある。またこれらの全てに該当しなくとも、単一の農場の全ての畑には独自の特徴がある。テロワールは、シェフにとってのスパイスボックスのように、蒸留所にとって重要なものなのである。

　おそらく私は、ウォーターフォードのウイスキーで経験した、フレーバーの変化の原因となっているフレーバー化合物を正確に特定したり、品種、土壌の種類、気候、地形、農法がそれらの化合物の存在と濃度をどのように制御するかを理解したりする事に、それほど近付いてはいなかったのだろう。私にはいくつかの確かな仮説があったが、テロワールの力がウイスキーのフレーバー化合物の存在と濃度をどのように制御しているのかは、依然

として分からなかった。多くの点において、カリフォルニアのワインカントリーにいた時よりも、テロワールの理解にそれほど近付いてはいなかった。ただし、1つだけ例外がある。

　科学はテロワールの仕組みを説明できるほどに進んではおらず、少なくとも1つのまとまった理論として説明できる日が来る事は、決してないのかもしれない。簡潔に言えば、テロワールは極めて複雑なのだ。言うまでもなく、それは個人の解釈に左右される（科学に裏付けられた私の解釈がこの本には記載されているが、それはあくまでも私自身の解釈にすぎない）。しかし、科学が裏付けている事、そして私がこの旅を通じて発見した事は、ウイスキーのテロワールは実在するという事だった。テロワールは、ウイスキーのフレーバーを「間違いなく」変え、蒸留業者がテロワールを追求し、捉え、強調するにつれて、ウイスキーのフレーバーの多様性は増していくのである。

　これによって、ウイスキーの製造に高収量で区別の付かない商品穀物が圧倒的に使われる状況は、変わるのだろうか？　個人的には、我々蒸留業者が担う役割がどれほど小さなものだとしても、フレーバー、農家、環境のために、変わる事を望んでいる。しかし、それは高尚で、おそらくは絵に描いた餅だろう。全ての蒸留所が地元産の識別保存された穀物に

19章 ついに、ひと口

切り替えたとしても、商品穀物は依然として全世界の穀物取引を支配するだろう。そして商品穀物が存在する限り（それは近い将来も続くだろうと私は思うが）、市場の大半のウイスキーは商品穀物から造られるだろう。

しかしながら、もし我々ウイスキー業界とその消費者がテロワールを受け入れ、評価し、そうする事で蒸留業者、麦芽製造業者、農家、植物育種家を集めてこの理念を擁護するのなら、ウイスキーの未来を変える事ができるだろう。ウイスキーには、多様なフレーバー、意義のある原産地の存在、そして過去数百年間に渡り、私たちが失ってきた土地とのつながりを享受できる可能性があるのである。

蒸留所内の倉庫には、夥しい数のニューメイクだけでなく、さまざまな種類の大麦や土までが保管され、実験に用いられている。

291

20章
スコッチウイスキーの聖堂

　ウォーターフォードのチームとの、ほぼ1週間のアイルランド滞在の後、私と妻はダブリン空港に向かった。しかし、少なくともまだアメリカに戻るつもりはなかった。私たちにはもう1ヵ所、立ち寄る場所があった。スコットランドと、アイラ島西側の半島、リンズにあるブルックラディ蒸留所である。

　僅か620km²の、起伏の激しい山地の島であるアイラ島は、スコットランド本土の西岸沖にある群島、ヘブリディーズ諸島の最南端にある。アイラ島へと渡るのは容易ではない。島に渡る手段は、グラスゴー空港から車で約2時間半のキンタイア半島の村落、ケナクレイグから出航するフェリーと、グラスゴーあるいはエディンバラから飛び立つ直行便である。私たちはダブリンからグラスゴーへと飛び、そこで小さなターボプロップ機のツイン・オッターに乗り換えてアイラ島へと向かった。

　飛行機の窓から、私たちはグラスゴーとアイラ島の間の海に点在する半島と小さな島々を眺めた。これらの全域に泥炭地が点在している。泥炭地とは、植物や有機物が部分的に分解された状態で保存される条件(低pH・低酸素)を備えた、本質的に浸水した地域である。泥炭(ピート)は、その高い炭素含有量から

ブルックラディ蒸留所の正面ゲートを抜けると、白壁に鮮やかな水色のBRUICHLADDICHの文字が目に飛び込んでくる。

「忘れ去られた化石燃料」と呼ばれている。ピートは、乾燥している時は、匂いはない。しかし、燃やすと独特のスモーキーで薬のようなフェノールのアロマを発する。ウイスキーにおいては、我々はピートからのアロマを単に「ピーティ」と呼んでいる。ピート由来のフレーバー化合物は、精麦のプロセスで大麦に取り込まれる。アイラ島の蒸留所の多くは、天然ガスの代わりにピートを燃やす事でキルニングした大麦を使用し、その煙が麦芽に独特のフレーバーを添える。これが、アイラ島がピーティなシングルモルトウイスキーを生産する事で知られている理由だ。

ラフロイグ、ラガヴーリン、アードベッグは全て同じ道路沿いに位置しており、それぞれが僅か数kmしか離れていない。これらの蒸留所は、有名なヘビリーピーテッドのアイラスコッチウイスキーを製造している。アイラ島には他に6つの蒸留所があるが、2ヵ所を除く全てがピートを焚いたウイスキーで知られている。そのうちの1ヵ所がブルックラディである。

実際のところ、ブルックラディは世界で最もピーティなウイスキー（オクトモアという銘柄）の1つを生産しているが、おそらくピートを焚いていない麦芽を使用して製造された有名銘柄の方がよく知られているかもしれない。しかし、私がブルックラディを訪問する理由はピートではない。彼らがピートを使おうが使うまいが、この

蒸留所のウイスキーとフレーバーに対するアプローチには、他の全てのものの基礎となる1つの基盤、つまりテロワールがあったからである。ウォーターフォードのテロワールにこだわるマーク・レイニエも、ブルックラディの立役者だったのだから、これは驚く事ではなかった。

スコットランドに来るのは今回が初めてだった。私はワクワクする一方で、少し緊張していた。初めての国にいるからでも、また1週間家を空けるからでも、ちっぽけなブリキのターボプロップ機に乗って広々とした冷たい海と密集した森林の山々を横切っているからでもなかった。1つの疑問が私の脳裏から離れなかったからである。飛行機の窓から外を眺めながら、私は思いを巡らせていた。テロワールについて、ブルックラディから何を学ばなくてはならないのだろうか？　この疑問は自惚れから生まれたものではない。蒸留所を訪れ、従業員と話をし、作業を観察するたびに私は何かを学んでいる。ブルックラディへの訪問も、全く同じである事は分かっていた。しかし、すでに私はテロワールに意欲的な世界の大多数の蒸留所を訪れ、テロワールに関して発表された研究は何でも読んできていた。また、ブルックラディのテロワールに対するアプローチは、何と言うか、科学的というよりは哲学的だという事も知っていた。これを軽んじるつもりはない。ブルックラディは我々の

先駆者で、ウイスキー造りにおいてテロワールを真に追及した、初の近代的な蒸留所だった。しかしブルックラディが、私が知らない学術的協力者と研究を行っていない限り、私の化学的ロードマップに何かしら具体的なものを付け加える可能性は低いだろう。様々な品種、生育環境、農法に焦点を当てたウイスキーをテイスティングする機会は有意義だが、テロワールがウイスキーのフレーバーに影響を与えると断言できる十分な証拠を、私はすでに有していた。

従って、何を見つけられるのかは推測ができた。アイラ産の大麦100%で造られた彼らのウイスキーは、スコットランド本島の大麦から造られたものとは異なる味わいだろう。有機農法の大麦を使用したウイスキーは、慣行農法の作物を使用したウイスキーとは全く異なるだろう。彼らのウイスキーは在来種のベア大麦から造られ、近代の高収量品種から造られたものとは味が異なるだろう。全てのフレーバーの違いが、テロワールに起因する訳では

ないのかもしれない。一部は粉砕、糖化、そして蒸留の際の、バッチごとの固有のばらつきから来るのかもしれない。また一部は、使用された樽の種類やウイスキーの熟成年数から来るのかもしれない。しかし、そのフレーバーの中には、テロワールに起因するものもあるだろう。糸を手繰り寄せるたびに、タペストリー全体が変わるのである。

私はアイラ島での冒険、ブルックラディとの交流、そして彼らのウイスキーのテイスティングを楽しみにしていた。しかし、この本に書く事ができるような何かをさらに得られるかは、確信が持てなかった。

しかし、これは束の間の心配に終わった。ブルックラディでの私の経験は、厳密な科学に深く根差したものではないかもしれないが、テロワールについて何か別の事、もしかするとテロワールについて最も重要な事を明らかにするだろう。それは科学的な発見ではなく、人々と彼らが育む土地、そして彼らが共有するウイスキーとのつながりに根差したものである。

★★★

午後半ば頃にアイラ空港に降り立ったが、そこは軽食レストランほどの大きさのターミナルに沿った、細長い滑走路にすぎなかった。私の左側通行の運転を他人事のように心配の素振りすら見せない、

のんびりとしたスコットランド人からレンタカーの鍵を受け取った後、私たちは小さなハッチバック車に荷物を積んで出発した。アイラ島での滞在中に、私は運転に完全に慣れる事はなかったが、運転し始

めて数分後には、左右が逆の運転に直感が働き出した。「側道の芝生が左側に来るように運転するんだ」と、私は自分に言い聞かせていた。

私たちの目的地はホテルという訳ではなく、ブルックラディが蒸留所の近くに所有している家屋の1つだった。私たちの滞在先は、An Taigh Osda（スコットランドのゲール語で、1度は発音してみたがすぐに諦めた）と呼ばれていた。そこは、ウォーターフォードで私たちが滞在したホテルよりも蒸留所の入り口に近かった。

ブルックラディ蒸留所の名は、リンズにある小さな村に由来している。アイラ島は2つに分かれていて、島の最北端と南端にまたがる東側が「本土」（この島は南北で僅か40kmしかないのだから面白い）、本土よりも短い島の西側はリンズ半島、あるいは単にリンズである。空港は本土の西側にあり、ブルックラディはリンズの東側にある。アイラ島の全ての道路は狭い2車線、あるいはさらに狭い1車線のどちらかで、そこではどちらかの車が道を譲らなくてはならない。

ためらいつつも勇敢に（少なくとも私自身の気持ちでは）、私はA846号線を北へと走り、アイラ島の行政上の中心地であるボウモアに行き着いたところで車を停めた。ブルックラディとほぼ同じ緯度に位置するボウモアの町（インダール湾の小さな入江を一直線につないだ、西に僅か数kmの距離にブルックラディがあり、晴れた日には蒸留所がよく見える）は、1779年に設立されたスコットランド最古の蒸留所の1つ、ボウモア蒸留所を擁する事で最も有名だ。アイラ島の他の町、村、名所のほとんどが歓迎的な意味で非常に静かであるのに対し、ボウモアの町は人口が1,000人に満たないにも関わらず、急成長している都市のように感じられ

ボウモア蒸留所から車で少し走ると、のどかな景色と共に片側1車線の細い道路が続く。

アイラ島最古であるボウモア蒸留所。現在でもフロアモルティングを行っている数少ない蒸留所の1つである。

る。アイラ島の人口1,000人の町は、マンハッタンのダウンタウンのようだ。

　私たちは引き続きインダール湾の北部を回ってリンズ半島に入り、それから南のブルックラディへと向かった。アイラ島の地勢は、青々とした丘陵林、緑の牧草地、沿岸砂丘である。それらは夢中にさせる魅惑的なもので、ケンタッキー州を訪れた時に感じたものと同じ感覚を私の中にかき立てた。アイラ島にいると、まるでスコッチウイスキーの聖堂へと足を踏み入れた心地だった。島の雰囲気や匂い、ホテルやレストラン、丘や海など、ウイスキーが島全体に遍在していた。

　夕食の時間頃に、An Taigh Osdaの私道に車を停めた。ブルックラディの接客部門の責任者、シャロン・マクハリーがそこで私たちを出迎えた。彼女は手短に施設内を案内し、私たちを3階の部屋へと連れて行ってくれた。そこは最上階で、窓

インダール湾から見たブルックラディ蒸留所。その佇まいはお洒落なホテルのようにも見える。

の外にインダール湾を眺める事ができた。長く広い海岸が海と接し、対岸にはボウモアの町が見えた。その向こうの地平線には、アイラ島で最も高い山々の頂上がいくつか見えた。高さは450mほどしかないため、大きさは相対的だ。しかしその眺めは、それでもなお感動的だった。この島は私の旅の最後の目的地であり、到着した時から私を魅了していたのである。

ボウモア蒸留所の第1熟成庫「ナンバーワンヴォルト」。海抜0mに位置するため、潮風と海水の影響を受けている。

ボウモア蒸留所でフロアモルティングのデモンストレーションを行う所長のデイビッド・ターナー氏。見事なシャベル捌きだ。

20章 スコッチウイスキーの聖堂

★★★

翌朝、キッチンで誰かが働いている音と匂いで目が覚めた。階下に降りると、ブルックラディの別の接客部門の従業員(偶然にも、彼女の名前もシャロンだった)が朝食の準備をしていた。彼女は、まるで私たちが部屋から降りて来る正確な時間を知っていたかのように、食卓(ここからもインダール湾を見渡す事ができた)についた直後、1分もしないうちにフルスコティッシュ・ブレックファストを持ってキッチンから現れた。スコティッシュ・ブレックファストはアイリッシュ・ブレックファストに似ているが、ポテトスコーンが追加されていて私はすぐにその虜になった。朝食の後、私たちはクリスティ・マクファーレンに会うために蒸留所へと向かった。

クリスティは、ブルックラディのモルトウイスキーの広報マネージャーであり、彼女はアイラ島で育った。彼女のウイスキー業界での最初の仕事は、高校生の時のアードベッグでの季節限定ツアーガイドであった。高校卒業後はエディンバラ大学に進学し、ビジネスマネジメントの学位を取得した。彼女はそこでウォーター・オブ・ライフ・ウイスキークラブの会長を務め、卒業後はウイスキー業界に戻りたいと最初から思っていた。スコットランド本土の蒸留所で働くつもりだったが、何かが「アイラ島に引き戻した」のだと彼女は語った。クリスティは2015年にブルックラディに加わった。

妻と私がブルックラディのビジターセンターに入って最初に見たものは、ウイスキーではなくジンだった。2011年、ブルックラディはアイラ島に自生する22種類の香草類から造られたジン、「ボタニスト」を発売した。このジンの創作は、ブルックラディのテロワールへの追求と敬意の頂点と言えるだろう。彼らのスローガンの1つは「私たちはテロワールが大事だと信じている」であり、ボトル、ウェブサイト、蒸留所の壁など、様々な方法でそれを表現している。ビジターセンターには、アイラ島に自生する香草類のいくつかを展示したテーブルがあった。私がそれらを調べていると、クリスティがオフィスの扉を開けて現れた。自己紹介を交わした後、彼女はウイスキーのボトルを手に取り、私たちを車に

ブルックラディ蒸留所のビジターセンター内に設置された、ボタニストジンのプロモーションカウンター。もちろん試飲もできる。

乗せてドライブに誘った。

　車を運転しながら、クリスティはブルックラディの来歴を教えてくれた。蒸留所は、ウィリアム、ジョン、ロバートのハーヴェイ兄弟によって1881年に創設された。ハーヴェイ家は、1770年以来グラスゴーで2つの蒸留所を稼働させていたため、兄弟は相続財産と才能を持ち込み、開設時点でその当時の最先端の蒸留所を創設した。ウィリアムは1936年に亡くなるまで蒸留所を経営し、その後は50年間に渡り何度も経営者が替わった。1968年にインバーゴードン・ディスティラーが買収し、1993年まで操業してホワイト＆マッカイへと売却した。同社の経営は2年間継続し、1995年に蒸留所は操業休止となった。1998年に数ヵ月間製造が再開されたが、その後、同社は正式に製造停止を決定し、蒸留所と熟成中の樽の在庫の将来は不明のままとなった。

　マーク・レイニエに話を移そう。レイニエはサイモン・コフリンと共に、スコッチウイスキーのボトラーであるマーレイ・マクダヴィッドを経営していた。2000年に、マーレイ・マクダヴィッドはブルックラディを買い取った。2人はウイスキーの標準的な製造技術をさらに詳しく調べるうちに、大麦そのもののフレーバーが少しも重要視されていない事に驚いた。蒸留業者はフレーバーよりも、穀粒からどれだけのアルコールが抽出できるかを気にかけていた

のである。レイニエのルーツがフランスワイン業界だったという事を思い出してほしい。彼は、ワイン生産者がブドウのフレーバーを重視する事をよく知っていた。

　「これは彼らが信じていた事の全てに反していたのです」と、クリスティは私に告げた。「そして、それは味よりも収量と効率だけを重視していた事だけではありませんでした。原材料である大麦が商品として扱われていたのです。マークとサイモンは、フランスワインの世界から来ていました。ですから、業界が大麦の品種と原産地をほとんど無視している事にショックを受けたのも当然でした。フランスのワイン生産者が突然、ワイナリーから数百kmも離れたところで栽培されたかもしれない、一般的な商品のブドウを使用するようにと告げられたら、どうなるか想像できますか？　マークとサイモンがウイスキー業界に初めて入った時、まさにそういった事が起こったのです」

　レイニエとコフリンは、フランスのワイン造りの考え方をブルックラディに持ち込んだが、クリスティはそれを科学というよりも「哲学」に近いものだと私に言った。「当初、彼らはウイスキー造りに対する科学的なアプローチを突き放していました」とクリスティは続けた。「彼らは芸術的なアプローチを取り入れ、土地、島、そしてそこに住む人々との〈結び付き〉を確立したいと考えていました」

クリスティは、これは何よりもスコティッシュ・バーレイ（スコットランド産大麦）へのこだわりと、全ての樽を島内で熟成させるという決意を意味すると語った。驚く事かもしれないが、アイラ島の蒸留所のほとんどは、ウイスキー樽の大半をスコットランド本土で熟成させている。それはまた、2人がアイラ・バーレイ（アイラ島産大麦）の計画を始めたいという意向でもあった。アイラ島では過去に大麦が栽培されていたが、それは主に飼料用だった。レイニエとコフリンは、アイラ島の農場に麦芽用大麦を再来させたいと考えていたのである。

「この計画は、基本的に2人がブルックラディを買収した時に始まりました。ケントロー農場は、ブルックラディのためにアイラ・バーレイを最初に栽培した農場で、蒸留所の丘の上にある事からも相応しいと言えます。2004年、私たちはアイラ・バーレイを使った初のボトルを発売しました」

多くの蒸留所は「時間をかけて地道に取り組んでいる」と言いながらも、最新のテクノロジーとオートメーション化を取り入れている。しかし、ブルックラディはそのセリフを言うに値する。彼らはスコティッシュ・バーレイへの誓い、アイラ・バーレイの追求、そしてアイラ島ベースの樽熟成への確固たるこだわりにより、現状に反抗した。そして、19世紀に最先端の蒸留所の1つであったブルックラディは、21世紀には、最も手作業を行うコンピューター制御されていない、昔ながらの蒸留所の1つとなった。しかし、ブルックラディを時代遅れと呼ぶのは的外れである。

レイニエとコフリンは、生まれ変わったブルックラディの蒸留責任者として、ジム・マッキュワンを採用した。マッキュワンはスコッチウイスキー業界だけでなく、ウイスキー業界全体の重鎮である。アイラ島のウイスキーを特集した2018年の「60ミニッツ（※アメリカCBSテレビのドキュメンタリー番組）」のエピソードで、彼がメインインタビューを受けている姿を見た読者もいるかもしれない。マッキュワンは僅か15歳の時、ボウモアの樽職人見習いとしてウイスキー業界に加わった。彼はボウモアから200mのところで生まれ、祖父はそこの精麦職人であった。蒸留所に精麦所が併設されている事が多かった時代の事である。マッキュワンはボウモアの蒸留所の責任者にまで昇進したが、その後レイニエとコフリンに引き抜かれた。マッキュワンはブルックラディの解体と再構築を監督し、2011年末に、1度は廃止された蒸留所が操業を再開したのだった。

ポートシャーロットからリンズを横断し西へと車を走らせると、丘を上がるたびに大西洋が見えた。どこに向かっているのか絶対的な確信が持てないまま、私はクリスティが単に時間を潰して景色を楽しませるために、面白半分のドライブに連れて来たかったのではないかと思い始め

ていた。しかし、ほどなくしてクリスティは減速し、私が最初は大麦畑だと推測した畑に沿って車を停めた。

「ところで…」とクリスティはゆっくりと言った。その口調から、彼女が何か予期せぬ事を明らかにしそうだと分かった。「ここは冬ライ麦の畑です」。

私は大麦のテロワールを学ぶためにアイラ島に来ていたが、その代わりにライ麦を発見したのだった。

「ここはアンドリュー・ジョーンズの畑です。彼はここリンズでカウル農場を経営しています。アンドリューはアイラ島で最も若い農家の1人で、間違いなく最も好奇心旺盛な人物です。彼は限界に挑戦するのが好きで、『アイラ島ではそれはできない』と言われても、アンドリューは『見ていろよ』と言うんです」

それは見事な作物だった。倒伏する徴候は微塵もなく、丈夫な茎が豊かな穂先を支えていた。クリスティは、この冬ライ麦は前年試した春ライ麦よりも良く育っていると私に言った。冬品種は気温が低い方が育ちが良く、成長期が寒い時期に重なるように植えられている。

私が訪れたライ麦の農場や栽培地の中でも、この場所には最も驚かされた。スコットランド西岸沖にあるこの小さな島は、モルトウイスキーのみで知られる土地だが、農家と蒸留業者の協力により、これまで栽培された事のない作物の栽培に成

功していたのだった。これは全く新しいタイプのウイスキーになるだろう。テロワールの追求において、ブルックラディは限界を超え、飲み手のためにフレーバーの多様性を広げていた。彼らは、そういったフレーバーがどのようなものなのか、またどの品種がアイラ島の環境を通じてどのようなフレーバーを表現するのかを正確には知らなかった。しかし、それは問題ではなかった。重要なのは追跡し、追求する事だったのである。

「ライ麦から造った蒸留酒を、何と呼ぶべきかさえも分かりません」と、ライ麦畑とヘブリディーズの険しい丘が交わる地平線を眺めながらクリスティは言った。「グレーンビルはライ麦が大半を占め、残りは大麦麦芽です。スコッチウイスキーの規制により、ライウイスキーと呼ぶ事はできないため、厳密に言えば〈スコッチ・シングルグレーンウイスキー〉になります」

「ライ麦栽培の着手にあたり、アンドリューをどうやって説得したのですか?」と、私はクリスティに尋ねた。農家は通常、成功の実績がない作物を植える事に懐疑的だからである。

クリスティは笑った。「説得する必要はありませんでした。彼がそうしたかったのです。彼はまさしくそういう人物なのです。常に新しい事を試したいという。シャレを言ってごめんなさいね、でも、アンドリューは常に逆らう事*が好きなのです」

*訳者注:原文は"go against the grain（逆らう事）"で、「grain（穀物）」と「逆らう事」をかけた言葉遊びの表現。

　私たちは車に戻り、リンズを横断して西へと走った。やがて大西洋が見えてきた。その日は曇っていて、低く霞がかかった空からしめやかな雨が断続的に降っていた。私たちは舗装された片側1車線の道路を走っていたが、さらに狭い砂利道へと逸れて、ゲートで停まった。

　「ブーツを履いてください、ハイキングに行きますよ」とクリスティが言った。彼女は、私たちはまだカウル農場にいて、放牧地を横切っているのだと教えてくれた。アンドリューは常時、約70頭の畜牛と1,000頭の羊を育てている。私たちは農場の牧草地に沿った小さな散歩道をたどった。羊が草を食み、歩き回っていた。その道は曲がりくねっていたが、どこに向かっているのかは明らかだった。海である。

　農地の端で、草は砂丘の植生に覆われた丘に接していた。眼下には白い砂浜が長く続いていた。その向こうは、何千kmも続く大西洋だった。私たちは丘を下り、よろよろと浜に出た。私たちが車から降りた時、クリスティがウイスキーのボトルとクリスタルのグラスをいくつか手に掴んだのを見ていた。まだ午前10時だったが、私は異議を唱えなかった。

　そのボトルはブルックラディのアイラ・バーレイ2010年だった。これを作るた

めに、彼らはカウルを含むアイラ島の8つの農場に2つの異なる品種、オプティック（Optic）とオックスブリッジ（Oxbridge）を植えた。そして収穫したものを合わせて、2010年に蒸留し、そのニューメイクの75%をファーストフィルのバーボン樽で、25%を、かつてリヴザルト、ジュランソン、バニュルスが熟成されていたセカンドフィルの甘口のワイン樽で熟成させた。「ファーストフィル」とは、その樽が熟成のために1度だけ使用された事を意味し、「ファーストフィルバーボン」とは、最初に樽で熟成させたのがバーボンである事を意味する。また「セカンドフィル」とは、樽がすでに2回使用されている事を意味する。セカンドフィルは、特にその樽が甘口のワインを熟成させていた場合には、ファーストフィルよりも樽の個性が弱くなる。クリスティは、25%のセカンドフィルの使用は意図的だったと言った。彼らは大麦のフレーバーが十分に維持されるように配慮していた。

　ウイスキーは軽くフローラルで、甘い麦芽感がその裏に漂っていた。私は僅かな塩っぽさも感じたが、単に海辺の空気のせいだったのかもしれない。それは非常に美味しいものだった。シーマスの農家でグラスを傾けた時の事を思い出した。それは単なるフレーバー以上の、経験を味わわせてくれるものだった。その理由の1つは、このウイスキーの源となる大麦が生育した場所から、ちょうど丘を下った

ところにいる事を私が知っていたからである。

「海辺に連れて来てウイスキーを飲ませるなんて、ちょっとわざとらしいと思うでしょうけれど」とクリスティは言った。「でも、私たちのウイスキー造りにはこの島ならではの何かがある事を知ってほしかったのです。海、天候、島の人々の性格など、基本的な何かです」

クリスティは、科学的な事は「気にしない」という、ブルックラディの哲学全体が進化したのだと言った。現在、ブルックラディはウォーターフォードとTXウイスキーのような研究を行っている。つまり、アイラ島の様々な農場で様々な品種の大麦を栽培し、あらゆる品種と農場の組み合わせを個別に蒸留するのである。彼らはダンディーにあるジェームズ・ハットン研究所と協力して化学分析を行い、その結果を科学雑誌に発表する可能性がある。しかし、科学が何かしらの啓示をもたらすかどうかは、依然として彼らにとっては重要ではないのである。

「少し前に、他の従業員たちと話をしていた事を覚えています」とクリスティが言った。「『アイラ・バーレイを育てるのにこれほどの労力を費やしても、フレーバーには関係がないと分かったらどうする?』という疑問が湧いたのです。そのとき、誰かがこう言いました。『でも、それがどうしたって言うの? 私たちは今でも地元の

農業を支え続けていて、今でもアイラ島とのつながりを深めている。これはフレーバーを超えたものでしょう』」

楽しくウイスキーを啜り、海岸を歩きながら、私はこの事について考えた。私は、蒸留に対する芸術的なアプローチよりも、科学的なアプローチに惹かれる傾向がある。ウイスキーのフレーバーの起源と生成に関する曖昧な説明に、しばしば苛立ちを覚えている。私がこの本を書いたのは、テロワールに関する終わりのない論争と、曖昧で空虚な説明に満足ができなかったからである。しかし、ウイスキーを飲むという体験は、鼻や味蕾でフレーバー化合物を検出する事だけではない。ウイスキーのアイデンティティ、つまりその起源、伝統、歴史を体験する事でもある。そのアイデンティティは、ウイスキーを造った人々や、造った場所から切り離す事はできない。

テロワールとは、品種の遺伝的特徴と生育環境全体が、最終的にフレーバー化合物の存在と、濃度に影響を与える遺伝子の発現を、どのように促進あるいは抑制するかに関するものである。少なくとも、それが冷酷かつ厳格な科学的定義である。しかし、それだけではない。「芸術的」に聞こえるかもしれないが、テロワールは作物を育てる農家と、それをウイスキーに変える蒸留業者にも関係している。テロワールは、実験室の分析では決

して捉える事ができない、否定し難い人間的要素を有している。しかし、それは存在するのである。そして、フレーバーの遺伝情報、環境の影響、キュレーターである人間のアイデンティティなどの全てが組み合わさった時に、ウイスキーは他に類を見ない特別な方法で人々を感動させる力を持つと、私は心から信じている。

海辺で飲んでいたそのウイスキーは、私が試したほとんどのウイスキーよりも、必ずしもより良いという訳ではなかった。良い出来で確かに美味しかったが、それが私の記憶に残る理由ではない。それはテロワールの感覚が非常に強く、アイラ島の影響が余りにも明らかであったため、このウイスキーは、私とその故郷の間に橋を架けてくれたのである。それは、ここでしか飲めないウイスキーだった。このウイスキーをもう1度飲んだなら、あの海岸、アイラ島の荒々しい風景、そしてそれを作った人々のところにさえタイムスリップするだろう。同じ事は、テロワールを捉えれば全てのウイスキーに当てはまる。テロワールは、消費者と生産地を結び付けるものなのである。

ブルックラディに戻った後、私たちは蒸留所を見学し、異なる農場の異なる大麦の品種が、粉砕と糖化の間にどのように異なる作用を及ぼすのかを少し学んだ。彼らの製品の1つには、独特で強烈なアロマを持つと言われている、ベアと呼ば

れる在来品種が使用されている。しかし、ベア・バーレイは岩のように硬い種皮のため、粉砕も非常に難しく、ミルに負担がかかり、処理に時間がかかっていた。また、アイラ島で栽培された大麦の麦芽は、本土産の大麦から製造された麦芽よりも糖化中に多くの水分を吸収する傾向があるため、抽出後の麦汁の量が少なくなる事も分かった。ブルックラディはその理由を解明していないが、彼らはアイラ・バーレイの塩分含有量が原因ではないかと推測している。

私たちはAn Taigh Osdaに戻って軽く昼食を取り、それからアイラ島をさらに見るために出かけた。リンズはすでに訪れていたので、ジュラ島まで数kmの距離にある北東のポートアスケイグへと向かった。ジュラ島には蒸留所（ジュラ）が1ヵ所あり、5,000頭の赤鹿がいる。フェリーがポートアスケイグとジュラ島の間を1日中行き来しており、別のフェリーは本土のケナクレイグまで行く。町に近付くにつれて、朝の薄い霧が降り続く雨に変わった。大雨の中のアイラ島の道路は運転しない事に決め、私たちは車を停めて町のホテルに併設されたパブに入った。ビールを注文し、カウンターの向こうの女性店員と会話を始めた。私は、特にバーで過ごす勤務時間外には、自分がウイスキー業界で働いている事を人に言わない。しかし、その女性オーナーはマリオン・スピアーズだ

と名乗り、私の職業を尋ねてきた。

　私が返答すると、彼女はこう言った。「あら、握手させてちょうだい。私はジム・マッキュワンの従姉妹なの」。アイラ島は狭いが、これほど狭いとは思わなかった。ブルックラディを深い溝から引き戻した蒸留業者の従姉妹に思いがけず出会うとは、かなりの偶然だ。マリオンはポート・バーとそのホテルを長年に渡り所有していた。このバーはアイラ島で最も古い継続営業ライセンスを保持しており、16世紀に設立されていた。

　蒸留所の接客部門責任者であるシャロンは、ブルックラディをどのようにしたいかというビジョンをマッキュワンは既に持っていたのだと私たちに語った。そして、オートメーション化をしないという決断は、単なる頑固な機械化反対やノスタルジックな憧れ、あるいはフレーバーへの盲目的な追求以上のものである事が判明したのである。それはまさに、アイラ島に職を供給する事でもあった。オートメーション化が減るという事は、仕事をするためにさらなる人手が必要になる事を意味している。ブルックラディは、島内最大の民間雇用主である事が判明したのだった。

　会話の途中で、私はトイレに行くために席を外した。私が立ち上がると、シャロンがこう言った。「トイレのドアの横の壁にある写真を見てみて。何十年も前のボウモアの従業員たちの写真よ。ジムと私の祖父が後ろの列にいるから」。写真には、粗野な顔つきをしたスコットランドの男たちが2列に並んでいた。後列に立っていたのはマッキュワンの祖父で、精麦用の熊手を握っていた。今日、私が体験したブルックラディは、この厳しい表情の男のおかげで存在していたのである。ここにもテロワールの人間的な要素があるのだと、私は再び思った。

ブルックラディ蒸留所の裏庭にある、伝説となったイエローサブマリン。興味のある方はぜひ詳細を調べてみてほしい。

結論

翌日、私たちはロバート・マッカーンと会い、アンドリュー・ジョーンズと会うためにカウル農場へ連れて行ってもらった。クリスティと同じく、ロバートもアイラ島で育ち、すぐに島を出て本土に移ったものの、自分の居場所はアイラ島だと気付き戻ってきた。ロバートはアンドリューの同窓生で、アンドリューと収穫した大麦のチェックをする必要があったため、私たちを農場に連れて行くと申し出てくれた。

私たちは再びリンズを北西に走った。カウル農場はアイラ島においても特異で、南はマキヤーベイ（湾）、北はサリゴベイ（湾）、そして西は大西洋に隣接した、リンズ半島内のさらに半島に位置している。私が訪れた農場のほとんどと同様に、そこに到着した事を告げる大きな看板はなかった。その代わりに家屋と納屋、砂利道があり、家畜がいた。私たちは車から降り、ブーツとジャケットを身に着けて（天気予報ではまた雨だった）納屋に向かった。

アンドリューは納屋の中で、トラクターの1台を修理していた。彼は背が高くて体格がよく、顔は機械油で汚れていた。つなぎを着ていると、スコットランドの大麦農家というよりは、テキサスの油田の労働者のように見えた。彼はトラクターから降りて来て私たちに挨拶し、おそらく私がこれまでに出くわした中で最もきついスコットランド訛りで私たちを歓迎してくれた。私は彼に、今回は特に予定はなく、彼が育てた見事なライ麦はすでに見てきたので、大麦畑をいくつか訪ねて彼の農業へのアプローチについて聞きたいと伝えた。

アンドリューは、アイラ島で農家の息子として育った。父親は半世紀以上に渡り作物を栽培し、家畜を育ててきた。アンドリューの家族は40年間、カウル農場を経営していた。ブルックラディと関わる以前は、彼の父親は飼料用の大麦を栽培していた。2009年、ブルックラディの要請に応じ、アンドリューは麦芽用大麦の栽培を始めた。

私たちは車に戻り、アンドリューと共に大麦畑に囲まれた道を少しドライブした。西側の遠くには大西洋が広がり、地平線を独占していた。彼の農場は、明らかに異なる成長段階にあった。一方は明らかにもう一方よりも茶色が濃く、収穫期に近付いていた。私はアンドリューに違いの原因を尋ねた。

「そうですね、この右側のものは過去にうまくいった麦芽用の春大麦です」とアンドリューは言った。「これはサッシー（Sassy）という品種で、本土の農家が私に勧めてくれたものです」。サッシーは、ソーヤー農場がTXウイスキー用に栽培

し、ウッドフォードリザーブがケンタッキー州で実験しているライ麦品種のブラセットを開発した種苗会社、KWSによって育成された。サッシーは倒伏しにくく、タンパク質レベルを低く維持し、比較的早く成熟する事で知られている。

　「左側の畑は全く新しいものです」とアンドリューは続けた。「そこは冬大麦の畑で、僕らが知る限りでは、これがアイラ島で初めて栽培された冬大麦です。僕は10エーカーの畑で試してみる事にしました」。冬大麦の穂には、やや紫がかった色合いの美しい穀粒が並んでいた。それはシンジェンタが育成した品種、SYベンチャー（SY Venture）だった。私は膝をつき、さらによく見てみた。紫色は穀粒を上下に走る筋から来ていて、基調色は、より典型的な茶色がかった緑だ。紫色の筋は、おそらく植物のふすま、特に果皮で合成されたアントシアニンから来ているのだろう。アントシアニンはカロテノイドと

同様に無味である。カロテノイドが特定のテルペンのフレーバー化合物の前駆体であるのと同様に、アントシアニンもフレーバー化合物の前駆体となる可能性がある。色から判断して、アントシアニンの濃度が高いと推測した。つまり、フレーバーが強い可能性があるという事だ。「SYベンチャーを育てようと思ったのはなぜですか？」と私は尋ねた。「それに、そもそもなぜ冬用の品種を試そうと思ったのですか？」

　アンドリューは少し笑って肩をすくめ、「そんな事は無理だと言われたからですよ」と言った。

　ロバートが笑い、「その通りだな」と言った。「アイラ島産の冬大麦からどのようなフレーバーが生まれるかは分からないけれど、試してみなければ永遠に分からないでしょう」

　それこそが、テロワールの人間的な要素なのである。

★★★

　「教科書通りに言えば、ここでは大麦を栽培すべきではありません」とアンドリューは言う[1]。

　アイラ島の土壌と天候は、少なくとも収量で「理想」を評価するのであれば、必ずしも大麦の栽培に理想的ではない。その土壌は砂（濡れると水分を閉じ込め、乾燥すると簡単に浸食される傾向がある）、泥炭（常に水浸し）、あるいは岩（農機具に負担がかかる）のどれかである。アンドリューは、私に言ったように「自然と共存」しようとしている。彼が大麦畑の境界で栽培するヒマワリは、侵食や肥料の流出を防ぐ緩衝地帯として機能している。しかし、土壌や天候が必ずしも大麦に有利ではないという事実は変わらない。

こういった条件では、植え付けや収穫、収量に目覚ましい成果は得られないかもしれないが、だからといって、素晴らしい味の大麦が生まれないという訳ではない。いつの日か、穀物がストレスの多い競争的な環境にさらされると、より多くのフレーバー化合物とその前駆体が生成される事が発見されるかもしれない。それはワインのブドウやオーク樽の原料となる樹木にも当てはまる。それがなぜウイスキーの穀物には当てはまらないと言えるだろうか？

アンドリュー・ジョーンズが農業の限界に挑んでいなかったとしたら、そしてブルックラディがテロワールの探究に熱心に取り組んでいなかったとしたら、アイラ島で栽培された大麦とライ麦から造られるウイスキーのフレーバーを、私たちは決して知る事はなかっただろう。科学は時間の経過と共に明らかになる。その時までは、私たちは独自の推論ができるのである。

科学がそれを裏付けるかどうかに関わらず、私たちはウイスキーに独特で新しい、地域特有のフレーバーを感じる事ができる。そのフレーバーを追求し、それを追い求めるために必要な関係を築き、グラス一杯のウイスキーでそれを実現する事。それが何よりもテロワールの真髄である。その追求は、科学以上のものだ。ロードマップにより、フレーバーの化学的性質やその根底にある穀物の遺伝的特徴及び栽培環境の影響は追跡できるかもしれない。ただし、テロワールのフレーバーゲノム全体が図表化されるのは、仮に達成できたとしても、おそらくは、まだ数十年先の事になるだろう。しかしテロワールの追求は、商品穀物では成し得ない方法で、フレーバーのタペストリーの糸を引くに違いない。

蒸留所は、商品穀物システムから脱却するために農家との関係を確立する必要がある。そして、私が出会ったり経験したりした農家と蒸留業者の協業の全てにおいて、ウイスキーと同じくらいに励みになった事は、農家の活性化であった。農家の多くは初めて、彼らの穀粒を他の無名の穀粒の海に混ぜ合わせ、飼料、燃料、あるいは商品の麦芽に変えてしまう商品穀物システムへ販売する代わりに、自らの労働の成果の香りを嗅ぎ、味わう事ができたのである。そして、これが彼らの中に同じ感情を呼び起こしたようだった。「今や自分の穀物を味わう事ができる。そうであれば、できる限り風味に満ち溢れた最高の穀物を作るために最善を尽くそう」という感情を。そして忘れてならないのは、彼ら全員がついに、その技能、専門知識、そして穀物に対して高い報酬を得るようになった事だ。農家は商品からクラフトへと移行したのである。

私たちはアンドリューにお礼を言い、別れを告げるためにブルックラディへと引き返した。車の中で、私はテロワールの科

学について、できる限りの事をしたと受け入れる時が来たのだと決心した。この本では、テロワールがウイスキーのフレーバーに影響を与えるという事実を裏付ける化学的な側面を、できるだけ詳しく説明してきた。しかし、これらの化学的なデータでは、人間的な要素を捉える事はできない。ウイスキーは原料だけではなく、それを造る人々によっても形作られるからである。起源、伝統、歴史など、人々を形作るそのエネルギーはまた、ウイスキーも形作る。私がこの本を執筆した際に使い始めたフレーズ、「テロワールの追求」は、私が言うところの「人間的な要素」を要約していると感じる。これが私の"ピンときた"瞬間だった。テロワールの追求は、究極的には、その科学的な証明よりも意味があるのだ。

TXウイスキーにとって、テロワールの追求とは、商品穀物を使用せず、ジョン・ソーヤーとの協業を促進し、彼の畑でのみ栽培され、識別保存された穀粒を蒸留するという我々の決定である。テキサスA&M大学のセス・マレー博士と協力し、テロワールがウイスキーのフレーバーをどのように変化させるかを研究する事は、我々の仕事なのである。

ニューヨーク・ディスティリング・カンパニーにとって、その目標は、農業によって実質的に失われた在来品種から、ニューヨークスタイルのライウイスキーを造り出す事であり、そのために地元の農家や植物育種家と協力関係を築く事によって、これを実現していく事である。

キングス・カウンティ蒸留所にとっては、それはニューヨーク州の有機穀物のパイオニアの1人とのパートナーシップであり、そのような穀物がフレーバーに与える重要な影響に対する敬意である。

ウィルダネストレイル蒸留所にとっては、ライ麦が100年以上もの間、ケンタッキー州の典型的な作物ではなかったとしても、同州産のトウモロコシ、小麦、ライ麦のみを使用するという取り組みである。

ラビットホール蒸留所にとっては、それは地域性に対するこだわりである。テロワールは、人間が地理的な境界線を引くはるか以前から土地と融和していたのである。テロワールは、州境よりも地域性に関わるものだという主張である。

ウォーターフォード蒸留所にとっては、それはテロワールの追求に対する揺るぎない取り組みであり、「シングルファーム蒸留」という前例の無い技術を採用して、60人の地元農家に協力を求めている事である。

ブルックラディにとっては、それはスコティッシュ・バーレイとアイラ島の農場に対する取り組みである。それは、出生地のルーツを数世代にさかのぼる蒸留責任者を雇う事であった。そして、誰もが「できないだろう」と言う事に耳を傾け、袖をまくり上げて、「見ていろよ」と言う、若く意志の強い農家との協業なのである。

付録1

ウイスキー・テロワールのテイスティングガイド

ウイスキーのテロワールを経験する最も有意義な方法の1つは、味わう事である。この本が読者の理解を手助けし、テロワールがウイスキーに与える影響を理解するのに役立つ事を願っているが、その経験は、ウォーターフォードの蒸留責任者ネッド・ガーハンが主張するように、「適切なテイスティング」なしにはどうしても完結しない。

このガイドでは、まず読者が独自のウイスキーテロワールのテイスティングの準備ができるよう、アプローチの仕方を説明する。このアプローチにより、テロワールの効果を強調するウイスキーの選び方を決める事ができる。全てのウイスキーがテロワールの追求を念頭に置いて創り出されている訳ではなく、表面上はそのように見えるものもあるが、自分自身で探究する事が重要だ。とはいえ、この本を書く時に私がサンプリングした、具体的なテイスティングフライトもいくつか紹介する。それらを出発点として使用し、そしてそこから独自の冒険を計画してほしい。

ウイスキーテロワールのテイスティングの準備

ステップ1：どのスタイルのウイスキーを味わうかを決める

ステップ 1
カテゴリー
バーボンウイスキー
ライウイスキー
モルトウイスキー
ウィート（小麦）ウイスキー
コーンウイスキー
バーレイ（大麦）ウイスキー

　まずウイスキーのスタイル選びから始めなければならない。しかし、必ずしもスコッチウイスキー、アイリッシュウイスキー、アメリカンウイスキーのどれを味わうかを選択しなければならないという訳ではない。いや、私が言いたいのは、使用された「穀物」に基づいてスタイルを選択する必要があるという事だ。従って、バーボン、ライウイスキー、モルトウイスキー、ウィートウイスキー、コーンウイスキー、バーレイウイスキーのいずれを調査するかを選択する必要がある。最初の3つ（バーボン、ライウイスキー、モルトウイスキー）は、酒屋の棚に最も普及しており、大多数の銘柄から選べるように提供されていて、この本でも詳しく説明している。残りの3つ（ウィートウイスキー、コーンウイスキー、バーレイウイスキー）はあまり普及しておらず、選べる銘柄の数も比較的限られるため、この本ではあまり詳しく調査していない。とはいえ、それぞれのスタイルを、テロワールの文脈において調査する事は興味深いだろう。

付録1 ウイスキー・テロワールのテイスティングガイド

ステップ2：スタイルのサブカテゴリーを分ける

ステップ 2

カテゴリー	サブカテゴリー
バーボンウイスキー	ライ麦使用 小麦使用
ライウイスキー	高 低
モルトウイスキー	ピーテッド ノンピーテッド
ウィートウイスキー	高 低
コーンウイスキー	オーク熟成 熟成なし
バーレイウイスキー	アイリッシュポットスチル

バーボン

　調査したいスタイルを選択したら、次は
そのスタイルの主なサブカテゴリーを確
認する必要がある。

　バーボンの場合、トウモロコシを補う
小粒穀物が小麦かライ麦かを区別する
必要がある。全てのバーボンは法律によ
り、グレーンビルに少なくとも51%のトウモ
ロコシが含まれていなければならず、ほ
とんどのバーボンには65 ～ 80%のトウモ
ロコシが含まれている。しかし、ほぼ全て
のバーボンには、トウモロコシを補う小粒
穀物（ライ麦または小麦）が含まれてい
る。ライ麦は標準的な小粒穀物で、その

ようなバーボンは「ライバーボン（実際に
は、この言い回しは滅多に使われる事は
なく、ライ麦を使用したバーボンは、単純
にバーボンと呼ばれる）」とも呼ぶ事がで
きる。小麦はあまり一般的ではないため、
そのようなバーボンは一般的に「ウィー
テッドバーボン」と呼ばれている。ライ麦と
小麦によって加えられるそのフレーバー
は、かなり異なる。ライ麦にはヒドロキシ
ケイ皮酸が非常に多く含まれており、糖
化、発酵、蒸留中に甘く、スパイシーでス
モーキーな揮発性フェノールに分解され
る。トウモロコシ100%で製造されている

311

バーボンはほとんどない。テイスティングのためにこういったトウモロコシ100%のバーボンの1つをどうしても選択するのなら、それはウィーテッドバーボンのサブカテゴリーに入れた方がよい。小麦はライ麦よりもバーボンに与えるフレーバーが弱く、小麦を使用したバーボンはトウモロコシのフレーバーがより顕著になる。トウモロコシ100%で製造されたバーボンは、理論上ではライ麦を含む従来のバーボンよりもウィーテッドバーボンに近いはずである。

ライウイスキー

ライウイスキーの場合、グレーンビルが圧倒的多量のライ麦（85 ～ 100%）で構成されているか、最低限（51%）あるいはそれに近い数値のライ麦で構成されているかに基づき、選択肢をサブカテゴリーに分ける事が重要だ。前者は「高」サブカテゴリーと見なされ、後者は「低」サブカテゴリーと見なされる。ライウイスキーは、アメリカとカナダ（ブルックラディのライ麦を使った新たな試みといった稀な例を除いては）で製造されている。カナダのライウイスキーは常にライ麦100%で製造されるため、常に「高」ライウイスキーに分類される。しかしアメリカのライウイスキーでは、「高」と「低」のどちらにも遭遇する。ケンタッキー州以外の多くの蒸留所は、ライ麦85 ～ 100%のグレーンビルでライウイスキーを製造しており、最も人気があるのは、インディアナ州ローレンスバーグのMGPが製造する、ライ麦95%、大麦麦芽5%のレシピだ。TXウイスキーでは、ライ麦85%、ライ麦麦芽15%の、ライ麦100%のライウイスキーを製造している。ほとんどのケンタッキー州の蒸留所は、法律で定められた最低含有量の51%、あるいはそれに近いライ麦で製造する。ライ麦の「高」と「低」というサブカテゴリーを比較する事で得られる洞察はあるが、テロワールの影響を比較する事を望むのなら、それらを分けた方が良い。

カナダとアメリカのライウイスキーの両方を含むテロワールのテイスティングフライトを準備する事は、全くもって問題ない。アメリカのライウイスキーが「高」ライウイスキーである事を確認し、カナダのライウイスキーがチャーしたオークの新樽で熟成されたのか、あるいは使用済みの樽で熟成されたのかも考慮したい。もし読者がカナダとアメリカのライウイスキーの両方を取り揃えるのなら、選択するカナダのライウイスキーは、チャーしたオークの新樽（ヴァージンとも呼ばれる）で熟成され

たものを選ぶ事をお勧めする。そうすれば、法律によりチャーしたオークの新樽で

熟成する必要があるアメリカのライウイスキーと一致するようになる。

モルトウイスキー

　まず、「モルトウイスキー」と言う時は、大麦麦芽100%で造られたウイスキーを厳密に指している事を明確にしておきたい。私は、ライ麦麦芽100%、小麦麦芽、そして精製したトウモロコシで造られたウイスキーがいくつかある事を承知しているが、それらは他に類を見ない製品のため（興味深いかもしれないが）テロワールの影響を調査するのにはお勧めしない。さらに、アメリカでは法律によって定められた最低限（51%）の大麦麦芽から製造されたモルトウイスキーの例がいくつかある。アメリカのモルトウイスキーをテイスティングフライトに入れたいと望むのなら、確実に大麦麦芽100%から製造されている事を確認してほしい。ほとんどのクラフト蒸留所は大麦麦芽100%でモルトウイスキーを製造しており、その他全ての国々に倣って「シングルモルト」の名称をラベルに使用している。アメリカのモルトウイスキーに「シングルモルト」の単語を見たら、それはほぼ間違いなく大麦麦芽100%で造られている。

　モルトウイスキーは、「ノンピーテッド」と「ピーテッド」を分ける事が極めて重要

だ。ピートは精麦プロセスの麦芽乾燥の段階で燃料として使用される事がある。その時、燃えるピートから出るスモーキーでミーティ、ゴムのような、薬品的なアロマを与える揮発性フェノールに満たされた煙がモルトに浸透し、そのフレーバーが最終的にウイスキーに移る。実際、モルトウイスキーのほとんどはノンピーテッドなので、このカテゴリー分けから始める事をお勧めする。

　そうは言っても、ピーテッドウイスキーのウイスキーテロワールのテイスティングフライトを行う事は可能だ。日本、アイルランド、インド、アメリカで造られたピーテッドのシングルモルトウイスキーもあるが、読者はスコットランドの島嶼地域で造られたスコッチ・シングルモルトウイスキーの中から選ぶ事になるだろう。ただし、精麦プロセスで使用されるピートの量や加熱に費やされる時間の変化により、ウイスキーの中には幅広いフェノール濃度が存在する可能性がある事に注意してほしい。ピートからのフェノールがフレーバーにとってどれほど影響があるかを考慮すると、選ぶウイスキーはフェノールの濃度がやや

控えめなものであるようにしたい。ピーテッドモルトウイスキーの多くのブランドは、今ではウイスキーのフェノールの濃度（パーツ・パー・ミリオンは、1ℓ中のmg）を公表している。私は、比較するウイスキー相互の差が少なくとも20パーツ・パー・ミリオン（多くの場合〈ppm〉と表記される）以内にあるものを使用する事を提案したい。

ウィート（小麦）ウイスキー

ウィートウイスキーは、ライウイスキーと同じ方法でサブカテゴリーに分類するべきである。「高」カテゴリーでは、ウイスキーは圧倒的多量の小麦（85〜100%）から造られる。そして「低」カテゴリーでは、ウイスキーは最低限の小麦（51%）あるいは51%に近い小麦から造られる。

広く入手できるウィートウイスキーはカナダ産かアメリカ産のみで、バーボン、ライウイスキー、モルトウイスキーに比べると依然として選択肢は極端に限られている。しかし、もしウィートウイスキーのテロワールのテイスティングに着手するのなら、「高」と「低」カテゴリーを確実に分ける簡単な方法があり、繰り返しになるが、それはライウイスキーとよく似ている。

カナダのウィートウイスキーは常に小麦100%で製造されており、アメリカの多くのクラフト蒸留所は、ウィートウイスキーをこの最大濃度、あるいはそれに近い濃度のグレーンビルで製造している。一方、ケンタッキーのウィートウイスキーは、最低限必用な51%の小麦のグレーンビル、あるいは51%に近いグレーンビルで通常は製造されている。そしてライウイスキーと同様に、カナダとアメリカのウィートウイスキーを比較するのなら、カナダのウィートウイスキーが（法律で定められたアメリカのウィートウイスキーと同様）チャーしたオークの新樽で熟成されている事を確認したい。

コーンウイスキー

アメリカとカナダのどちらもがコーンウイスキーを生産している。アメリカでは、コーンウイスキーは最低限80%のトウモロコシから造られていなければならず、バーボンと区別するには、熟成を省略するか、使用済みの樽で熟成するか、あるいはチャーしていない（つまりトーストした）オークの新樽で熟成する必要がある。カ

314

付録1 ウイスキー・テロワールのテイスティングガイド

ナダではライウイスキー、ウィートウイスキーと同様に、コーンウイスキーもトウモロコシ100%で製造され、アメリカの熟成したコーンウイスキーのほとんどと同様に、通常は使用済みの樽で熟成されている。そのような訳で、「オーク樽で熟成した」コーンウイスキーを比較するのなら、アメリカとカナダのウイスキーを一緒にしても心配はない。

しかし分けなければならないのは、「熟成させていない」コーンウイスキーと「オーク樽で熟成させている」コーンウイスキーだ。アメリカは熟成を省略したウイスキーのスタイルを認めている唯一の国で、そのスタイルがコーンウイスキーである。熟成させていないコーンウイスキーを見つけるのは難しいかもしれないが、オーク樽の熟成による影響が打ち消されるため、テロワールの影響を調査するのに最高の選択肢の1つかもしれない。

バーレイ（大麦）ウイスキー

バーレイウイスキーはそのグレーンビルに、麦芽にしていない未加工の大麦が通常は大麦麦芽と一緒に含まれるという点で、モルト（大麦麦芽）ウイスキーとは異なっている。アイルランドはこのタイプのウイスキーを生産している事で最も有名で、実際にこのスタイルは政府によって規定されている。アイリッシュ・ポットスチルウイスキーの一般的なグレーンビルは60%ほどの大麦を使用しているが、法規では、グレーンビルは少なくとも30%の大麦麦芽と30%の大麦から作られなければならないとだけ規定されている。アイリッシュ・ポットスチルウイスキーは美味しいが、市場に出回っているほとんどはアイルランドの蒸留所であるミドルトン蒸留所で製造されている。そのような訳で、これ

はテロワールの文脈において調査するには難しいスタイルとなる。とはいえ、アイルランドにさらに多くの蒸留所がオープンしてポットスチルウイスキーを製造し、インド、アメリカといった他の国々がバーレイウイスキーを追求するにつれ、最終的にテロワールがこのウイスキースタイルに与える影響を調査する機会が増える可能性がある。そのような事に関わらず、読者にはレッドブレスト、グリーンスポット、イエロースポット、レッドスポット、ミドルトン・ベリーレアといったミドルトン蒸留所の美味しいポットスチルウイスキーをぜひ味わってみてほしい。何と言っても、全てのウイスキーのテイスティングにおいて、テロワールの影響を比べる必要はないのだから！

315

★★★

ステップ1と2は、サンプルの中で少しでも多くの共通性を確立させる事を目的としていた。基本的に読者は、できる限り多くの変数を制御する事になる。穀物、そして最終的には、テロワールによるフレーバーの違いを求めているのである。グレーンビルや樽の種類の違いといった要素により、読者のテイスティング体験はテロワールから遠ざかってしまう。ただし、糖化の条件、酵母菌株、発酵の温度と時間、蒸留技術、熟成場所など、制御が困難、あるいはほぼ不可能な変数が他にもたくさんある事を認識してほしい。それでも、できる限り多くの調査を行い、どのブランドが可能な限り多くの制御をもたらしているかを決定するために、最善の判断を下す事が依然としてベストである。これに怖気づいてはならない！ 調査する必要がある事を、Eメール、電話、あるいは

蒸留所訪問の機会と捉え、可能な限り多くの質問をしよう。それはウイスキーの探求と学習を継続するための実用的で楽しい手段となる。蒸留業者が、彼らを取り巻く原料や製法の詳細について話をする事が好きな事は、私が保証する。我々はほぼ毎日、どの種類の樽を使用するか、何がバーボンウイスキーをスコッチウイスキーとは違うものにしているのか、何がウイスキーにその色味をもたらすのかの説明を求められている。酵母菌株の選定、発酵中の温度の影響、樽貯蔵庫の微気候、蒸留中の還流率などについて、ウイスキーファンと話せる機会は毎日ある訳ではない。しかし、そういう日がやって来ると我々はワクワクする。そして最終的には、収集できる情報が多ければ多いほど、テイスティングの計画をより適切に立てる事ができる。

ステップ3：グラスを選択する

インターネットを利用すれば、ウイスキーのテイスティングに適した様々なグラスを簡単に選んで購入できる。ウイスキー用で最も有名なものはグレンケアン・ウイスキーグラスで、もう1つの魅力的な選択肢はコピタグラスだ。TXウイスキー

の官能パネルは、これらのグラスの両方を使用している。私の個人的なお気に入りは、グレンケアンには無いステム（脚）のあるコピタだ。色による偏見を取り去りたいのなら（ウイスキーの探究にさらに真剣になるのなら、とても良いアイデアである）、

付録1 ウイスキー・テロワールのテイスティングガイド

これらのどちらのグラスも、青色のものを購入する事もできる。

避けたいのはタンブラーやハイボールグラスと、その他全ての口が広くて背が高い、上部に広い空間があるタイプのものだ。これらのグラスはカジュアルな飲み物を楽しむためには良いが、テイスティングのフライトでは上手く機能しない。そ

の理由は、単純にスペースの問題である。タンブラーやハイボールグラスは、グレンケアンやコピタよりもはるかに多くのスペースを持つ。そして分析となると、タンブラーやハイボールグラスは上部に広い空間があるため、香りを効果的に集中させる事ができない。

ステップ4：全てのサンプルのアルコール度数を統一する

ウイスキーのアルコール度数を統一しないのは、テイスティングフライトの設定において、最大の欠点の1つである。グラスの中のウイスキーのアルコール度数は、認知して知覚するフレーバーの重要な役割を担っている。これは高アルコール度数（バレルプルーフ/カスクストレング

スといったボトリング）のウイスキーに特に当てはまり、エタノールの強度が、その他のフレーバーの認知を困難にするのである。

全てのサンプルを確実に同じ度数にするための方程式は、非常に簡単なものだ。

$$
(ウイスキーのアルコール度数) \times (必要なウイスキーの容量)
$$
$$
= (希望するアルコール度数) \times (希望するグラスの容量)
$$

いくつかの例を見てみよう。

測定容器は、このプロセスの一部を決定付ける事になる。私のお勧めは、50 mlのメスシリンダーを購入する事だ。標準的なグレンケアンまたはコピタグラスでは、50 mlが適切な充填容量である。読者がメスシリンダーを持っていると仮定し、希望するアルコール度数と充填容量（希望

するグラス容量）を達成するための一例をここに挙げる。ウイスキーのアルコール度数が60％、希望するアルコール度数が40％、そして希望する充填容量が50 mlと仮定する。

317

$$(アルコール度数60\%) \times (必要なウイスキーの容量) = (アルコール度数40\%) \times (50\ ml)$$
$$= (60) \times (必要なウイスキーの容量) = (40) \times (50)$$
$$= (60) \times (必要なウイスキーの容量) = (2,000)$$
$$= (必要なウイスキーの容量) = (2,000\ /\ 60)$$
$$= 必要なウイスキーの容量 = 33.3\ ml$$

さて、この容量が得られたので、アルコール度数60%のウイスキーをメスシリンダーの33 mlの線まで満たし、それから水を加えて50 mlにする。これでアルコール度数40%、合計50 mlの容量になる。薄めたウイスキーをグラスに注いだら、グラスをよく回してウイスキーと水を効果的に混ぜ合わせる。

その他の測定容器を使用する場合も、方程式は変わらない。単純にmlの単位を読者が行う単位に換えるだけだ。

ノージングとテイスティングに最適なアルコール度数は、飲み手の好みにより異なる。テイスティングを何度で行うかについては、最適な答えはない。最高の助言は、ウイスキーのアルコール度数が高すぎると（例えば55%以上）すぐに味覚を疲れさせてしまう事もある、という事になるだろう。十中八九、アルコール度数40～50%の範囲での評価が最も良いという事になりそうだ。

可能であれば、サンプルを同じアルコール度数に標準化する事が最も好ましいが、数%しか変わらないのであれば、それらを全く同じ度数にして比較しなくとも問題無い事に留意してほしい。

ステップ5：ウイスキーの香りを嗅ぎ味わう

（この項は、私の前著 *Shots of Knowledge: The Science of Whiskey* で使用していた章から引用している）

エール大学の神経科学者であるゴードン・M・シェパードの言葉を借りれば、「フレーバーは〔ウイスキーの〕中にあるのではなく；脳によって〔ウイスキーから〕創造される」。これは反直感的なように思えるが、感覚の世界にはこの概念が明らかな例が他にもある。例えば、動物が色を全く同じように知覚しない事はよく知られている。人間は赤いリンゴは赤、青いリンゴは青だと認識するが、犬は網膜の色を感知する錐体細胞の種類が異なるため、単純に2つの異なる灰色を認識する。リ

ンゴの色は先天的に定着した訳ではなく、それは生物の脳が色を解読する方法によって決まるのである。

ウイスキー（そしてさらに言えば、全ての飲み物と食べ物）にも同じ事が言えるだろう。つまりフレーバーは、私たちがウイスキーの匂いを嗅いだり飲んだりする時に生成される化学信号を、脳がどのように処理するかによって生まれるのである。これが意味するのは、ウイスキーのフレーバーを十分に体験するためには、感覚機能を効果的に活用する事が重要だという事である。ウイスキーのフレーバーは、創造の世界において始まる。これまでにウイスキーを飲んだ経験があれば、フレーバーに対する期待の領域が生まれるだろう。例えば、読者が新しいウイスキーを初めて飲むとしよう。しかし、その蒸留所の他のボトルを読者がよく知っていれば、それらを基にした予想で偏見を抱く可能性が十分にある。そして色合いはどうだろうか？　ウイスキーの色味が深い琥珀色なら、そのウイスキーは焦がしたオーク樽由来の力強いフレーバーをもたらすと推測するかもしれない。しかし、もしそれが淡い黄色だとしたら、果物と花の柔らかな香りを期待するかもしれない。こういった偏見は、ブラインドテイスティングでもしない限りは避け難い。とはいえ、最初はこれらの偏見をあまり心配

する必要はない。ウイスキーのテイスティングにさらに真剣に取り組むのなら、友人や家族にサンプルを注いでもらったり、青いグラスを使用したりする事で、テイスティングしているウイスキーの銘柄や色を分からないようにする事ができるからである。

ウイスキーのスタイル、銘柄、色合いを見えなくするかどうかに関わらず、一旦ウイスキーをグラスに注いだなら、その特徴を評価しよう。最初に軽くスワリング（※グラスに注いだウイスキーが渦を巻くように、グラスを回す）し、グラスの内側に付着したウイスキーが液面へと戻るまでに、どれくらいの時間がかかるかを評価できる。長くかかるほど、ウイスキーのアルコール度数が高いか、粘度が高いか（滑らかな口当たりにつながる）、あるいはその両方である可能性が高くなる。

一般に、フレーバーは主に嗅覚によって決まるが、エタノール含有量が高いと舌の味覚受容体が麻痺する可能性があるため、ウイスキーを飲む時はその傾向がさらに顕著になる。ほとんどの人は、匂いを嗅いだ時に発生する「立ち香・鼻先香（鼻先から入ってくる香り）」に馴染みがある。簡単に言えば、ノージングと同じである。ウイスキーをグラスに注ぎ、グラスを鼻先に近付けた時、フレーバー化合物は鼻の粘膜へと流れる。次に、嗅覚受容体タンパク質がこれらの分子を検出し、

最終的に脳による匂いの知覚につなが
る一連のイベントが始まる。私は、ノージ
ングの前にグラスを優しくスワリングする
のが好きだ。またグラス下部を唇の上の
窪みに置き、グラスに鼻を入れるのも好き
だ。このどちらもがウイスキーのノージン
グにおいては誤りだと指摘する人もいる
が、私は同意しない。肝心なのは、アロマ
を最もよく体験できる方法で嗅ぐべきだと
いう事である。

　ノージングの後は、ひと口飲む時間だ。
舌を覆うようにたっぷりと口に含もう。口内
にウイスキーをゆっくりと行き渡らせ（音を
立てずに）、鼻と口から息を吸って空気を
含ませ、次に鼻から息を吐き出して、2番
目のタイプの嗅覚である「あと香・口中香
（鼻から吐く息に乗って感じる香り）」を活
性化する。ウイスキーを行き渡らせて呼
吸をするにつれ、フレーバー化合物は揮
発し、鼻腔と口腔の管が交わる喉の後ろ
を通って鼻に入る。そのウイスキーは舌と
咽頭の味蕾も覆う。繰り返しになるが、味
覚とは、嗅覚に比べるとどちらかと言え
ば基本的なものだ。それでも、嗅覚の受
容体と同様に、味覚のタンパク質受容体
も反応を開始し、最終的にどのような感
覚を経験しているのかを脳に伝えるので
ある。フレーバーを経験する3つの方法
全て、つまり鼻先香（ノージング）、口中香、
味覚のうち、口中香がフレーバーの生成

に最も影響するフレーバーを醸し出すの
に最も影響がある。そのような訳で、ウイ
スキーを口内に少し保ち、ゆっくりと動か
したり呼吸したりする事が非常に重要で
ある。

　飲み込んだ後も、感覚刺激が継続す
る。咽頭を覆っているウイスキーは、口中
香の嗅覚を通じて嗅覚受容体に運ばれ
続ける。この段階は、ウイスキー愛好家に
はよく知られている。科学者はそれを「ポ
ストスワローイング」段階と呼び、ウイス
キー（ワイン、ビール、その他のスピリッツ）
愛好家は単に「フィニッシュ」と呼ぶ。

　事前に期待されるもの、匂い、味を脳
が処理すると、中枢行動システムが活性
化される。記憶や感動が呼び起こされ、
刺激と恩恵が割り出される。私たちはこう
いった経験を言葉で説明する事ができる。
この最後の要点は、ウイスキーのフレー
バーを説明するという事になると、それ
はテイスターにとっておそらく最も難しい
ものとなるだろう。しかし、あなたは1人で
はない。フレーバーを説明するための正
確な言葉を見つけるのは難しい。実際に、
進化論の観点から見ると、味と言語を司
る脳の部位は別である。結局のところフ
レーバーとは、テイスターの身体が「この
食べ物あるいは飲み物は安全なのか？」
を判断する事に関係しているのである。
ブドウの果実にあるシナモンとラベンダー

のニュアンスを説明する事ができても、それは適者生存の観点からは大して私たちの助けにはならない。私たちは毒を有したブドウではない事を知りたいだけなのだ。とはいえ、練習と共に、テイスターは言語をフレーバーへとより良く結び付ける事ができるようになるだろう。可能であれば、地元のスーパーマーケットを利用して、様々なスパイス、ハーブ、果物、花の香りを確かめてみよう。

ステップ6：テイスティングを楽しみ、良い時間を過ごそう!

　この項の表は、テロワールの効果をうまく強調していると私が思うテイスティングフライトの例を、いくつか示している。具体的なテイスティングノートは提供しない。それは偏見、あるいは、いわゆる専門家の意見なしに読者が行う旅と経験なのである。そうは言っても、原料の供給元についての詳細は提供するので、これらのウイスキーそれぞれが、穀物を栽培する農家（場合によっては1ヵ所のみ）と密接な関係がある事が簡単に分かる。

　もしテイスティングノートに興味があるのなら、テイスティングしているウイスキーを簡単にウェブで検索すると、夥しい数の「専門家」のレビューが表示される（多くの場合、全く異なるテイスティングノートが表示される）。これが、私が個人的にテイスティングノートを好まない理由の1つであると強調したい。これらを参照する事もできるが、繰り返すが、自分の記憶と語彙を使用して、自分の匂いや味を説明する事をお勧めする。

　そしてまた、私は読者が必要とする以上に、フライトごとにさらなるウイスキーのリストを挙げるつもりだ。効果的なフライトには3～4種のウイスキーで十分とはいえ、私がお勧めするウイスキーの中には、住んでいる地域や地元の酒屋の在庫によっては入手が難しい（あるいはほぼ不可能な）ものもあると思うので、あまりリストの数を絞りたくはなかった。そのような訳で、私は1フライトにつき最大10種類のウイスキーをリストに挙げる。そして読者がそれら全てを入手する場合、あるいは私が願っているようにリストに追加した場合は、それらを複数のフライトに分割し、さまざまな方法で組み合わせる事もできる。

フライト1 ライバーボン

ウイスキー	蒸留された州	トウモロコシの供給元	ライ麦の供給元	アルコール度数 (%)
Wilderness Trail High Rye Bourbon	ケンタッキー	カヴァーンデール農場 ケンタッキー州 ダンビル	ウォルナットグローブ農場 ケンタッキー州 アデアビル	50
Rabbit Hole Heigold	ケンタッキー	ラングレー農場 ケンタッキー州 シェルビービル	ワイエルマンモルトハウス ドイツ	47.5
Woodford Reserve Straight Bourbon	ケンタッキー	ケンタッキー州の 様々な農場	ケンタッキー州の 様々な農場	45.2
Ironroot Harbinger 115	テキサス	テクソマ*の 様々な農場	テクソマの 様々な農場	57.5
Still Austin "The Musician"	テキサス	テキサス州 ヒルカントリーの 様々な農場	テキサス州 ヒルカントリーの 様々な農場	49.2
Coppersea Excelsior Straight Bourbon	ニューヨーク	ニューヨーク州 ハドソンバレーの 様々な農場	ニューヨーク州 ハドソンバレーの 様々な農場	48
Woodinville Straight Bourbon	ワシントン	オムリンファミリー農場 ワシントン州 クインシー	オムリンファミリー農場 ワシントン州 クインシー	45
FEW Spirits Straight Bourbon	イリノイ	イリノイ州の農場	イリノイ州の農場	46.5
Tom's Foolery Straight Bourbon	オハイオ	トムズフーレリー エステート農場	トムズフーレリー エステート農場	45
Far North Spirits BØDALEN	ミネソタ	ファーノース エステート農場	ファーノース エステート農場	45

*テクソマ：テキサス州とオクラホマ州に跨った地域

付録1 ウイスキー・テロワールのテイスティングガイド

フライト2 ウィーテッドバーボン

ウイスキー	蒸留された州	トウモロコシの供給元	小麦の供給元	アルコール度数（%）
TX Whiskey TX Straight Bourbon	テキサス	ソーヤー農場 テキサス州ヒルズボロ	ソーヤー農場 テキサス州ヒルズボロ	45
Garrison Brothers Small Batch	テキサス	テキサス州 パンハンドル地域の 農場	テキサス州の 様々な農場	47
Wilderness Trail Wheated Bourbon	ケンタッキー	カヴァーンデール農場 ケンタッキー州ダンビル	カヴァーンデール農場 ケンタッキー州ダンビル	50
Maker's Mark Straight Bourbon	ケンタッキー	ケンタッキー州の 様々な農場	ペターソン農場 ケンタッキー州ロレット	45
Wyoming Whiskey Small Batch	ワイオミング	ラゲス農場 ワイオミング州バイロン	ラゲス農場 ワイオミング州バイロン	44
Wigle Whiskey Wapsie Bourbon	ペンシルバニア	ウェザーベリー農場 ペンシルバニア州 アベラ	ペンシルバニア州の 様々な農場	46
Rock Town Distillery Arkansas Bourbon	アーカンソー	アーカンソー州 リトルロック近郊の 様々な農場	アーカンソー州の 様々な農場	46
Finger Lakes Distilling McKENZIE BOTTLED-IN-BOND	ニューヨーク	フィンガーレイクス地区 の様々な農場、 ニューヨーク州の農場	フィンガーレイクス地区 の様々な農場、 ニューヨーク州の農場	50
Smooth Ambler Big Level Bourbon	ウエスト バージニア	ターキークリーク農場、 ユニオン ウエストバージニア州	ターキークリーク農場、 ユニオン ウエストバージニア州	50

フライト3 ライウイスキー（高）

ウイスキー	蒸留された地域／国	ライ麦の供給元	アルコール度数（%）
New York Distilling Company Ragtime Rye	ニューヨーク州／アメリカ	ペダーセン農場 ニューヨーク州 セネカキャッスル	45.2
Kings County Distillery Empire Rye	ニューヨーク州／アメリカ	ハドソンバレーホップ&グレーン ニューヨーク州 アンクラムデール	51
Lot No. 40 Canadian Rye Whisky	オンタリオ州／カナダ	カナダの様々な農場	43
New Riff Distilling Straight Rye	ケンタッキー州／アメリカ	北ヨーロッパ （主にスウェーデン）	50
Balcones Texas Rye	テキサス州／アメリカ	テキサス州北部と西部の様々な農場	50
Woodinville 100% Rye	ワシントン州／アメリカ	オムリンファミリー農場 ワシントン州クインシー	45
Dad's Hat Straight Rye	ペンシルバニア州／アメリカ	ペンシルバニア州の様々な農場	47.5
Bruichladdich The Regeneration Project*	アイラ島／スコットランド	カウル農場 スコットランド・アイラ島	50

*ブルックラディのリ・ジェネレーションプロジェクトのグレーンビルは、アイラ島産ライ麦55%、アイラ島産大麦45%のため、厳密にはライウイスキー（低）テイスティングフライトに入れるべきだが、非常にユニークなライウイスキーのため、間違いなく見落とさないようにしたい。

付録1 ウイスキー・テロワールのテイスティングガイド

フライト4 モルトウイスキー（ピーテッド）

ウイスキー	蒸留された地域／国	小麦の供給元	フェノール値（PPM）	アルコール度数（%）
Bruichladdich Octomore*	アイラ島／スコットランド	アイラ島の様々な農場	ボトルにより異なる	ボトルにより異なる
Kilchoman 100% Islay	アイラ島／スコットランド	キルホーマンのエステート農場	20	50
Amrut Peated Indian Single Malt	カルナータカ／インド	インド北西部の様々な農場	23	46
Westland Solum Edition 2**	ワシントン州北西部／アメリカ	ワシントン州北西部の様々な農場	8 − 12	50

*ブルックラディは、数種類のオクトモアの新たなボトルを毎年発売している。同じものは1つとしてなく、大麦の供給元、フェノール値、アルコール度数は異なる。だがブルックラディのホームページは、これら全てのボトルの詳細を明らかにするという素晴らしい役目を果たしているので、ボトルを選択する前に調査をしたい。

**ウエストランドは、ピーテッドのモルトウイスキーを発売しており、スコットランドからピーテッド大麦麦芽の一部が輸入されていたが、現在では、ワシントンで栽培され精麦された大麦でピーテッドのモルトウイスキーを蒸留している。それらはワシントンの湿地から調達したピートを使用している。

フライト5 モルトウイスキー（ノンピーテッド）

ウイスキー	蒸留された地域／国	大麦の供給元	アルコール度数（%）
Waterford*	ウォーターフォード/アイルランド	アイルランドの様々な農場	ボトルにより異なる
Bruichladdich Islay Barley**	アイラ島/スコットランド	アイラ島の様々な農場	50
Aberlour 12 Year Old	スペイサイド/スコットランド	スペイサイドの様々な農場	40
Springbank Local Barley***	キャンベルタウン/スコットランド	スコットランドの様々な農場	ボトルにより異なる
Rogue Oregon Single Malt	オレゴン州/アメリカ	ローグの大麦農場 オレゴン州タイバレー	40
Coppersea Big Angus Green	ニューヨーク州/アメリカ	ニューヨーク州 ハドソンバレーの様々な農場	48
Balcones High Plains	テキサス州/アメリカ	テキサス州 ハイプレーンズの様々な農場	52.7
Amrut Indian Single Malt	カルナータカ/インド	インド北西部の様々な農場	46

*ウォーターフォード蒸留所のウイスキーは、ノンピーテッドモルトウイスキーのテロワールのテイスティングに加えるのに、どれも理想的だ。実際のところ、個々のボトルだけでも素晴らしいテイスティングをアレンジできるだろう。キュベシリーズは、1ヵ所の農場で蒸留したウイスキーを混ぜたものだ。だがウォーターフォードにはシングルファームオリジンシリーズもあり、そのウイスキーは1ヵ所の農場から作られたものだ。そのような訳で、キュベまたはシングルファームオリジンシリーズ（もしくは両方）であろうとなかろうと、それぞれがテロワールの特徴を強調するだろう。

** ブルックラディは、アイラ・バーレイシリーズの新たなボトルを毎年発売している。大麦の供給元はそれぞれのボトルで異なるが、常にアイラ島の農場の大麦だ。

*** スプリングバンクは、毎年ローカルバーレイシリーズの新たなボトルを発売している。大麦の供給元とアルコール度数はそれぞれのボトルによって異なる。

付録2

ロードマップへの鍵：10章の出典

1. L. Poisson and P. Schieberle, "Characterization of the Most Odor- Active Compounds in an American Bourbon Whisky by Application of the Aroma Extract Dilution Analysis," *Journal of Agricultural and Food Chemistry* 56, no. 14 (2008): 5813–19.

2. S. Vitalini et al., "The Application of Chitosan and Benzothiadiazole in Vineyard (*Vitis vinifera* L. Cv. Groppello Gentile) Changes the Aromatic Profile and Sensory Attributes of Wine," *Food Chemistry* 162 (2014): 192–205; R. Baumes et al., "Identification and Determination of Volatile Constituents in Wines from Different Vine Cultivars," *Journal of the Science of Food and Agriculture* 37, no. 9 (1986): 927–43.

3. W. Fan et al., "Identification and Quantification of Impact Aroma Compounds in 4 Nonfloral *Vitis vinifera* Varieties Grapes," *Journal of Food Science* 75, no. 1 (2010): S81–S88.

4. H. M. Bettenhausen et al., "Influence of Malt Source on Beer Chemistry, Flavor, and Flavor Stability," *Food Research International* 113 (2018): 487–504.

5. R. López et al., "Analysis of the Aroma Intensities of Volatile Compounds Released from Mild Acid Hydrolysates of Odourless Precursors Extracted from Tempranillo and Grenache Grapes Using Gas Chromatography- Olfactometry," *Food Chemistry* 88, no. 1 (2004): 95–103; D. J. Caven- Quantrill and A. J. Buglass, "Seasonal Variation of Flavour Content of English Vineyard Grapes, Determined by Stir- Bar Sorptive Extraction– Gas Chromatography– Mass Spectrometry," *Flavour and Fragrance Journal* 23, no. 4 (2008): 239–48.

6. L. Dong et al., "Characterization of Volatile Aroma Compounds in Different Brewing Barley Cultivars," *Journal of the Science of Food and Agriculture* 95, no. 5 (2015): 915–21.

7. R. Flamini, G. De Luca, and R. Di Stefano, "Changes in Carbonyl Compounds in Chardonnay and Cabernet Sauvignon Wines as a Consequence of Malolactic Fermentation," *Vitis Geilweilerhof* 41, no. 2 (2002): 107–12.

8. Dong et al., "Characterization of Volatile Aroma Compounds in Different Brewing Barley Cultivars."

9. Vitalini et al., "The Application of Chitosan and Benzothiadiazole"; Flamini, De Luca, and Di Stefano, "Changes in Carbonyl Compounds."

10. Dong et al., "Characterization of Volatile Aroma Compounds in Different Brewing Barley Cultivars"; A.- C. J. Cramer et al., "Analysis of Volatile Compounds from Various Types of Barley Cultivars," *Journal of Agricultural and Food Chemistry* 53, no. 19 (2005): 7526–31.

11. López et al., "Analysis of the Aroma Intensities of Volatile Compounds."

12. L. Vişan, R. Dobrinoiu, and

S. Dănăilă- Guidea, "The Agrobiological Study: Technological and Olfactometry of Some Vine Varieties with Biological Resistance in Southern Romania," *Agriculture and Agricultural Science Procedia* 6 (2015): 623–30.

13. Dong et al., "Characterization of Volatile Aroma Compounds in Different Brewing Barley Cultivars."

14. Vitalini et al., "The Application of Chitosan and Benzothiadiazole"; Flamini, De Luca, and Di Stefano, "Changes in Carbonyl Compounds."

15. Dong et al., "Characterization of Volatile Aroma Compounds in Different Brewing Barley Cultivars."

16. B. Jiang and Z. Zhang, "Volatile Compounds of Young Wines from Cabernet Sauvignon, Cabernet Gernischt, and Chardonnay Varieties Grown in the Loess Plateau Region of China," *Molecules* 15, no. 12 (2010): 9184–96; B. Jiang et al., "Comparison on Aroma Compounds in Cabernet Sauvignon and Merlot Wines from Four Wine Grape– Growing Regions in China," *Food Research International* 51, no. 2 (2013): 482–89; G. Cheng et al., "Comparison Between Aroma Compounds in Wines from Four *Vitis vinifera* Grape Varieties Grown in Different Shoot Positions," *Food Science and Technology* 35, no. 2 (2015): 237– 46; M. Zhang et al., "Comparative Study of Aromatic Compounds in Young Red Wines from Cabernet Sauvignon, Cabernet Franc, and Cabernet Gernischt Varieties in China," *Journal of Food Science* 72, no. 5 (2007): C248– C252.

17. M. Pozo- Bayón et al., "Effect of Vineyard Yield on the Composition of Sparkling Wines Produced from the Grape Cultivar

Parellada," *Food Chemistry* 86, no. 3 (2004): 413–19; J. L. Aleixandre et al., "Varietal Differentiation of Red Wines in the Valencian Region (Spain)," *Journal of Agricultural and Food Chemistry* 50, no. 4 (2002): 751–55.

18. Dong et al., "Characterization of Volatile Aroma Compounds in Different Brewing Barley Cultivars."

19. Vitalini et al., "The Application of Chitosan and Benzothiadiazole"; M. Vilanova et al., "Determination of Odorants in Varietal Wines from International Grape Cultivars (*Vitis vinifera*) Grown in NW Spain," *South African Journal of Enology and Viticulture* 34, no. 2 (2013): 212–22; R. López et al., "Identification of Impact Odorants of Young Red Wines Made with Merlot, Cabernet Sauvignon, and Grenache Grape Varieties: A Comparative Study," *Journal of the Science of Food and Agriculture* 79, no. 11 (1999): 1461–467.

20. Vilanova et al., "Determination of Odorants in Varietal Wines."

21. Vitalini et al., "The Application of Chitosan and Benzothiadiazole"; Jiang et al., "Comparison on Aroma Compounds in Cabernet Sauvignon and Merlot Wines"; Zhang et al., "Comparative Study of Aromatic Compounds in Young Red Wines"; López et al., "Identification of Impact Odorants of Young Red Wines"; M. Vilanova and C. Martínez, "First Study of Determination of Aromatic Compounds of Red Wine from *Vitis vinifera cv.* Castanal Grown in Galicia (NW Spain)," *European Food Research and Technology* 224, no. 4 (2007): 431–36; R. Bramley, J. Ouzman, and P. K. Boss, "Variation in Vine Vigour, Grape Yield, and Vineyard Soils and Topography as Indicators of

付録2 ロードマップへの鍵:10章の出典

Variation in the Chemical Composition of Grapes, Wine, and Wine Sensory Attributes," *Australian Journal of Grape and Wine Research* 17, no. 2 (2011): 217–29; J. Green et al., "Sensory and Chemical Characterisation of Sauvignon Blanc Wine: Influence of Source of Origin," *Food Research International* 44, no. 9 (2011): 2788–97; X.-j. Wang et al., "Aroma Compounds and Characteristics of Noble- Rot Wines of Chardonnay Grapes Artificially Botrytized in the Vineyard," *Food Chemistry* 226 (2017): 41–50.

22. L. Moio and P. Etievant, "Ethyl Anthranilate, Ethyl Cinnamate, 2, 3- Dihydrocinnamate, and Methyl Anthranilate: Four Important Odorants Identified in Pinot Noir Wines of Burgundy," *American Journal of Enology and Viticulture* 46, no. 3 (1995): 392–98; Y. Fang and M. C. Qian, "Quantification of Selected Aroma- Active Compounds in Pinot Noir Wines from Different Grape Maturities," *Journal of Agricultural and Food Chemistry* 54, no. 22 (2006): 8567–73; V. Ferreira, R. López, and J. F. Cacho, "Quantitative Determination of the Odorants of Young Red Wines from Different Grape Varieties," *Journal of the Science of Food and Agriculture* 80, no. 11 (2000): 1659–67; G. Antalick et al., "Influence of Grape Composition on Red Wine Ester Profile: Comparison Between Cabernet Sauvignon and Shiraz Cultivars from Australian Warm Climate," *Journal of Agricultural and Food Chemistry* 63, no. 18 (2015): 4664–72.

23. Vitalini et al., "The Application of Chitosan and Benzothiadiazole"; Jiang et al., "Comparison on Aroma Compounds in Cabernet Sauvignon and Merlot Wines"; Cheng et al., "Comparison Between Aroma

Compounds"; Zhang et al., "Comparative Study of Aromatic Compounds in Young Red Wines"; López et al., "Identification of Impact Odorants of Young Red Wines"; J. Green et al., "Sensory and Chemical Characterisation of Sauvignon Blanc Wine: Influence of Source of Origin," *Food Research International* 44, no. 9 (2011): 2788–97; Wang et al., "Aroma Compounds and Characteristics of Noble-Rot Wines"; J. S. Câmara, M. A. Alves, and J. C. Marques, "Multivariate Analysis for the Classification and Differentiation of Madeira Wines According to Main Grape Varieties," *Talanta* 68, no. 5 (2006): 1512–21; H. Guth, "Comparison of Different White Wine Varieties in Odor Profiles by Instrumental Analysis and Sensory Studies," in *Chemistry of Wine Flavor*, ed. A. L. Waterhouse and S. E. Ebeler (Davis, CA: ACS, 1998), 39–52; Z.- m. Xi et al., "Impact of Cover Crops in Vineyard on the Aroma Compounds of *Vitis vinifera* L. Cv. Cabernet Sauvignon Wine," *Food Chemistry* 127, no. 2 (2011): 516–22.

24. Bramley, Ouzman, Boss, "Variation in Vine Vigour, Grape Yield, and Vineyard Soils and Topography"; Y. Fang and M. C. Qian, "Quantification of Selected Aroma- Active Compounds in Pinot Noir Wines from Different Grape Maturities," *Journal of Agricultural and Food Chemistry* 54, no. 22 (2006): 8567–73; Guth, "Comparison of Different White Wine Varieties"; Y. Fang and M. C. Qian, "Aroma Compounds in Oregon Pinot Noir Wine Determined by Aroma Extract Dilution Analysis (AEDA)," *Flavour and Fragrance Journal* 20, no. 1 (2005): 22–29.

25. Vitalini et al., "The Application of Chitosan

and Benzothiadiazole"; Bramley, Ouzman, and Boss, "Variation in Vine Vigour, Grape Yield, and Vineyard Soils and Topography"; Wang et al., "Aroma Compounds and Characteristics of Noble- Rot Wines"; Fang and Qian, "Aroma Compounds in Oregon Pinot Noir Wine."

26. Vitalini et al., "The Application of Chitosan and Benzothiadiazole"; Jiang and Zhang, "Volatile Compounds of Young Wines"; Zhang et al., "Comparative Study of Aromatic Compounds in Young Red Wines"; López et al., "Identification of Impact Odorants of Young Red Wines"; Wang et al., "Aroma Compounds and Characteristics of Noble- Rot Wines"; Xi et al., "Impact of Cover Crops in Vineyard."

27. López et al., "Identification of Impact Odorants of Young Red Wines"; Bramley, Ouzman, and Boss, "Variation in Vine Vigour, Grape Yield, and Vineyard Soils and Topography"; Green et al., "Sensory and Chemical Characterisation of Sauvignon Blanc Wine."

28. Vitalini et al., "The Application of Chitosan and Benzothiadiazole"; J. L. Aleixandre et al., "Varietal Differentiation of Red Wines in the Valencian Region (Spain)," *Journal of Agricultural and Food Chemistry* 50, no. 4 (2002): 751–55; I. Alvarez et al., "Geographical Differentiation of White Wines from Three Subzones of the Designation of Origin Valencia," *European Food Research and Technology* 217, no. 2 (2003): 173–79.

29. Vitalini et al., "The Application of Chitosan and Benzothiadiazole"; Zhang et al., "Comparative Study of Aromatic Compounds in Young Red Wines"; Bramley, Ouzman, and Boss, "Variation in Vine Vigour, Grape Yield, and Vineyard Soils and

Topography"; Green et al., "Sensory and Chemical Characterisation of Sauvignon Blanc Wine"; Xi et al., "Impact of Cover Crops in Vineyard"; E. Falqué, E. Fernández, and D. Dubourdieu, "Differentiation of White Wines by Their Aromatic Index," *Talanta* 54, no. 2 (2001): 271–81.

30. Zhang et al., "Comparative Study of Aromatic Compounds in Young Red Wines"; Bramley, Ouzman, and Boss, "Variation in Vine Vigour, Grape Yield, and Vineyard Soils and Topography"; Wang et al., "Aroma Compounds and Characteristics of Noble- Rot Wines"; Xi et al., "Impact of Cover Crops in Vineyard."

31. H. M. Bettenhausen et al., "Variation in Sensory Attributes and Volatile Compounds in Beers Brewed from Genetically Distinct Malts: An Integrated Sensory and Non- Targeted Metabolomics Approach," *Journal of the American Society of Brewing Chemists* (2020): 1–17.

32. Vitalini et al., "The Application of Chitosan and Benzothiadiazole"; Zhang et al., "Comparative Study of Aromatic Compounds in Young Red Wines"; Bramley, Ouzman, and Boss, "Variation in Vine Vigour, Grape Yield, and Vineyard Soils and Topography"; Green et al., "Sensory and Chemical Characterisation of Sauvignon Blanc Wine"; Wang et al., "Aroma Compounds and Characteristics of Noble- Rot Wines"; Xi et al., "Impact of Cover Crops in Vineyard."

33. Dong et al., "Characterization of Volatile Aroma Compounds in Different Brewing Barley Cultivars."

34. Vitalini et al., "The Application of Chitosan and Benzothiadiazole"; Zhang et al., "Comparative Study of Aromatic Compounds in Young Red Wines";

付録2 ロードマップへの鍵：10章の出典

Green et al., "Sensory and Chemical Characterisation of Sauvignon Blanc Wine"; Xi et al., "Impact of Cover Crops in Vineyard."

35. Dong et al., "Characterization of Volatile Aroma Compounds in Different Brewing Barley Cultivars."

36. Zhang et al., "Comparative Study of Aromatic Compounds in Young Red Wines"; Wang et al., "Aroma Compounds and Characteristics of Noble- Rot Wines"; I. Arozarena et al., "Multivariate Differentiation of Spanish Red Wines According to Region and Variety," *Journal of the Science of Food and Agriculture* 80, no. 13 (2000): 1909–17; A. Bellincontro et al., "Feasibility of an Electronic Nose to Differentiate Commercial Spanish Wines Elaborated from the Same Grape Variety," *Food Research International* 51, no. 2 (2013): 790–96.

37. Dong et al., "Characterization of Volatile Aroma Compounds in Different Brewing Barley Cultivars."

38. Zhang et al., "Comparative Study of Aromatic Compounds in Young Red Wines"; Bramley, Ouzman, and Boss, "Variation in Vine Vigour, Grape Yield, and Vineyard Soils and Topography"; Green et al., "Sensory and Chemical Characterisation of Sauvignon Blanc Wine"; Wang et al., "Aroma Compounds and Characteristics of Noble- Rot Wines."

39. A. L. Robinson et al., "Influence of Geographic Origin on the Sensory Characteristics and Wine Composition of *Vitis vinifera cv*. Cabernet Sauvignon Wines from Australia," *American Journal of Enology and Viticulture* 63, no. 4 (2012): 467–76.

40. H. Guth, "Identification of Character Impact Odorants of Different White Wine Varieties," *Journal of Agricultural and Food Chemistry* 45, no. 8 (1997): 3022–26; H. Guth, "Quantitation and Sensory Studies of Character Impact Odorants of Different White Wine Varieties," *Journal of Agricultural and Food Chemistry* 45, no. 8 (1997): 3027–32.

41. Dong et al., "Characterization of Volatile Aroma Compounds in Different Brewing Barley Cultivars."

42. Guth, "Quantitation and Sensory Studies"; T. E. Siebert et al., "Analysis, Potency, and Occurrence of (Z)- 6-Dodeceno-γ-Lactone in White Wine," *Food Chemistry* 256 (2018): 85–90.

43. Wang et al., "Aroma Compounds and Characteristics of Noble- Rot Wines"; R. C. Cooke et al., "Quantification of Several 4-Alkyl Substituted γ-lactones in Australian Wines," *Journal of Agricultural and Food Chemistry* 57, no. 2 (2009): 348–52; J. Langen et al., "Quantitative Analysis of γ- and δ-lactones in Wines Using Gas Chromatography with Selective Tandem Mass Spectrometric Detection," *Rapid Communications in Mass Spectrometry* 27, no. 24 (2013): 2751–59.

44. López et al., "Analysis of the Aroma Intensities of Volatile Compounds"; Langen et al., "Quantitative Analysis of γ- and δ-lactones in Wines."

45. Wang et al., "Aroma Compounds and Characteristics of Noble- Rot Wines"; Ferreira, López, and Cacho, "Quantitative Determination of the Odorants of Young Red Wines"; Langen et al., "Quantitative Analysis of γ- and δ-lactones in Wines"; S. Nakamura et al., "Quantitative Analysis of γ-nonalactone in Wines and Its Threshold Determination," *Journal of Food*

Science 53, no. 4 (1988): 1243–44.

46. Langen et al., "Quantitative Analysis of γ- and δ-lactones in Wines"; O. Vyviurska and I. Špánik, "Assessment of Tokaj Varietal Wines with Comprehensive Two-Dimensional Gas Chromatography Coupled to High Resolution Mass Spectrometry," *Microchemical Journal* 152 (2020): 104385.

47. M. J. Lacey et al., "Methoxypyrazines in Sauvignon Blanc Grapes and Wines," *American Journal of Enology and Viticulture* 42, no. 2 (1991): 103–8; G. Pickering et al., "Determination of Ortho- and Retronasal Detection Thresholds for 2-Isopropyl-3-Methoxypyrazine in Wine," *Journal of Food Science* 72, no.7 (2007): S468–S472; D. Sidhu et al., "Methoxypyrazine Analysis and Influence of Viticultural and Enological Procedures on Their Levels in Grapes, Musts, and Wines," *Critical Reviews in Food Science and Nutrition* 55, no. 4 (2015): 485–502.

48. López et al., "Analysis of the Aroma Intensities of Volatile Compounds"; Wang et al., "Aroma Compounds and Characteristics of Noble- Rot Wines"; A. Buettner, "Investigation of Potent Odorants and Afterodor Development in Two Chardonnay Wines Using the Buccal Odor Screening System (BOSS)," *Journal of Agricultural and Food Chemistry* 52, no. 8 (2004): 2339–46.

49. Vitalini et al., "The Application of Chitosan and Benzothiadiazole"; Zhang et al., "Comparative Study of Aromatic Compounds in Young Red Wines"; López et al., "Identification of Impact Odorants of Young Red Wines"; Bramley, Ouzman, and Boss, "Variation in Vine Vigour, Grape Yield, and Vineyard Soils and Topography";

Wang et al., "Aroma Compounds and Characteristics of Noble- Rot Wines"; Xi et al., "Impact of Cover Crops in Vineyard"; C. Ou et al., "Volatile Compounds and Sensory Attributes of Wine from cv. Merlot (*Vitis vinifera* L.) Grown Under Differential Levels of Water Deficit with or Without a Kaolin- Based, Foliar Reflectant Particle Film," *Journal of Agricultural and Food Chemistry* 58, no. 24 (2010): 12890–898; S.- H. Lee et al., "Vine Microclimate and Norisoprenoid Concentration in Cabernet Sauvignon Grapes and Wines," *American Journal of Enology and Viticulture* 58, no. 3 (2007): 291–301; M. C. Qian, Y. Fang, and K. Shellie, "Volatile Composition of Merlot Wine from Different Vine Water Status," *Journal of Agricultural and Food Chemistry* 57, no. 16 (2009): 7459–63.

50. López et al., "Identification of Impact Odorants of Young Red Wines"; Wang et al., "Aroma Compounds and Characteristics of Noble- Rot Wines"; J. Song et al., "Pinot Noir Wine Composition from Different Vine Vigour Zones Classified by Remote Imaging Technology," *Food Chemistry* 153 (2014): 52–59; Y. Kotseridis et al., "Quantitative Determination of β-ionone in Red Wines and Grapes of Bordeaux Using a Stable Isotope Dilution Assay," *Journal of Chromatography* A 848, no. 1- 2 (1999): 317–25; J. d. S. Câmara et al., "Varietal Flavour Compounds of Four Grape Varieties Producing Madeira Wines," *Analytica Chimica Acta* 513, no. 1 (2004): 203–7.

51. M. A. Segurel et al., "Contribution of Dimethyl Sulfide to the Aroma of Syrah and Grenache Noir Wines and Estimation of Its Potential in Grapes of These Varieties," *Journal of Agricultural and Food*

付録2 ロードマップへの鍵:10章の出典

Chemistry 52, no. 23 (2004): 7084–93; B. Fedrizzi et al., "Aging Effects and Grape Variety Dependence on the Content of Sulfur Volatiles in Wine," *Journal of Agricultural and Food Chemistry* 55, no. 26 (2007): 10880–87; S. K. Park et al., "Incidence of Volatile Sulfur Compounds in California Wines: A Preliminary Survey," *American Journal of Enology and Viticulture* 45, no. 3 (1994): 341–44.

52. B. Yang, P. Schwarz, and R. Horsley, "Factors Involved in the Formation of Two Precursors of Dimethylsulfide During Malting," *Journal of the American Society of Brewing Chemists* 56, no. 3 (1998): 85–92; C. W. Bamforth, "Dimethyl Sulfide– Significance, Origins, and Control," *Journal of the American Society of Brewing Chemists* 72, no. 3 (2014): 165–68.

53. López et al., "Identification of Impact Odorants of Young Red Wines"; Qian, Fang, and Shellie, "Volatile Composition of Merlot Wine"; E. Gómez- Plaza et al., "Investigation on the Aroma of Wines from Seven Clones of Monastrell Grapes," *European Food Research and Technology* 209, no. 3–4 (1999): 257–60; E. G. García- Carpintero et al., "Volatile and Sensory Characterization of Red Wines from cv. Moravia Agria Minority Grape Variety Cultivated in La Mancha Region Over Five Consecutive Vintages," *Food Research International* 44, no. 5 (2011): 1549–60.

54. López et al., "Identification of Impact Odorants of Young Red Wines"; Qian, Fang, and Shellie, "Volatile Composition of Merlot Wine"; Gómez- Plaza et al., "Investigation on the Aroma of Wines"; García- Carpintero et al., "Volatile and Sensory Characterization of Red Wines."

55. López et al., "Identification of Impact

Odorants of Young Red Wines"; Wang et al., "Aroma Compounds and Characteristics of Noble- Rot Wines"; García- Carpintero et al., "Volatile and Sensory Characterization of Red Wines."

56. López et al., "Identification of Impact Odorants of Young Red Wines"; Wang et al., "Aroma Compounds and Characteristics of Noble- Rot Wines"; Qian, Fang, and Shellie, "Volatile Composition of Merlot Wine"; García- Carpintero et al., "Volatile and Sensory Characterization of Red Wines."

付録3

ロードマップへの鍵：11章の出典

1. L. Poisson and P. Schieberle, "Characterization of the Most Odor- Active Compounds in an American Bourbon Whisky by Application of the Aroma Extract Dilution Analysis," *Journal of Agricultural and Food Chemistry* 56, no. 14 (2008): 5813–19.

2. J. Lahne, "Aroma Characterization of American Rye Whiskey by Chemical and Sensory Assays," master's thesis, University of Illinois at Urbana- Champaign, 2010, http://hdl.handle.net/2142/16713.

3. S. Vitalini et al., "The Application of Chitosan and Benzothiadiazole in Vineyard (*Vitis vinifera* L. Cv. Groppello Gentile) Changes the Aromatic Profile and Sensory Attributes of Wine," *Food Chemistry* 162 (2014): 192–205; R. Baumes et al., "Identification and Determination of Volatile Constituents in Wines from Different Vine Cultivars," *Journal of the Science of Food and Agriculture* 37, no. 9 (1986): 927–43.

4. W. Fan et al., "Identification and Quantification of Impact Aroma Compounds in 4 Nonfloral *Vitis vinifera* Varieties Grapes," *Journal of Food Science* 75, no. 1 (2010): S81–S88.

5. H. M. Bettenhausen et al., "Influence of Malt Source on Beer Chemistry, Flavor, and Flavor Stability," *Food Research International* 113 (2018): 487–504.

6. R. López et al., "Mild Acid Hydrolysates of Odourless Precursors Extracted from Tempranillo and Grenache Grapes Using Gas Chromatography- Olfactometry," *Food Chemistry* 88, no. 1 (2004): 95–103; D. J. Caven- Quantrill and A. J. Buglass, "Seasonal Variation of Flavour Content of English Vineyard Grapes, Determined by Stir- Bar Sorptive Extraction– Gas Chromatography– Mass Spectrometry," *Flavour and Fragrance Journal* 23, no. 4 (2008): 239–48.

7. L. Dong et al., "Characterization of Volatile Aroma Compounds in Different Brewing Barley Cultivars," *Journal of the Science of Food and Agriculture* 95, no. 5 (2015): 915–21.

8. R. Flamini, G. De Luca, and R. Di Stefano, "Changes in Carbonyl Compounds in Chardonnay and Cabernet Sauvignon Wines as a Consequence of Malolactic Fermentation," *Vitis Geilweilerhof* 41, no. 2 (2002): 107–12.

9. Dong et al., "Characterization of Volatile Aroma Compounds."

10. Vitalini et al., "The Application of Chitosan and Benzothiadiazole"; Flamini, De Luca, and Di Stefano, "Changes in Carbonyl Compounds."

11. Dong et al., "Characterization of Volatile Aroma Compounds"; A.- C. J. Cramer et al., "Analysis of Volatile Compounds from Various Types of Barley Cultivars," *Journal of Agricultural and Food Chemistry* 53, no. 19 (2005): 7526– 31.

12. R. López et al., "Analysis of the Aroma Intensities of Volatile Compounds

付録3 ロードマップへの鍵：11章の出典

Released from Mild Acid Hydrolysates of Odourless Precursors Extracted from Tempranillo and Grenache Grapes Using Gas Chromatography- Olfactometry," *Food Chemistry* 88, no. 1 (2004): 95–103.

13. L. Vişan, R. Dobrinoiu, and S. Dănăilă- Guidea, "The Agrobiological Study: Technological and Olfactometry of Some Vine Varieties with Biological Resistance in Southern Romania," *Agriculture and Agricultural Science Procedia* 6 (2015): 623–30.

14. Dong et al., "Characterization of Volatile Aroma Compounds."

15. Vitalini et al., "The Application of Chitosan and Benzothiadiazole"; Flamini, De Luca, and Di Stefano, "Changes in Carbonyl Compounds."

16. Dong et al., "Characterization of Volatile Aroma Compounds."

17. B. Jiang and Z. Zhang, "Volatile Compounds of Young Wines from Cabernet Sauvignon, Cabernet Gernischt, and Chardonnay Varieties Grown in the Loess Plateau Region of China," *Molecules* 15, no. 12 (2010): 9184–96; B. Jiang et al., "Comparison of Aroma Compounds in Cabernet Sauvignon and Merlot Wines from Four Wine Grape- Growing Regions in China," *Food Research International* 51, no. 2 (2013): 482–89; G. Cheng et al., "Comparison Between Aroma Compounds in Wines from Four *Vitis vinifera* Grape Varieties Grown in Different Shoot Positions," *Food Science and Technology* 35, no. 2 (2015): 237–46; M. Zhang et al., "Comparative Study of Aromatic Compounds in Young Red Wines from Cabernet Sauvignon, Cabernet Franc, and Cabernet Gernischt Varieties in China," *Journal of Food Science* 72, no. 5 (2007):

C248–C252.

18. M. Pozo- Bayón et al., "Effect of Vineyard Yield on the Composition of Sparkling Wines Produced from the Grape Cultivar Parellada," *Food Chemistry* 86, no. 3 (2004): 413–19; J. L. Aleixandre et al., "Varietal Differentiation of Red Wines in the Valencian Region (Spain)," *Journal of Agricultural and Food Chemistry* 50, no. 4 (2002): 751–55.

19. Dong et al., "Characterization of Volatile Aroma Compounds."

20. Vitalini et al., "The Application of Chitosan and Benzothiadiazole"; M. Vilanova et al., "Determination of Odorants in Varietal Wines from International Grape Cultivars (*Vitis vinifera*) Grown in NW Spain," *South African Journal of Enology and Viticulture* 34, no. 2 (2013): 212–22; R. López et al., "Identification of Impact Odorants of Young Red Wines Made with Merlot, Cabernet Sauvignon, and Grenache Grape Varieties: A Comparative Study," *Journal of the Science of Food and Agriculture* 79, no. 11 (1999): 1461–67.

21. Zhang et al., "Comparative Study of Aromatic Compounds in Young Red Wines."

22. Vitalini et al., "The Application of Chitosan and Benzothiadiazole"; Jiang et al., "Comparison of Aroma Compounds in Cabernet Sauvignon and Merlot Wines"; Zhang et al., "Comparative Study of Aromatic Compounds in Young Red Wines"; López et al., "Identification of Impact Odorants of Young Red Wines"; M. Vilanova and C. Martínez, "First Study of Determination of Aromatic Compounds of Red Wine from *Vitis vinifera cv.* Castanal Grown in Galicia (NW Spain)," *European Food Research and Technology* 224, no. 4 (2007): 431–36; R. Bramley,

J. Ouzman, and P. K. Boss, "Variation in Vine Vigour, Grape Yield, and Vineyard Soils and Topography as Indicators of Variation in the Chemical Composition of Grapes, Wine, and Wine Sensory Attributes," *Australian Journal of Grape and Wine Research* 17, no. 2 (2011): 217–29; J. Green et al., "Sensory and Chemical Characterisation of Sauvignon Blanc Wine: Influence of Source of Origin," *Food Research International* 44, no. 9 (2011): 2788–97; X.-j . Wang et al., "Aroma Compounds and Characteristics of Noble- Rot Wines of Chardonnay Grapes Artificially Botrytized in the Vineyard," *Food Chemistry* 226 (2017): 41–50.

23. L. Moio and P. Etievant, "Ethyl Anthranilate, Ethyl Cinnamate, 2, 3- Dihydrocinnamate, and Methyl Anthranilate: Four Important Odorants Identified in Pinot Noir Wines of Burgundy," *American Journal of Enology and Viticulture* 46, no. 3 (1995): 392–98; Y. Fang and M. C. Qian, "Quantification of Selected Aroma- Active Compounds in Pinot Noir Wines from Different Grape Maturities," *Journal of Agricultural and Food Chemistry* 54, no. 22 (2006): 8567–73; V. Ferreira, R. López, and J. F. Cacho, "Quantitative Determination of the Odorants of Young Red Wines from Different Grape Varieties," *Journal of the Science of Food and Agriculture* 80, no. 11 (2000): 1659–67; G. Antalick et al., "Influence of Grape Composition on Red Wine Ester Profile: Comparison Between Cabernet Sauvignon and Shiraz Cultivars from Australian Warm Climate," *Journal of Agricultural and Food Chemistry* 63, no. 18 (2015): 4664–72.

24. Vitalini et al., "The Application of Chitosan and Benzothiadiazole"; Jiang et al.,

"Comparison of Aroma Compounds in Cabernet Sauvignon and Merlot Wines"; Cheng et al., "Comparison Between Aroma Compounds"; Zhang et al., "Comparative Study of Aromatic Compounds in Young Red Wines"; López et al., "Identification of Impact Odorants of Young Red Wines"; Green et al., "Sensory and Chemical Characterisation of Sauvignon Blanc Wine"; Wang et al., "Aroma Compounds and Characteristics of Noble- Rot Wines"; J. S. Câmara, M. A. Alves, and J. C. Marques, "Multivariate Analysis for the Classification and Differentiation of Madeira Wines According to Main Grape Varieties," *Talanta* 68, no. 5 (2006): 1512–21; H. Guth, "Comparison of Different White Wine Varieties in Odor Profiles by Instrumental Analysis and Sensory Studies," in *Chemistry of Wine Flavor*, ed. A. L. Waterhouse and S. E. Ebeler (Davis, CA: ACS, 1998), 39–52; Z.- m. Xi et al., "Impact of Cover Crops in Vineyard on the Aroma Compounds of *Vitis vinifera* L. Cv. Cabernet Sauvignon Wine," *Food Chemistry* 127, no. 2 (2011): 516–22.

25. Bramley, Ouzman, and Boss, "Variation in Vine Vigour, Grape Yield, and Vineyard Soils and Topography"; Fang and Qian, "Quantification of Selected Aroma- Active Compounds in Pinot Noir Wines"; Guth, "Comparison of Different White Wine Varieties in Odor Profiles"; Y. Fang and M. C. Qian, "Aroma Compounds in Oregon Pinot Noir Wine Determined by Aroma Extract Dilution Analysis (AEDA)," *Flavour and Fragrance Journal* 20, no. 1 (2005): 22–29.

26. Vitalini et al., "The Application of Chitosan and Benzothiadiazole"; Bramley, Ouzman, and Boss, "Variation in Vine

付録3 ロードマップへの鍵：11章の出典

Vigour, Grape Yield, and Vineyard Soils and Topography"; Wang et al., "Aroma Compounds and Characteristics of Noble-Rot Wines"; Fang and Qian, "Aroma Compounds in Oregon Pinot Noir Wine Determined by Aroma Extract Dilution Analysis (AEDA)."

27. Vitalini et al., "The Application of Chitosan and Benzothiadiazole"; Jiang and Zhang, "Volatile Compounds of Young Wines from Cabernet Sauvignon, Cabernet Gernischet, and Chardonnay Varieties Grown in the Loess Plateau Region of China"; Zhang et al., "Comparative Study of Aromatic Compounds in Young Red Wines from Cabernet Sauvignon, Cabernet Franc, and Cabernet Gernischt Varieties in China"; R. López et al., "Identification of Impact Odorants of Young Red Wines Made with Merlot, Cabernet Sauvignon, and Grenache Grape Varieties"; Xi et al., "Impact of Cover Crops."

28. R. López et al., "Identification of Impact Odorants of Young Red Wines Made with Merlot, Cabernet Sauvignon, and Grenache Grape Varieties"; Bramley, Ouzman, and Boss, "Variation in Vine Vigour, Grape Yield, and Vineyard Soils and Topography"; Green et al., "Sensory and Chemical Characterisation of Sauvignon Blanc Wine."

29. Vitalini et al., "The Application of Chitosan and Benzothiadiazole"; Aleixandre et al., "Varietal Differentiation of Red Wines in the Valencian Region (Spain)"; I. Alvarez et al., "Geographical Differentiation of White Wines from Three Subzones of the Designation of Origin Valencia," *European Food Research and Technology* 217, no. 2 (2003): 173–79.

30. Vitalini et al., "The Application of Chitosan and Benzothiadiazole"; Zhang et al., "Comparative Study of Aromatic Compounds in Young Red Wines from Cabernet Sauvignon, Cabernet Franc, and Cabernet Gernischet Varieties in China"; Bramley, Ouzman, and Boss, "Variation in Vine Vigour, Grape Yield, and Vineyard Soils and Topography"; Green et al., "Sensory and Chemical Characterisation of Sauvignon Blanc Wine"; Xi et al., "Impact of Cover Crops"; E. Falqué, E. Fernández, and D. Dubourdieu, "Differentiation of White Wines by Their Aromatic Index," *Talanta* 54, no. 2 (2001): 271–81.

31. Zhang et al., "Comparative Study of Aromatic Compounds in Young Red Wines from Cabernet Sauvignon, Cabernet Franc, and Cabernet Gernischet Varieties in China"; Bramley, Ouzman, and Boss, "Variation in Vine Vigour, Grape Yield, and Vineyard Soils and Topography"; Wang et al., "Aroma Compounds and Characteristics of Noble- Rot Wines"; Xi et al., "Impact of Cover Crops."

32. H. M. Bettenhausen et al., "Variation in Sensory Attributes and Volatile Compounds in Beers Brewed from Genetically Distinct Malts: An Integrated Sensory and Non- Targeted Metabolomics Approach," *Journal of the American Society of Brewing Chemists* (2020): 1–17.

33. Vitalini et al., "The Application of Chitosan and Benzothiadiazole"; Zhang et al., "Comparative Study of Aromatic Compounds in Young Red Wines"; Bramley, Ouzman, and Boss, "Variation in Vine Vigour, Grape Yield, and Vineyard Soils and Topography"; Green et al., "Sensory and Chemical Characterisation

of Sauvignon Blanc Wine"; Wang et al., "Aroma Compounds and Characteristics of Noble- Rot Wines"; Xi et al., "Impact of Cover Crops."

34. Dong et al., "Characterization of Volatile Aroma Compounds."

35. S. Pérez- Magariño et al., "Multivariate Analysis for the Differentiation of Sparkling Wines Elaborated from Autochthonous Spanish Grape Varieties: Volatile Compounds, Amino Acids, and Biogenic Amines," *European Food Research and Technology* 236, no. 5 (2013): 827–41; O. Martínez- Pinilla et al., "Characterization of Volatile Compounds and Olfactory Profile of Red Minority Varietal Wines from La Rioja," *Journal of the Science of Food and Agriculture* 93, no. 15 (2013): 3720–29. ; M. Vilanova et al., "Volatile Composition and Sensory Properties of North West Spain White Wines," *Food Research International* 54, no. 1 (2013): 562–68; A. Slegers et al., "Volatile Compounds from Grape Skin, Juice, and Wine from Five Interspecific Hybrid Grape Cultivars Grown in Québec (Canada) for Wine Production," *Molecules* 20, no. 6 (2015): 10980–1016.

36. Zhang et al., "Comparative Study of Aromatic Compounds in Young Red Wines"; Bramley, Ouzman, and Boss, "Variation in Vine Vigour, Grape Yield, and Vineyard Soils and Topography"; Green et al., "Sensory and Chemical Characterisation of Sauvignon Blanc Wine"; Xi et al., "Impact of Cover Crops."

37. Dong et al., "Characterization of Volatile Aroma Compounds."

38. Zhang et al., "Comparative Study of Aromatic Compounds in Young Red Wines"; Wang et al., "Aroma Compounds

and Characteristics of Noble- Rot Wines"; I. Arozarena et al., "Multivariate Differentiation of Spanish Red Wines According to Region and Variety," *Journal of the Science of Food and Agriculture* 80, no. 13 (2000): 1909–17; A. Bellincontro et al., "Feasibility of an Electronic Nose to Differentiate Commercial Spanish Wines Elaborated from the Same Grape Variety," *Food Research International* 51, no. 2 (2013): 790–96.

39. Dong et al., "Characterization of Volatile Aroma Compounds."

40. Zhang et al., "Comparative Study of Aromatic Compounds in Young Red Wines"; Bramley, Ouzman, and Boss, "Variation in Vine Vigour, Grape Yield, and Vineyard Soils and Topography"; Green et al., "Sensory and Chemical Characterisation of Sauvignon Blanc Wine"; Wang et al., "Aroma Compounds and Characteristics of Noble- Rot Wines."

41. A. L. Robinson et al., "Influence of Geographic Origin on the Sensory Characteristics and Wine Composition of *Vitis vinifera cv.* Cabernet Sauvignon Wines from Australia," *American Journal of Enology and Viticulture* 63, no. 4 (2012): 467–76.

42. H. Guth, "Identification of Character Impact Odorants of Different White Wine Varieties," *Journal of Agricultural and Food Chemistry* 45, no. 8 (1997): 3022 26; H. Guth, "Quantitation and Sensory Studies of Character Impact Odorants of Different White Wine Varieties," *Journal of Agricultural and Food Chemistry* 45, no. 8 (1997): 3027–32.

43. Dong et al., "Characterization of Volatile Aroma Compounds."

付録3 ロードマップへの鍵：11章の出典

44. Guth, "Quantitation and Sensory Studies of Character Impact Odorants of Different White Wine Varieties"; T. E. Siebert et al., "Analysis, Potency, and Occurrence of (Z)-6-Dodeceno-γ-Lactone in White Wine," *Food Chemistry* 256 (2018): 85–90.

45. Wang et al., "Aroma Compounds and Characteristics of Noble- Rot Wines"; R. C. Cooke et al., "Quantification of Several 4-Alkyl Substituted γ-lactones in Australian Wines," *Journal of Agricultural and Food Chemistry* 57, no. 2 (2009): 348–52; J. Langen et al., "Quantitative Analysis of γ- and δ-lactones in Wines Using Gas Chromatography with Selective Tandem Mass Spectrometric Detection," *Rapid Communications in Mass Spectrometry* 27, no. 24 (2013): 2751–59.

46. López et al., "Analysis of the Aroma Intensities of Volatile Compounds"; Langen et al., "Quantitative Analysis of γ- and δ-lactones in Wines Using Gas Chromatography."

47. Wang et al., "Aroma Compounds and Characteristics of Noble- Rot Wines"; Ferreira, Lopez, and Cacho, "Quantitative Determination of the Odorants of Young Red Wines from Different Grape Varieties"; Langen et al., "Quantitative Analysis of γ- and δ-lactones in Wines Using Gas Chromatography"; S. Nakamura et al., "Quantitative Analysis of γ-nonalactone in Wines and Its Threshold Determination," *Journal of Food Science* 53, no. 4 (1988): 1243–44.

48. Langen et al., "Quantitative Analysis of γ- and δ-lactones in Wines Using Gas Chromatography"; O. Vyviurska and I. Špánik, "Assessment of Tokaj Varietal Wines with Comprehensive

Two- Dimensional Gas Chromatography Coupled to High Resolution Mass Spectrometry," *Microchemical Journal* 152 (2020): 104385.

49. M. J. Lacey et al., "Methoxypyrazines in Sauvignon Blanc Grapes and Wines," *American Journal of Enology and Viticulture* 42, no. 2 (1991): 103–8; G. Pickering et al., "Determination of Ortho- and Retronasal Detection Thresholds for 2-Isopropyl-3-Methoxypyrazine in Wine," *Journal of Food Science* 72, no. 7 (2007): S468–S472; D. Sidhu et al., "Methoxypyrazine Analysis and Influence of Viticultural and Enological Procedures on Their Levels in Grapes, Musts, and Wines," *Critical Reviews in Food Science and Nutrition* 55, no. 4 (2015): 485–502.

50. Vilanova et al., "Determination of Odorants in Varietal Wines."

51. Ferreira, Lopez, and Cacho, "Quantitative Determination of the Odorants of Young Red Wines"; A. Buettner, "Investigation of Potent Odorants and Afterodor Development in Two Chardonnay Wines Using the Buccal Odor Screening System (BOSS)," *Journal of Agricultural and Food Chemistry* 52, no. 8 (2004): 2339–46; C. Ou et al., "Volatile Compounds and Sensory Attributes of Wine from cv. Merlot (*Vitis vinifera* L.) Grown Under Differential Levels of Water Deficit with or Without a Kaolin- Based, Foliar Reflectant Particle Film," *Journal of Agricultural and Food Chemistry* 58, no. 24 (2010): 12890–898.

52. López et al., "Analysis of the Aroma Intensities of Volatile Compounds"; Wang et al., "Aroma Compounds and Characteristics of Noble- Rot Wines";

339

Buettner, "Investigation of Potent Odorants and Afterodor Development in Two Chardonnay Wines."

53. Vitalini et al., "The Application of Chitosan and Benzothiadiazole"; Zhang et al., "Comparative Study of Aromatic Compounds in Young Red Wines"; R. Lopez et al., "Identification of Impact Odorants of Young Red Wines Made with Merlot, Cabernet Sauvignon, and Grenache Grape Varieties: A Comparative Study," *Journal of the Science of Food and Agriculture* 79, no. 11 (1999): 1461–67; Bramley, Ouzman, and Boss, "Variation in Vine Vigour, Grape Yield, and Vineyard Soils and Topography"; Wang et al., "Aroma Compounds and Characteristics of Noble- Rot Wines"; Xi et al., "Impact of Cover Crops"; Ou et al., "Volatile Compounds and Sensory Attributes of Wine"; S.- H. Lee et al., "Vine Microclimate and Norisoprenoid Concentration in Cabernet Sauvignon Grapes and Wines," *American Journal of Enology and Viticulture* 58, no. 3 (2007): 291–301; M. C. Qian, Y. Fang, and K. Shellie, "Volatile Composition of Merlot Wine from Different Vine Water Status," *Journal of Agricultural and Food Chemistry* 57, no. 16 (2009): 7459–63.

54. Lopez et al., "Identification of Impact Odorants of Young Red Wines"; Wang et al., "Aroma Compounds and Characteristics of Noble- Rot Wines"; J. Song et al., "Pinot Noir Wine Composition from Different Vine Vigour Zones Classified by Remote Imaging Technology," *Food Chemistry* 153 (2014): 52–59; Y. Kotseridis et al., "Quantitative Determination of *β*-ionone in Red Wines and Grapes of Bordeaux Using a Stable

Isotope Dilution Assay," *Journal of Chromatography* A 848, no. 1– 2 (1999): 317–25; J. d. S. Câmara et al., "Varietal Flavour Compounds of Four Grape Varieties Producing Madeira Wines," *Analytica Chimica Acta* 513, no. 1 (2004): 203–7.

55. M. A. Segurel et al., "Contribution of Dimethyl Sulfide to the Aroma of Syrah and Grenache Noir Wines and Estimation of Its Potential in Grapes of These Varieties," *Journal of Agricultural and Food Chemistry* 52, no. 23 (2004): 7084–93; B. Fedrizzi et al., "Aging Effects and Grape Variety Dependence on the Content of Sulfur Volatiles in Wine," *Journal of Agricultural and Food Chemistry* 55, no. 26 (2007): 10880–87; S. K. Park et al., "Incidence of Volatile Sulfur Compounds in California Wines: A Preliminary Survey," *American Journal of Enology and Viticulture* 45, no. 3 (1994): 341–44.

56. B. Yang, P. Schwarz, and R. Horsley, "Factors Involved in the Formation of Two Precursors of Dimethylsulfide During Malting," *Journal of the American Society of Brewing Chemists* 56, no. 3 (1998): 85–92; C. W. Bamforth, "Dimethyl Sulfide— Significance, Origins, and Control," *Journal of the American Society of Brewing Chemists* 72, no. 3 (2014): 165–68.

57. Lopez et al., "Identification of Impact Odorants of Young Red Wines"; Qian, Fang, and Shellie, "Volatile Composition of Merlot Wine from Different Vine Water Status"; M. González- Álvarez et al., "Impact of Phytosanitary Treatments with Fungicides (Cyazofamid, Famoxadone, Mandipropamid, and Valifenalate) on

Aroma Compounds of Godello White Wines," *Food Chemistry* 131, no. 3 (2012): 826–36; M. P. Nikfardjam, B. May, and C. Tschiersch, "Analysis of 4-vinylphenol and 4-vinylguaiacol in Wines from the Wurttemberg Region (Germany)," *Mitteilungen Klosterneuburg, Rebe und Wein, Obstbau und Früchteverwertung* 52, no. 2 (2009): 84–89; E. G. García-Carpintero et al., "Volatile and Sensory Characterization of Red Wines from cv. Moravia Agria Minority Grape Variety Cultivated in La Mancha Region Over Five Consecutive Vintages," *Food Research International* 44, no. 5 (2011): 1549–60.

58. Lopez et al., "Identification of Impact Odorants of Young Red Wines"; Qian, Fang, and Shellie, "Volatile Composition of Merlot Wine from Different Vine Water Status"; García-Carpintero et al., "Volatile and Sensory Characterization of Red Wines"; E. Gómez-Plaza et al., "Investigation on the Aroma of Wines from Seven Clones of Monastrell Grapes," *European Food Research and Technology* 209, nos. 3/4 (1999): 257–60.

59. Lopez et al., "Identification of Impact Odorants of Young Red Wines"; Qian, Fang, and Shellie, "Volatile Composition of Merlot Wine from Different Vine Water Status"; García-Carpintero et al., "Volatile and Sensory Characterization of Red Wines"; Gómez-Plaza et al., "Investigation on the Aroma of Wines from Seven Clones of Monastrell Grapes."

60. Lopez et al., "Identification of Impact Odorants of Young Red Wines"; Wang et al., "Aroma Compounds and Characteristics of Noble-Rot Wines"; García-Carpintero et al., "Volatile and Sensory Characterization of Red Wines."

61. Lopez et al., "Identification of Impact Odorants of Young Red Wines"; Wang et al., "Aroma Compounds and Characteristics of Noble-Rot Wines"; García-Carpintero et al., "Volatile and Sensory Characterization of Red Wines."

62. Poisson and Schieberle, "Characterization of the Most Odor-Active Compounds in an American Bourbon Whisky."

63. Lahne, "Aroma Characterization of American Rye Whiskey."

64. H. H. Jeleń, M. Majcher, and A. Szwengiel, "Key Odorants in Peated Malt Whisky and Its Differentiation from Other Whisky Types Using Profiling of Flavor and Volatile Compounds," LWT— *Food Science and Technology* 107 (2019): 56–63.

65. Vitalini et al., "The Application of Chitosan and Benzothiadiazole"; Baumes et al., "Identification and Determination of Volatile Constituents in Wines."

66. Fan et al., "Identification and Quantification of Impact Aroma Compounds."

67. Bettenhausen et al., "Influence of Malt Source on Beer Chemistry, Flavor, and Flavor Stability."

68. López et al., "Analysis of the Aroma Intensities of Volatile Compounds"; Caven-Quantrill and Buglass, "Seasonal Variation of Flavour Content of English Vineyard Grapes."

69. Dong et al., "Characterization of Volatile Aroma Compounds."

70. Flamini, De Luca, and Di Stefano, "Changes in Carbonyl Compounds."

71. Dong et al., "Characterization of Volatile Aroma Compounds."

72. Vitalini et al., "The Application of Chitosan and Benzothiadiazole"; Flamini, De Luca, and Di Stefano, "Changes in Carbonyl

Compounds."

73. Dong et al., "Characterization of Volatile Aroma Compounds"; Cramer et al., "Analysis of Volatile Compounds from Various Types of Barley Cultivars."

74. López et al., "Analysis of the Aroma Intensities of Volatile Compounds."

75. Vişan, Dobrinoiu, and Dănăilă-Guidea, "The Agrobiological Study."

76. Dong et al., "Characterization of Volatile Aroma Compounds."

77. Vitalini et al., "The Application of Chitosan and Benzothiadiazole"; Flamini, De Luca, and Di Stefano, "Changes in Carbonyl Compounds."

78. Dong et al., "Characterization of Volatile Aroma Compounds."

79. Zhang et al., "Comparative Study of Aromatic Compounds in Young Red Wines"; Jiang et al., "Comparison of Aroma Compounds in Cabernet Sauvignon and Merlot Wines"; Cheng et al., "Comparison Between Aroma Compounds."

80. Pozo-Bayón et al., "Effect of Vineyard Yield on the Composition of Sparkling Wines"; Aleixandre et al., "Varietal Differentiation of Red Wines in the Valencian Region (Spain)."

81. Dong et al., "Characterization of Volatile Aroma Compounds."

82. J. Jurado et al., "Differentiation of Certified Brands of Origins of Spanish White Wines by HS-SPME-GC and Chemometrics," *Analytical and Bioanalytical Chemistry* 390, no. 3 (2008): 961–70; R. González-Rodríguez et al., "Application of New Fungicides Under Good Agricultural Practices and Their Effects on the Volatile Profile of White Wines," *Food Research International* 44, no. 1 (2011): 397–403; A. Ziółkowska,

E. Wąsowicz, and H. H. Jeleń, "Differentiation of Wines According to Grape Variety and Geographical Origin Based on Volatiles Profiling Using SPME-MS and SPME-GC/MS Methods," *Food Chemistry* 213 (2016): 714–20.

83. Vitalini et al., "The Application of Chitosan and Benzothiadiazole"; Vilanova et al., "Determination of Odorants in Varietal Wines from International Grape Cultivars"; Lopez et al., "Identification of Impact Odorants of Young Red Wines."

84. Lopez et al., "Identification of Impact Odorants of Young Red Wines."

85. Vitalini et al., "The Application of Chitosan and Benzothiadiazole"; Jiang et al., "Comparison of Aroma Compounds in Cabernet Sauvignon and Merlot Wines"; Zhang et al., "Comparative Study of Aromatic Compounds in Young Red Wines"; Lopez et al., "Identification of Impact Odorants of Young Red Wines"; Vilanova and C. Martínez, "First Study of Determination of Aromatic Compounds of Red Wine"; Bramley, Ouzman, and Boss, "Variation in Vine Vigour, Grape Yield, and Vineyard Soils and Topography"; Green et al., "Sensory and Chemical Characterisation of Sauvignon Blanc Wine"; Wang et al., "Aroma Compounds and Characteristics of Noble-Rot Wines."

86. Moio and Etievant, "Ethyl Anthranilate, Ethyl Cinnamate, 2, 3-Dihydrocinnamate, and Methyl Anthranilate"; Fang and Qian, "Quantification of Selected Aroma-Active Compounds in Pinot Noir Wines from Different Grape Maturities"; Ferreira, Lopez, and Cacho, "Quantitative Determination of the Odorants of Young Red Wines from Different Grape Varieties"; Antalick et al., "Influence of

付録3 ロードマップへの鍵：11章の出典

Grape Composition on Red Wine Ester Profile."

87. Vitalini et al., "The Application of Chitosan and Benzothiadiazole"; Jiang et al., "Comparison of Aroma Compounds in Cabernet Sauvignon and Merlot Wines"; Cheng et al., "Comparison Between Aroma Compounds"; Zhang et al., "Comparative Study of Aromatic Compounds in Young Red Wines."

88. Bramley, Ouzman, and Boss, "Variation in Vine Vigour, Grape Yield, and Vineyard Soils and Topography"; Fang and Qian, "Quantification of Selected Aroma- Active Compounds."

89. Vitalini et al., "The Application of Chitosan and Benzothiadiazole"; Fang and Qian, "Aroma Compounds in Oregon Pinot Noir Wine."

90. Vitalini et al., "The Application of Chitosan and Benzothiadiazole"; Zhang et al., "Comparative Study of Aromatic Compounds in Young Red Wines"; Xi et al., "Impact of Cover Crops."

91. Lopez et al., "Identification of Impact Odorants of Young Red Wines"; Bramley, Ouzman, and Boss, "Variation in Vine Vigour, Grape Yield, and Vineyard Soils and Topography"; Green et al., "Sensory and Chemical Characterisation of Sauvignon Blanc Wine."

92. Lopez et al., "Identification of Impact Odorants of Young Red Wines"; Aleixandre et al., "Varietal Differentiation of Red Wines in the Valencian Region (Spain)"; Alvarez et al., "Geographical Differentiation of White Wines."

93. Lopez et al., "Identification of Impact Odorants of Young Red Wines"; Zhang et al., "Comparative Study of Aromatic Compounds in Young Red Wines";

Falqué, Fernández, and Dubourdieu, "Differentiation of White Wines by Their Aromatic Index."

94. Zhang et al., "Comparative Study of Aromatic Compounds in Young Red Wines"; Bramley, Ouzman, and Boss, "Variation in Vine Vigour, Grape Yield, and Vineyard Soils and Topography."

95. Bettenhausen et al., "Variation in Sensory Attributes and Volatile Compounds."

96. Lopez et al., "Identification of Impact Odorants of Young Red Wines"; Bramley, Ouzman, and Boss, "Variation in Vine Vigour, Grape Yield, and Vineyard Soils and Topography"; Green et al., "Sensory and Chemical Characterisation of Sauvignon Blanc Wine"; Wang et al., "Aroma Compounds and Characteristics of Noble- Rot Wines."

97. Dong et al., "Characterization of Volatile Aroma Compounds."

98. Pérez- Magariño et al., "Multivariate Analysis for the Differentiation of Sparkling Wines"; Martínez- Pinilla et al., "Characterization of Volatile Compounds and Olfactory Profile of Red Minority Varietal Wines from La Rioja"; Vilanova et al., "Volatile Composition and Sensory Properties of North West Spain White Wines"; Slegers et al., "Volatile Compounds from Grape Skin, Juice, and Wine."

99. Wang et al., "Aroma Compounds and Characteristics of Noble- Rot Wines."

100. Vitalini et al., "The Application of Chitosan and Benzothiadiazole"; Xi et al., "Impact of Cover Crops."

101. Dong et al., "Characterization of Volatile Aroma Compounds."

102. Zhang et al., "Comparative Study of Aromatic Compounds in Young Red Wines"; Arozarena, "Multivariate

Differentiation of Spanish Red Wines According to Region and Variety"; Bellincontro et al., "Feasibility of an Electronic Nose."

103. Dong et al., "Characterization of Volatile Aroma Compounds."

104. Bramley, Ouzman, and Boss, "Variation in Vine Vigour, Grape Yield, and Vineyard Soils and Topography"; Green et al., "Sensory and Chemical Characterisation of Sauvignon Blanc Wine"; Wang et al., "Aroma Compounds and Characteristics of Noble- Rot Wines."

105. Robinson et al., "Influence of Geographic Origin on the Sensory Characteristics and Wine Composition of *Vitis vinifera*."

106. Guth, "Identification of Character Impact Odorants of Different White Wine Varieties"; Guth, "Quantitation and Sensory Studies of Character Impact Odorants of Different White Wine Varieties."

107. Dong et al., "Characterization of Volatile Aroma Compounds."

108. Guth, "Quantitation and Sensory Studies of Character Impact Odorants of Different White Wine Varieties"; Siebert et al., "Analysis, Potency, and Occurrence of (Z)-6-dodeceno-γ-lactone in White Wine."

109. Cooke et al., "Quantification of Several 4-Alkyl Substituted γ-lactones in Australian Australian Wines"; Langen et al., "Quantitative Analysis of γ- and δ-lactones in Wines Using Gas Chromatography."

110. López et al., "Analysis of the Aroma Intensities of Volatile Compounds"; Langen et al., "Quantitative Analysis of γ- and δ-lactones in Wines Using Gas Chromatography."

111. Langen et al., "Quantitative Analysis of γ- and δ- lactones in Wines Using Gas

Chromatography"; Nakamura et al., "Quantitative Analysis of γ-nonalactone in Wines and Its Threshold Determination."

112. Langen et al., "Quantitative Analysis of γ- and δ- lactones in Wines Using Gas Chromatography"; Nakamura et al., "Quantitative Analysis of γ-nonalactone in Wines and Its Threshold Determination"; Vyviurska and Špánik, "Assessment of Tokaj Varietal Wines with Comprehensive Two- Dimensional Gas Chromatography."

113. Lacey et al., "Methoxypyrazines in Sauvignon Blanc Grapes and Wines"; Pickering et al., "Determination of Ortho- and Retronasal Detection Thresholds for 2- Isopropyl - 3- Methoxypyrazine in Wine"; Sidhu et al., "Methoxypyrazine Analysis and Influence of Viticultural and Enological Procedures on Their Levels in Grapes, Musts, and Wines."

114. Vilanova et al., "Determination of Odorants in Varietal Wines from International Grape Cultivars (*Vitis vinifera*) Grown in NW Spain."

115. P. Etièvant et al., "Varietal and Geographic Classification of French Red Wines in Terms of Major Acids," *Journal of the Science of Food and Agriculture* 46, no. 4 (1989): 421–38; M. Gil et al., "Characterization of the Volatile Fraction of Young Wines from the Denomination of Origin 'Vinos de Madrid' (Spain)," *Analytica Chimica Acta* 563, nos. 1/2 (2006): 145–53.

116. Wang et al., "Aroma Compounds and Characteristics of Noble- Rot Wines"; Buettner, "Investigation of Potent Odorants and Afterodor Development."

117. Ou et al., "Volatile Compounds and Sensory Attributes of Wine"; Lee et al., "Vine Microclimate and Norisoprenoid

344

付録3 ロードマップへの鍵：11章の出典

Concentration in Cabernet Sauvignon Grapes and Wines"; Qian, Fang, and Shellie, "Volatile Composition of Merlot Wine from Different Vine Water Status."

118. Song et al., "Pinot Noir Wine Composition from Different Vine Vigour Zones"; Kotseridis et al., "Quantitative Determination of β-ionone in Red Wines and Grapes of Bordeaux"; Câmara et al., "Varietal Flavour Compounds of Four Grape Varieties Producing Madeira Wines."

119. Segurel et al., "Contribution of Dimethyl Sulfide to the Aroma of Syrah and Grenache Noir Wines"; Fedrizzi et al., "Aging Effects and Grape Variety Dependence on the Content of Sulfur Volatiles in Wine"; Park et al., "Incidence of Volatile Sulfur Compounds in California Wines."

120. Yang, Schwarz, and Horsley, "Factors Involved in the Formation of Two Precursors of Dimethylsulfide During Malting"; Bamforth, "Dimethyl Sulfide."

121. González- Álvarez et al., "Impact of Phytosanitary Treatments with Fungicides"; Nikfardjam, May, and Tschiersch, "Analysis of 4-Vinylphenol and 4-Vinylguaiacol in Wines"; García- Carpintero et al., "Volatile and Sensory Characterization of Red Wines."

122. García- Carpintero et al., "Volatile and Sensory Characterization of Red Wines"; Gómez- Plaza et al., "Investigation on the Aroma of Wines from Seven Clones of Monastrell Grapes";V. Ferreira et al., "The Chemical Foundations of Wine Aroma— a Role Game Aiming at Wine Quality, Personality, and Varietal Expression," in *Proceedings of the Thirteenth Australian Wine Industry Technical Conference*

(Adelaide: Australian Wine Industry Technical Conference, 2007).

123. García- Carpintero et al., "Volatile and Sensory Characterization of Red Wines"; Gómez- Plaza et al., "Investigation on the Aroma of Wines from Seven Clones of Monastrell Grapes."

124. Lopez et al., "Identification of Impact Odorants of Young Red Wines"; Wang et al., "Aroma Compounds and Characteristics of Noble- Rot Wines"; García- Carpintero et al., "Volatile and Sensory Characterization of Red Wines."

125. Qian, Fang, and Shellie, "Volatile Composition of Merlot Wine from Different Vine Water Status"; García- Carpintero et al., "Volatile and Sensory Characterization of Red Wines."

付録4

ロードマップへの鍵：17章の出典

1. D. Herb, "The Whisky Terroir Project," 2018, https://waterfordwhisky.com/element/the -whisky-terroir-project/.

2. L. Poisson and P. Schieberle, "Characterization of the Most Odor- Active Compounds in an American Bourbon Whisky by Application of the Aroma Extract Dilution Analysis," *Journal of Agricultural and Food Chemistry* 56, no. 14 (2008): 5813–19; J. Lahne, "Aroma Characterization of American Rye Whiskey by Chemical and Sensory Assays," master's thesis, University of Illinois at Urbana- Champaign, 2010, http://hdl.handle.net/2142/16713; H. H. Jeleń, M. Majcher, and A. Szwengiel, "Key Odorants in Peated Malt Whisky and Its Differentiation from Other Whisky Types Using Profiling of Flavor and Volatile Compounds," *LWT— Food Science and Technology* 107 (2019): 56–63; L. Poisson and P. Schieberle, "Characterization of the Key Aroma Compounds in an American Bourbon Whisky by Quantitative Measurements, Aroma Recombination, and Omission Studies," *Journal of Agricultural and Food Chemistry* 56, no. 14 (2008): 5820–26.

3. R. J. Arnold et al., "Assessing the Impact of Corn Variety and Texas Terroir on Flavor and Alcohol Yield in New- Make Bourbon Whiskey," *PloS One* 14, no. 8 (2019).

4. J. L. Aleixandre et al., "Varietal Differentiation of Red Wines in the Valencian Region (Spain)," *Journal of Agricultural and Food Chemistry* 50, no. 4 (2002): 751–55; M. Pozo- Bayón et al., "Effect of Vineyard Yield on the Composition of Sparkling Wines Produced from the Grape Cultivar *Parellada*," *Food Chemistry* 86, no. 3 (2004): 413–19.

5. B. Jiang and Z. Zhang, "Volatile Compounds of Young Wines from Cabernet Sauvignon, Cabernet Gernischt, and Chardonnay Varieties Grown in the Loess Plateau Region of China," *Molecules* 15, no. 12 (2010): 9184–96; R. González- Rodríguez et al., "Application of New Fungicides Under Good Agricultural Practices and Their Effects on the Volatile Profile of White Wines," *Food Research International* 44, no. 1 (2011): 397–403.

6. J. Bueno et al., "Selection of Volatile Aroma Compounds by Statistical and Enological Criteria for Analytical Differentiation of Musts and Wines of Two Grape Varieties," *Journal of Food Science* 68, no. 1 (2003): 158–63; E. Falqué, E. Fernández, and D. Dubourdieu, "Differentiation of White Wines by Their Aromatic Index," *Talanta* 54, no. 2 (2001): 271–81; S. Pérez- Magariño et al., "Multivariate Analysis for the Differentiation of Sparkling Wines Elaborated from Autochthonous Spanish Grape Varieties: Volatile Compounds,

Amino Acids, and Biogenic Amines," *European Food Research and Technology* 236, no. 5 (2013): 827–41.

7. Jiang and Zhang, "Volatile Compounds of Young Wines"; V. Ferreira, R. López, and J. F. Cacho, "Quantitative Determination of the Odorants of Young Red Wines from Different Grape Varieties," *Journal of the Science of Food and Agriculture* 80, no. 11 (2000): 1659–67.

8. Bueno et al., "Selection of Volatile Aroma Compounds"; Falqué, Fernández, and Dubourdieu, "Differentiation of White Wines by Their Aromatic Index"; Pérez-Magariño et al., "Multivariate Analysis for the Differentiation of Sparkling Wines"; N. Moreira et al., "Relationship Between Nitrogen Content in Grapes and Volatiles, Namely Heavy Sulphur Compounds, in Wines," *Food Chemistry* 126, no. 4 (2011): 1599–1607; B. T. Weldegergis, A. de Villiers, and A. M. Crouch, "Chemometric Investigation of the Volatile Content of Young South African Wines," *Food Chemistry* 128, no. 4 (2011): 1100–1109.

9. Bueno et al., "Selection of Volatile Aroma Compounds."

注釈

その単語を「whiskey」もしくは「whisky」と綴るかどうかは、その蒸留酒がどこで生産されているか、あるいは単に蒸留業者の好みにもよる事に基づいている。「whisky」の複数形は「whiskies」で、「whiskey」の複数形は「whiskeys」だ。伝統的に、アイルランドとアメリカの蒸留業者は「e」を用いており、その他の蒸留業者は用いていない。19世紀になって初めてアイルランドとアメリカの蒸留業者は「e」を採用し始め、それは主に彼ら自身をスコットランドとカナダの蒸留業者から区別するためだった。本書では、明確にスコッチ、カナディアン、ジャパニーズウイスキーを議論しない限り、既定の綴りは「whiskey」とする。

イントロダクション

1. E. Vaudour, "The Quality of Grapes and Wine in Relation to Geography: Notions of Terroir at Various Scales," *Journal of Wine Research* 13, no. 2 (2002): 117–41.
2. N. Parrott, N. Wilson, and J. Murdoch, "Spatializing Quality: Regional Protection and the Alternative Geography of Food," *European Urban and Regional Studies* 9, no. 3 (2002): 241–61.

2章　フレーバーの製造と認識

1. M. Meister, "On the Dimensionality of Odor Space," *Elife* 4 (2015): e07865.
2. P. Poláškova, J. Herszage, and S. E. Ebeler, "Wine Flavor: Chemistry in a Glass," *Chemical Society Reviews* 37, no. 11 (2008): 2478–89.
3. D. Tieman, "A Chemical Genetic Roadmap to Improved Tomato Flavor," *Science* 355, no. 6323 (2017): 391–94.

3章　フレーバーの化学的性質

1. J. Goode, "Wine Flavour Chemistry," 2011, https://www.guildsomm.com/public content/ features/articles/b/Jamie_ goode/posts/wine-flavour-chemistry.
2. V. Ferreira et al., "The Chemical Foundations of Wine Aroma— a Role Game Aiming at Wine Quality, Personality, and Varietal Expression," in *Proceedings of the Thirteenth Australian Wine Industry Technical Conference* (Adelaide: Australian Wine Industry Technical Conference, 2007).
3. Ferreira et al., "The Chemical Foundations of Wine Aroma."
4. Ferreira et al., "The Chemical Foundations of Wine Aroma"; M. C. Goldner et al., "Effect of Ethanol Level in the Perception of Aroma Attributes and the Detection of Volatile Compounds in Red Wine," *Journal of Sensory Studies* 24, no. 2 (2009): 243–57.
5. A. L. Robinson et al., "Origins of Grape and Wine Aroma, Part 1: Chemical Components and Viticultural Impacts,"

American Journal of Enology and Viticulture 65, no. 1 (2014): 1–24.

6. Ferreira et al., "The Chemical Foundations of Wine Aroma."

7. A. D. Webb and R. E. Kepner, "Fusel Oil Analysis by Means of Gas- Liquid Partition Chromatography," *American Journal of Enology and Viticulture* 12, no. 2 (1961): 51–59.

8. L. A. Hazelwood et al., "The Ehrlich Pathway for Fusel Alcohol Production: A Century of Research on *Saccharomyces cerevisiae* Metabolism," *Applied Environmental Microbiology* 74, no. 8 (2008): 2259–66.

9. S. Engan, "Wort Composition and Beer Flavour, Part II: The Influence of Different Carbohydrates on the Formation of Some Flavour Components During Fermentation," *Journal of the Institute of Brewing* 78, no. 2 (1972): 169–73.

10. M. M. Mendes- Pinto, "Carotenoid Breakdown Products: The Norisoprenoids in Wine Aroma," *Archives of Biochemistry and Biophysics* 483, no. 2 (2009): 236–45.

11. Mendes- Pinto, "Carotenoid Breakdown Products."

12. H. H. Jeleń, M. Majcher, and A. Szwengiel, "Key Odorants in Peated Malt Whisky and Its Differentiation from Other Whisky Types Using Profiling of Flavor and Volatile Compounds," *LWT— Food Science and Technology* 107 (2019): 56–63; J. Lahne, "Aroma Characterization of American Rye Whiskey by Chemical and Sensory Assays," master's thesis, University of Illinois at Urbana- Champaign, 2010, http://hdl.handle.net/2142/16713; L. Poisson and P. Schieberle, "Characterization of the Key Aroma Compounds in an American Bourbon Whisky by Quantitative Measurements, Aroma Recombination, and Omission Studies," *Journal of Agricultural and Food Chemistry* 56, no. 14 (2008): 5820–26; L. Poisson and P. Schieberle, "Characterization of the Most Odor- Active Compounds in an American Bourbon Whisky by Application of the Aroma Extract Dilution Analysis," *Journal of Agricultural and Food Chemistry* 56, no. 14 (2008): 5813–19.

13. J. Song et al., "Effect of Grape Bunch Sunlight Exposure and UV Radiation on Phenolics and Volatile Composition of *Vitis vinifera* L. Cv. Pinot Noir Wine," *Food Chemistry* 173 (2015): 424–31.

14. Jeleń, Majcher, and Szwengiel, "Key Odorants in Peated Malt Whisky"; Lahne, "Aroma Characterization of American Rye Whiskey"; Poisson and Schieberle, "Characterization of the Key Aroma Compounds in an American Bourbon Whisky"; Poisson and Schieberle, "Characterization of the Most Odor- Active Compounds in an American Bourbon Whisky."

15. Lahne, "Aroma Characterization of American Rye Whiskey"; Poisson and Schieberle, "Characterization of the Key Aroma Compounds in an American Bourbon Whisky"; Poisson and Schieberle, "Characterization of the Most Odor- Active Compounds in an American Bourbon Whisky."

16. E. G. LaRoe and P. A. Shipley, "Whiskey Composition: Formation of Alpha- and Beta-ionone by the Thermal Decomposition of Beta- carotene," *Journal of Agricultural and Food Chemistry* 18, no. 1 (1970): 174–75.

17. Poisson and Schieberle, "Characterization of the Most Odor- Active Compounds in an American Bourbon Whisky."

18. Ferreira et al., "The Chemical Foundations of Wine Aroma."

19. N. Vanbeneden et al., "Variability in the Release of Free and Bound Hydroxycinnamic Acids from Diverse Malted Barley (*Hordeum vulgare* L.) Cultivars During Wort Production," *Journal of Agricultural and Food Chemistry* 55, no. 26 (2007): 11002–10.

20. B. Boswell, *International Barrel Symposium* (Lebanon, MO: Independent Stave Company, 2008), 1:98–223.

21. J. Gollihue, M. Richmond, H. Wheatley, et al., "Liberation of Recalcitrant Cell Wall Sugars from Oak Barrels Into Bourbon Whiskey During Aging," *Scientific Reports* 8, no. 1 (October 26, 2018): 1–2.

22. B. Harrison et al., "Differentiation of Peats Used in the Preparation of Malt for Scotch Whisky Production Using Fourier Transform Infrared Spectroscopy," *Journal of the Institute of Brewing* 112, no. 4 (2006): 333–39; B. M. Harrison and

F. G. Priest, "Composition of Peats Used in the Preparation of Malt for Scotch Whisky Production: Influence of Geographical Source and Extraction Depth," *Journal of Agricultural and Food Chemistry* 57, no. 6 (2009): 2385–391.

23. Poisson and Schieberle, "Characterization of the Key Aroma Compounds in an American Bourbon Whisky"; Poisson and Schieberle, "Characterization of the Most Odor- Active Compounds in an American Bourbon Whisky"; R. J. Arnold et al., "Assessing the Impact of Corn Variety and Texas Terroir on Flavor and Alcohol Yield in New- Make Bourbon Whiskey," *PloS One* 14, no. 8 (2019).

24. V. Ferreira, "Determination of Important Odor- Active Aldehydes of Wine Through Gas Chromatography– Mass Spectrometry of Their O- (2, 3, 4, 5, 6-pentafluorobenzyl) Oximes Formed Directly in the Solid Phase Extraction Cartridge Used for Selective Isolation," *Journal of Chromatography* A 1028, no. 2 (2004): 339–45.

4章　ワイン・テロワールのテイスティング

1. V. Ferreira et al., "The Chemical Foundations of Wine Aroma— a Role Game Aiming at Wine Quality, Personality, and Varietal Expression," in *Proceedings of the Thirteenth Australian Wine Industry Technical Conference* (Adelaide:

Australian Wine Industry Technical Conference, 2007).

2. J. Goode, "Wine Flavour Chemistry," 2011, https://www.guildsomm.com/public_ content / features/articles/b/Jamie_ goode/posts/ wine-flavour-chemistry.

6章　テロワールの進化的役割

1. N. P. Hardeman, *Shucks, Shocks, and Hominy Blocks: Corn as a Way of Life in*

Pioneer America (Baton Rouge, LA: LSU Press, 1999).

2. I. Groman- Yaroslavski, I. E. Weiss, and D. Nadel, "Composite Sickles and Cereal Harvesting Methods at 23,000- Years- Old Ohalo II, Israel," *PloS One* 11, no. 11 (2016).

3. J. Mercader, "Mozambican Grass Seed Consumption During the Middle Stone Age," *Science* 326, no. 5960 (2009): 1680–83.

4. S. Vimolmangkang et al., "Transcriptome Analysis of the Exocarp of Apple Fruit Identifies Light- Induced Genes Involved in Red Color Pigmentation," *Gene* 534, no. 1 (2014): 78–87.

5. M. E. Kislev, A. Hartmann, and O. Bar- Yosef, "Early Domesticated Fig in the Jordan Valley," *Science* 312, no. 5778 (2006): 1372–74.

7章　商品穀物の台頭

1. K. Lawson, "The Latest Crop in the Local Food Movement? Wheat," *Modern Farmer*, July 13, 2016, https://modernfarmer. com/2016/07/wheat-terroir/.

2. D. J. Navazio, "Debunking the Hybrid Myth," *Heritage Farm Companion*, 2012, https:// www.seedsavers.org/site/pdf/ HeritageFarmCompanion_Navazio.pdf.

3. H. J. Klee and D. M. Tieman, "Genetic Challenges of Flavor Improvement in Tomato," *Trends in Genetics* 29, no. 4 (2013): 257–62.

8章　テキサスの三目並べ

1. H. J. Klee, "Improving the Flavor of Fresh Fruits: Genomics, Biochemistry, and Biotechnology," *New Phytologist* 187, no. 1 (2010): 44–56; H. J. Klee and D. M. Tieman, "Genetic Challenges of Flavor Improvement in Tomato," *Trends in Genetics* 29, no. 4 (2013): 257–62; D. Tieman et al., "A Chemical Genetic Roadmap to Improved Tomato Flavor," *Science* 355, no. 6323 (2017): 391–94; D. Wang and G. B. Seymour, "Tomato Flavor: Lost and Found?," *Molecular Plant* 10, no. 6 (2017): 782–84.

2. A. A. Jaradat and W. Goldstein, "Diversity of Maize Kernels from a Breeding Program for Protein Quality, Part I: Physical, Biochemical, Nutrient, and Color Traits," *Crop Science* 53, no. 3 (2013): 956–76; A. Singh et al., "Nature of the Genetic Variation in an Elite Maize Breeding Cross," *Crop Science* 51, no. 1 (2011): 75–83; B. Shiferaw et al., "Crops That Feed the World, Part 6: Past Successes and Future Challenges to the Role Played by Maize in Global Food Security," *Food Security* 3, no. 3 (2011): 307.

3. J. Doebley et al., "The Origin of Cornbelt Maize: The Isozyme Evidence," *Economic Botany* 42, no. 1 (1988): 120–31; A. F. Troyer, "Background of US Hybrid Corn," *Crop Science* 39, no. 3 (1999): 601–26; A. F. Troyer, "Background of US Hybrid Corn II," *Crop Science* 44, no. 2 (2004): 370–80.

4. M. M. Goodman and W. L. Brown, "Races of Corn," *Corn and Corn Improvement* 18 (1988): 33–79.

5. B. Kurtz et al., "Global Access to Maize Germplasm Provided by the US National

351

Plant Germplasm System and by US Plant
Breeders," *Crop Science* 56, no. 3 (2016):

931–41.

9章　テロワールの化学

1. F. Jack, "Development of Guidelines for
   the Preparation and Handling of Sensory
   Samples in the Scotch Whisky Industry,"
   Journal of the Institute of Brewing 109,
   no. 2 (2003): 114–19.

2. 2. J. Goode, "Wine Flavour Chemistry,"
   GuildSomm, September 7, 2011, https://
   www.guildsomm.com/public_content/
   features/articles/b/jamie_goode/posts/
   wine-flavour-chemistry.

10章　ザ・ロードマップ

1. C. Carlton, "Growing Grains: Bourbon Is
   Fertilizing a New Market," *Kentucky Living*,
   March 27, 2018.

2. V. Ferreira et al., "The Chemical
   Foundations of Wine Aroma— a Role
   Game Aiming at Wine Quality, Personality,
   and Varietal Expression," in *Proceedings
   of the Thirteenth Australian Wine Industry
   Technical Conference* (Adelaide:
   Australian Wine Industry Technical
   Conference, 2007); J. Goode, "Wine
   Flavour Chemistry," 2011, https://www.
   guildsomm.com/public_content/features/
   articles/b/jamie_goode/posts/wine
   -flavour-chemistry.

3. R. López et al., "Identification of Impact
   Odorants of Young Red Wines Made
   with Merlot, Cabernet Sauvignon, and
   Grenache Grape Varieties: A Comparative
   Study," *Journal of the Science of Food
   and Agriculture* 79, no. 11 (1999):
   1461–67.

4. Z.- m Xi et al., "Impact of Cover Crops in
   Vineyard on the Aroma Compounds of
   Vitis vinifera L. Cv. Cabernet Sauvignon
   Wine," *Food Chemistry* 127, no. 2 (2011):
   516–22.

5. S.- H. Lee et al., "Vine Microclimate and

Norisoprenoid Concentration in Cabernet
Sauvignon Grapes and Wines," *American
Journal of Enology and Viticulture* 58,
no. 3 (2007): 291–301.

6. A. Wanikawa, K. Hosoi, and T. Kato,
   "Conversion of Unsaturated Fatty Acids to
   Precursors of γ-lactones by Lactic Acid
   Bacteria During the Production of Malt
   Whisky," *Journal of the American Society
   of Brewing Chemists* 58, no. 2 (2000):
   51–56; A. Wanikawa et al., "Detection of
   γ-Lactones in Malt Whisky," *Journal of
   the Institute of Brewing* 106, no. 1 (2000):
   39–44.

7. T. Ilc, D. Werck- Reichhart, and N. Navrot,
   "Meta- analysis of the Core Aroma
   Components of Grape and Wine Aroma,"
   Frontiers in Plant Science 7 (2016): 1472.

8. X.- j. Wang et al., "Aroma Compounds and
   Characteristics of Noble- Rot Wines of
   Chardonnay Grapes Artificially Botrytized
   in the Vineyard," *Food Chemistry* 226
   (2017): 41–50.

9. V. Ferreira, R. López, and J. F. Cacho,
   "Quantitative Determination of the
   Odorants of Young Red Wines from
   Different Grape Varieties," *Journal of
   the Science of Food and Agriculture* 80,

no. 11 (2000): 1659–67.

10. W. Fan et al., "Identification and Quantification of Impact Aroma Compounds in 4 Nonfloral *Vitis vinifera* Varieties Grapes," *Journal of Food Science* 75, no. 1 (2010): S81–S88.

11. L. Dong et al., "Characterization of Volatile Aroma Compounds in Different Brewing Barley Cultivars," *Journal of the Science of Food and Agriculture* 95, no. 5 (2015): 915–21.

12. A.- C. J. Cramer et al., "Analysis of Volatile Compounds from Various Types of Barley Cultivars," *Journal of Agricultural and Food Chemistry* 53, no. 19 (2005): 7526–31.

13. Dong et al., "Characterization of Volatile Aroma Compounds."

14. G. J. Pickering et al., "The Influence of *Harmonia axyridis* on Wine Composition and Aging," *Journal of Food Science* 70, no. 2 (2005): S128–S135.

15. D. Sidhu et al., "Methoxypyrazine Analysis and Influence of Viticultural and Enological Procedures on Their Levels in Grapes, Musts, and Wines," *Critical Reviews in Food Science and Nutrition* 55, no. 4 (2015): 485–502.

16. N. Vanbeneden et al., "Variability in the Release of Free and Bound Hydroxycinnamic Acids from Diverse Malted Barley (*Hordeum vulgare* L.) Cultivars During Wort Production," *Journal of Agricultural and Food Chemistry* 55, no. 26 (2007): 11002–10.

17. Y. He et al., "Wort Composition and Its Impact on the Flavour- Active Higher

Alcohol and Ester Formation of Beer— a Review," *Journal of the Institute of Brewing* 120, no. 3 (2014): 157–63.

18. F. Badotti et al., "*Oenococcus alcoholitolerans* sp. nov., a Lactic Acid Bacteria Isolated from Cachaça and Ethanol Fermentation Processes," *Antonie van Leeuwenhoek* 106, no. 6 (2014): 1259–67.

19. K. L. Simpson, B. Pettersson, and F. G. Priest, "Characterization of Lactobacilli from Scotch Malt Whisky Distilleries and Description of *Lactobacillus ferintoshensis* sp. nov., a New Species Isolated from Malt Whisky Fermentations," *Microbiology* 147, no. 4 (2001): 1007–16.

20. P. Costello et al., "Synthesis of Fruity Ethyl Esters by Acyl Coenzyme A: Alcohol Acyltransferase and Reverse Esterase Activities in *Onococcus oeni* and *Lactobacillus plantarum*," *Journal of Applied Microbiology* 114, no. 3 (2013): 797–806.

21. S. van Beek and F. G. Priest, "Evolution of the Lactic Acid Bacterial Community During Malt Whisky Fermentation: A Polyphasic Study," *Applied Environmental Microbiology* 68, no. 1 (2002): 297–305.

22. Simpson, Pettersson, and Priest, "Characterization of Lactobacilli from Scotch Malt Whisky Distilleries"; van Beek and F. G. Priest, "Evolution of the Lactic Acid Bacterial Community."

23. R. Mitenbuler, *Bourbon Empire: The Past and Future of America's Whiskey* (New York: Penguin, 2016).

11章　マップの重ね合わせ

1. J. Lahne, "Aroma Characterization of American Rye Whiskey by Chemical

and Sensory Assays," master's thesis, University of Illinois at Urbana-Champaign, 2010, http://hdl.handle.net/2142/16713.

2. M. Lehtonen, "Phenols in Whisky," *Chromatographia* 16, no. 1 (1982): 201–3.

3. C. Scholtes, S. Nizet, and S. Collin, "Guaiacol and 4- Methylphenol as Specific Markers of Torrefied Malts: Fate of Volatile Phenols in Special Beers Through Aging," *Journal of Agricultural and Food Chemistry* 62, no. 39 (2014): 9522–28.

4. F. Vriesekoop et al., "125th Anniversary Review: Bacteria in Brewing: The Good, the Bad, and the Ugly," *Journal of the Institute of Brewing* 118, no. 4 (2012): 335–45.

5. H. H. Jeleńe, M. Majcher, and A. Szwengiel, "Key Odorants in Peated Malt Whisky and Its Differentiation from Other Whisky Types Using Profiling of Flavor and Volatile Compounds," *LWT— Food Science and Technology* 107 (2019): 56–63.

6. B. Harrison et al., "Differentiation of Peats Used in the Preparation of Malt for Scotch Whisky Production Using Fourier Transform Infrared Spectroscopy," *Journal of the Institute of Brewing* 112, no. 4 (2006): 333–39; B. M. Harrison and F. G. Priest, "Composition of Peats Used in the Preparation of Malt for Scotch Whisky Production: Influence of Geographical Source and Extraction Depth," *Journal of Agricultural and Food Chemistry* 57, no. 6 (2009): 2385–91.

7. E. Sihto and V. Arkima, "Proportions of Some Fusel Oil Components in Beer and Their Effect on Aroma," *Journal of the Institute of Brewing* 69, no. 1 (1963): 20–25; C. Van Wyk et al., "Isoamyl Acetate— a Key Fermentation Volatile of Wines of

Vitis vinifera Cv. Pinotage," *American Journal of Enology and Viticulture* 30, no. 3 (1979): 167–73.

8. V. Ferreira et al., "The Chemical Foundations of Wine Aroma— a Role Game Aiming at Wine Quality, Personality, and Varietal Expression," in *Proceedings of the Thirteenth Australian Wine Industry Technical Conference* (Adelaide: Australian Wine Industry Technical Conference, 2007).

9. Ferreira et al., "The Chemical Foundations of Wine Aroma."

10. D. Langos and M. Granvogl, "Studies on the Simultaneous Formation of Aroma-Active and Toxicologically Relevant Vinyl Aromatics from Free Phenolic Acids During Wheat Beer Brewing," *Journal of Agricultural and Food Chemistry* 64, no. 11 (2016): 2325–32; K. J. Schwarz, L. I. Boitz, and F. J. Methner, "Enzymatic Formation of Styrene During Wheat Beer Fermentation Is Dependent on Pitching Rate and Cinnamic Acid Content," *Journal of the Institute of Brewing* 118, no. 3 (2012): 280–84.

11. V. A. Watts and C. E. Butzke, "Analysis of Microvolatiles in Brandy: Relationship Between Methylketone Concentration and Cognac Age," *Journal of the Science of Food and Agriculture* 83, no. 11 (2003): 1143–49.

12. V. Ferreira et al., "Chemical Characterization of the Aroma of Grenache Rose Wines: Aroma Extract Dilution Analysis, Quantitative Determination, and Sensory Reconstitution Studies," *Journal of Agricultural and Food Chemistry* 50, no. 14 (2002): 4048–54.

13. Lahne, "Aroma Characterization of

American Rye Whiskey."

14. L. Poisson and P. Schieberle, "Characterization of the Key Aroma Compounds in an American Bourbon Whisky by Quantitative Measurements, Aroma Recombination, and Omission Studies," *Journal of Agricultural and Food Chemistry* 56, no. 14 (2008): 5820–26.

12章　ニューヨークのウイスキー

1. W. Curtis, "How Rye Came Back," *The Atlantic*, September 2014.
2. K. Willcox, "New York Farmers and Distillers Reinventing Whiskey," *Edible Capital District*, January 8, 2019, https://ediblecapitaldistrict.ediblecommunities.com/drink/new-york-farmers-and-distillers-empire-rye-whiskey.
3. Available from http://kingscountydistillery.com/about/.
4. P. Hobbs, "Field to Fork: Corn, from the Stalk at Lakeview Organic Grain, to Spirit, at Kings County Distillery," *Nona Brooklyn*, February 13, 2013, http://nonabrooklyn.com/field-to-fork-corn-from-the-stalk-at-lakeview-organic-grains-to-spirit-at-kings-county-distillery/.
5. Hobbs, "Field to Fork."
6. Hobbs, "Field to Fork."
7. Hobbs, "Field to Fork."

13章　農業三部作

1. J. Cox, "Organic Tastings: A Great Wine Is One That Gives Great Pleasure," *Rodale's Organic Life*, December 22, 2010, http://www.rodalesorganiclife.com/food/organic-wine.
2. A. Morganstern, "Biodynamics in the Vineyard," *Organic Wine Journal*, March 2008.
3. M. A. Delmas, O. Gergaud, and J. Lim, "Does Organic Wine Taste Better? An Analysis of Experts' Ratings," *Journal of Wine Economics* 11, no. 3 (2016): 329–54.
4. I. Zarraonaindia et al., "The Soil Microbiome Influences Grapevine-Associated Microbiota," *MBio* 6, no. 2 (2015): e02527-14; N. A. Bokulich et al., "Microbial Biogeography of Wine Grapes Is Conditioned by Cultivar, Vintage, and Climate," *Proceedings of the National Academy of Sciences* 111, no. 1 (2014): E139–E148.
5. J. R. Reeve et al., "Soil and Winegrape Quality in Biodynamically and Organically Managed Vineyards," *American Journal of Enology and Viticulture* 56, no. 4 (2005): 367–76.
6. J. K. Reilly, "Moonshine, Part 2: A Blind Sampling of 20 Wines Shows That Biodynamics Works. But How?," *Fortune*, August 23, 2004, 1–2.
7. Delmas, Gergaud, and Lim, "Does Organic Wine Taste Better?"
8. C. F. Ross et al., "Difference Testing of Merlot Produced from Biodynamically and Organically Grown Wine Grapes," *Journal of Wine Research* 20, no. 2 (2009): 85–94.
9. J. Döring et al., "Organic and Biodynamic Viticulture Affect Biodiversity and Properties of Vine and Wine: A Systematic Quantitative Review," *American Journal of Enology and Viticulture* 70, no. 3 (2019): 221–42.

14章　マイ・オールド・ケンタッキー・ホーム

1. C. Carlton, "Growing Grains: Bourbon Is Fertilizing New Market," *Kentucky Living*, March 27, 2018, https://www.kentuckyliving.com/news/growing-grains.
2. KyCorn Growers Association, https://www.kycorn.org/distilled-spirits.
3. USDA, "Kentucky Corn Production May Set a Record," press release, August 12, 2019, https://www.nass.usda.gov/Statistics_by_State/Kentucky/Publications/Current_News_Release/2019/PRAUG19_KY.pdf.
4. C. Cowdery, "Jim Beam Is Filling 500,000 Barrels a Year. That Is the Real Story," *Chuck Cowdery Blog*, May 2, 2016, http://chuckcowdery.blogspot.com/2016/05/jim-beam-is-filling -500000-barrels-year.html.
5. "Gallo Company Fact Sheet," http:// www.gallo.com/files/Gallo-Company-Fact-Sheet-2017.pdf.
6. C. Cowdery, "You Call Yourself 'Craft'? Make Your Own Yeast," *Chuck Cowdery Blog*, February 6, 2011, https://chuckcowdery.blogspot.com/2011/02/you-call-yourself-craft-make-your-own.html.

15章　ケンタッキーのトウモロコシ、小麦、ライ麦

1. S. A. Goff and H. J. Klee, "Plant Volatile Compounds: Sensory Cues for Health and Nutritional Value?," *Science* 311, no. 5762 (2006): 815– 19.
2. H. Alem et al., "Impact of Agronomic Practices on Grape Aroma Composition: A Review," *Journal of the Science of Food and Agriculture* 99, no. 3 (2019): 975–85.
3. Alem et al., "Impact of Agronomic Practices on Grape Aroma Composition."
4. Alem et al., "Impact of Agronomic Practices on Grape Aroma Composition."
5. Alem et al., "Impact of Agronomic Practices on Grape Aroma Composition."

16章　池を越え、丘陵を抜けて

1. D. Herb et al., "Effects of Barley (Hordeum vulgare L.) Variety and Growing Environment on Beer Flavor," *Journal of the American Society of Brewing Chemists* 75, no. 4 (2017): 345–53.
2. P. Hayes, "Barley No Longer an Afterthought in Beer Flavor," Oregon State University Extension Service, November 2017, https://extension.oregonstate.edu/news/barley-no–longer-afterthought-beer-flavor.
3. D. Herb et al., "Malt Modification and Its Effects on the Contributions of Barley Genotype to Beer Flavor," *Journal of the American Society of Brewing Chemists* 75, no. 4 (2017): 354–62.
4. E. G. LaRoe and P. A. Shipley, "Whiskey Composition: Formation of Alpha- and Beta-ionone by the Thermal Decomposition of Beta- carotene," *Journal of Agricultural and Food Chemistry* 18, no. 1 (1970): 174–75.

17章 TĒIREOIR

1. H. H. Jeleń, M. Majcher, and A. Szwengiel, "Key Odorants in Peated Malt Whisky and Its Differentiation from Other Whisky Types Using Profiling of Flavor and Volatile Compounds," *LWT— Food Science and Technology* 107 (2019): 56–63.

2. K. L. Simpson, B. Pettersson, and F. G. Priest, "Characterization of Lactobacilli from Scotch Malt Whisky Distilleries and Description of *Lactobacillus ferintoshensis* sp. nov., a New Species Isolated from Malt Whisky Fermentations," *Microbiology* 147, no. 4 (2001): 1007–16.

3. L. Poisson and P. Schieberle, "Characterization of the Most Odor-Active Compounds in an American Bourbon Whisky by Application of the Aroma Extract Dilution Analysis," *Journal of Agricultural and Food Chemistry* 56, no. 14 (2008): 5813–19; J. Lahne, "Aroma Characterization of American Rye Whiskey by Chemical and Sensory Assays," master's thesis, University of Illinois at Urbana- Champaign, 2010, http://hdl.handle.net/2142/16713; Jeleń, Majcher, and Szwengiel, "Key Odorants in Peated Malt Whisky"; L. Poisson and P. Schieberle, "Characterization of the Key Aroma Compounds in an American Bourbon Whisky by Quantitative Measurements, Aroma Recombination, and Omission Studies," *Journal of Agricultural and Food Chemistry* 56, no. 14 (2008): 5820–26.

4. Poisson and Schieberle, "Characterization of the Most Odor- Active Compounds in an American Bourbon Whisky"; Lahne, "Aroma Characterization of American Rye Whiskey."

18章 ĒIRE（エール：アイルランド）の農場におけるフレーバーの育成

1. S. Duggan, "Seamus Duggan, Durrow, Co. Laois," Waterford Distillery, September 17, 2019, YouTube video, https:// www.youtube.com/watch?v=bbqUPbkt9cU 2019, YouTube video.

2. Waterford Distillery, "The Jacksons, Organic Barley Growers, Co. Tipperary," May 18, 2019, YouTube video, https://www.youtube.com/watch?v=1soSWe7QryU.

19章 ついに、ひと口

1. M. Bylok, "Mark Reynier Is Doubling Down on Whisky Terroir," *Whisky Buzz blog*, Sep-tember 4, 2015, https://whisky.buzz/ blog/mark- reynier- is- doubling- down-on- whisky- terroir.

結論

1. J. Carswell, "Growing Barley at Coull Farm," 2016, https://www.bruichladdich.com/ bruichladdich-whisky-news/barley/growing-barley-coull-farm/.

ウイスキー・テロワール追記

住吉 祐一郎

日本の蒸留所におけるテロワールの捉え方や取り組みとは、どのようになっているのだろうか？ ここでは、日本を代表するクラフトウイスキー蒸留所3社を取り上げてみた。

更に、「アイルランドのウォーターフォード蒸留所」と「未来への期待」も掲載した。

本坊酒造株式会社
マルス津貫蒸溜所

本坊酒造の本拠地である鹿児島県南さつま市加世田津貫において、マルス津貫蒸溜所が蒸留を開始したのは2016年の事である。マルス駒ヶ岳蒸溜所に次ぐ本坊酒造2番目のウイスキー蒸溜所として、鹿児島の雄大な風土を感じさせる落ち着いた酒質のウイスキー造りを行っている。そのマルス津貫蒸溜所において、所長の折田浩之氏とチーフディスティリングマネージャーの草野辰朗氏にお話しを伺った。

マルス津貫蒸溜所で草野氏が国産大麦を使用する事になったのは、駒ヶ岳にある南信州ビールでその造りを見ていた事がきっかけだったという。また地元産の

本坊酒造株式会社マルス津貫蒸溜所所長の折田氏（右）とチーフディスティリングマネージャーの草野氏。

大麦を使用する事で、農家の活性化にもつながると考えていた。そして何よりも地元の麦を使用する事で「"ローカルバーレイ"と付ける事ができれば格好いい」という漠然とした憧れもあったそうだ。大麦は宮田村の「はるか二条」を用い、仕込み

水には湧き水（硬度30〜40）を採水して2018年に約1tを仕込んだが、麦汁の段階から従来の麦芽に比べ味わいに厚みがあったという。

だがその厚みのある味わいの追求にも、試行錯誤があった。使用した大麦の特性と、精麦の状態による変化もあるため、マッシングでは水の切れが悪くなり、つまりやすく、清澄度も追求しづらかったそうだ。そのような取り組みの過程を経ながら、現在の仕込みでは1バッチを1.1tで行い、3番麦汁まで取り、2種の酵母を使用して発酵させている。LPA（1tの麦芽から何ℓのアルコールを抽出できるかの指標）は400ℓ弱で、輸入麦芽に比べると低めとなりコストも2.5倍かかるというが、出来上がったニューメイクにはコクがあり、穀物感が強く出ており、折田氏と草野氏を満足させるものだったという。

マルス津貫蒸溜所では、毎年11月に「津貫蒸溜所祭り」を開催しているが、2023年の蒸溜所祭りでは、記念ボトルとして初のローカルバーレイを使用した4年半熟成のウイスキー（アルコール55％、513本限定）が販売された。このウイスキーの仕込みは1バッチ1tで、バーボン樽1丁とホグスヘッド2丁のヴァッティングであった。初のローカルバーレイを使用したリリースという事もあり、ウイスキーファンの間では大きな話題となり、すぐに完売した。

「テロワールをどのように捉えているか」との私の問いに、草野氏はこのように返答した。「津貫でのウイスキー造りが始まってから、まだ10年も経過していません。テロワールが先ではなく、津貫らしさの特徴を述べるためのウイスキー造りのその後に、テロワールと呼べるものが味わえるようになれば良いなと思っています」。

津貫でのウイスキー造りには、まさにこの草野氏の言葉を裏付ける日々の取り組みがある。テロワールよりも先に、美味しいウイスキーを造りたいという思いがあるのだ。ウイスキー造りに取り組む過程において、原料である大麦、そして酵母の働きには特に気を配っているという。麦芽の1.1t仕込み、多様な種類の酵母の活用、発酵時間の調整、そして蒸溜。実験とも呼べるような取り組みが日々行われる事によって、更なる知見が深まってゆく。その後に樽詰めされ熟成されるニューメイクウイスキーには、そこに津貫らしさが宿っている。毎年リリースされるローカルバーレイの味わいは、どのように変化してゆくだろうか。今後のリリースを楽しみに待ちたい。

ガイアフローディスティリング株式会社
ガイアフロー静岡蒸溜所

ガイアフロー静岡蒸溜所といえば、旧軽井沢蒸溜所の蒸留器やポーティアス社製のローラーミルを移設し、薪による直火蒸留を行う世界でも稀有な蒸溜所である。創業者である中村大航氏のユニークで柔軟な発想は、2016年の生産開始時点において、すでにテロワールを念頭に置いた静岡産大麦を使用した仕込みを行っていたというから驚かされてしまう。日本のクラフト蒸溜所においては、テロワールの魁と言えるだろう。中村氏はテロワールを「原材料や環境によって味わいが変化する、人がどうにもできないもの」と捉えている。

中村氏が国産大麦、そして静岡産大麦を使用してウイスキーを造りたいと考えたきっかけは、誉富士を使用した日本酒を飲んだ際に、畑ごとに異なる味わいに魅了された事が一因だった。「誉富士」は、静岡県農林技術研究所が7年の歳月をかけて育成した静岡県初の酒米である。静岡県では大麦の栽培は長きに渡りほとんど行われておらず、地元の農家にも経験がなかったため、中村氏は農家や組合などにかけ合う事から始め、地元産

ガイアフローディスティリング株式会社ガイアフロー静岡蒸溜所の創業者、中村大航氏。

大麦の栽培を実現させた。その生産量は年々増加し、作付面積も増加してきており、現在では、収穫量は静岡蒸溜所の全生産量の2割を超えるほどになっているという。

使用する大麦は、「ミカモゴールデン」、「サチホゴールデン」、「ニューサチホゴールデン」と、年月をかけて進化させてきた。麦芽1t仕込みのアルコール収量（LPA）は、スコットランド産麦芽の400ℓ未満よりも5%ほど少なかった（約380ℓ）が、現在ではスコットランド産と比べても（ニューサチホゴールデンは）遜色はないという。しかしながら、生産コストはス

コットランド産の少なくとも2〜3倍になる。だが中村氏は、このコスト高をマイナスとは捉えていない。少量生産のワインで有名なシャトーペトリュスのように、希少性や味わいによるプレミアム化を訴求できると考えているからである。

その味わいの希少性を示すものの1つに、静岡県内のクラフトビール醸造所と共同開発した大麦用の酵母がある。これはウイスキーやビールの麦芽用として、沼津工業技術支援センターにおいて新たに開発された、静岡モルト酵母（NMZ-0688）である。さらに発酵槽10基のうちの6基が静岡産の杉で作られている事も注目に値する。日本産の杉による発酵槽は、ウイスキー業界においては初となる。そしてそこから出来上がったモロミは、世界でも類を見ない薪による直火蒸留によって蒸留される。そのための燃料は、静岡市内の森から出る杉の間伐材で、ここでも杉を使用している事が特徴である。

中村氏のウイスキー造りの根底には、型にはまったものは造りたくないという考えがあった。静岡らしさとは何かを考えた際に、やはり原料となる大麦は外国産ではなく県産で、酵母も静岡で開発したい、という強い気持ちがあった。その思いを後押しするように、麦芽粉砕機と蒸留器は、今では消滅してしまった旧軽井沢蒸溜所のものをオークションで落札し、もう一基の初留釜はフォーサイス社製の薪直火式を採用した。県産の杉を使用した発酵槽もしかりである。

原料や使用する機器の一つ一つが個性の塊となっている静岡蒸溜所だが、中村氏はその個性をうまく調和させ、そこから完成させたウイスキーが「ポットスティルW純日本大麦 初版」だった。このボトルは2024年のワールド・ウイスキー・アワード（WWA）のベストジャパニーズ・スモールバッチシングルモルトを受賞し、中村氏のテロワールに対する表現の熱意と正しさを証明する形となった。

今後、静岡蒸溜所のテロワールへの取り組みは、その知見を積み重ねながらさらに加速してゆくだろう。中村氏の斬新で大胆な発想は、新たなテロワールのフレーバーをウイスキーファンに開示してくれるのかもしれない。

株式会社ベンチャーウイスキー
秩父蒸溜所

　2008年に蒸留を開始した埼玉県秩父市に位置する秩父蒸溜所は、日本のクラフトウイスキーのパイオニアである。創業者である肥土伊知郎氏のウイスキー造りにかける情熱が、同蒸溜所を世界のイチローズモルトへと導いた事は、ウイスキーファンであれば誰もが知るところである。操業からすでに10年以上が経過した秩父蒸溜所では、テロワールに対してどのような考えを持ち、活動を行っているのだろうか？　肥土氏にお話しを伺った。

　肥土氏は、テロワールについてはそれほど意識しておらず、地元産を使用すれば美味しいものができるとは考えていないという。これまでにテロワールが追求されてきた原料は、果物など、現地で収穫され加工されるものが多かった。だが穀物には保存性があり移動が容易なため、長距離を跨いで運ばれる事が多い。肥土氏は、テロワール以前に'Back to tradition'（伝統に立ち返る）という思想が重要ではないかと言う。これは時代を振り返った際、1950～1960年代の「あの頃のウイスキーは美味しかった！」という味わいを再現するためには、当時行われていた造り方を再現する事が重要ではないかという考えである。つまり、テロワールが第一ではなく、穀物の優位性を活かした定評のある名産地と原料を使

株式会社ベンチャーウイスキー秩父蒸溜所の創業者、肥土伊知郎氏。
※写真提供：株式会社ベンチャーウイスキー

用すれば、美味しいものができるはずだという思想である。それを実現する1つの方法として、毎年スコットランドを訪れてフロアモルティングを行い、自分たちで手掛けたモルトを輸入してウイスキー造りの仕込みに使用している。これはさしずめ、都心部にあるレストランが、美味しい料理を提供するために、名産地からより良い原材料を仕入れて使用するようなものであろう。

　その一方で、もし地元で収穫された大麦や国産のミズナラなどの材を使用して、外国産よりも美味しいウイスキーを造る事ができるのであれば、それらをテロワールとして置き換えて行く事は可能であるとも考えており、実際に実践してもいる。肥土氏が秩父の蕎麦農家と話をした際に、裏作で大麦栽培が可能となり、地元産の選択肢へと広がって行ったのである。自社内にフロアモルティングの場所を設け、毎年仕込みを行ってきたが、今で

は順調に進み、生産量も増え、作付面積も広がってきた。以前はほぼ外国産麦芽で占められていた秩父第一蒸溜所も、現在では国産麦芽の使用比率は半分以上となっており、よりクラフト化が進んでいる。つまり、Back to traditionの思想を持ちながらも、柔軟に対応している訳である。当然ながら、これは「美味しいものができるのであれば歓迎する」が前提で、テロワールが第一ではない。結果として、テロワールを表現することに近づいてきたのである。そして選択肢の1つとして「ローカルバーレイ」を使用した製品を顧客に提案できるような体制が整ってきた。

美味しいものを作るのであれば、原料は身近なものである方が思い入れも強くなる。蒸溜所近くの大麦畑を訪れて、風にたなびく大麦の豊かな稲穂を実際に目にすれば、これがウイスキーに変わるのだという感動も生まれ、飲んだ際により美味しく感じられるに違いない。そのような実体験は、生産者だけでなく、消費者にとっても有益なものだろう。その意味においては、これもテロワールの効果の1つと言う事ができるだろう。

それでは肥土氏は、昨今のウイスキー業界で語られているテロワールを、どのように受け止めているのだろうか? 「テロワールの重要さは認識していますが、私たちは'正直さ'(透明性)がより大切だと考えています。このボトルには海外産原酒が使われていて、あのボトルには自社で造った原酒が100%使われていますというような事が、お客様にしっかりと伝わる事が大切です」。つまり、肥土氏はテロワールという言葉に絡めとられるよりは、「美味しさと透明性」により重きを置いており、これら2つの考えがあってこそのテロワールであると考えている。その部分をしっかりと伝える事ができるのであれば、後は消費者の選択となる。

2024年に、ベンチャーウイスキーは「イチローズモルト 秩父 オン・ザ・ウェイ フロアモルテッド 2024」を発売したが、肥土氏はこのボトルのテーマに「原点回帰」を明示していた。これは先述のBack to traditionの表現にかけられたものである。昔のスコットランドの蒸溜所では、どこでもフロアモルティングが行われていた。だが時代の流れと共に、その作業はモルトスター(麦芽製造業者)へと集約されていった歴史的な背景がある。肥土氏は、イギリスにおいて自らがフロアモルティングを行ったウイスキーを発売する事で原点回帰を行った。このボトルは、2009年〜2015年までの7年間に仕込んだ麦芽で造られた原酒のヴァッティングである。その原点回帰とは、テロワールではないが、肥土氏が秩父蒸溜所を創業する以前の1999年頃に抱いていた、手作業でウイスキーの仕込みを行っていたスコットランドの蒸溜所に対するオマージュであり、その時から奇しくも四半世紀を経たものであった。

ウォーターフォード蒸留所

ウォーターフォード蒸留所がテロワールに熱心なことは本書でもすでに紹介されているが、実際に現地を訪れ、蒸留所内はもちろん、樽の貯蔵庫、契約大麦農家の農場、穀物倉庫などを巡り彼らから話を聞くにつれて、他の蒸留所とは決定的に異なる点を私が強く感じたのは、テロワールに対する揺るぎない信念であった。

シュア川を跨ぐライスブリッジを渡ると、右手に巨大な建物が目に入る。それが蒸留所だという事を理解するのに時間は要さない。青地に白で'WATERFORD IRISH SINGLE MALT WHISKY'と書かれた大文字が目に飛び込んでくるからである。そのすぐ横の麦芽搬入口のシャッターには、'TÉIREOIR'の文字が躍る。アイリッシュのゲール語で「アイルランド」を意味する'ÉIRE'(エール)を組み込んだ、レイニエ氏のこの造語1つからも、テロワールとアイルランドに対する並々ならぬ思いが伝わってくる。これほどの強い思いはどこから来ているのだろうか? レイニエ氏がワイン畑出身で、テロワールに熱心だということはもちろんだが、ブルックラディ蒸留所の売却もターニングポイントとなっていたことは想像に難くない。更に元ディアジオのニコラス・モーガン博士の「テロワールは蒸留によって破壊される[1]」との発言とテロワール論争が、レイニエ氏のテロワールへの思いをより強くさせたに違いない。

2012年にブルックラディ蒸留所がレミーコアントローから売却を持ちかけられた際、レイニエ氏は最後まで公然と反対を唱えた株主の一人だった[2]。売却が正式に決定した時、レイニエ氏は蒸留所には留まらず、ゼロからのスタートを決心した。その新天地が、当時売りに出されていたギネスの醸造所跡地で、そこを蒸留所として改装し、テロワールを追求したウイスキー造りを始めたのである。

ウォーターフォードのウイスキー造りで特徴的な事は、アイルランドの慣習に縛られない2回蒸留を行っている点である。蒸留責任者のネッド・ガーハン氏は、かつてアイルランドでも行われていた伝統に立ち返ったのだという。そしてボトルにはアイルランド式のwhiskeyからeを除き、'whisky'と表記した。また、2回蒸留はウォーターフォードが目指す原料の特性を活かした原酒造りにも適しているそうだ。収穫された大麦の独自性が消え、どの農家で栽培されたものかを辿ることが不可能となるのは、本書でも説明されている通りである(7章参照)。そのため、全

てのボトルの裏にはテロワールコードが記載され、栽培した農場、大麦、蒸留の日時などの詳細がインターネットで検索できるようになっている。つまり、使用した全てのアイルランド産大麦を、生産者まで迫ることができるようにしたのである。そのようにしてウォーターフォードはトレーサビリティを確保し、「シングルファーム蒸留」を確立した。そのこだわりは、ボトル正面のラベルに'PRODUCE OF IRELAND'（アイルランド産）と表記し、PRODUCT OF IRELAND（〈他の場所から運ばれてきた原料による〉アイルランド製造）とはしない事からも見て取れる。

　シングルファームを標榜している蒸留所には、アイラ島のキルホーマンなどがあるが、こういった蒸留所での優先順位はアルコール収量であり、フレーバーではない。私は、アルコール収量を第一に考えたウイスキー造りが悪いと言っているわけではない。アルコール収量の増減は生産量につながり、ひいては売り上げにもつながるため、少しでも多くのエタノールを抽出したいという思いは、どの蒸留所においても共通である。だがウォーターフォードはその真逆を行っており、アルコール収量よりもフレーバーを最優先している。

　では、フレーバーを優先したウイスキー造りとは何であるのか？　ひとことで言えば「フレーバー（香味や風味など）の解析と数値化」、つまり「フレーバーの証明」である。これは非常に複雑かつ時間と資金が必要となるプロセスで、多くのメーカーがテロワールの解析に躊躇する理由はここにある。時間と資金を投入して、それらに見合うだけのリターン（素晴らしいフレーバー）が得られるのだろうか？　そして、もし素晴らしいフレーバーが得られたとして、それらを科学的に証明できるのだろうか？　更に重要なことには、売上につなげる事ができるのだろうか？　現在では、テロワールがウイスキーのフレーバーに影響を与えることが証明されている。だが存在するかどうかが疑問視されていた以前の状況下で、この未知なる分野に信念を持って突き進むことができた蒸留所が、いくつあっただろうか？　それを利益度外視で行ってきたのがウォーターフォード蒸留所であり、レイニエ氏の揺るぎない信念なのである。今後発売されるウイスキーのフレーバーが、その揺るぎない信念を証明してゆくに違いない。

[1]https://whiskymag.com/articles/interview-mark-reynier-the-man-who-brought-the-taste-of-terroir-to-whisky/

[2]https://waterfordwhisky.com/element/war-on-terroir/

未来への期待

テロワールに対するウイスキー業界の捉え方を追うと、各社各様であり、また国や地域を跨いでその考え方にもかなりの差がある事がわかる。そしてその流れは、2つに大別する事ができる。テロワールの概念に基づいてウイスキー造りを行う蒸留所と、良いものを造る事を追求する過程において、テロワールへと繋がる蒸留所である。

本書で紹介されているアメリカのクラフトウイスキーのいくつかや、アイラ島のブルックラディ蒸留所、アイルランドのウォーターフォード蒸留所などは前者に当てはまる。そして後者は秩父蒸溜所やマルス津貫蒸溜所などで、静岡蒸溜所は先にテロワールのアイデアを持ちながらも、現状に根差した造りを行いながらテロワールへと近づけてきた、いわばハイブリッドである。しかしながら、アプローチは違えども洋の東西を問わず各社に共通している点は、より良いウイスキー、より美味しいウイスキーを造り消費者へ届けたいという強い信念である。その思いを貫くために各社ともに日々様々な研究や取り組みを行っている。とりわけウォーターフォード蒸留所では、土壌や大麦、ウイスキーの成分分析に注力をしており、アメリカやスコットランドの研究機関と協力して、科学的な実験を行っている。その意味において、英語を母語とする彼らの情報共有力は相当に高い。反面、日本においてはその言語の特異性によって、情報共有までに時間を要する。

だがウイスキー造りの重要さは、科学的な側面が全てではない。私たちは感情を持つ生身の人間である。蒸留所を訪れた際の雰囲気や空気感。フロアモルティングを行うモルトマンの見事なシャベル捌き。近隣を流れる川のせせらぎ。海から吹く潮風。このような副次的な要素が重なる事で気持ちや気分が高まり、私たちが口に含むウイスキーの味わいへと昇華する。

ウイスキーを楽しむという観点からすれば、目の前にあるものを美味しく飲む事ができれば良いのである。とはいえ、味覚は客観的というよりは主観的なもので、他者と共有する事はできない。「甘味」や「香味」を言葉でどれほど詳細に説明してみても、それが「本当に」どのような甘味や香味であるのかは（将来私たちの神経を繋げる事ができるような科学技術が出現しない限り）、絶対的に個人的なものでしかない。その意味において、科学者や研究者たちがウイスキー造りやテロワールに関する秘密を全て数値化し解明してゆく事は責務であり必要な事であると私は考えている。その反面、1人のウイスキー好きとしては、全ての神秘を詳らかにすることは、野暮であると感じてい

る。ウイスキーの理解には、科学（化学）と感覚という二律背反が同居するのである。

　誤解を恐れずに言うのなら、スコッチウイスキーの歴史とは、借り物の歴史であった。スペイン産のシェリーの空き樽や、アメリカのバーボンウイスキーの空き樽に原酒を入れて熟成を行ってきたことからもそれは明らかであり、これは日本のウイスキーも同じである。私は両国のウイスキー造りを貶めているわけではない。日本にはなかったウイスキーという酒を、竹鶴政孝、鳥井信治郎らの偉大な先達が、更なる高みへと導き後進に伝えてきたのである。そのような歴史の流れにおいて、様々な人々や物の助けを借りながら、より良いものへと進化させてきたのである。願わくは、その進化の一端に、テロワールがうまく関わり表現される事を望んでいる。

　日本におけるウイスキー・テロワールの表現の課題としては、モルトスターの操業やカントリーエレベーターの設置と容量、地域別大麦の開発と流通など、課題は山積している。しかしながら、関税割当制度（一定の輸入数量の枠内に限り無税又は低税率〈枠内税率〉を適用し、需要者に安価な輸入品の供給を確保する一方、この一定の輸入数量の枠を超える輸入分には高税率〈枠外税率〉を適用する事によって、国内生産者の保護を図る仕組み:出展;農林水産省）を考慮すれば、テロワールの表現には、生産効率性とスケールを最大限に活かしたい大手企業にとってはメリットが少ない。反面、クラフト蒸留所にとっては、コストはかかるがその希少性と味わいをどのように表現し、消費者に受け入れてもらえるかが鍵となるだろう。

　本書においてアーノルド博士が指摘しているように、ウイスキーのテロワールが科学的に完全に解明されることはないのかもしれない。だがその未解明の神秘を解明しようとする熱意と努力を知ることは、私たちにとってウイスキー・テロワールの次なる扉を開く重要な鍵になると私は考えている。そしてその鍵とは、読者一人ひとりが持っているのである。

2023年に開催されたウイスキーイベント、「ジャパニーズ・ウイスキー・ストーリーズ（JWS）福岡」での訳者。

The TERROIR of WHISKEY
A DISTILLER'S JOURNEY INTO THE FLAVOR OF PLACE

ウイスキー・テロワール

フレーバーの土地を巡る、ディスティラーの旅

2024年10月31日

STAFF

PUBLISHER
高橋清子　Kiyoko Takahashi

EDITOR
行木　誠　Makoto Nameki

DESIGNER
小島進也　Shinya Kojima

ADVERTISING STAFF
西下聡一郎　Souichiro Nishishita

TRANSLATOR／PHOTOGRAPHER
住吉祐一郎　Yu Sumiyoshi

ACADEMIC SUPERVISION
山田哲也　Tetsuya Yamada

SPECIAL THANKS
北尾龍典　Tatsunori Kitao ／ 西嶋　花　Hana Nishijima

Printing
中央精版印刷株式会社

PLANNING,EDITORIAL & PUBLISHING
(株)スタジオ タック クリエイティブ

〒151-0051 東京都渋谷区千駄ヶ谷3-23-10 若松ビル2階
STUDIO TAC CREATIVE CO.,LTD. 2F,3-23-10, SENDAGAYA SHIBUYA-KU,TOKYO 151-0051 JAPAN
[企画・編集・広告進行]
Telephone 03-5474-6200　Facsimile 03-5474-6202
[販売・営業]
Telephone & Facsimile 03-5474-6213
URL https://www.studio-tac.jp　E-mail stc@fd5.so-net.ne.jp

注意
この本は2020年12月にColumbia University Press（コロンビア大学出版）より発行された原著「The TERROIR of WHISKEY」の翻訳版で、本書制作時の2024年9月までの実情に合わせ、一部加筆修正を加えています。　編集部

STUDIO TAC CREATIVE
(株)スタジオ タック クリエイティブ
©STUDIO TAC CREATIVE 2024 Printed in JAPAN
- 本誌の無断転載を禁じます。
- 乱丁、落丁はお取り替えいたします。
- 定価は表紙に表示してあります。

ISBN 978-4-86800-009-9